Rock Mechanics

Felsmechanik

Mécanique des Roches

Supplementum 8

Berechnung, Erkundung und Entwurf von Tunneln und Felsbauwerken

Vorträge des 27. Geomechanik-Kolloquiums
der Österreichischen Gesellschaft für Geomechanik

Computation, Exploration and Design of Tunnels and Rock Structures

Contributions to the 27th Geomechanical Colloquium
of the Austrian Society for Geomechanics

Salzburg, 12. und 13. Oktober 1978

Herausgegeben für / Edited for
Österreichische Gesellschaft für Geomechanik
von / by L. Müller, Salzburg

1979   Springer-Verlag   Wien   New York

Mit 230 Abbildungen

ISBN-13:978-3-211-81548-9   e-ISBN-13:978-3-7091-8564-3
DOI: 10.1007/978-3-7091-8564-3

Inhaltsverzeichnis — Index — Table des matières

Rock Mechanics, Suppl. 8, 1—2 (1979)

Rock Mechanics
Felsmechanik
Mécanique des Roches
© by Springer-Verlag 1979

Geleitwort

Wenn dem vorjährigen, dem XXVII. Kolloquium, das Motto „Fortschritte im Tunnel- und Felsbau" vorangestellt wurde, so war dies beinahe ein Bekenntnis zu einer Tradition, denn die Österreichische Gesellschaft für Geomechanik hat es schon immer für ihre Aufgabe gehalten, aktuelle Probleme aufzuzeigen und zur Diskussion zu stellen.

In gewisser Beziehung sollte das Kolloquium aber auch der Standortbestimmung gewidmet sein und orten, wo unsere Spezialdisziplinen heute stehen, welche Bereiche noch nicht ausreichend untersucht sind, in welche Richtung Forschung und andere Aktivitäten gelenkt werden sollen, und anderes mehr.

In diesem Sinne hatte Prof. Duddeck die Aufgabe übernommen, die „philosophy" der „Berechnungssätze für Tunnel" von hoher Warte weitwinkelig auszuleuchten. Sein Referat wurde flankiert von Beiträgen von Fachleuten aus der Wissenschaft wie aus der Praxis. Weitere Beiträge, die der Bewältigung großer Querschnitte im nicht standfesten Gebirge gewidmet waren, fanden zwanglos Anschluß.

Bewußt wurde ein weiterer Halbtag laufenden Bestrebungen gewidmet, welche die Vereinheitlichung der Begriffe, der Untersuchungsmethoden, Entwurfsbearbeitung usw. zum Ziele haben, ohne jedoch den Ideenreichtum des Planenden oder die Freiheit der Entwicklung einzuschränken. Zu diesen Referaten gab es nicht nur zustimmende, sondern auch interessante kritische Bemerkungen. Sowohl Vortragende aus der Bundesrepublik Deutschland als auch aus Österreich waren zu hören, welche an derartigen Empfehlungen bzw. Richtlinien arbeiten. Im Zusammenhang damit wurde auch die neue österreichische Ankernorm B4455 erläutert.

Die Eidgenössische Technische Hochschule Zürich meldete sich mit einem Beitrag über die Bemessung der Ankerung von Felsböschungen zu Wort. Der dritte Halbtag war der Geologie gewidmet, mit Betonung der geologischen Vorerkundung, wobei auch ausländische Erfahrungen zu hören waren. Der Schwerpunkt lag diesmal bei der derzeit vieldiskutierten Frage, ob Richt- und Erkundungsstollen nicht doch viel wertvoller seien, als dies in letzter Zeit vielfach angenommen wurde.

Den Abschluß des Kolloquiums bildete ein interessanter Bericht über den Zustand und die in Erwägung gezogenen Maßnahmen zur Sanierung des

Akropolis-Hügels von Athen sowie zwei Filme über die Arbeitsdurchführung bei den Stollenbauten des Pfaffensteiner Tunnels bei Regensburg und des Arlberg-Straßentunnels.

Das Kolloquium war von rund 760 Teilnehmern aus 22 Ländern besucht.

F. Pacher

Rock Mechanics, Suppl. 8, 3—27 (1979)

Rock Mechanics
Felsmechanik
Mécanique des Roches
© by Springer-Verlag 1979

Zu den Berechnungsmodellen
für die Neue Österreichische Tunnelbauweise (NÖT)

Von

H. Duddeck

Mit 15 Abbildungen*

Zusammenfassung — Summary

Zu den Berechnungsmodellen für die Neue Österreichische Tunnelbauweise (NÖT). Diese Bauweise beruht im wesentlichen auf dem Konzept, das umliegende Gebirge zur Aufnahme der durch den Tunnel verursachten Kräfteumlagerung möglichst optimal heranzuziehen oder es entsprechend zu ertüchtigen. Trotz der für diese Bauweise unabdingbaren In-situ-Messungen zur Kontrolle der Standsicherheit sind für Vorplanung, Ausschreibung und Bearbeitung des Entwurfs Berechnungsmodelle erforderlich, die die Tragfähigkeit voraussagen.

Da nichts so praxisnah ist wie eine zutreffende Theorie, steht der Tunnelbauingenieur vor der Aufgabe, die für die NÖT charakteristischen Grundsätze in ein zutreffendes Entwurfsmodell zu übersetzen. Aus der Reflexion über die grundsätzlichen Ziele eines die Erfahrungen und die Messungen ergänzenden rechnerischen Standsicherheitsnachweises lassen sich die Anforderungen an ein solches Berechnungsmodell ableiten. Dabei muß u. a. auch zwischen Gebrauchszustand (was gemessen werden kann) und Grenztragfähigkeitszustand (was in-situ nicht gemessen werden kann) unterschieden werden.

Anhand der von L. v. Rabcewicz und Leopold Müller-Salzburg als NÖT verstandenen speziellen Charakteristika wird aufgezeigt, was ein adäquates Berechnungsmodell enthalten und leisten müßte. Dem werden Beispiele der zur Zeit gebrauchten Berechnungsmodelle gegenübergestellt. Das Defizit weist auf die noch erforderlichen Weiterentwicklungen der Entwurfsmodelle. Es wird versucht, die notwendigen Aufgaben zusammenzustellen und zu deren Realisierbarkeit Stellung zu nehmen. Sowohl die grob vereinfachten Modelle als auch die wesentlich leistungsfähigeren numerischen Verfahren (z. B. die Finite-Element-Methode) bleiben unzureichende Entwurfsmodelle, wenn sie z. B. die folgenden Einflüsse nicht einmal ersatzweise in vereinfachter Form erfassen:

— die teilweise Entspannung bis zur vollen Mitwirkung der Auskleidung,

— zeitverzögerte Auswirkungen auf die Spannungs- und Verformungszustände,

— ein angemessenes Sicherheitskonzept, das Versagenszustände hinreichend genau voraussagt.

---

* Die beim Vortrag gezeigten Fotos von Tunnelbaustellen, die erinnern sollten, mit welcher Art von Realität der Tunnelbauer zu tun hat, wurden nicht in den gedruckten Text aufgenommen.

0080-3375/79/Suppl. 8/0003/$ 05.00

Im Resümee werden die unterschiedlichen Wege zum zutreffenden Entwurfsmodell einander gegenübergestellt.

On Design Models for the NATM. The New Austrian Tunnelling Method is based essentially on the principle to let the surrounding rock take part as much as possible in the readjustment process of the stresses due to tunnelling. For this purpose the rock can also be strengthened appropriately. Inherent for this method, in-situ measurements are required to control stability of the tunnel structure. Inspite of this, design models are needed for predetermining the structural strength in the phases of planning, for preparing the tenders and for designing the tunnel.

Nothing is as close to practicability as a correct theory. Therefore tunnelling engineers have to translate the characteristic principles of the NATM into a structural design model simple and correct at the same time. By reflecting upon the essential objectives, a calculation model (which supplements experiences and in-situ measurements) should aim to, the requirements for such a theoretical model can be derived. Hereby one has also to differentiate between the actual state of stress and deformations in-situ (which measurements can evaluate) and those of limits for the carrying capacity (which measurements alone cannot find directly).

The paper demonstrates the properties a design model should hold in order to meet the specific characteristics of the NATM as L. v. Rabcewicz and Leopold Müller-Salzburg understand it. This coherent model is confronted with examples of design models in use at present. The deficit may show what still has to be done to arrive at sufficiently correct models. The paper tries to compile the required work still necessary and discusses the chances for realisation. Too much simplified models as well as those of the more powerful numerical methods (e. g. of the finite-element-method) will not suffice as long as they do not take into account — not even in assumptions of substitutional character — the following influences:

— partial relaxation of the rock before the lining develops its full strength,

— time dependent properties and their effects on stresses and deformations,

— an appropriate safety concept predicting failure sufficiently accurate.

The résumé shows the different ways towards consistent design models.

Einleitung

Die Einladung von Professor Leopold Müller und Professor Pacher zu einem Vortrag mit relativ fester Themenvorgabe hat zum Nachdenken darüber geführt:

— was denn eigentlich die NÖT in gebirgsstatischer Hinsicht charakterisiert,

— welches Berechnungsmodell der Zielvorstellung der NÖT am besten gerecht würde und

— mit welchen Berechnungsmodellen z. Z. die Tunnelsicherungen (Anker, Auskleidung, Bewehrung usw.) bemessen werden.

Es wird über die folgenden Teilprobleme referiert:

1. Kurz darüber, warum wir überhaupt ein Berechnungsmodell brauchen und was solche Modelle für den Tunnel- und Felsbau leisten.

2. Welches statische Verhalten die NÖT impliziert.

3. Was das zugehörige Idealmodell enthalten müßte.

4. Ausführlicher wird auf die z. Z. gebräuchlichen Berechnungsmodelle eingegangen, um auch deren Defizit gegenüber dem Idealmodell aufzuzeigen.

5. Daraus ergeben sich die noch zu lösenden Aufgaben bis zum Erreichen technischer Bemessungsmodelle mit zutreffenden Versagensprognosen.

6. Im Resümee wird eine Synthese der scheinbar divergierenden, konkurrierenden Ansätze angesprochen.

1. Notwendigkeit und Leistungsfähigkeit von Berechnungsmodellen

Das Blockdiagramm, Abb. 1, zeigt die Folge der Entwurfsphasen. Diejenigen Elemente, die wir in ein Berechnungsmodell zu übersetzen haben, sind mit vertikalen Balkenstrichen versehen. Sind mit Großraumerkundung

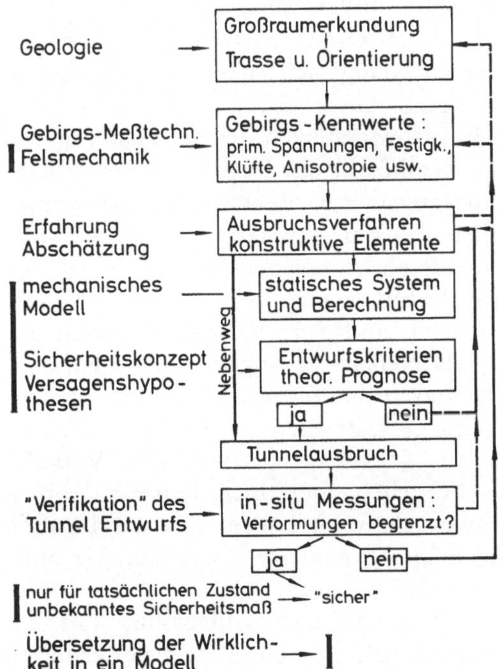

Abb. 1. Entwurfsphasen beim Tunnelbau
Design procedure for tunnelling

Trasse und Orientierung des Hohlraums gewählt, muß die Felsmechanik die In-situ-Zustände (Primärspannungen, Stoffwerte, Klüfte usw.) ermitteln. Vorwiegend Erfahrung sowie die Ergebnisse der felsmechanischen Erkundung und erster Vorberechnungen bestimmen das Ausbruchsverfahren und die Sicherungselemente. Wenn nun mit rationalen Argumenten vorausgesagt werden soll, ob diese Bauweise Aussicht auf Erfolg hat, müssen Geometrie, die Primärzustände, Ausbruch- und Ausbauphasen, das Stoffverhalten von Gebirge und Ausbaumitteln in ein mechanisches mathematisches Modell übersetzt werden. Daraus sind als Entwurfskriterien charakteristische Größen (z. B. Spannungen oder Verschiebungen oder Grenzzustände) zu errechnen. Diese Kriterien folgen aus einem Sicherheitskonzept. Hiermit muß nämlich entschieden werden können, ob Ausbruchsverfahren und Sicherung sicher genug sind oder nicht, ob also der Bau beginnen darf. Korrekturen der Bauweise können auch erforderlich sein, wenn sich die Wahl des Ausbruchverfahrens als zu aufwendig, die Wahl der konstruktiven Elemente als zu konservativ erweisen.

Mit dem zweiten Einsatz von In-situ-Messungen kann überprüft werden, ob Verformungen und Spannungen des Ausführungsentwurfs der Prognose entsprechen. Die Anführungszeichen bei „Verifikation" sollen darauf hinweisen, daß eine asymptotische Begrenzung der Verformungen nur anzeigt, daß der gemessene Zustand offenbar standsicher ist. Dies ist jedoch nicht das, was wir sonst unter Sicherheit verstehen. Insbesondere bei nichtlinearem Verhalten bleibt unbekannt, wie groß ein Sicherheitsabstand ist.

Wichtig sind die Iterationsschleifen. Zeigt schon die rechnerische Prognose Versagen oder zu wenig Sicherheitsabstand, aber auch überkonservative Bauweise an, so sind Ausbruchsmethode und/oder Ausbau zu ändern. Widersprechen die In-situ-Messungen den Berechnungswerten zu sehr, kann die Übersetzung der Realität in ein Berechnungsmodell falsch sein oder die felsmechanischen Ausgangswerte müssen überprüft werden.

Selbstverständlich müssen wir skeptisch fragen, ob die um so vieles komplexere Realität mit einem solchen Modell überhaupt eingefangen werden kann. Mancher Praktiker mag sich daher ganz auf Erfahrungen und In-situ-Messungen stützen und Berechnungsprognosen als Luxus abtun (im Diagramm, Abb. 1, als Nebenweg angedeutet). Dennoch brauchen wir die Berechnungsmodelle und rechnerische Prognosen: Für die Vergabe müssen Massen und Querschnitte feststehen (z. B. für die Bestellung von Tunnelmaschinen, Stahlbögen, Schalwagen usw.). Das Vergaberisiko muß überschaubar sein. Wir brauchen aber auch Kriterien, ob wir nicht etwa zu überkonservativ, unwirtschaftlich bauen. Spätere Lastfälle, z. B. Erdbeben oder Verkehr können nicht gemessen werden. Sie müssen in Prognose-Modellen simuliert werden.

Es ist wichtig, felsmechanischen Aufschluß, statisches System, Berechnungstheorie und Sicherheitskonzept mit Versagenkriterien als eine untrennbare Einheit zu sehen. Fehler und Ungenauigkeiten in einem Teil davon, d. h. unvermeidbare Streuungen und Wahlmöglichkeiten in den Annahmen, beeinflussen die Gesamtaussage. Dennoch ist nichts so praxisnah wie eine Theorie, eine zutreffende freilich. Nur so können Prognosen gewagt werden, sind wichtige von unwichtigen Einflüssen in Parameteruntersuchungen trennbar, sind Erklärungen für rein phänomenologische Beobachtungen gewinnbar.

Die Berechnungsmodelle für Tunnel- und Felsbau werden niemals die gleiche Aussagekraft erreichen wie diejenigen des Brücken- und Hochbaus, denn der Tunnelingenieur „baut" mit dem jeweils vorhandenen Gebirge. Und das Auffahren, die Geburt, ist die kritischste Lebensphase eines Tunnels.

Daraus folgt jedoch noch nicht, daß also Berechnungsmodelle nichts taugen. Die Ingenieurleistung, zutreffende Berechnungsmodelle zu erfinden, ist eben nur ungleich schwieriger als im Brückenbau (vgl. [1], [2]).

2. Die mechanischen Grundlagen der NÖT

Was macht nun in statischer Hinsicht das Wesen der NÖT aus? Hierzu wird auf die 22 Grundsätze von Leopold Müller [11] zurückgegriffen. Die

1. Gebirge als Haupttragelement erhalten und ertüchtigen (1,2,3,4)
2. Teilentspannung "dosiert" zulassen (5)
3. Durch Messungen Zeitverhalten von Gebirge und Ausbau bestimmen (7,8,17)
4. Ausbruch und Verbau in Art und Zeit auf gewünschte Teilentspannung abstimmen (6,12,15,16,17)
5. Auskleidung möglichst biegefrei als Druckring wirken lassen (Sohlschluß) (10,11,14,15,18)
6. Gebirge und Ausbau sind statisch ein Verbundsystem (9,13,19)
7. Überwachung und Dimensionierung (!?) durch Messungen während des Baus (21)

Abb. 2. Statische Grundlagen der NÖT
Design fundamentals of the NATM

wesentlichen Punkte sind in Abb. 2 aufgelistet. Die Nummern in Klammern weisen auf die 22 Grundsätze hin.

1. Wenn die Spannungsumlagerungen infolge des Hohlraumausbruchs im wesentlichen vom Gebirge aufgenommen werden sollen, sind ein- und zweiachsige Spannungszustände, Auflockerungen, Entfestigungen zu vermeiden, sofortige flächenhafte Stützung erforderlich.

2. und 4. Die Verbaumittel sind wirtschaftlich, aber auch statisch optimal gewählt, wenn sie auf Grund ihrer Nachgiebigkeit und ihres zeitlichen Einsatzes eine Teilentspannung des Gebirges zulassen. Und sehr wichtig: der Ingenieur sollte diese Entspannung dosieren, steuern, d. h. quantitativ gezielt beherrschen.

3. Dazu ist das Zeitverhalten, also u. a. die Entspannungsgeschwindigkeit, die Standzeit zu messen.

5. Biegemomente gefährden die Auskleidung wesentlich stärker als Längskräfte. Eine möglichst biegeweiche, frühzeitig zum Ring geschlossene Auskleidung, die sich selbständig in die Stützlinie hinein verformt, ist daher anzustreben.

6. Wegen 1 und 5 ist zwangsläufig ein so guter Verbund erreicht, daß Auskleidung und umliegendes Gebirge für die nach der freien Entspannung folgenden Umlagerungsphasen als einheitliches Verbundsystem wirken.

7. Als unverzichtbar gehören schließlich zur NÖT Überwachungsmessungen während des Baus. Aus dem zeitlichen Verlauf von Verformungs- und Spannungskurven wird auf die Richtigkeit der Wahl der Ausbruchs- und Ausbauphasen und auf die endgültige Standsicherheit geschlossen. Die NÖT behält sich eine Umdimensionierung während des Vortriebs vor. Dies setzt die flexible Verfügbarkeit unterschiedlicher Ausbaumittel voraus. Tunnelbohrmaschinen hätten es hierbei schwer.

Nicht die Ausbruchsweise, nicht Spritzbeton, oder der frühe Sohlschluß, also nicht eine Tunnelbaumethode seien das Eigentliche der NÖT, sondern das Gesamtkonzept einer konsequenten Anwendung neuerer und besserer Kenntnisse über das Gebirgsverhalten [11].

Das statische Grundkonzept der NÖT ist in Worten leicht erklärt. Die Schwierigkeiten beginnen, wenn dieses Konzept als Ergänzung zu Erfahrung und Messung in ein mit Maß und Zahl arbeitendes Entwurfsmodell übersetzt werden muß.

3. Idealmodell

Wollten wir die Anfangs-, Zwischen- und Endzustände eines Tunnelbaus, so wie sie wirklich sind, und die für die Lebenszeit des Tunnels zu berücksichtigenden Bemessungsfälle voll in ein Berechnungsmodell übersetzen, müßten im wesentlichen die folgenden Einflüsse erfaßt werden.

1. Wenn das Gebirge wesentlicher Tragkörper ist, muß die Geometrie dreidimensional, mit Klüften, Störzonen, auch in den wechselnden Ortsbrustzuständen, beschrieben werden können.

2. Die felsmechanische Erkundung des Ausgangszustandes, der Primärspannungen, müßte nicht nur die zur Zeit des Aufschlusses meßbaren, sondern auch die zukünftig möglichen Zustände umfassen.

3. Wenn eine „dosierte" Teilentspannung zugelassen werden soll, muß das Stoffverhalten des Gebirges infolge der Spannungsumlagerungen mit plastischen und vor allem zeitabhängigen Eigenschaften in Stoffgesetzen vorliegen. Die dazu erforderlichen meist nichtlinearen Parameter müssen gemessen werden; und auch richtig gemessen werden.

4. Wenn wir ermitteln wollen, wie weit wir mit einer gewählten Ausbruchs- und Ausbaumethode von Versagenszuständen entfernt sind, wenn wir also Sicherheiten abschätzen wollen, müssen das örtliche Materialversagen (von Gebirge und Anker und Spritzbeton) und mögliche Brüche phänomenologisch richtig in Berechnungsansätzen beschrieben werden. Man denke z. B. an First- und Ulmenverbrüche oder Versagen von Kalottenauflagern während des Auffahrens.

5. Die eigentliche statische Berechnung müßte Teilentspannungen des Diskontinuums Gebirge, die Festigkeitszunahme des Spritzbetons, den Wechsel der Ausbruchgeometrie und anderes mehr mit nichtlinearen, zeit- und wasserabhängigen Stoffgesetzen einschließen.

6. Wenn schließlich durch den Vergleich mit Meßwerten die Brauchbarkeit des Modells bestätigt werden soll, ist sorgfältig zu prüfen, ob eine Übereinstimmung nicht zufällig trotz fehlender wesentlicher Einflüsse erreicht wurde. Das Modell muß den Realitätstest bestehen.

Mit den Ansprüchen eines solchen Idealmodells macht man auch den größten Enthusiasten, der an Modellen arbeitet, völlig mutlos. Es ist offenbar, daß die Zahl der Parameter so groß ist und die mechanische Übersetzung ihrer Einflüsse in ein Modell so schwierig, daß ein solches Idealmodell, Abbildungsmodell [3], nicht für die Entwurfspraxis taugt.

Die Ingenieuraufgaben zur Übersetzung der Realität
in Berechnungsmodelle :

1. Hauptaufgabe : Tragverhalten verstehen
- _Forschungsmodell_ zur Erklärung der Phänomene durch Abbildung der Realität
- Erkunden von Einwirkungen, Stoffverhalten
- Parameteranalysen
- Test und Rechnung stimmen überein

2. Hauptaufgabe: _Technisches Modell_ f. Berufspraxis erfinden
- Reduktion auf wesentliche Parameter
- Idealisierung von Einwirkungen, Stoff, System, Sicherheitskonzept
- Realität wird ersetzt, nicht abgebildet
- Rechnungsergebn. stimmen nicht mit Meßwerten überein

Abb. 3. Die Hauptaufgaben der Ingenieurleistung
Principal tasks of the art of engineering

Das Idealmodell ist gut für die Forschung, denn nur mit genauerer Abbildung der Natur, meist jedoch nur für begrenzte Einflüsse erreichbar, ist ein besseres Verständnis für das tatsächliche Verhalten von Gebirge und Auskleidung gewinnbar. Für die Entwurfspraxis müssen wir, eventuell abgeleitet aus dem Forschungsmodell, Technische Modelle erfinden. Sie müssen mit wenigen, aber den wesentlichen Parametern, mit kräftigen Idealisierungen von Lasten, Stoff und statischem System ersatzweise für die Wirklichkeit stehen, sie ersetzen, nicht abbilden.

Provozierend steht in der letzten Zeile von Abb. 3, daß Rechnung und Messung in der Regel nicht übereinstimmen. Das Technische Modell enthält meist stillschweigende Sicherheiten, weil nach der sicheren Seite hin vereinfacht wird. Messungen müßten demnach kleinere Werte liefern als die Rechnung. Die Messung kann aber auch größere und dennoch unschädliche Spannungen ausweisen. Das Technische Modell kann nämlich bewußt Nebenspannungen, wie z. B. Biegemomente in Auskleidungen, Eigen- und Temperaturspannungen, unberücksichtigt lassen, wenn wir wissen, daß solche Einflüsse in Grenzzuständen verschwinden, „herausplastifizieren".

In der Entwurfspraxis rechnen wir nicht die Wirklichkeit nach, sondern ein Modell von der Wirklichkeit, das mechanisch stellvertretend nur die wesentlichen Phänomene erfaßt. Dieses Modell muß sich in der Praxis bewährt haben. Dies ist im Prinzip auch beim Entwurf eines Fernsehturmes oder einer Brücke nicht anders, auch dort sind Lasten und Festigkeiten Rechengrößen, nicht unmittelbar tatsächliche Werte. Diese Unterscheidung zwischen Abbildungsmodell und technischem Modell ist deshalb so wichtig, weil wir nur so Mut gewinnen, Technische, also einfache Modelle zu erfinden.

4. Berechnungsmodelle der Praxis

Mit welchen, offensichtlich auf technische Modelle hinzielenden Ansätzen wird der Ausbau der NÖT in der Praxis berechnet? Nachfolgend wird nur das Wesentliche aus einer Vielzahl von Varianten erörtert.

4.1 Konvergenz-Charakteristiken (Fenner-Pacher-Kurven)

Aus der Literatur, z. B. aus den Aufsätzen von v. Rabcewicz und von Pacher, [15], [13] u. a. gewinnt man den Eindruck, als ob die NÖT ausschließlich mit einem Berechnungskonzept verbunden ist, das von den

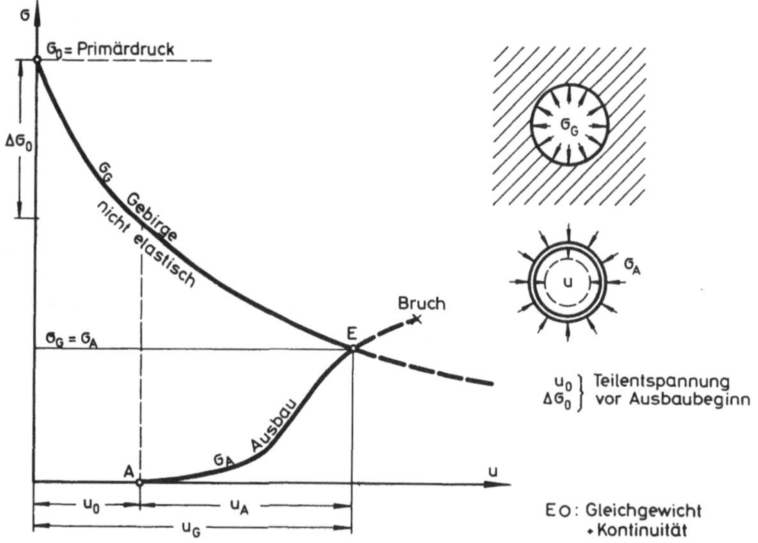

Abb. 4. Interaktion zwischen Gebirge und Auskleidung
(Fenner-Pacher-Charakteristen)
Interaction between ground and lining

Konvergenz-Charakteristiken nach Fenner-Pacher [7] ausgeht. Die Interaktion zwischen Gebirge und Ausbau kann hiermit — auch didaktisch — sehr gut erklärt werden. Bevor die ersten Ausbauelemente gesetzt werden können, tritt eine Entspannung $\Delta\,\sigma_0$ mit einer Lochrandverschiebung u_0 ein. Mit dem weiteren Ausbruch und der Vollendung des Ausbaus stellt sich je nach dem Steifigkeitsverhältnis von Ausbau und Gebirge der eine statisch unbestimmte Zustand ein, bei dem Gleichgewicht und Kontinuität erfüllt werden.

Wenn solche Konvergenz-Charakteristiken unmittelbar zur Bemessung der Ausbaumaßnahmen verwendet werden sollen, müssen in konkreten Zahlen bekannt sein:

— die Gebirgsentspannungskurve,

— die Kurve des Ausbauwiderstandes, die stark von der mit den Ausbauphasen veränderlichen Steifigkeit des Ausbaus abhängt,

— die zur Teilentspannung gehörende Vorverformung u_0.

Die Aussicht, mit solchen — selbstverständlich sehr viel mehr verfeinerten — Konvergenzkurven Tunnel direkt bemessen zu können, erschien den französischen Kollegen so vielversprechend, daß dieser Methode ein eigenes Symposium gewidmet wurde [8].

1. Rotationssymmetrischer Zustand ($\lambda=1$)

2. Ausbau in Kreisform gleichmäßiger Stärke

3. plastische Zonen nach Kastner

4. Ankereinfluß auf σ-Zustand beschränkt

5. keine Anisotropie, keine Störzone

6. rheologisches Verhalten nicht erfaßt

7. keine lokalen Versagensmechanismen

Ergänzungen :
- post-failure für Gebirge (Egger)

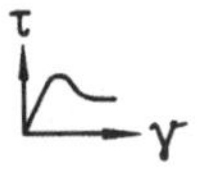

- Ortsbrust (Lombardi)

- rheologische Sicherheit (Pacher)

- "Eichung" durch in-situ-Messung

- usw.

Abb. 5. Annahmen für Fenner-Pacher-Charakteristiken
Assumptions for Fenner-Pacher characteristics

In Abb. 5 sind einige Voraussetzungen zusammengestellt, mit denen auch Zahlenangaben für die σ- und u-Achsen abgeleitet werden. Da ein wesentliches Merkmal der NÖT die gezielte Zulassung von „plastischen" Zonen ist, interessiert der kleine Anfangsbereich (Abb. 4) mit vorwiegend elastischer Entspannung wenig. Es ist also eine Gebirgsentlastungs-Kurve durch Rechnung oder Versuch zu bestimmen, die aus nicht-elastischen Einflüssen folgt. Dies läßt sich analytisch nur für einfachste Stoffgesetze, für allseits gleichen Druck ($\lambda=1$), z. B. nach Kastner und für drehsymmetrische Kontur (also Kreistunnel) berechnen. Selbstverständlich könnten hier numerische Verfahren, etwa die Finite-Element-Methoden, mit realistischeren Stoffgesetzen und realeren Geometrien der Ausbruchsfolgen helfen. Das Diagramm, Abb. 4, bleibt aber prinzipiell auf den drehsymmetrischen Zustand beschränkt, da diese Konvergenzkurven von *eindimensionalem Charakter* sind (nur ein σ und nur eine Verschiebung u sind hier Verhaltens- und Entwurfskriterien). Lokale, etwa aus Störzonen, Anisotropien usw. folgende Versagenszustände sind nicht erfaßbar. Zunächst wäre zu erwarten, daß diese Methode — wie kürzlich auch von Seeber [18] angewandt — nur für sehr tiefe Tunnel in stark druckhaftem Gebirge taugt. Hier steht der Einsatz der NÖT jedoch auch z. B. für U-Bahn-Tunnel zur Diskussion.

Viele Autoren haben dieses Konzept ausgebaut. Egger [5] hat nachgewiesen, daß wegen der bleibenden Restfestigkeit schon ein geringer Ausbauwiderstand das Gebirge stabilisieren kann. Lombardi hat neben vielen anderen Ergänzungen, z. B. [9], auch Bemessungskurven für den Ortsbrustbereich [10] aufgestellt. Pacher hat mit solchen Kurven einen auf die Deformationsgeschwindigkeit bezogenen Sicherheitsbegriff [14] vorgeschlagen.

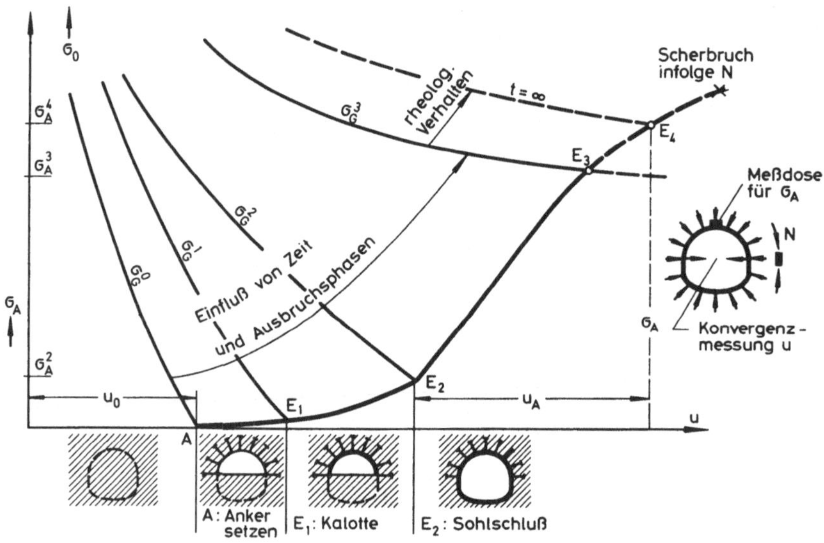

Abb. 6. Entwicklung der Ausbau-Kennlinie mit den Ausbauphasen
Development of the characteristic lines during progress of excavation

Die begleitende In-situ-Messung ist ein integraler Bestandteil der NÖT. Man kann also versuchen, das gesamte Spektrum der vielen Parameter- und Bauverfahrens-Einflüsse durch Messungen der Konvergenz zu erfassen, die Kurve also zu „eichen". Dies liefert jedoch nur die Gleichgewichtsspannung σ_A und bestenfalls die Ausbauverschiebung u_A, aber z. B. nicht die Entspannungsanteile. Es bleibt außerdem weitgehend verborgen, wieweit man von möglichen Versagensformen entfernt ist, welche Parameter für die Standsicherheit maßgebend waren.

Die große Veranschaulichungskapazität der Ausbau- und Widerstandskurven wird am Beispiel der Abb. 6 erläutert. σ_A sei die Anzeige einer

Druckmeßdose, z. B. unmittelbar an der Ortsbrust auf einem der Kalotten-bögen angebracht (Punkt A). Die Vorab-Entspannungsbewegung u_0 ist un-bekannt. Sie ist auch mit Voraus-Installationen von Meßinstrumenten schwer bestimmbar, weil u_0 ein „eindimensionaler" Ersatzwert für die mittlere ein-wärtsgerichtete Entlastungsbewegung ist.

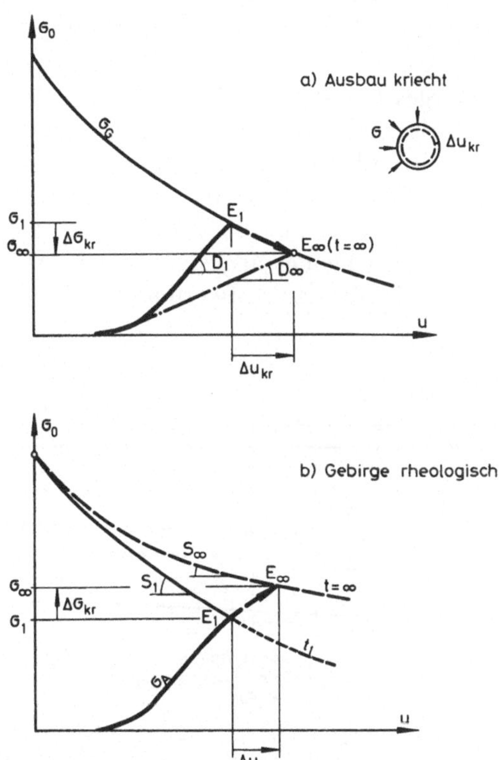

Abb. 7. Kriechen von Ausbau und Gebirge

a) Creep of concrete, b) rheological ground

Die Meßdose zeigt stets den — wenn auch temporären — Gleichgewichts- und Verträglichkeitszustand an. Das heißt, die Gebirgs-Kennlinie σ_G wandert mit sich vergrößerndem Öffnungsvolumen nach oben, zum weniger stand-festen Zustand hin. Läuft sie dem Ausbauwiderstand davon, wird Verbruch angezeigt. Kohäsionsloser Sand hätte z. B. keine Chance. Dies Verhalten nennen wir Standzeit. Der Fächer der Gebirgskennlinien σ_G kennzeichnet also den für die NÖT so wichtigen Zeitfaktor. Verhält sich das Gebirge nach Sohlschluß noch rheologisch, mag E_4 erst der endgültige Ruhezustand sein. Ansätze, das rheologische Verhalten auch rechnerisch in diese Kurven einzubringen, fehlen noch. Dies ist schon deshalb so schwierig, weil das Gebirge die entsprechenden Stoffparameter auch an versierte Felsmechaniker nicht leicht hergibt.

Mit diesen so hervorragend anschaulichen Kurven kann man noch sehr vieles mehr phänomenologisch, leider kaum quantitativ erklären. In Abb. 7 sind die Folgen gezeigt, wenn a) der Beton kriecht und schwindet, oder b) wenn nur das Gebirge rheologisch reagiert. Mit inelastischer Verkürzung entzieht sich der Ausbau der Beanspruchung. Liegt E_1 (Abb. 7a) noch nicht im Minimum der Gebirgskennlinie, fällt auch die Verbund-Spannung zwischen Auskleidung und Gebirge auf den Wert σ_∞ ab. Wäre der Weg E_1 bis E_∞ bekannt, könnte von Anfang an mit dem günstigeren Steifigkeitswert D_∞ (statt D_1), gerechnet werden.

Kriechen des Gebirges (Abb. 7b) kann z. B. auch den Effekt enthalten, daß das schützende Gebirgsgewölbe mit der Zeit, etwa durch Erschütterungen, die Tragfähigkeit einbüßt. Der Gleichgewichtszustand wandert auf der Ausbau-Kennlinie σ_A. Die Einwärtsverschiebungen nehmen zu, hier auch mit einem Spannungszuwachs $\Delta\,\sigma_{kr}$. Dies könnte man pauschal erfassen, wenn die Gebirgssteifigkeit S kleiner angesetzt würde. Das Problem ist nur: wie kommt man zu zutreffenden Zahlenwerten!

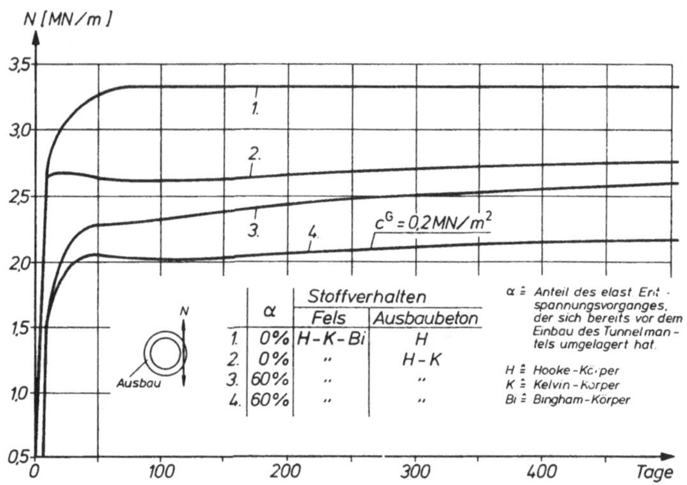

	α	Stoffverhalten	
		Fels	Ausbaubeton
1.	0%	H–K–Bi	H
2.	0%	"	H–K
3.	60%	"	"
4.	60%	"	"

Abb. 8. Zeitliche Änderung der Längskraft N im Beton-Ausbau infolge unterschiedlichen rheologischen Verhaltens von Gebirge und Ausbau nach [12]

Time dependent change of the normal force N in the lining due to rheological behaviour of ground and lining [12]

Bei den für die NÖT geeigneten Gebirgstypen sind sowohl Ausbau als auch Gebirge rheologisch. Was dabei herauskommt, wenn beide Partner gewissermaßen „um die Wette" kriechen, zeigt Abb. 8. Sie ist der Arbeit von Klaus Müller [12] entnommen. Dies sind freilich Ergebnisse der Finiten-Element-Methode. Felskriechen ist durch ein Bingham-, Betonkriechen durch ein Kelvin-Modell simuliert. Die Parameter dazu sind, die Natur übertreibend, geschätzt. Der Entspannungsgrad vor der Wirksamkeit der Auskleidung (α) ist variiert. Oberste Kurve (1): Beton kriecht überhaupt nicht und wirkt für den gesamten Anteil der Spannungsumlagerungen aus Tunnelbau elastisch von Anfang an mit. Verhält sich auch der Beton rheologisch, Kurve (2), wird die Längskraft des Falles 1 bereits um rd. 20% abgemindert. Kurve (3): Beide Partner kriechen; das Gebirge konnte sich um 60% ohne Behinderung

1. Kennlinien für $\lambda \neq 1$?

2. für Tunnel geringer Überdeckung ?

3. für nicht-kreisförmige Querschnitte ?

4. für biegesteifen Anteil des Ausbauwiderstandes ?

5. wie Eindimensionalität überwindbar ?

6. wie zuverlässig u_0 meßbar ? Meß-Eichung ?

7. Auffahrtechnik an gewünschtes u_0 anpaßbar ?

8. rheologisches Modell für Standzeiten ?

9. wie Größklüfte, Störzonen, Anisotropien, Teilankerungen erfaßbar ?

10. wie kann von Messungen auf Grenztragfähigkeiten extrapoliert werden ?

11. entscheidende Parameter herausfinden

12. Anwendungsgrenzen erarbeiten

Abb. 9. Offene Probleme der Methode der Konvergenz-Kennlinien

Problems of the convergence-confinement method

durch einen Ausbau entspannen. Die Längskraft im Tunnel wächst dennoch auf nahezu den gleichen Wert wie im Fall der Kurve (2) an. Bei der Kurve (4) ist außerdem eine Kohäsion c^G angesetzt.

Das Gesamt-Ergebnis zeigt: Was auch immer angesetzt wird, bei hoher Kriechfähigkeit stellt sich ein ungefähr gleicher Endzustand ein. Rheologische Eigenschaften gleichen unterschiedliche Beanspruchungen aus Bauzuständen kräftig aus. Das heißt andererseits aber auch: Bei stark rheologischem Gebirge kann ein größerer Entlastungsanteil zu sehr falschen Ansätzen führen, wenn nach dem zu günstigen Anfangszustand bemessen wird.

Die hier eingeflochtenen kritischen Bemerkungen sollen in dem Sinne verstanden werden, die Fenner-Pacher-Interpretationskurven noch verstärkt daraufhin zu prüfen, ob dieses Verfahren eine Bemessungsmethode werden kann. In Abb. 9 sind einige Bemerkungen und Anregungen aufgelistet:

Zu 1. und 2.: Für nichtrotationssymmetrische Primärspannungen $(\lambda \neq 1)$ sind die „plastischen" Zonen sehr viel anders verteilt. Für Tunnel geringer Überdeckung ist der Seitendruck ungleich Eins. Die Tunnelauskleidung verformt sich in die momentenfreie Stützlinie hinein. Die Gebirgsverschiebungen u sind hierbei ungleich über den Umfang verteilt.

Zu 3. und 4.: Die Biegesteifigkeiten, d. h. die nicht mehr drehsymmetrischen Verschiebungen können für die Gesamtsteifigkeit und die Grenztragfähigkeit von größerer Bedeutung sein. Biege- und Dehnsteifigkeit sind gekoppelt. Wenn nur die Dehnsteifigkeit berücksichtigt wird, kann die Ausbausteifigkeit leicht überschätzt werden. Wie könnten die Kennlinien hierfür erweitert werden?

Zu 5.: Dies erscheint dem Verfasser als wichtigste Frage: Wie kann die Eindimensionalität der Kennlinien überwunden werden? Kann das komplexere Verhalten eines anisotropen, geklüfteten Kontinuums (hierzu gehört auch Frage 9 in Abb. 9) dennoch durch ein einziges Kriterienpaar $\sigma - u$ beschrieben werden?

Zu 6. und 7.: Wir sparen viel, wenn ein u_0-Entspannungsanteil nicht in die Berechnung der Auskleidung einzugehen braucht. Die Übersetzung dieser Erkenntnisse in Zahlengrößen der Bemessungspraxis scheint besonders schwierig. Wie zuverlässig können solche Null-Messungen gemacht werden? Aber auch: wie genau können, wie genau müssen Auffahrtechnik und Ausbruchphasen an ein gewünschtes Entspannungsmaß u_0 angepaßt werden?

Welches rheologische Modell (Punkt 8) ist für die Beschreibung, d. h. für eine Vorausberechnung der temporären, von Geometrie und Spannungszuständen abhängigen Standzeiten geeignet? Welche technischen Näherungen reichen aus?

Zu 10.: Wenn Rechnung und Messung den In-situ-Zustand als standsicher ausweisen, kann mit diesen Kennlinien auf die Reserven, d. h. auf Sicherheiten extrapoliert werden? Sind die durch diese Kennlinien angezeigten Versagensfälle realistische Fälle? Wie kann hierbei die zweite Schale, die Innenauskleidung, berücksichtigt werden?

Zu 11. und 12.: Es wäre wichtig zu wissen, welche Parameter die Kennkurven entscheidend beeinflussen, damit die Kennlinien auch für Vorentwurf und Vergabe aus Felskennwerten berechnet werden können?

Dies sind genug Fragen ohne direkte Antworten.

4.2 Verbundsystem aus Gebirge und Ausbau als tragender Ring

Sowohl für die Methode mit Konvergenz-Kennlinien als auch für völlig unabhängig davon angesetzte Gebirgsdrücke wird der in Abb. 10 skizzierte Tragring aus Fels, Beton und — soweit vorhanden — Ankerung und Stahlbögen als Ersatzmodell vorgeschlagen. Der Ring muß selbstverständlich kein Kreis sein. Die Dicke des mitgenommenen Gebirgsringes entspricht den aktiv wirksamen Ankerungen oder wird frei gewählt. Dies ist ein Modell, das einem Grenzfall entnommen ist. Es trifft umso eher zu, je steifer der Ausbau im Vergleich zum Gebirge und je geringer die Überdeckung ist. Schon bei mäßiger Überdeckung muß die Auflast geschätzt und nachträglich durch erste Meßergebnisse korrigiert werden.

Das sehr einfache Modell des tragenden Ringes hat die folgenden *Vorteile:*

a) Ein Stabmodell ist besonders für den Bauingenieur so attraktiv: hierauf können nun alle Regeln der Stabstatik sowie die Bemessungs- und Konstruktionsnormen des Stahlbeton- und Stahlbaus übertragen werden. Dies verführt leider auch dazu, Angaben wie z. B. die über Rissesicherheit und Bewehrungsführung zu übernehmen, obwohl sie für Tunnelbauwerke nicht gültig sein müssen. Mit den Bauingenieurnormen werden zugleich auch Kriterien und Maßzahlen von Sicherheiten mitgeliefert. Auch hier ist die Übertragbarkeit sehr fraglich.

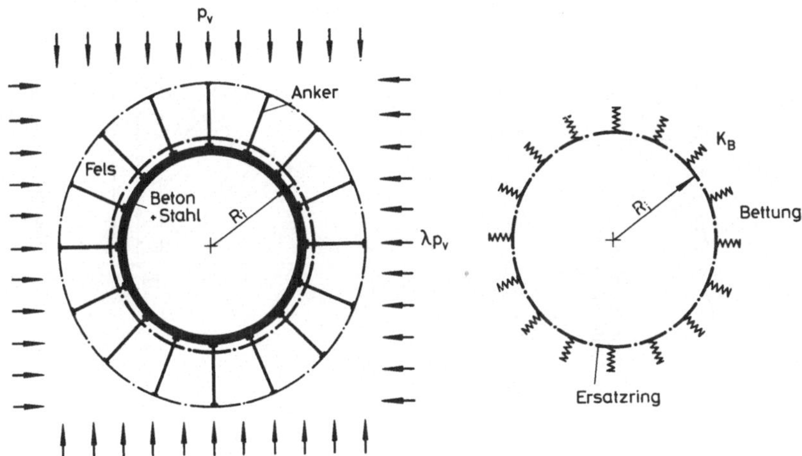

Abb. 10. Ersatzsystem: „Tragender Ring"
Ring-model

b) Den Beton-Fels-Verbundring kann man relativ einfach auch für plastisches, rheologisches, teilgerissenes Verhalten berechnen. Rechnerisch läßt sich auch überprüfen, ob der Verbund zwischen Beton und Fels ausreicht. Biegung ist hier enthalten.

c) Es kostet nicht viel, die unsicheren Berechnungsannahmen (z. B. in p_v, λ, K_B, Ankerkräften, E_i und in anderen Stoffwerten) in alternativen Rechengängen innerhalb möglicher Streubereiche zu variieren, um deren Auswirkungen abzuschätzen.

d) Das Modell kann relativ leicht so an Meßergebnisse angepaßt werden, daß Verformungen übereinstimmen, um es also so für die weiteren Tunnelabschnitte zu „eichen". Freilich kann man hier leicht mit falschen Parametern gute Übereinstimmung erzielen.

Das Ringmodell hat u. a. die folgenden *Mängel:*

a) Das Herausschneiden aus dem Kontinuum und die Rückführung auf das sehr einfache System als dickes Rohr oder gebetteter Stabbogen hat seinen Preis: die eigentlich erst aus dem Verbund mit dem abgeschnittenen Kontinuum folgenden Randspannungen und Verformungswiderstände müssen durch „äußere Lasten" und Bettungsmoduli K_B ersetzt werden.

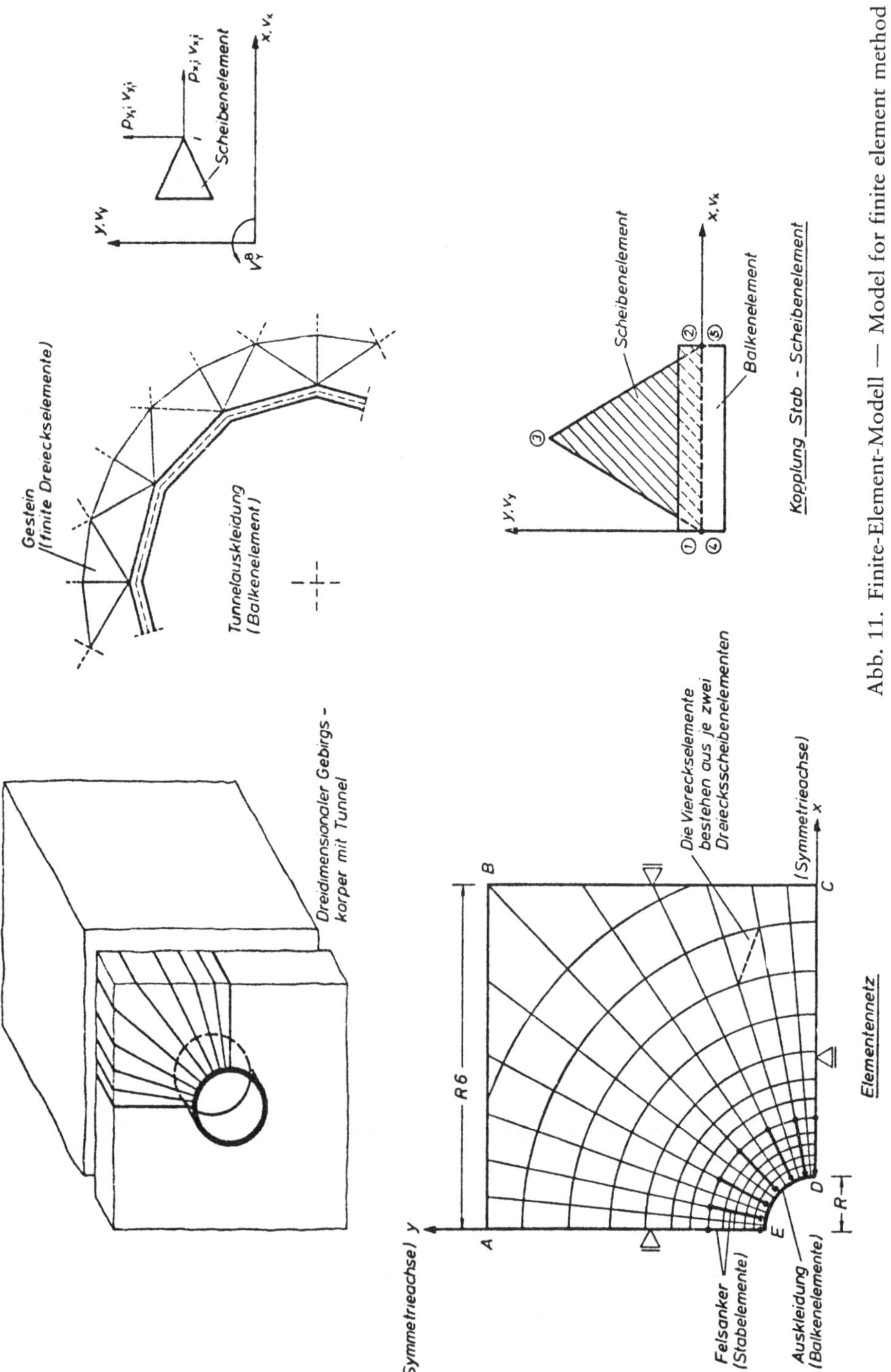

Abb. 11. Finite-Element-Modell — Model for finite element method

b) Aus dem Modell selbst sind Größe und Richtung der Gebirgsdrücke, hier also „Lasten", nicht ableitbar. Die Kapazität des weiteren Gebirges, sich an den Umlagerungszuständen zu beteiligen, wird mit Bettungsmoduli recht schlecht simuliert.

c) In der Regel wird auf einen Entlastungsanteil aus vorab eintretenden Gebirgs-Entspannungen verzichtet. Er kann nur durch Abschätzungen bei den „Lasten" erfaßt werden. Bauzustände sind nicht simulierbar.

d) Die Wirkung von Ankern kann nur sehr pauschal, diejenige von Klüften, Störzonen, Anisotropien, von räumlichen Zuständen kann kaum oder überhaupt nicht berücksichtigt werden.

e) Es sind Parameterstudien für zutreffende Ersatzsteifigkeiten, Zeit- und Plastizitätseffekte, Dicke des Ersatzringes sowie Angaben über Anwendungsgrenzen wünschenswert. Vielleicht ist das Modell nur für Tunnel in Lockerboden, für sehr standfestes Gebirge und für Vorbemessungen brauchbar.

Wenn aus dem Ringmodell ein Technisches Modell werden soll, sind Vergleichsuntersuchungen mit genaueren Kontinuumsberechnungen erforderlich, um die rigorosen Vereinfachungen, die hierin enthalten sind, zu rechtfertigen. Die „Eichung" für jeweils einen Tunnel und die spezielle Auffahrmethode durch Messung und genauere Rechnung wäre auch denkbar. Wenn man nur die Auskleidung, nicht jedoch einen Gebirgsring ansetzt, kommt man zum Modell für schildvorgetriebene Tunnel [4], das für geringe Überlagerung und weichen Baugrund als technisches Modell empfohlen wird.

4.3 Numerische Berechnung von Kontinua (FEM)

Die dritte Möglichkeit, die statischen Grundsätze der neuesten Erkenntnisse der Felsmechanik, also der NÖT, in ein Modell zu übersetzen, ist die Finite-Element-Methode. Arbeitsweise und Leistungsfähigkeit dieser Methode werden als bekannt vorausgesetzt.

Auch hier ist ein räumlicher oder — unter stärkerem Verlust von Realitätsnähe — ein ebener scheibenartiger Gebirgskörper (Abb. 11) herauszuschneiden. Der Ausschnitt kann nun aber so groß gewählt werden, daß an den Rändern der ungestörte Zustand, der aus felsmechanischen Messungen zu ermitteln ist, angesetzt werden kann. Mit den numerischen Lösungsverfahren auf Großrechnern ist ein qualitativer Sprung in Richtung größerer Realitätsnähe erreichbar. Die Möglichkeiten zur Verfeinerung der Geometrie (z. B. mit Hilfe von Netzgeneratoren) und zur Einarbeitung wirklichkeitsnäherer Stoffgesetze sind vom Modell her unbegrenzt. Grenzen setzen eher die Rechnerkapazität, der Mangel an gemessenen Stoffkonstanten, die Kosten. Der fortschreitende Ausbruch und die in Phasen eingebrachten Ausbauelemente können durch jeweilige Änderung der Geometrie simuliert werden. Der nichtlineare Rechenprozeß kann Scher-, Druck-, Zugversagen, Viskoplastizität, Entlastungsvorgänge, Aktivierung von Restfestigkeiten berücksichtigen. Verteilte Klüfte können durch anisotrope „verschmierte" Ersatzsteifigkeiten des Kontinuums, starke Störzonen durch spezielle Kluftelemente erfaßt werden.

Wenn die Leistungsfähigkeit der Finiten-Element-Methode an den statischen Grundprinzipien der NÖT gemessen wird, ergeben sich kaum prinzipielle Einwände, eher nur Wünsche nach verstärkter Entwicklung der Methode in Richtung auf tunnelgerechte Ansätze. Dazu gehören:

1. Der vom jeweiligen Bauverfahren abhängige Entspannungsgrad sollte mit Einschluß des rheologischen Verhaltens (Standzeitabhängigkeit) zutreffender ermittelt werden.

2. Die Einbindung der In-situ-Messungen in den Entwurfsprozeß mit iterativen Verbesserungsschleifen im Berechnungsmodell sollte noch enger sein. Daraus folgt: es muß noch mehr und modellrelevanter gemessen werden.

3. Aus komplizierteren, vollständigeren Ansätzen und aus Baustellenerfahrung sollten einfachere, dennoch brauchbare FEM-Modelle abgeleitet werden:
   — für die wesentlichen Ausbruch- und Ausbauphasen,
   — für die dreidimensionalen Verhältnisse an der Ortsbrust,
   — für Versagens- und Bruchfälle als Grenztragfähigkeitszustände.

4. Noch am wenigsten entwickelt ist ein Sicherheitskonzept, vgl. Abschnitt 5 und [2]. Für die verschiedenen Versagensformen (z. B. Bruch oder zu große Verformung oder nur Wasserundichtigkeit) sind auch verschiedene Kriterien und Sicherheitskonzepte zu entwickeln. Die naturgemäß starken Streuungen der Einflußparameter müssen in praxisgerechte Näherungen eingefangen werden. Die FEM-Rechnungen werfen Verschiebungen und Spannungen als Ergebnisse aus. Dennoch sollten wir stärker in Grenzzuständen denken und rechnen. Leider können wir sie nicht messen, denn selbst Probestollen erproben nicht Bruchzustände.

5. Vielleicht sollten für die Zukunft Berechnungsmodelle steigender Genauigkeit angeboten werden, die den jeweiligen Genauigkeitsanforderungen des speziellen Hohlraum- und Gebirgstyps gerecht werden, z. B. auch von der Art, daß eine genauere Rechnung erst dann anzusetzen ist, wenn wesentlich einfachere Methoden, für die bewußt höhere Sicherheitsabstände gewählt werden, Versagen anzeigen.

Dieser Katalog von Entwicklungswünschen ist im Grunde nicht FEM-spezifisch, auch nicht NÖT-spezifisch. Er enthält Vorstellungen notwendiger zukünftiger Entwicklungsrichtungen. Was messen und wie rechnen wir im Tunnelbau in 20, 50, ja in 100 Jahren?

4.4 Bemessung nach Grenzzuständen

Die Abb. 12 und 13 stehen für einen weiteren Bemessungsansatz, der direkt von Bruch-Grenzzuständen ausgeht. Der Ansatz von v. Rabcewicz und Sattler [16] ist in Abb. 12 skizziert. Aus der vom Tragring bei Scherbruch maximal aufnehmbaren Scherkraft mit Anteilen aus Fels, Anker, Beton wird die ertragbare Ringdruckkraft und damit die ertragbare Ringbelastung ermittelt. Der Vergleich mit den zu erwartenden Gebirgspressungen ergibt eine Sicherheitsaussage.

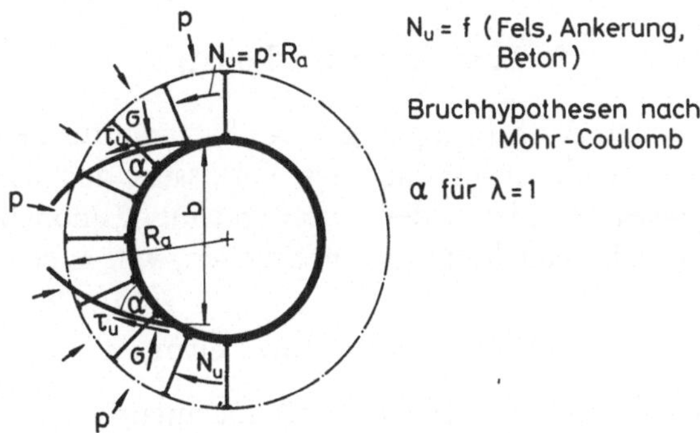

Abb. 12. Grenzscherlast des Tragrings nach v. Rabcewicz und Sattler [16]
Ultimate shearing load of the tunnel ring by v. Rabcewicz and Sattler [16]

Ein solcher Grenztragfähigkeitsnachweis wird hier ganz bewußt nicht der Fenner-Pacher-Kurve (Abb. 4) zugeordnet, weil dort Verträglichkeiten erfüllt werden müssen, also Steifigkeiten eingehen. Die Schergrenzlast wird dagegen — im Sinne der Traglasttheorie durchaus richtig — nur aus Gleichgewicht, ohne Berücksichtigung von Steifigkeitseinflüssen bestimmt. Da der Scherbruch spröde erfolgt, kann diese Grenzlast auch nicht als Horizontale, d. h. als plastische Grenzlast des Ausbauwiderstandes in das Fenner-Pacher-Diagramm eingetragen werden. Solche Grenzlasten haben eigentlich auch nichts mit der NÖT zu tun, denn N_U ist unabhängig von Belastungsgeschichte, Vorentspannung, Bauphasen, Ankervorspannung, Betonkriechen usw. Dennoch brauchen wir N_U für Sicherheitsbetrachtungen, freilich etwas genauer, z. B. nicht nur für Radialsymmetrie $\lambda = 1$.

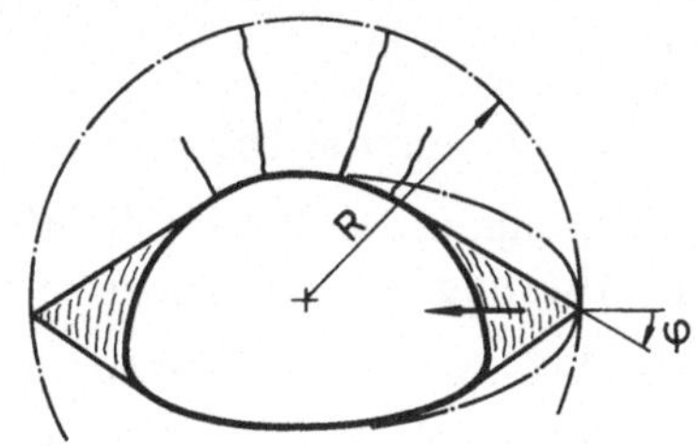

Abb. 13. Scherbruch-Versagen nach G. Feder [6]
Failure due to shearing by G. Feder [6]

In die gleiche Richtung zielen die durch Modellversuche veranschaulichten Ansätze (Abb. 13) von Georg Feder, Leoben, z. B. [6]. Solche Untersuchungen von Versagensmechanismen sind dringend erforderlich. Dies gehört zu den wichtigsten Aufgaben bei der Entwicklung zutreffender Sicherheitskonzepte. Für die zugehörigen rechnerischen Ansätze von G. Feder ist hier kein Raum. Zur Fortsetzung dieser Arbeitsrichtung sollte er sehr ermuntert werden.

5. Zum Sicherheitskonzept

Die nachfolgenden Ausführungen gelten allgemein für Fels- und Tunnelbauten. Sie spiegeln nach Auffassung des Verfassers den derzeitigen Stand der Technik auf diesem Gebiet wider. Die Berechnungsmodelle für die NÖT sollten ein solches Sicherheitskonzept einschließen, vgl. auch [1], [2].

5.1 Allgemeine Bemerkungen

Der Sicherheitsbegriff des Hoch- und Ingenieurbaus, der Sicherheitskoeffizienten auf Lasten und Werkstoffe bezieht, ist nicht auf Felshohlraumbauten übertragbar. In die Beurteilung der Versagenswahrscheinlichkeit eines Felshohlraumbaus gehen entscheidend ein:

— der Primärzustand des Gebirges,
— die Güte und Dichte der felsmechanischen Erschließung,
— die Realitätsnähe der angesetzten oder aus der Auswertung von Labor- und Felsmessungen bestimmten Stoffwerte des Gebirges,
— die Wahl des Berechnungsmodells und der darin enthaltenen Annahmen, die Simulationsgenauigkeit der Ausbruch- und Ausbauphasen,
— die Annahmen über die zu berücksichtigenden späteren Zustände (Langzeitverhalten, Wassereinfluß, äußere Einwirkungen aus Nutzlasten, Klimaeinflüssen, tektonische Störungen),
— die Aussagekraft der Kriterien, auf die rechnerische Sicherheit bezogen wird (z. B. Spannungen oder Verformungen oder Bruchgrenzfälle), vgl. Abb. 14,
— die Güte der meßtechnischen Daten und die Aussagekraft der meßtechnischen Überwachung.

Sicherheitsaussagen können sich auf die folgenden Fälle beziehen:

a) Minderung der Gebrauchsfähigkeit, z. B. durch Wasserundichte, chemische oder mechanische Alterung oder Zerstörung des Ausbaus,

b) Begrenzungen der Verformungen, u. a. auch aus Langzeiteinflüssen,

c) lokales Versagen des Gebirges oder der Ausbauelemente (Grenzbeanspruchung von Gebirge, Beton- oder Stahlquerschnitten, Versagen von Ankern usw.),

d) Gesamtversagen (Einbruch) mit Vorankündigung infolge Festigkeitsüberschreitungen oder ohne Vorankündigung (z. B. Gebirgsschlag), vgl. Abb. 14.

Die Sicherheitsbeurteilung sollte die in den Fällen a) bis d) enthaltenen unterschiedlichen Gefährdungen durch Wahl entsprechender von a) bis d) wachsender Sicherheitszuschläge berücksichtigen. Die Sicherheitszuschläge sollten außerdem unterschiedlich groß gewählt werden für vorläufige Siche-

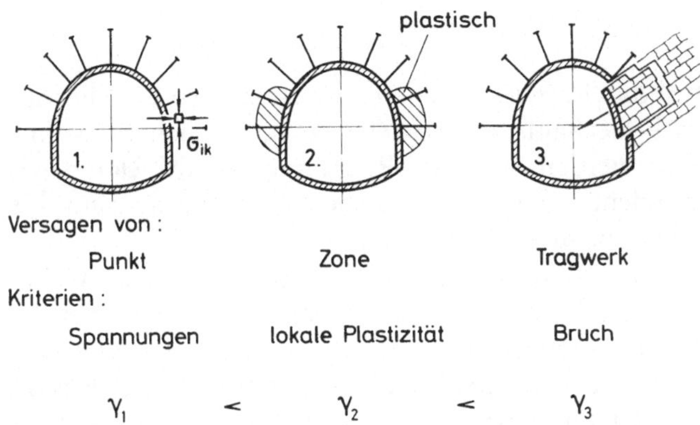

Abb. 14. Kriterien für das Versagen eines Felshohlraumes
Criteria for failure of tunnels

rung und endgültigen Ausbau, für Bauwerke mit kleinen oder großen Schadensfolgen. Rechnung und Messung müssen die zu a) bis d) gehörenden Kriterien als Ergebnis ausweisen.

5.2 Standsicherheitsnachweis

Wegen der Komplexität des Sicherheitsproblems bei Felshohlraumbauten ist es z. Zt. nicht möglich, konkrete Sicherheitszahlen etwa in Form von partiellen Sicherheitsfaktoren anzugeben. Die Standsicherheitsaussage muß daher eine andere Form als bei üblichen Ingenieurbauten haben, vgl. auch [17]:

Bei der Beurteilung aller Einflüsse, von den Annahmen für den Primärzustand, die Gebirgseigenschaften, dem geplanten Bauvorgang bis zu den Ansätzen der Werkstoffgüten muß die Summe der Sicherheiten in den Einzelansätzen die Summe der unsicheren Anteile so sehr überwiegen, daß ein Versagen oder Schadensfall für die Bauzustände und im Laufe der Gebrauchszeit des Felshohlraumbaus unwahrscheinlich ist.

Die den Ausbruch und den Ausbau begleitenden In-situ-Messungen sind eine unerläßliche Kontrolle der Standsicherheit. Selbst wenn sie nur den jeweils gerade vorhandenen Zustand messen, können aus dem Verformungs- und Spannungsbild der Meßergebnisse und den Änderungsgeschwindigkeiten der Meßwerte Aussagen zur Sicherheit abgeleitet werden, die die rechnerischen Nachweise wesentlich ergänzen.

Eine endgültige Sicherheitsaussage hat Berechnungs- und Meßergebnisse gemeinsam zu beurteilen. Hierbei sind auch das Langzeitverhalten und Veränderungen von Einwirkungen und Festigkeiten zu beachten. Diese Beurteilung sollte von den beteiligten Fachleuten möglichst gemeinsam erarbeitet werden.

Der rechnerische Nachweis kann für Gebrauchs- und für Grenzzustände geführt werden.

1. Gebrauchszustände

Wenn für die Einwirkungen, den Primärzustand, die Stoffwerte und das geometrisch-mechanische Modell die tatsächlichen, wahrscheinlichsten Werte angesetzt werden, zielt die Rechnung auf die Untersuchung des tatsächlich vorhandenen Zustandes. Sicherheitsabstände sind hierbei in den Ausgangsansätzen nicht enthalten.

In einer ersten Näherung können — ausgehend vom Gebrauchszustand — Sicherheitsabstände durch zulässige Werte von Beanspruchungen, Spannungen oder Verformungen ausgedrückt werden. Das Konzept von zulässigen Spannungen ist prinzipiell nur von beschränkter Aussagekraft, weil z. B. zwischen den Einwirkungen sowie Gebirgskennwerten und den Spannungen sowie Verformungen in der Regel nichtproportionale Beziehungen bestehen.

Der Nachweis solcher Gebrauchszustände kann für die Untersuchung der Gebrauchsfähigkeit (Rissenachweis, Verformungsbegrenzung) und vor allem für die Nachrechnung von Meßergebnissen angewendet werden.

Nur in Sonderfällen sollte das in den Bemessungsregeln der Baunormen (z. B. DIN 1045, DIN 1050) festgelegte Sicherheitskonzept übernommen werden, indem Sicherheitsabstände auf die durch die Rechnung ausgeworfenen Kriterien (z. B. Spannungen) bezogen werden.

2. Grenzzustände

Grenzbeanspruchung:

Die nichtlinearen Abhängigkeiten erfordern Nachweise, bei denen die in die Rechnung eingehenden Ansätze für Primärzustand, Gebirgskennwerte, Einwirkungen, Werkstoffestigkeiten usw. von Anfang an mit Sicherheitszuschlägen versehen sind. Sind Streubreiten der Parameter bekannt, so kann jeweils ein auf der sicheren Seite liegender Wert innerhalb des Streubereichs angesetzt werden. Hierzu wird empfohlen, mit einer vorangehenden Parameteranalyse zu ermitteln, wie stark die Versagenskriterien auf Änderung der einzelnen Berechnungsparameter reagieren. Zu den Berechnungsparametern gehören auch das Berechnungsverfahren selbst und die Wahl des statischen Systems. In der Entwurfspraxis sollten mehrere Kombinationen von Parameterwerten gewählt werden, die jeweils in der Summe den angestrebten Sicherheitsabstand ungefähr abdecken. Eine Berechnung mit ungünstigsten Werten für alle Parameter enthält in der Regel ein Zuviel an Sicherheit.

Für solche Berechnungsansätze, die Gleichgewicht und Verträglichkeit möglichst in jedem Punkt erfüllen, ist nachzuweisen, daß die Werte der Versagenskriterien den Grenzfall nicht erreichen. In der Regel sollten mehrere Berechnungen mit alternativen Ansätzen durchgeführt werden.

Ansätze nach Traglasttheorie:

Berechnungen, die im Sinne der Traglasttheorie von Versagensmechanismen ausgehen (z. B. Scherbruch des Gebirges und/oder des Ausbaus), kommen in der Regel allein mit Gleichgewichtsbedingungen aus, vgl. Abb. 12, 13, 14. Die Grenzbeanspruchbarkeit wird ohne Berücksichtigung von

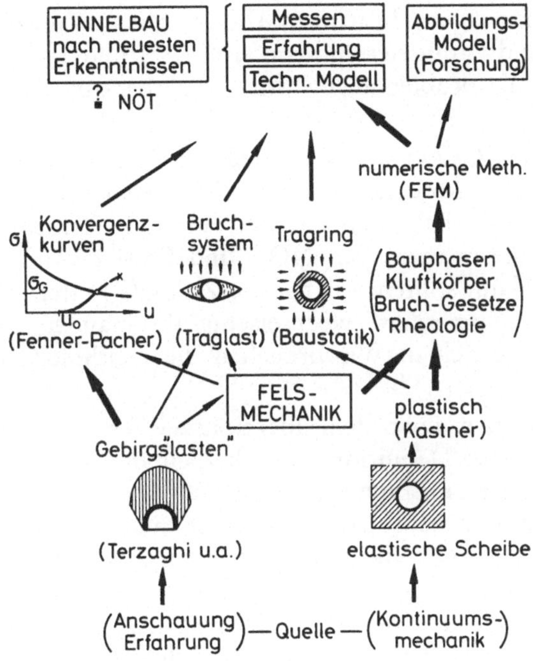

Abb. 15. Überblick Rechenmodelle
Design models for tunnels

Verträglichkeitsbedingungen bestimmt. Wenn man solche aufnehmbaren Zustände vorhandenen Zuständen gegenüberstellt, um aus dem Vergleich auf die Sicherheit zu schließen, ist zu beachten, daß diese Berechnung nur eine obere Schranke der Grenzbeanspruchbarkeit liefert. Die tatsächlichen Sicherheiten können erheblich geringer sein.

6. Resümee

Abb. 15 versucht, einen Überblick über die Entwicklung der Berechnungsansätze zu geben. Die Berechnungsmodelle haben eine phänomenologische Quelle und einen mechanischen Ursprung. Die Felsmechanik, an deren Entwicklung der Salzburger-Österreichische Kreis von Fels- und Tunnelbauern entscheidend beteiligt war, hat beide Ansatzrichtungen wesentlich beeinflußt. Mit Umfang und Größe der Felsbauaufgaben ist das phänomenologische Verständnis gewachsen. Dies spiegelt sich in den halbempirischen Fenner-Pacher-Kurven wider.

Zu gleicher Zeit haben auch die Berechnungsmöglichkeiten mit der größeren Rechnerkapazität einen entscheidenden Qualitätssprung auf realere Gebirgsmodelle hin getan. Man sollte der Finiten-Element-Methode selbst nicht anlasten, daß in einer verständlichen Euphorie-Phase der Erwartungshorizont sehr hoch gespannt war. Viel ist hier noch für eine bessere Wirklichkeitsnähe zu tun. Entsprechend groß ist aber auch das Entwicklungspotential. Bei den FEM-Ansätzen sollten wir beim jetzigen Stand der Entwicklung die Verzweigung beachten (Abb. 15 oben): Zum Abbildungsmodell (das Verhalten und Parametereinflüsse erforscht) und zum technischen Modell (Rechnung mit problemangepaßten und abgestuften vereinfachten Ansätzen).

Wir gehen im Grund auf verschiedenen Wegen aufs gleiche Ziel zu: Nämlich, technische Modelle für eine Entwurfspraxis zu finden, die das tatsächliche Gebirgsverhalten erfaßt. Und wenn es Tunnelbau-„Schulen" gab oder noch gibt, die meinen, daß NÖT und FEM einander konkurrierende Verfahren seien, dann sollten wir für die Zukunft hoffen, daß sich „Phänomenologen" und „Numeriker" wechselseitig als einander ergänzende, ja notwendige Partner verstehen. Wir brauchen die Synthese der Verfahren beider Quellen.

Das Fragezeichen über dem Identitätszeichen links oben in Abb. 15 steht für eine gewisse Definitions-Unsicherheit des Verfassers. Wenn NÖT die Anwendung neuerer Erkenntnisse der Felsmechanik und neuerer Erfahrungen des Tunnelbaus selbst ist, ist eigentlich auch jede weitere Entwicklung im Tunnelbau unter NÖT subsumierbar. Ist dies wirklich so gemeint? Vielleicht sollte daher auch gelegentlich gesagt werden, was nicht NÖT ist. Wenn nun jedoch alles auf die NÖT zielt, ist dies zugleich ein großes Kompliment an die österreichischen Kollegen, denn sie haben das Bauen von Tunneln einen großen Schritt weitergebracht. Und die zugehörige Theorie: Das ist doch nichts anderes, als die Summe aufgesammelter Erfahrungen, um vom Vergangenen auf Zukünftiges hinauszuextrapolieren.

Literatur

[1] Duddeck, H.: The Safety Problem in the Designing of a Tunnel Structure. 3. Jahrestagung der International Tunnelling Association (ITA), S. 24—29, Stockholm, 1977.

[2] Duddeck, H.: Zu den Berechnungsmodellen im Tunnel- und Felsbau. 3. Nationale Tagung über Felsmechanik, Aachen, 1978.

[3] Duddeck, H.: Was leistet die Theorie für den Standsicherheitsnachweis im Tunnelbau? „Konstruktiver Ingenieurbau", Festschrift Wolfgang Zerna und Institut KJB, S. 209—219, Düsseldorf: Werner Verlag 1976.

[4] Empfehlungen zur Berechnung von schildvorgetriebenen Tunneln. Bautechnik 50, S. 253—257 (1973).

[5] Egger, P.: Einfluß des Post-Failure-Verhaltens von Fels auf den Tunnelausbau. Veröffentlichungen des Instituts für Bodenmechanik und Felsmechanik der Universität Karlsruhe, H. 57 (1973).

[6] Feder, G.: Versuchsergebnisse und analytische Ansätze zum Scherbruchmechanismus im Bereich tiefliegender Tunnel. Rock Mechanics, Suppl. 6, S. 71—102. Wien, New York: Springer 1978.

[7] Fenner, R.: Untersuchungen zur Erkenntnis des Gebirgsdrucks. Glückauf H. 32 (1938).

[8] Gesta, P., Kerisel, J., Londe, P., Louis, C., Panet, M.: Tunnel Stability by Convergence-confinement Method. General Report, AFTES-Symposium, Paris, 1978.

[9] Lombardi, G.: Der Einfluß der Felseigenschaften auf die Stabilität von Hohlräumen. Schweiz. Bauzeitung 87/H. 3 (1969).

[10] Lombardi, G.: Zur Bemessung der Tunnelauskleidung mit Berücksichtigung des Bauvorganges. Schweiz. Bauzeitung 89/H. 32 (1971).

[11] Müller-Salzburg, L., Fecker, E.: Grundgedanken und Grundsätze der „Neuen Österreichischen Tunnelbauweise". Vortrag Karlsruhe 23. 2. 1978 und Müller-Salzburg, L.: Der Felsbau, Bd. III. Stuttgart: Ferd. Enke Verlag 1978.

[12] Müller, K.: Zeitabhängige Spannungsumlagerungen beim Felshohlraumumbau. Bericht Nr. 72-4 aus dem Institut für Statik der Technischen Universität Braunschweig, 1972.

[13] Pacher, F.: Anwendung der Neuen Österreichischen Tunnelbauweise in nicht standfestem Gebirge, SIA-Studientagung 1975, Zürich, Dokumentation 12, 45—54 (1976).

[14] Pacher, F.: Der Begriff der Sicherheit bei speziellen Aufgaben des Felsbaus. Vortrag beim Colloquium „70 Jahre Professor Leopold Müller-Salzburg", 23. Feb. 1978, Karlsruhe.

[15] Rabcewicz, L. v., Golser, J.: Principles of Dimensioning the Supporting System for the "New Austrian Tunnelling Method". Water Power S. 88—93 (1973).

[16] Rabcewicz, L. v., Sattler, K.: Die Neue Österreichische Tunnelbauweise. Bauingenieur 40, 289—301 (1965).

[17] Richtlinien für die Koordination des SIA-Normenwerkes im Hinblick auf Sicherheit und Gebrauchsfähigkeit von Tragwerken. Schweiz. Ing. Architektenverein. SIA-260 (2. Entwurf vom 5. 10. 1978).

Anschrift des Verfassers: o. Prof. Dr.-Ing. Heinz Duddeck, Institut für Statik, Technische Universität Braunschweig, Beethovenstraße 51, D-3300 Braunschweig, Bundesrepublik Deutschland.

Rock Mechanics, Suppl. 8, 29—42 (1979)

Rock Mechanics
Felsmechanik
Mécanique des Roches
© by Springer-Verlag 1979

Zusammenhang
zwischen elektronischer Berechnung und Messung.
Stand der Entwicklung für seichtliegende Tunnel

Von

F. Laabmayr und G. Swoboda

Mit 11 Abbildungen

Zusammenfassung — Summary

Zusammenhang zwischen elektronischer Berechnung und Messung. Stand der Entwicklung für seichtliegende Tunnel. Die elektronischen Berechnungen, basierend auf der Finite-Element-Methode werden einerseits mit anderen numerischen Verfahren, andererseits mit Messungen verglichen. Auf Grund von Messungen wird der räumliche zeitabhängige Vorgang durch mehrere ebene Schnitte näherungsweise gelöst.

Relation Between Measurement and Electronic Calculation. Level of Development. With the otherwise usual, simple methods of calculation applied to rock tunnel construction by the New Austrian Tunnelling Method, there is no getting at the numerous problems in a desirable measure in the town tunnel construction. That is why an intensive development of the calculation methods, that currently culminates in the application of the finite-element-method, was put in action during the past ten years.

Within this short report, an attempt has been made to give a very general view of the level of development in this field, and own improvements of the method are presented, in which the results of measurements, got out of the construction, are directly taken into consideration for the calculation.

1. Einleitung

Die eher knappen Baubudgets der öffentlichen Bauverwaltungen und die scharfe Konkurrenz in der Bauwirtschaft führten in jüngster Zeit zu einer raschen Weiterentwicklung der modernen Tunnelbauweisen. Der unmittelbar für die Bauausführung planende Ingenieur ist unentwegt aufgerufen, Entscheidungen zu treffen, die besonders auf die Sicherheit und die Wirtschaftlichkeit der jeweiligen Bauwerke entscheidenden Einfluß haben.

Es wird daher immer wichtiger, gute Entscheidungsgrundlagen für die Auswahl einer noch soliden Konstruktion des Bauwerkes zu schaffen. Folgende Entscheidungsgrundlagen stehen uns im Ideal-Falle zur Verfügung:

1. Das jeweilige Projekt,

2. die geologische Übersicht und Begutachtung,

3. die geomechanischen Vorerkundungen und Versuche,

4. geomechanische Berechnungen,

5. geotechnische Messungen,

6. die eigenen Beobachtungen und Erfahrungen und

7. die technischen und gesellschaftlichen Normen.

Da ein konkretes Projekt, ehe es zum Bauwerk wird, zum Zwecke der Ausschreibung und Ausführung unbedingt mengenmäßig erfaßt werden muß, ist es in der Regel nicht zu umgehen, dieses Projekt in Zeichnungen und Zahlen zu verwandeln, womit die eigentlichen Probleme der Ausführungsplanung erst beginnen.

Es wird hier vor allem auf die geomechanische Berechnung eingegangen, deren Ansätze sich auf Messungen abstützen. Gerade bei flachliegenden Tunneln liegt ein nicht unerhebliches Gewicht des Entwurfes auf diesen Ergebnissen.

Der Zwang zur graphischen und quantitativen Darstellung eines Projektes und die Bedürfnisse nach größtmöglicher Sicherheit verlangen, besonders im städtischen Bereich, nach Berechnung bzw. Dimensionierung des Bauwerkes. Darüberhinaus ist jeder ernstzunehmende Ingenieur aus eigenem Antrieb bemüht, den Zusammenhängen nicht nur in qualitativer, sondern auch in zahlenmäßiger Hinsicht so weit als möglich näher zu kommen.

2. Wahl des Rechenmodells

Nach Erfüllung der zuvor aufgeführten Punkte 1 bis 3 muß ein geeignetes Berechnungsverfahren ausgewählt werden. Hier hat man nun die Wahl zwischen der einfachen, manuellen Abschätzung nach dem *Scherbruchkriterium*, dem *Stabbettungsverfahren* und der in den letzten Jahren vielgeschmähten *Finite-Element-Methode* (FE-Methode). Es gibt in jüngster Zeit auch wieder beachtenswerte Ansätze für *analytische Lösungen* [9] zur Dimensionierung von Tunnelbauten, die im wesentlichen auf den Kreisquerschnitt beschränkt sind und deren Anwendung in der Praxis allerdings noch aussteht.

An dieser Stelle kommen wir an einer Kritik gewisser Auffassungen nicht herum. Die geomechanischen Berechnungen werden von vielen entweder vollkommen abgelehnt oder mit großer Skepsis bedacht. Der Grund für diese Haltung kann einerseits in der Schwierigkeit der Auswahl des Systems und der Parameter gesehen werden, andererseits in den falschen Erwartungen und in der Ungeduld der Ingenieure.

Vor allem die FE-Methode erfährt die unterschiedlichsten Beurteilungen. Durch die anfänglichen theoretischen Erfolge wurde sie durch die Wissenschaft hochgejubelt und anschließend resigniert beiseite geschoben, weil zahlreiche Probleme in ihrer baupraktischen Anwendung auftraten. Von manchen Praktikern und reinen Empiristen, die grundsätzlich gegen jede Art von Berechnung sind, insbesondere gegen das komplizierte mathematische Gefüge der FE-Methode, wird diese mit dem Hinweis auf *reine Manipulation* einfach abgetan.

Der realistisch denkende Ingenieur mit ausreichender Erfahrung und dem guten Gespür für die komplexen Zusammenhänge in der Natur, weiß um die Vor- und Nachteile der Berechnungsmethode und benützt sie im wesentlichen im Verein mit geotechnischen Messungen als *Entscheidungshilfe*

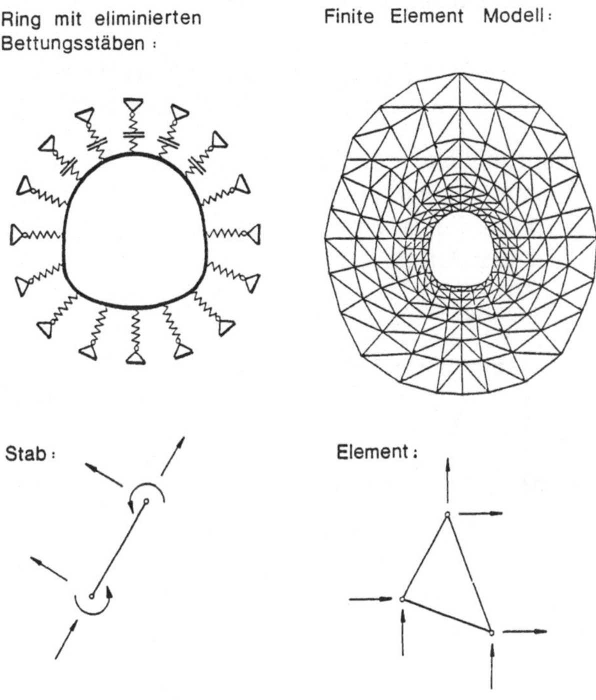

Abb. 1. Numerische Rechenmodelle
Numerical models

bei der Eingrenzung des Risikos und der Wirtschaftlichkeit. Unter diesem Aspekt ist es notwendig, daß die Forschung über die Rechenmodelle ohne Illusionen weitergeführt wird. Mit diesen Voraussetzungen wird die FE-Methode mit dem Stabbettungsverfahren verglichen, um die Anwendbarkeit der FE-Methode zu verdeutlichen, ohne den berechtigten Einsatz des Stabbettungsverfahrens bzw. anderer Methoden, außer Zweifel zu stellen.

Der heutige Stand der Finite-Element-Methode kann in folgende Gruppen geteilt werden:

2.1　Zweidimensionale Finite-Element-Modelle ohne Berücksichtigung der räumlichen Tragwirkung des Gebirges

Die anfängliche Entwicklung beschränkte sich voll auf den zweidimensionalen Zustand. Die speziellen Probleme des Tunnelbaues wurden vorwiegend durch das Einführen entsprechender Stoffgesetze berücksichtigt ([1] bis [7]). Bei allen diesen Ansätzen wird die sehr bedeutende räumliche Tragwirkung, auf die vor allem durch Müller-Salzburg [8] verwiesen wurde, nicht berücksichtigt. In diesem auch als *„starres Modell"* bezeichneten Verfahren wird der Ausbruchsrand durch einen gedachten starren Stützkörper gehalten, bis die Schale eingebracht ist. Damit wird die volle Primärspannung wirksam und die Schnittkräfte nehmen mit der Tiefe linear zu. Eine Tatsache, die mit Messungen nicht übereinstimmt.

2.2 Zweidimensionale Finite-Element-Modelle mit Berücksichtigung der räumlichen Tragwirkung des Gebirges

Um diese ursprünglichen Ansätze mit der räumlichen Tragwirkung zu ergänzen, stehen generell zwei Wege zur Verfügung. Die räumliche Wirkung kann als zeitliche Funktion aufgefaßt werden und bildet einen temporären Übergang vom ebenen Ausgangszustand zum ebenen Endzustand. Dieser

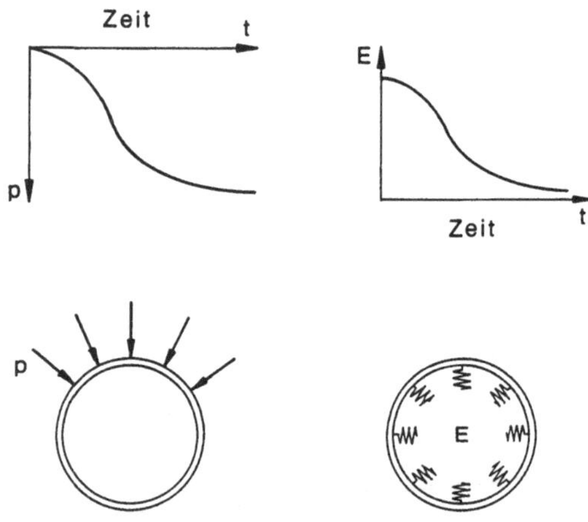

Abb. 2. Räumlich-zeitabhängige Rechenmodelle
Three-dimensional time-dependent models

zeitlich-räumliche Vorgang kann nur annäherungsweise als ebenes Problem behandelt werden. Einerseits kann die Steifigkeit der Stützung schrittweise reduziert werden; ein Weg, der in [11] beschritten wurde. Die zweite Möglichkeit besteht in einer zeitabhängigen Lastaufbringung [13], [14].

Die vor Einbringung der Schale wirksame Verformung wird dabei als Vorentspannung bezeichnet. In der in [13] beschriebenen Methode wird nur jener Anteil der Last für die Berechnung der Schale herangezogen, der nach Einbringung der Schale wirksam ist. Das als *„Lastreduzierungsmodell"* bezeichnete Verfahren ist in Abb. 3 schematisch dargestellt.

2.3 Dreidimensionale Finite-Element-Modelle

Mit diesen Ansätzen kann die dreidimensionale, zeitabhängige Tragwirkung ohne Näherung erfaßt werden [15]. Trotzdem ist ihr Einsatz für die komplexen mehrfachen Querschnitte aus wirtschaftlichen Gründen kaum möglich, da die Rechenzeit t mit dem Quadrat der Bandbreite k und linear mit der Anzahl der Unbekannten n zunimmt:

$$t = f\,(k^2 n) \tag{1}$$

Der Einsatz erscheint vor allem als Grundlagenuntersuchung für die zweidimensionalen Modelle als erstrebenswert.

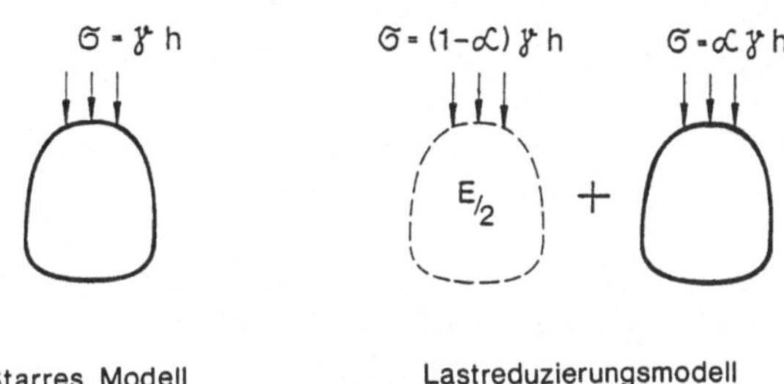

Abb. 3. Finite-Element-Modelle
Finite Element models

2.4 Vergleich der Rechenmodelle mit Messungen

In Abb. 4 werden die Verformungen des Scheitels eines typischen Querschnittes, der nach verschiedenen Verfahren berechnet wurde, dargestellt. Für eine Tiefe von rd. 27 m wurden die Verfahren mit einem Meßwert verglichen. Die Verformung des elastisch gebetteten Ringes liegt zwar nur um 17% über dem Meßwert, aber bei diesem Verfahren entspricht diese Verformung auch vollständig der des geschlossenen Ringes.

Außerdem können hier weder die Vorverformungen des Bodens noch die aus den Messungen bekannten großen Verformungen des Bauzustandes „voreilende Kalotte" berücksichtigt werden.

Beim starren Finite-Element-Modell, das heute noch sehr oft verwendet wird, liegt die errechnete Verformung bei rd. 50% der gemessenen Werte. Eine merkliche Verbesserung bringt das Lastabminderungsverfahren, welches in der Praxis schon mit gutem Erfolg verwendet wurde; die errechnete Verformung beträgt 66% der tatsächlichen. Erst bei dem auf Grund von Baustellenmessungen entwickelten „Lastverteilungsverfahren", das in Abschnitt 4 behandelt wird, beträgt die gerechnete Verformung rd. 90% der gemessenen. Bei Überdeckungshöhen von mehr als 35 m und den üblichen Querschnittsgrößen bleibt beim Stabbettungsverfahren auf Grund der Lastannahmen nach Terzaghi die Verformung konstant. Eine Annahme, die nur mit Einschränkungen verwendbar ist.

Von besonderer Bedeutung sind die Abweichungen der Schnittkräfte, da diese als Grundlage der Dimensionierung der Spritzbetonschale dienen. Sie liegen bei allen drei Finite-Element-Modellen wesentlich unter denen des

Stabwerkes. Die in Abb. 5 dargestellten Firstmomente betragen selbst beim starren Finite-Element-Modell nur die Hälfte des gebetteten Ringes, wenn

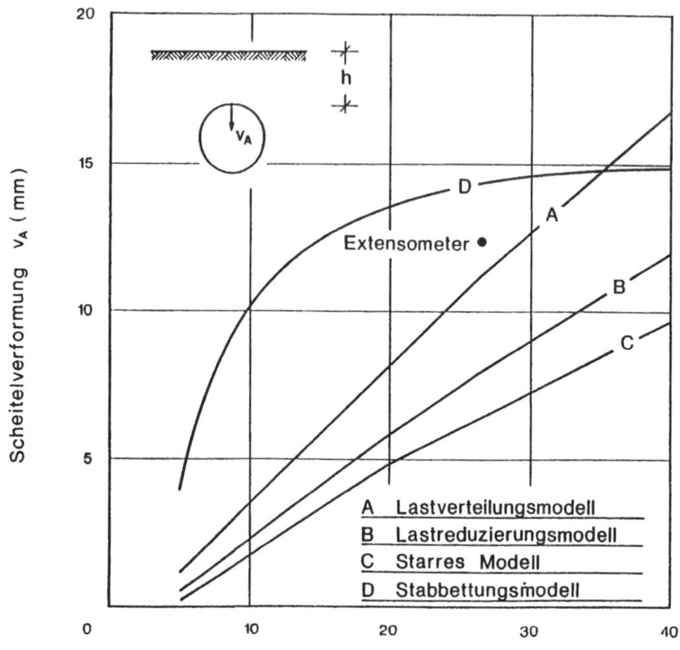

Abb. 4. Scheitelverformungen
Roof displacements

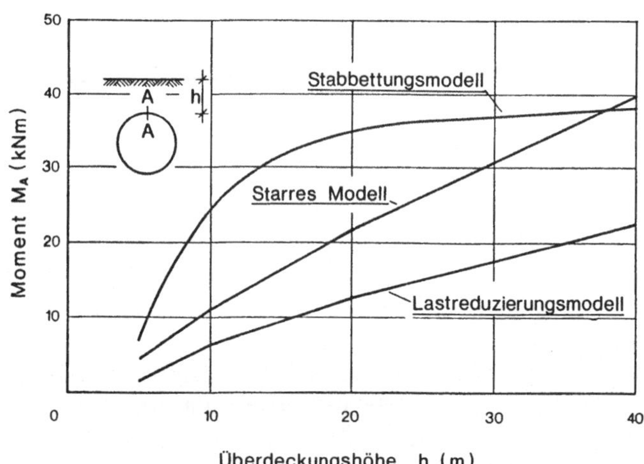

Abb. 5. Scheitelmomente
Roof moments

die Überdeckung 10 m bis 20 m beträgt. Wesentlich günstiger sind die Schnittkräfte bei den anderen beiden Verfahren, A und B.

3. Geomechanische Materialgesetze

Die Voraussetzung für eine Berechnung nach der Finite-Element-Methode ist, daß entsprechende nichtlineare Materialgesetze für Fels und Boden berücksichtigt werden. Obwohl die nichtlinearen Bodeneigenschaften bei flach-

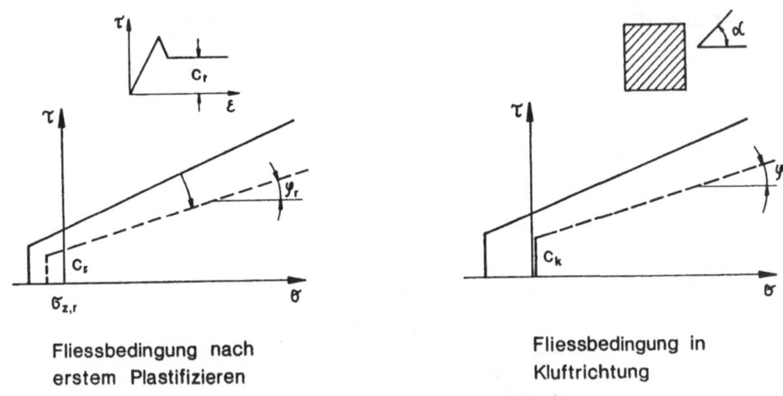

Abb. 6. Plastische Eigenschaften
Plasticity

liegenden Tunneln nicht von so großer Bedeutung sind, wie der räumliche zeitabhängige Einfluß, sind sie für eine Versagensbeurteilung sehr wesentlich. Sie können zusammengefaßt werden in:

Plastische Eigenschaften. Die Bruchbedingung wird vor allem im Einklang mit den Prüfmethoden in einfachster Form als Mohrsche Bruchgerade dargestellt. Wichtig ist die Möglichkeit einer Unterscheidung zwischen den

Elastizität	Viskoelastizität	Viskoplastizität	Viskosität

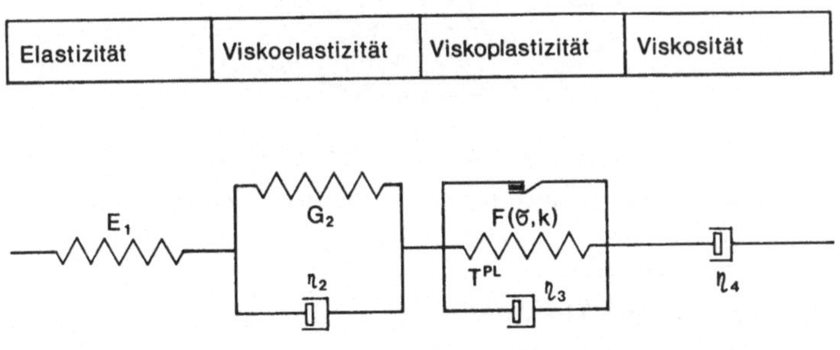

Abb. 7. Rheologisches Bodenmodell
Rheological soil model

anfänglichen Festigkeitswerten (φ, c und σ_z) und den Restfestigkeiten für innere Reibung, Kohäsion und Zugfestigkeit (φ_r, c_r und $\sigma_{z,r}$). Die Klufteigenschaften und die damit verbundene Plastizität in der Kluft werden über die Bruchkriterien φ_k und c_k beschrieben.

Viskoplastizität. Die zeitabhängigen nichtlinearen geomechanischen Eigenschaften sind vor allem für tiefliegende Tunnel von großer Bedeutung. Eine baupraktische Berechnung in Zeitintervallen scheitert heute noch an fehlenden Kennwerten.

Elastische Be- und Entlastungseigenschaften. Um das Verformungsverhalten des Bodens der Wirklichkeit anzupassen, ist es notwendig, die typischen Be- und Entlastungseigenschaften zu berücksichtigen. Die Differenzen

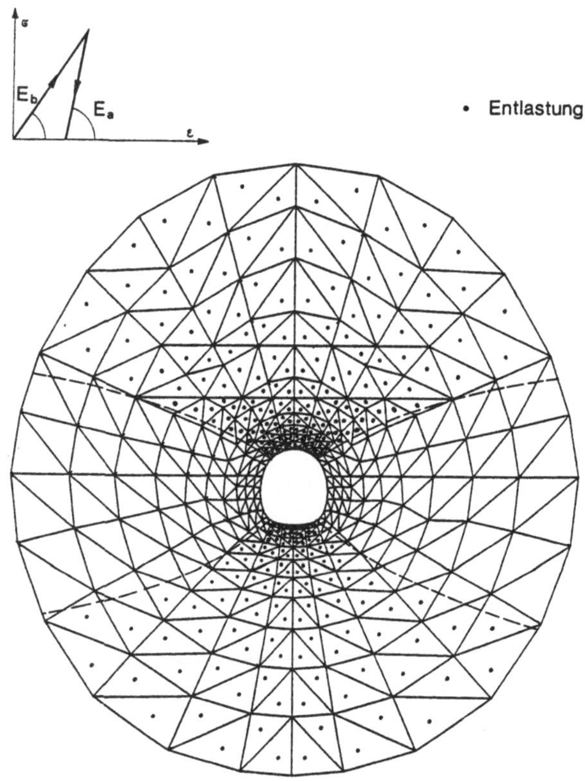

Abb. 8. Be- und Entlastungszonen

Loaded and unloaded regions of the finite element model

zwischen Berechnung und Messung beruhen zum Teil auf dieser Eigenschaft. Der E-Modul für die $i+2$-Iteration lautet:

$$E = \begin{cases} E_b \text{ wenn } (\sigma_{\mathrm{I},\,i+1} - \sigma_{\mathrm{I},\,i}) + (\sigma_{\mathrm{II},\,i+1} - \sigma_{\mathrm{II},\,i}) \leq 0 \\ E_e \text{ wenn } (\sigma_{\mathrm{I},\,i+1} - \sigma_{\mathrm{I},\,i}) + (\sigma_{\mathrm{II},\,i+1} - \sigma_{\mathrm{II},\,i}) > 0 \end{cases} \tag{2}$$

Der Vorgang kann nur iterativ gelöst werden. In Abb. 8 sind die entsprechenden Be- und Entlastungszonen eingetragen; sie weichen für den flachliegenden Tunnel sehr vom rotationssymmetrischen Zustand ab.

4. Lastverteilungsverfahren

Auf Grund der zahlreichen, in letzter Zeit bei verschiedenen Baustellen durchgeführten Meßprogramme, wurde das ursprünglich verwendete Rechen-

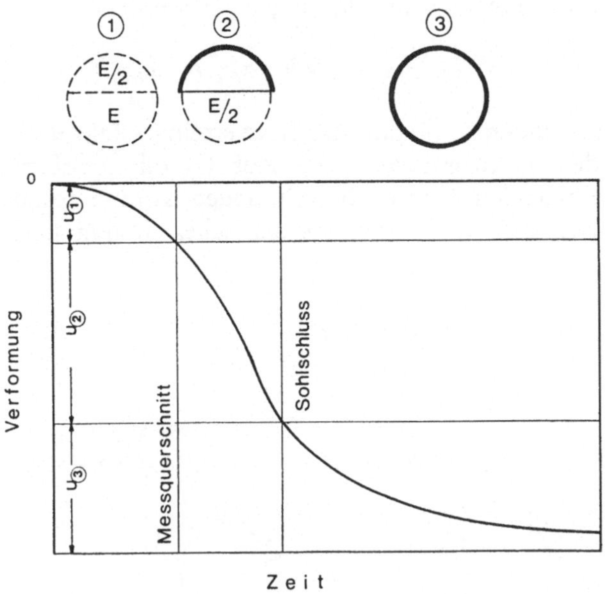

Abb. 9. Lastverteilungsmodell
Load distribution model

modell nachträglich erweitert. Es wird auch hier von der Annahme ausgegangen, daß die Primärspannungen im Ausbruchsbereich bekannt sind. Diese sind:

$$\sigma_V = \gamma \cdot h$$
$$\sigma_H = \lambda \cdot \gamma \cdot h \tag{3}$$

Auf Grund von sehr einfachen Gleichgewichtsbedingungen kann nachgewiesen werden, daß diese entlang des Ausbruchsrandes wirksamen Spannungen entweder vom Boden oder von der schrittweise eingebauten Spritzbetonschale aufgenommen werden müssen. Wenn man eine typische Verformungsmessung eines flachliegenden Tunnels ansieht, so kann das eigentlich räumliche Problem durch mehrere ebene Schnitte angenähert werden. Diese Schnitte werden durch das angewendete Bauverfahren bestimmt.

Bei dem in Abb. 9 dargestellten eingleisigen Profil können zum Beispiel drei typische Schnitte oder drei statische Systeme ausgewählt werden. Beim statischen System 1 wird vor Erreichen des Meßquerschnittes der Boden durch die voreilende Kalotte geschwächt. Der Boden, der kurz darauf ausgebrochen wird, wird durch $E/2$ angenähert. Nach dem Öffnen der Kalotte und dem Einbringen der Kalottenschale ist das System 2 wirksam. Im Bereich unter dem Kalottenfuß wird der endgültige Ausbruchsrand noch durch einen geschwächten Bodenkörper gehalten. Erst nach dem Sohlschluß ist die geschlossene Spritzbetonschale und damit das System 3 wirksam.

Unter der Annahme, daß die Verformungen und die Lasten, die diese Verformungen hervorrufen, proportional sind, können die Lasten aus den gemessenen Verformungen wie folgt abgeleitet werden:

$$u_1 : u_2 : u_3 = \alpha_1\,\gamma\,h : \alpha_2\,\gamma\,h : \alpha_3\,\gamma\,h \tag{4}$$

Das heißt nichts anderes, als daß die Lastverteilungsfaktoren α_1, α_2, α_3 proportional zu den Verformungen sind. Auf Grund mehrfacher Messungen und den nachfolgenden Kontrollberechnungen konnte festgestellt werden, daß die Faktoren für ein bestimmtes statisches System und Bauverfahren bekannt sind.

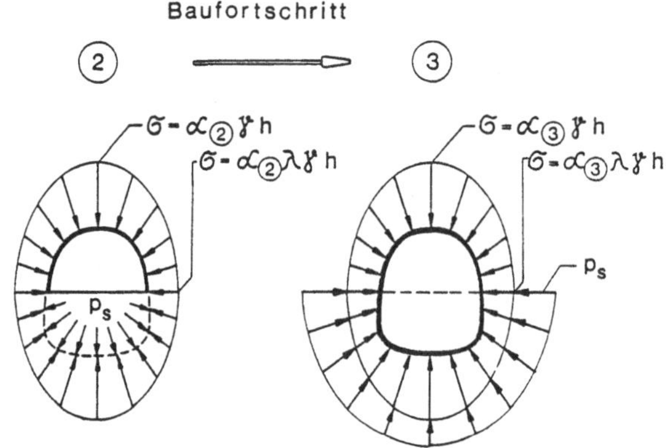

Abb. 10. Beziehung zwischen den Systemen
Continuous relations between the models

Die drei Lastanteile müssen dann wieder in der Summe die ursprüngliche Primärlast ergeben oder

$$\sigma_V = \gamma \cdot h = (\alpha_1 + \alpha_2 + \alpha_3)\,\gamma \cdot h \tag{5}$$

In Abb. 10 wird der detaillierte Rechenablauf beim Übergang vom statischen System 2 zum System 3 gezeigt. Im Kalottenbereich ist die Kalottenschale bereits wirksam und für den noch nicht ausgebrochenen Bereich wird eine Auflockerung durch eine Reduktion des E-Moduls berücksichtigt. Wird nun entlang dem Ausbruchsrand die Last aus den Spannungen:

$$\sigma_V = \alpha_2 \cdot \gamma \cdot h$$
$$\sigma_H = \alpha_2 \cdot \lambda \cdot \gamma \cdot h \tag{6}$$

aufgebracht, so entstehen neben den Schnittflächen in der Spritzbetonschale auch Stützkräfte im späteren Ausbruchsbereich. Durch den weiteren Baufortschritt erfolgt der Übergang zum System 3. Der entscheidende Punkt in diesem Lastverteilungsverfahren ist, daß neben der nun wirksamen Last noch die Stützkräfte auf den geschlossenen Spritzbetonring aufgebracht werden.

Mit diesem Rechenmodell kann der in Wirklichkeit noch wesentlich komplexere Zusammenhang zwischen der Tragwirkung des Bodens und der

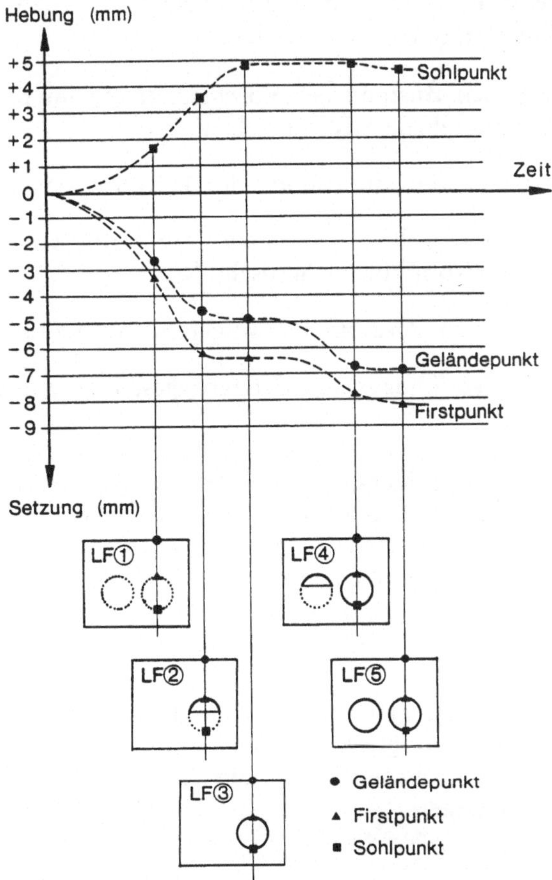

Abb. 11. Rechenmodell für einen nach NATM aufgefahrenen U-Bahn-Tunnel
Numerical model of an underground railway tunnel, built by the NATM

der Spritzbetonschale soweit angenähert werden, daß die wichtigsten Schritte des Bauverfahrens für eine Bemessung simuliert werden können.

5. Anwendung

Abb. 11 gibt auszugsweise die Rechenergebnisse eines derzeit laufenden Ausführungsbeispieles wieder, mit dem unter anderem der gegenseitige Einfluß benachbarter Tunnelröhren studiert wurde. Es versteht sich von selbst, daß derartige Zusammenhänge nur mehr mit der FE-Methode bewältigt werden können.

Die Abbildung zeigt für die asynchron aufgefahrenen Tunnelröhren die vertikalen Verschiebungen dreier charakteristischer Punkte. Die drei Punkte sind der Geländepunkt über der Achse, die Firste und die Sohle der voraus aufgefahrenen Röhre.

Die Lastfälle, d. h. die Berechnungsschnitte sind so gewählt, daß damit alle markanten Bauzustände erfaßt werden.

Lastfall 0 zeigt den Zustand der Vorentspannung im Boden, bevor die Röhren die Berechnungsebene erreicht haben.

Lastfall 1 bedeutet, daß die Kalotte der 1. Röhre aufgefahren ist.

Lastfall 2 wiederspiegelt den Zustand der fertig vorgetriebenen und gesicherten 1. Röhre, also inklusive Sohlschluß.

Lastfall 3 erfaßt den Zustand bei aufgefahrener Kalotte der 2. Röhre.

Lastfall 4 stellt den Endzustand der fertiggestellten Außengewölbe beider Röhren dar.

Die gerechneten Verschiebungen der drei ausgewählten Punkte zeigen eine durchaus charakteristische Entwicklung, die im wesentlichen den bisherigen in der Natur gemessenen entspricht. Aus der Berechnung ergab sich beispielsweise für den Firstpunkt zwischen Lastfall 0 und Lastfall 2 ein Verhältnis der Setzungen von ca. 4 zu 6. Dies entspricht dem bei früheren Setzungskurven gemessenen Verhältnis zwischen Vorentspannung und Gesamtentspannung.

Auch der Verlauf der Hebung des Sohlpunktes ist plausibel. Die Verschiebungen sind nach erfolgtem Ringschluß praktisch abgeschlossen. Der Geländepunkt und der Firstpunkt dagegen erfahren auch noch durch die Lastfälle 3 und 4 Setzungen.

6. Schlußbemerkung

Ziel der zukünftigen Entwicklung eines Finite-Element-Rechenmodelles wird es sein, neben einer Verbesserung der geomechanischen Materialgesetze die Unsicherheit der Eingabewerte zu berücksichtigen. Dazu wird es notwendig sein, mit Hilfe stochastischer Methoden die Streuung der Ausgangswerte, wie *E*-Modul, Primärspannung und Bruchkriterien, zu berücksichtigen um daraus die Wahrscheinlichkeit des Auftretens eines signifikanten Ereignisses, wie beispielsweise eine unzulässige Verformung zu errechnen. Damit könnten die Bedenken gegen mehrstellige Zahlen als Entwurfsgrundlage eines Tunnels weitgehend entkräftet werden.

Die umfangreichen bisherigen Finite-Element-Berechnungen wurden auf der Rechenanlage PDP 11/45 des Institutes für Baustatik der Universität

Innsbruck durchgeführt. Herrn Univ.-Prof. Dr. Kurt Moser wird an dieser Stelle für die Förderung der bisherigen wissenschaftlichen Arbeiten gedankt.

Literatur

[1] Zienkiewicz, O. C., Valliappon, S., King, I. P.: Stress Analysis of Rock as a "No Tension" Material. Geotechnique *18, 56—66* (1968).

[2] Kulhawy, F.: Finite Element Modeling Criteria for Underground Openings in Rock. Int. J. Rock Mech. Min. Sci & Geomech. *11, 465—472* (1974).

[3] Kovàri, K.: Methoden der Dimensionierung von Untertagebauten. Int. Symposium für Untertagbau, Luzern, 1972.

[4] Di Monaco, A., Fanelli, M., Riccioni, R.: Analysis of Large Underground Openings in Rock With Finite Element Linear and Nonlinear Mathematical Models. Ber. Inst. Sperimentale Modelli e Strutture 82, Bergamo, 1976.

[5] Goodman, R., Taylor, R., Brekke, T.: A Model for the Mechanics of Jointed Rock. ASCE SM *3, 637—659* (1968).

[6] Malina, H.: Berechnung von Spannungsumlagerungen in Fels und Boden mit Hilfe der Elementsmethode. Inst. f. Bodenmechanik und Felsmechanik, Karlsruhe, 1969.

[7] Fleck, H., Zaun, J.: Anwendung der Methode der Finiten Elemente bei der Ermittlung des Spannungszustandes nach Hohlraumerstellung in einem Kontinuum mit nichtlinearen Materialverhalten. Die Bautechnik *8, 254—263* (1978).

[8] Müller-Salzburg, L., Sauer, G., Vardar, M.: Dreidimensionale Spannungsumlagerungsprozesse im Bereich der Ortsbrust. Rock Mech. Suppl. *7, 67—85.* Wien, New York: Springer 1978.

[9] Feder, G.: Versuchsergebnisse und analytische Ansätze zum Scherbruchmechanismus im Bereich tiefliegender Tunnel. Rock Mech., Suppl. 6. Wien, New York: Springer 1978.

[10] Rabcewicz, L., Golser, J.: Principles of Dimensioning the Supporting System for the "New Austrian Tunneling Method". Water Power (1973).

[11] Baudendistel, M.: Zur Bemessung von Tunnelauskleidungen in wenig festem Gebirge. Rock Mech.. Suppl. *2, 279—312.* Wien, New York: Springer 1973.

[12] Sakurai, S.: Approximate Time-Dependent Analysis of Tunnel Support Structure Considering Progress of Tunnel Face. Int. J. Numeric and Anal. Meth. in Geomechanics *2, 159—175* (1978).

[13] Swoboda, G., Laabmayr, F.: Beitrag zur Weiterentwicklung der Berechnung flachliegender Tunnelbauten im Lockergestein. In: Moderner Tunnelbau bei der Münchner U-Bahn (Lessmann, H., Hrsg.). Wien, New York: Springer 1978.

[14] Laabmayr, F., Swoboda, G.: The Impertance of Shotcrete as Support Element of the NATM. ASCE Engineering Fondation Conference "Shotcrete for Underground Support" 1978.

[15] Wittke, W., Wallner, M., Rodatz, W.: Räumliche Berechnung der Standsicherheit von Hohlräumen, Böschungen und Gründungen. Straße Brücke Tunnel *8, 200—209* (1972).

[16] Müller, K.: Zeitabhängige Spannungsumlagerungen beim Felshohlraumbau. Inst. f. Statik (Prof. Dr.-Ing. H. Duddek) Braunschweig, Bericht 76-4 (1976).

Anschriften der Verfasser: Dipl.-Ing. Franz Laabmayr, Ingenieurkonsulent für Bauwesen, Schallmoser Hauptstraße 22a, A-5020 Salzburg, Österreich, und Rindermarkt 7, D-8000 München, Bundesrepublik Deutschland; Dr. techn. Gunter Swoboda, Institut für Baustatik, Tunnelforschung der Universität Innsbruck (Univ.-Profs. Seeber-Moser-Lessmann), Technikerstraße 13, A-6020 Innsbruck, Österreich.

Rock Mechanics, Suppl. 8, 43—57 (1979)

Rock Mechanics
Felsmechanik
Mécanique des Roches
© by Springer-Verlag 1979

Kritische Betrachtung der Anwendungsmöglichkeiten von Finite-Element-Berechnungen im Felshohlraumbau

Von

L. Lielups und **P. W. Obenauer**

Mit 2 Abbildungen

Zusammenfassung — Summary

Kritische Betrachtung der Anwendungsmöglichkeiten von Finite-Element-Berechnungen im Felshohlraumbau. Felshohlraumbau erfordert als echte Ingenieuraufgabe eine Optimierung verschiedener Aufgaben auf ein vorgegebenes Ziel hin. In der Regel sind die Aufwendungen für felsmechanische Voruntersuchungen, für rechnerische Standsicherheitsuntersuchungen, für Planungen und Messungen zu verschiedenen Zeiten und für die Baukosten im engeren Sinne bezüglich der Gesamtkosten und -zeit in ein angemessenes Verhältnis zueinander und zum angestrebten Nutzen zu setzen. Im einen Grenzfall, in dem ausreichende Erfahrungen vorliegen, kann die Baumaßnahme allein aus Erfahrung festgelegt werden. Im anderen Grenzfall sind, neben sehr detaillierten felsmechanischen Voruntersuchungen, Berechnungen für verschiedene Parameter nach aufwendigen Rechenverfahren im Zuge einer Standsicherheitsanalyse erforderlich.

Zu dieser Optimierungsaufgabe gehört auch die Wahl eines geeigneten Rechenverfahrens für die Standsicherheitsuntersuchungen. Die Finite-Element-Methode (FEM) hat besondere Vorzüge, wenn Fels mit unterschiedlichen Eigenschaften im relevanten Bercich um den Felshohlraum ansteht. Sehr wichtig ist, bei gut entwickelten EDV-Programmen nach dieser Methode, daß weitgehende Veränderungen des Systems für die Behandlung von Bauzuständen möglich sind. Daneben sollten ältere Berechnungsmethoden, wie der federgestützte Rahmen, neuere Berechnungsmethoden, wie die Integralgleichungsmethoden, und gemischte Methoden dem Felsbauer weiterhin zur Verfügung stehen und weiterentwickelt werden.

Es ist stets zu bedenken, daß mangelnde Kenntnis der Gebirgseigenschaften nicht durch vermehrten Rechenaufwand ausgeglichen werden kann. Gewarnt wird vor unkritischer Anwendung aufwendiger Berechnungsverfahren ohne zumindest qualitative Absicherung durch Messungen und/oder einfache Berechnungen und kritische Überlegungen.

Critical Consideration on the Possibilities of Applying the Finite Element Calculations in Rock Excavation Engineering. As a genuine engineering problem, the excavation of underground rock openings requires the optimization of a variety of efforts toward a given goal. Normally, expenditures for preliminary investigations of rock characteristics, for propositions and measurements at varying time intervals, and building costs will have to be counterbalanced with respect to total costs and time and must be adjusted to the desired effects. For the evaluation of a project it may be possible in one case to derive all necessecary data from experience alone, while in another case it will be necessary to perform very detailed preliminary investigations for the exploration of rock qualities as well as calculations with parametric variations employing farreaching procedures of computation as part of the stability analysis.

The problem of optimization involves the selection of an adequate method of calculation for the stress analysis. The finite-element-method displays definite advantages, if rock of varying qualities is found in the relevant regions around the opening. High standard computer programs based on this method should allow for the alteration of the system within wide limits, so that consecutive stages of construction may be investigated. However, older methods of computation such as the elastically supported frame and newer methods of computation such as the integral equation methods as well as mixed methods should continue to be at the rock engineer's disposal, and further development of these should be pursued.

One must always keep in mind that a lack of information on rock qualities cannot be compensated by increasing calculatory efforts. A warning is made to avoid uncritical application of complicated computation methods without supporting the results at least by measurements and/or rough estimates as well as critical lines of thoughts.

1. Einleitung

Felshohlraumbau erfordert wie andere Ingenieuraufgaben die Optimierung verschiedener Aufwendungen auf ein vorgegebenes Ziel hin. Das Ziel ist die Erstellung eines Felshohlraumes, der verschiedenen Anforderungen genügt; die Anforderungen ergeben sich aus der geplanten Nutzungsart direkt oder es sind allgemeine Anforderungen, wie z. B. ausreichende Standsicherheit, wenn auch das Maß für ausreichende Standsicherheit wiederum von der Art der Nutzung abhängen kann.

Die wichtigsten Aufwendungen des Felshohlraumbaues sind

— Voruntersuchungen und Messungen aller Art am Standort und am Bauwerk selbst,

— technische Bearbeitung und

— Bauleistungen,

wobei in allen Fällen Kosten und Zeiten zu beachten sind. Diese Aufwendungen sind zueinander und zum angestrebten Nutzen in ein angemessenes Verhältnis zu setzen, und diese Verhältnismäßigkeit ist von

— der Art des Gebirges,

— den Erfahrungen beim Bauen in solchem Gebirge,

— den Erfahrungen mit dem Bauverfahren und

— den Anforderungen an das Bauwerk

abhängig. Ist auch der Idealfall der Optimierung im voraus nicht zu erreichen, weil Unvorhergesehenes im Felshohlraumbau wie wohl in keinem anderen Bereich des Bauwesens erwartet werden muß, so ist doch bei der Betrachtung eines Kostenfaktors die Auswirkung jeder Veränderung desselben auf andere Kostenfaktoren zu bedenken. Dabei darf nicht übersehen werden, daß ein angemessenes Verhältnis durchaus nicht immer ein gleiches Verhältnis ist. Neuerungen mit dem Ziel eines niedrigeren Aufwandes bei den Bauleistungen als größtem Kostenanteil erfordern in der Regel absolut und relativ höheren Kosten- und Zeitaufwand bei den beiden anderen Aufwendungen.

Der Aufwand für rechnerische Standsicherheitsuntersuchungen als der Teil des Aufwandes für technische Bearbeitung, der hier interessiert, reicht von dem einen Grenzfall, in dem die Baumaßnahme allein aus Erfahrung, d. h. ohne Berechnung, festgelegt werden kann, bis zu dem anderen Grenzfall, der, neben sehr detaillierten Voruntersuchungen und Messungen, im Zuge der Standsicherheitsanalyse auch aufwendige Berechnungen für verschiedene Parameterkonstellationen erfordert.

Es sollen einige kritische Gedanken über Methoden zur rechnerischen Standsicherheitsuntersuchung und deren sinnvolle Anwendung im Spannungsverhältnis von Aufwand und Nutzen aus der Sicht zweier Ingenieure zusammengestellt werden. Die kritischen Betrachtungen konzentrieren sich dabei auf die Anwendung der bedeutendsten der neuen Rechenmethoden der Kontinuumsmechanik, die Methode der Finiten Elemente (FEM). Nicht die Methode selbst, höchstens deren mangelhafte Aufbereitung in vielen noch genutzten Programmen und die unkritische Anwendung sind Gegenstand der Kritik, die z. T. auch Selbstkritik ist.

Da wir kein FE-Programm entwickelt haben, könnte sich zu verschiedenen Aspekten eine etwas andere Perspektive als bei der Vorstellung eines neuen Programmes durch einen stolzen Ersteller ergeben. Auch bei Forschungsprojekten ist aufgrund anderer Ziele und Kostenstrukturen eine andere Perspektive zu erwarten.

Den Betrachtungen liegen sowohl allgemeine Erfahrungen aus vielen Projekten zugrunde, bei denen überwiegend ohne die Finite-Element-Methode gearbeitet wurde, als auch z. B. Erfahrungen über laufende Untersuchungen, bei denen die Methode der Finiten Elemente nach Vorarbeiten und Überlegungen anderer Art zentrale Bedeutung hat.

2. Verschiedene Aspekte bei der Berechnung von Felshohlräumen

2.1 Voraussetzungen an Vorgaben und Ziele

Jede Berechnung von Felshohlräumen setzt — neben einem Entwurf mit gewählten Abmessungen, Ausbaumaterialien und Bauabfolgen — wie jede andere Berechnung auch, die Kenntnis des zu behandelnden Gegenstandes hinsichtlich der relevanten Gesetzmäßigkeiten und der dabei wichtigen Material- und Standorteigenschaften (Parameter) voraus, und sie setzt voraus, daß die Antwort, die die Berechnung liefern soll, in der Sprache der verarbeiteten Größen mathematisch formulierbar ist.

Beim Bauen im Fels sind viele dieser Vorgaben und Ziele weniger genau bekannt als z. B. im Maschinenbau oder in anderen Sparten des konstruktiven Ingenieurbaues, für die die Berechnungsmethoden entwickelt wurden. Sind aber die Eingabewerte nicht sehr genau bekannt, so kann als Ergebnis bestenfalls die Aussage geliefert werden, was wäre, wenn die Eingabewerte exakt wären. Um das geschärfte Berechnungsinstrument sinnvoll nutzen zu können, ist es zumindest erforderlich, mehrere solcher Was-wäre-wenn-Fälle zu rechnen, d. h. eine kleine Parameterstudie anzufertigen, um einige Fälle möglicher ungünstiger Kombinationen von Eigenschaften und eine wahrscheinliche Kombination von Eigenschaften einer Sicherheitsbeurteilung zugrunde legen zu können. Die mehrmalige Berechnung nach einem relativ aufwendigen Berechnungsverfahren tangiert dann jedoch die Aufteilung des Gesamtaufwandes auf verschiedene Aufwandsposten.

2.1.1 Verformungs- und Festigkeitseigenschaften

Die wichtigsten Materialeigenschaften sind die Verformungs- und Festigkeitseigenschaften einschließlich deren Zeitabhängigkeit.

Fels ist der wichtigste Baustoff des Felshohlraumbaues; es gibt ihn in sehr vielen Varianten, von denen schon im Bereich einer Baumaßnahme mehr oder weniger verschiedene auftreten können. Während der langen Belastungsvorgeschichte wurde der Fels in der Regel überbeansprucht und dadurch zum Diskontinuum. Eine Berechnung als Diskontinuum würde sowohl eine genaue Lagebeschreibung der einzelnen Diskontinuitäten als auch eine genaue Beschreibung der mechanischen Eigenschaften von Grundmaterial und Diskontinuitäten erfordern, doch gibt es dafür weder hinreichende, zerstörungsfreie Meßmethoden noch hinreichend entwickelte Rechenmethoden. Die quasi kontinuierliche Betrachtung der vielen Diskontinuitäten geringer Erstreckung kompliziert die Materialgesetze und die Bestimmung der Kennwerte gegenüber dem Fall eines echten Kontinuums erheblich und macht größere örtliche Abweichungen der Gesetze und Werte wahrscheinlich; es ist daher sehr aufwendig, örtliche Werte mit hinreichender Genauigkeit für jeden Felsbereich zu ermitteln, der im Rahmen einer Baumaßnahme Einfluß hat.

2.1.2 Belastungen

Die wichtigsten Standorteigenschaften sind die im Fels angetroffenen (Primär-)Spannungen, die für die Beanspruchungen des Bauwerkes ursächlich sind. Sie sind vor dem Felshohlraum da und müssen möglichst ungestört gemessen werden, was schwierig und aufwendig ist.

Spannungen resultieren einerseits aus dem Eigengewicht von Fels und überlagernden Schichten. Andererseits bestehen Eigenspannungen, die verschiedene Ursachen haben können. Großräumig auftretende Eigenspannungen sind bei der Sicherheitsbeurteilung und damit in Berechnungen strenger zu beurteilen als örtliche Abweichungen der Eigenspannungen, d. h. ähnlich wie Eigengewichtsspannungen, weil sie im Zusammenhang mit dem Bauvorgang nur begrenzt abzubauen sind. Bei einer statistischen Auswertung, die unter Berücksichtigung von Eigengewicht und Gleichgewichtsbedingungen erfolgen muß, kann daher mit relativ wenigen Messungen und unter Außerachtlassung wenig wahrscheinlicher Spannungszustände gearbeitet werden, da diese vor allem örtlich und nicht großräumig auftreten werden.

2.1.3 Sicherheitsbeurteilung als Ziel

Die Sicherheit von Felshohlräumen ist nicht, wie in anderen Sparten des Bauwesens üblich, durch eine einzige Zahl (Verhältnis ertragbare Größe zu vorhandener Größe) auszudrücken, weil viele Parameter mit relativ hohem Streuungsmaß Einfluß haben; dieser Einfluß ist nur dann zu beurteilen, wenn einerseits die Streuungsmaße und andererseits die Empfindlichkeit der Traglast unter Veränderung der Parameter bekannt ist.

Für eine Sicherheitsbeurteilung, die nicht bei einer Beurteilung aus Erfahrung stehenbleiben will und die nicht allein auf den Ergebnissen von Messungen und der zeitlichen Konvergenz der Meßergebnisse aufbauen will, gibt es noch keine allgemein anerkannten Regeln. Diese müßten an die Berechnung klar definierte Forderungen stellen, wozu auch Forderungen an die Voraussetzungen und die Genauigkeit, nicht an die Art des Rechenverfahrens, gehören sollten. Bei einem unklar definierten Ziel liegt auch der Weg zu diesem Ziel im Nebel. Die Eignung eines Berechnungsverfahrens auf das Ziel Beurteilung der Standsicherheit im Felshohlraumbau hin kann daher derzeit nur bedingt beurteilt werden. Die Festlegung auf ein verbindliches Berechnungsverfahren, d. h. auf den Weg, vor der Einigung über die Definition für eine ausreichende Standsicherheit, d. h. über das Ziel, wäre schädlich.

Zur Zeit besteht mangels Konzeption die Gefahr, daß gerechnet wird, was man rechnen kann, nämlich ein großes Gleichungssystem oder eine große Zahl von Spannungsordinaten, und daß die Konvergenz der Rechnung fälschlicherweise mit Sicherheit gleichgesetzt wird.

2.2 Berechnungsverfahren

Vielen wichtigen Berechnungsverfahren ist gemeinsam, daß als Grundlösung eine linear-elastische Lösung gesucht wird. Diese kann in seltenen Fällen eine geschlossene, für elastisches Material exakte Lösung sein, wenn z. B. sowohl eine spezielle Form des Felshohlraumes vorliegt als auch in der Umgebung des Hohlraumes Material mit durchwegs gleichen Elastizitätseigenschaften ansteht. Diese speziellen Formen des Hohlraumes können verlassen werden bei einer *ersten* Gruppe von Berechnungsverfahren, nämlich z. B. der

— Boundary-Element-Methode (Integralgleichungsmethode) [1, 7] und der
— Methode der konformen Abbildung [11, 13].

Die zugrunde liegenden Teillösungen für die elastische Scheibe oder den elastischen Raum sind exakt. Die Ergebnisse dieser Verfahren sind dennoch bei allgemeiner Hohlraumform nur Näherungen, die durch zusätzliche Teillösungen zunehmend verbessert werden können. Die Näherung bezieht sich auf die Erfüllung der Randbedingungen, vor allem der Randbedingungen am Ausbruchrand, gegebenenfalls an der Erdoberfläche, d. h. auch, daß der Näherungsfehler mit der Entfernung vom Rand abnimmt.
Sollen Materialien mit verschiedenen Elastizitätseigenschaften berücksichtigt werden, so wird es nötig, verschiedene Bereiche zu unterscheiden

und durch Randbedingungen aneinander zu koppeln oder den ganzen Um-
raum mit einem Raster oder Netz zu gliedern, für deren Punkte oder Elemente jeweils verschiedene Eigenschaften vorgegeben werden können. Für
diese Fälle ist eine *zweite* Gruppe von Berechnungsmethoden, nämlich

— Differenzenmethoden und die
— Methoden der Finiten Elemente [2, 6]

anwendbar. Es scheint, daß bei scharf abgegrenzten Materialbereichen, so
auch bei der Formulierung des Ausbruchrandes und des Ausbaues, die eindeutig begrenzten Elemente Vorzüge haben. Auch diese Methoden sind Nähe-
rungsmethoden und es haftet ihnen der Mangel an, daß sie Randbedingungen
als Übergang zur Erdkugel einführen und daß sie bis zu diesen Rändern den
Raum gliedern und detailliert berechnen müssen, obwohl die Rückwirkungen
auf den Felshohlraum mit der Entfernung immer mehr abnehmen; dieser
äußere Bereich geht stark in den Rechenaufwand ein.

Die erste Gruppe von Methoden, die sich vor allem mit dem Ausbruchrand beschäftigt, erfaßt hingegen die Rückwirkungen der großen Außenbereiche
unter den gegebenen Voraussetzungen exakt, nur die nahe Erdoberfläche
kann Schwierigkeiten bereiten. Es kann vermutet werden, daß beide Arten
von Lösungen sich eines Tages nicht nur gut ergänzen, sondern auch im
Felshohlraumbau, wie bisher schon auf anderen Gebieten [9, 14], kombiniert
werden können.

Die Berechnung von verschiedenen Stadien des Felsausbruches ist bei
elastischer Berechnung mit einheitlichen Elastizitätseigenschaften von der
ersten und der zweiten Gruppe zu lösen; das Ankoppeln des Ausbruches zwischen den Ausbruchphasen und dessen Belastung während der späteren Phasen überfordert möglicherweise die erste Gruppe der Lösungsmethoden und
favorisiert die FEM.

Wird das linear-elastische Materialverhalten verlassen, so gewinnen jene
Verfahren eindeutige Vorteile, die den Raum gegliedert haben und anhand
dieser Gliederung Überbeanspruchungen abfragen und in überbeanspruchten
Felsbereichen nichtlineares Materialverhalten iterativ nachbilden können.

Das Vorgehen kann kurz wie folgt beschrieben werden:

Es wird elastisch gerechnet, dann werden punktweise Bruchbedingungen
abgefragt, dann wird bei eingefrorenem Dehnungszustand ein näherungsweise den Materialgesetzen entsprechender Spannungszustand gesucht und
schließlich wird ein Gleichgewichtssystem von äußeren Kräften hinzugefügt
und ein entsprechendes von inneren Kräften weggenommen, das den Kräften
entspricht, die im überbeanspruchten System ohne Kräfteumlagerung nicht
mehr aufnehmbar sind.

Eine *dritte* Gruppe von Methoden, weiter weg vom Anspruch, eine
exakte Berechnung zu liefern, könnten gemischte Methoden genannt werden; sie bestehen darin, Teilergebnisse, z. B. Bettungswerte, aus einer Kontinuumsberechnung zu extrahieren und einer Stabwerksberechnung zugrunde
zu legen [5]. Der Aufwand fällt gegenüber der zweiten Gruppe, weil die
Kontinuumsberechnung relativ grob sein kann.

Die einfacheren, stabstatischen Berechnungsmethoden mit empirischen Lastannahmen (4. Gruppe) sollen hier nicht beschrieben werden. Ihr Genauigkeitsanspruch ist noch geringer; es sollte aber nicht verkannt werden, daß sich diese in vielen Fällen bewährt haben und unter der gleichen kritischen Betrachtung, wie sie auch für die aufwendigeren Methoden gefordert werden soll, wesentliche Bedeutung behalten können.

Man könnte zur Charakterisierung der verschiedenen Gruppen etwa sagen, daß mit steigender Gruppennummer der Anspruch, sehr genaue Ergebnisse für ein kontinuumsmechanisch formuliertes System zu liefern, fällt. Zugleich fällt der Anspruch auf Einhaltung zahlreicher Voraussetzungen, die die Übertragbarkeit auf das Gebirge einschränken. Ob eine exakte, zweidimensionale Berechnung, deren Voraussetzungen (Kontinuität, Homogenität, Isotropie, Elastizität, ebener Formänderungszustand, Sollausbruchform) von Gebirge und Bauwerk alle nicht ideal erfüllt werden, letztlich eine genauere Beurteilung der Standsicherheit erlaubt als eine Berechnung der 4. Gruppe, ist sicher nicht allgemein zu entscheiden; beide können ihren Sinn haben, wenn sie hinsichtlich der Beurteilung richtig eingeschätzt werden.

Vom Aufwand und von der Allgemeingültigkeit her ist dagegen ein Kulminationspunkt bei der 2. Gruppe zu finden, und es ist zu vermuten, daß bei dieser Gruppe mit weiter gesteigertem Aufwand sowohl zusätzliche Genauigkeit als auch weitere Anpassung der Voraussetzungen an die im Gebirge anzutreffenden Verhältnisse möglich ist.

2.3 Die Methode der Finiten Elemente als Näherungsmethode und die daraus resultierenden Gefahren

Die Methode der Finiten Elemente findet auf vielen Gebieten Anwendung, wo die exakte Lösung eines Randwertproblems mittels partieller Differentialgleichungen oder Integralgleichungen nicht mehr möglich erscheint.

Da eine Lösungsfunktion, die in geschlossener Form schwierig darzustellen ist, bei technischen Problemen dennoch meist bereichsweise durch relativ einfache Funktionen darstellbar ist, hat sich folgender Gedanke als sehr fruchtbar erwiesen:

Es wird der Gesamtbereich, für den die Lösungsfunktion gesucht wird, in geeignete Teilbereiche, hier Finite Elemente genannt, aufgeteilt, und für diese Teilbereiche wird eine geeignete, sehr einfache Ansatzfunktion mit freien Konstanten gewählt, deren Bestimmung Inhalt des Lösungsverfahrens ist.

Die Wahl geeigneter Teilbereiche setzt voraus, entweder:

— die Kenntnis der Widersprüche, die jedes nicht vollständige System von Ansatzfunktionen bewirkt,
und die Kenntnis der Lösung des Problems oder eine reiche Erfahrung über die möglichen Verläufe der Lösungsfunktion, um sich ein Urteil über die Eignung der Elementeinteilung bilden zu können,

oder:

— eine Einteilung in sehr kleine Elemente von guter Form,

oder:

— ein iteratives Vorgehen mit großzügiger Anpassung der Elemente an die sorgfältig ausgewerteten Ergebnisse des vorangegangenen Schrittes.

Beim Übergang von der ersten zur zweiten oder gar dritten Vorgehensweise kann sich der Aufwand vervielfachen. Bei Überschätzung der vorliegenden Erfahrung aber werden die Elemente eventuell zu grob und falsch eingeteilt. Bei grober und bei falscher Einteilung wird man im Falle der meist angewandten Verschiebungsmethode dadurch belohnt, daß man zu kleine Verschiebungen und, bei oberflächlicher Auswertung der Ergebnisse, zu kleine Dehnungen und Spannungen erhält. Werden die Elemente zu groß gewählt, weil nichts besonderes erwartet wird, so tritt auch nichts besonderes auf, weil es durch die grobe Ansatzfunktion nicht dargestellt werden kann.

Bei unkritischer Betrachtung fühlt man sich also leicht in falschen Annahmen bestätigt.

Nur wenn man sich sehr kritisch mit den Zwischenergebnissen beschäftigt und wenn man sich nicht mit Ergebnissen begnügt, die z. B. durch Mittelwertbildung geschönt sind, wird man die Widersprüche, die geblieben sind, erkennen. Die Fülle der Informationen erschwert aber deren Beurteilung im Detail sehr stark, und eine Ermüdung in der Beschäftigung mit diesen Details wird auch bei gutem Willen und einem Minimum an zeitlichen und monetären Zwängen kaum zu vermeiden sein. Darin liegt eine große Gefahr dieser Methode, die bei wenig sorgfältiger Anwendung trotz immer noch erheblichen Aufwandes eine Genauigkeit vortäuscht, die eventuell gar nicht gegeben ist.

2.4 Betrachtungen zur Kontrolle der FEM-Programme und der Ergebnisse von FEM-Programmen

Geht man zum ersten Mal an eine Berechnung mit einem fremden Finite-Element-Programm heran, so sollte man sich genügend Zeit nehmen, um mit einfachen Beispielen, die exakt nachzurechnen oder deren Ergebnisse aus der Fachliteratur bekannt sind, Erfahrungen zu sammeln. Dabei lernt man die Grenzen der verwendeten Elemente sehr schnell kennen, und es wird einem der Näherungscharakter der FEM sehr deutlich bewußt werden. Da die Näherung bei linear-elastischer Berechnung in der Unvollständigkeit der Ansätze für die einzelnen Elemente begründet ist, ist jedem Anwender anzuraten, sich mit diesen Ansätzen und deren Einfluß auf die Ergebnisse auseinanderzusetzen.

Als erstes Beispiel möchten wir anführen:

Bei Berechnungen nach der Verschiebungsmethode für einfache Elemente, deren Knoten nur in den Eckpunkten sitzen, bleibt nach den üblichen Ansätzen eine gerade Elementgrenze auch nach der Verformung gerade. Der Zwang, der zum Erreichen dieser Verformungseinschränkung ausgeübt werden muß, läßt das Element und damit auch das Gesamtsystem steifer erscheinen als es ist.

Man kann sich dies etwa so vorstellen, daß entlang aller Elementgrenzen zusätzlich zum vorhandenen System mit der richtigen Steifigkeit
biegestarre Stäbe eingelegt werden (Abb. 1). Konstante Normal- und Schubspannungen werden von diesem Stabsystem nicht behindert, weil gerade

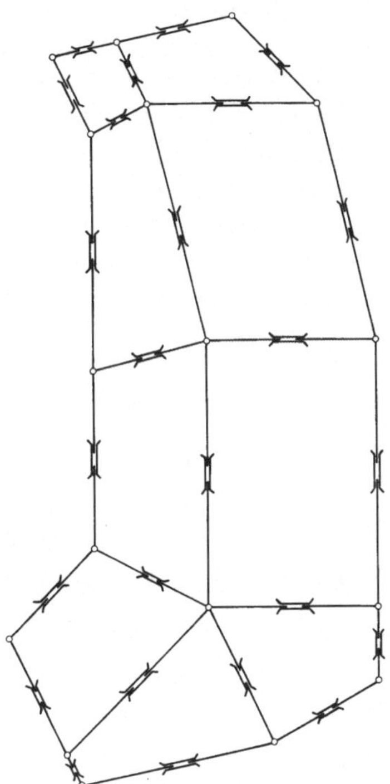

Abb. 1. Netz aus 4-Knoten-Elementen durch biegestarre Elementgrenzen versteift
Mesh composed by 4-node-elements stiffened by rigid (E I = ∞) element edges

Elementgrenzen ohne Zwang gerade bleiben; anders, wenn diesem Element
z. B. durch Biegemomente eine Krümmung abverlangt wird, ohne daß sich
Ränder krümmen dürfen (Abb. 2).

In den Ecken treten große Schubspannungen auf, um die vorgeschriebene
Verformung zu ermöglichen. Dieser Schub, in der Fachliteratur [4] parasitärer
Schub genannt, ist allein eine Folge der Näherung und für Berechnungen im
Felshohlraumbau deshalb so unangenehm, weil Schubspannungen für das
Bruchverhalten im Fels wesentlich sind. In Elementmitte ist dieser Schub
nicht vorhanden; es tritt dort also hinsichtlich der Schub- und auch der
Normalspannungen der exakte Wert Null auf; alle anderen Werte, auch die
Normalspannungen, sind verfälscht. Eine Unterdrückung dieser Schubspannungen im Ergebnis ist also ein Kurieren am Symptom, denn über die Ver-
fälschung der Steifigkeit sind alle Verschiebungen und nach der Rückrech-
nung alle Spannungen fehlerbehaftet, und zwar in der Regel zu klein, was
z. B. eine Gleichgewichtskontrolle zwischen äußeren Lasten und ausgewie-
senen Spannungen zeigt.

4*

Unkritische FEM-Anwender freuen sich über die günstigen Ergebnisse einer solchen Finite-Element-Berechnung und nutzen die dadurch gegebenen Wettbewerbsvorteile aus. Kritische FEM-Anwender berücksichtigen die unrichtigen Schubkräfte in der Bruchbedingung, wo sie rechnerisch sehr ungünstig wirken und dazu zwingen, ein gutes Netz für die Berechnung zu wählen. Man sieht an diesem Beispiel — für andere Elementarten ist dies im Detail anders, aber im Prinzip gleich —, daß FEM nicht gleich FEM ist und bei der Anwendung dieser Methode sehr sorgfältig zu prüfen ist, ob die gewählten Näherungen nicht dazu genutzt werden, bewußt oder unbewußt unlautere Vorteile aus der Berechnungsmethode zu ziehen.

Ein weiteres Beispiel sei kurz angedeutet, das beim gleichen Elementtyp auftritt und im Felshohlraumbau besondere Bedeutung hat. Am Ausbruchrand eines Felshohlraumes treten beim Auffahren in der Regel normal zur Oberfläche eine Abnahme und tangential zur Oberfläche, zumindest in einer

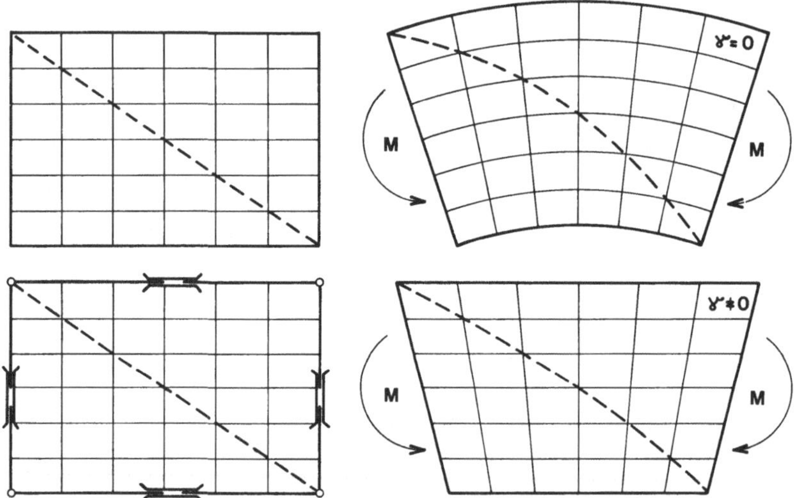

Abb. 2. Unversteiftes Element (Soll) oben und versteiftes Element (FEM-Ist) unten; links das unverformte und rechts das durch ein Biegemoment verformte Element

Unstiffened element (required value) above and stiffened element (FEM-value) below; undeformed element left-hand and element deformed by a bending moment right-hand

Richtung, eine Zunahme der Stauchung auf. Beide nehmen vom Ausbruchrand ins Gebirge hinein ab. Berechnet man daraus elastisch die durch den Ausbruch bewirkten Spannungsdifferenzen, so müßten sich bezüglich der Abnahme in Normalenrichtung zwei Anteile mit entgegengesetzten Vorzeichen gegenseitig teilweise aufheben.

Der Ansatz der Verschiebungsfunktionen ist jedoch so gebaut, daß die Dehnungen innerhalb eines Elementes nur quer zur Dehnungsrichtung linear veränderlich sind, in Dehnungsrichtung jedoch konstant bleiben. Werden nun beide Dehnungen mit zwei positiven Konstanten zur Spannung kombiniert, so fehlt einer der linearen Anteile, und zwar bei der Radialspannung der zur größeren Konstante gehörige. Dies bewirkt, daß bei der Radialspannung nicht nur die Neigung im Verlauf normal zur Oberfläche etwas verfälscht wird wie bei der Tangentialspannung, sondern ganz umgekehrt wird. Es entsteht anstelle eines relativ glatten Sehnenzuges eine Sägelinie, wobei sich je Element ein Sägezahn ausbildet. Bei ausreichender Unterteilung werden die Sägezähne klein gegenüber der Gesamtordinate. Auch hier ist der Wert in Elementmitte relativ gut, aber auch hier sind Änderungen der Steifigkeit und damit Rückwirkungen auf andere Spannungen zu erwarten.

Die Höhe der Sägezähne ist ein Maß für den Widerspruch, aber die Beurteilung der Größe der Folgefehler ist schwierig. Da Radialspannungen am Ausbruchrand nicht auf null abgebaut werden, wird bei einer sehr schmalen Zone der Überbeanspruchung längs des Ausbruchsandes (bis maximal 0,8mal Elementdicke normal zum Ausbruchrand) dieselbe eventuell nicht erkannt, weil erst bei der zweiten Reihe von Integrationspunkten ein nicht nach der unsicheren Seite, sondern nach der sicheren Seite hin, verfälschter Spannungszustand benutzt wird. Bei enger Elementteilung, hier speziell in Normalenrichtung, wird man mit dieser Ungenauigkeit leben können.

Die Widersprüche, die in einer Näherungsrechnung stets vorhanden sind, werden nicht immer leicht zu finden sein, aber es ist nötig, sie zu finden, um entscheiden zu können, ob der Widerspruch in verantwortungsvoller oder fahrlässiger Weise gelöst wird.

Beim Übergang von der linear-elastischen Berechnung zur Simulierung des physikalisch nichtlinearen Verhaltens der Baustoffe ergeben sich weitere Näherungen und damit neue Widersprüche, die in der Regel noch schwerer erkennbar sind. Da die zugrundegelegten Gesetze in ihrer mathematischen Formulierung ihrerseits Näherungen hinsichtlich des Verhaltens der Natur darstellen, erscheint es sinnvoll, diese Überprüfung durch Nachrechnen von Versuchen vorzunehmen. Dabei sollten Spannungszustände, wie sie im Felshohlraumbau üblich sind, und nicht etwa einachsige Beanspruchungen, bevorzugt werden. Wegen des Maßstabseffektes sind vor der Übertragung der Kennwerte auf große Felshohlräume in der Regel Zwischenstufen in Form von Großversuchen erforderlich.

Zur Kontrolle der Ergebnisse aus FEM-Berechnungen stehen neben Vergleichsrechnungen mit einer abweichenden Aufbereitung der FE-Methode auch noch viele andere Möglichkeiten offen, die zwar alle weniger hohen grundsätzlichen Ansprüchen genügen, aber besser durchschaubar sind. Sehr häufig führen bereits einfache Überlegungen dahin, grobe Fehler festzustellen, und primitive Berechnungen führen zur Aufhellung des Tragverhaltens oder zu Widersprüchen. Jedenfalls sollte ein andersartiges Ergebnis auch der einfachsten Berechnung den Anstoß geben, über die Unterschiede nachzudenken.

Die Möglichkeiten, Fehler zu begehen, beschränken sich selbstverständlich nicht auf die Näherungsfehler des Rechenverfahrens und auf eventuelle Programmfehler. Sehr wichtig sind die Eingabefehler [10], zumal wenn große Systeme und wenn eine Vielzahl verschiedener Materialgesetze und -konstanten zu verwenden sind. Eine sorgfältige Prüfung, möglichst eine unabhängige Erstellung des Datensatzes durch zwei Bearbeiter, wird empfohlen [10].

Es erscheint zum Auffinden aller Fehler wichtig, sich das Tragverhalten des betrachteten Felshohlraumes in möglichst vielen Einzelheiten und möglichst unter kritischer Mithilfe eines Unbefangenen klar zu machen und zu formulieren. Im Hinblick auf die Übertragung der Ergebnisse auf andere Fälle ist dies sehr vorteilhaft.

Nach der kritischen Prüfung am Schreibtisch steht noch der Vergleich mit der Natur aus. Freilich sind mit der Natur keine Berechnungen von Grenzfällen, sondern nur betont realistische Berechnungen zu prüfen.

In-situ-Messungen von Verschiebungen vor und während des Auffahrvorganges sind für einen Felshohlraumbau sehr wichtig und sollten bereits beim Bohrloch oder beim Auffahren von Probestollen oder -kavernen beginnen und von entsprechenden Berechnungen begleitet sein, damit auch der Maßstabseffekt erkannt werden kann. Durch solche Vergleiche ist das Berechnungsverfahren auf seinen eigentlichen Sinn zurückgeführt, nämlich ein Naturgesetze beachtendes Extrapolationsverfahren zu sein.

Bei den Parameteruntersuchungen sind gewisse systematische Ungenauigkeiten aus den Näherungen vertretbar, wenn für einen wichtigen Parameterfall ein genauerer Bezugspunkt, z. B. durch eine genauere FEM-Berechnung, zur Verfügung steht, denn es interessiert weit mehr die Tendenz als eine sehr exakte Größe. Es ist also möglich, ein wenig von dem vervielfachten Aufwand einer Parameterstudie wieder einzusparen. Freilich wird die Beurteilung gegenüber dem Fall etwas erschwert, in dem alle Berechnungen gleich genau ausgeführt werden können. Andererseits genügt eine Berechnung allein zu keinerlei relevanter Aussage.

3. Folgerungen für die Anwendung der Finite-Element-Methode im Felshohlraumbau

Die FEM tritt in sehr verschiedenen Ausprägungen und Programmvarianten auf, die jeweils individuell zu beurteilen sind.

Auch die besten zur Zeit vorliegenden Programmvarianten sind noch erweiterungsbedürftig und verbesserungsfähig, manche sind sogar verbesserungsbedürftig.

Das Anwendungsspektrum der FE-Berechnungen ist sehr breit hinsichtlich der verschiedenen Felsarten und hinsichtlich der verschiedenen Anwendungszwecke, nämlich

— Parameteruntersuchungen zur Ermittlung der maßgeblichen Parameter und ihres Einflusses auf die Traglast zwecks Anfertigung einer Standsicherheitsanalyse vor Baubeginn; dieser Vorrat an Berechnungen kann dann auch zur Beurteilung der Übereinstimmung mit den Messungen dienen und ermöglicht meist auch eine schnelle Beurteilung von Unvorhergesehenem, das erst im Bauzustand offenbar wird.

— Kontrollrechnungen bei der Absicherung von technischen Ersatzmodellen sowie Rechnungen zur Kontrolle weniger aufwendiger Näherungsberechnungen, sowohl nach der FEM als auch nach anderen Verfahren.

— Ermitteln der Parameter, die bei einem vorliegenden Projekt besonders wichtig werden können, in einem sehr frühen Projektstadium über parametrische Voruntersuchungen zu dem Zwecke, das Augenmerk bei den felsmechanischen Voruntersuchungen besonders auf diese Parameter und auf die interessierenden Felsbereiche zu lenken.

— Nachrechnen von Versuchen in der Forschung und bei felsmechanischen Voruntersuchungen an einem Standort.

— Eventuell weitere Berechnungen, die alle Messungen vor, während und nach dem Bau eines Felshohlraumes begleiten und die der gegenseitigen Kontrolle von Rechnung und Messung dienen.

— Untersuchungen der Ausbaumittel und der Baumethoden von Felshohlräumen sowie anderer Teil- und Spezialprobleme.

— Eventuell Erstellung von Tafeln oder anderen Darstellungen für einfache und typische Fälle zur Unterstützung der Erfahrung für Entwürfe und ähnliches.

Gewarnt werden muß vor unkritischer Anwendung der FEM; sie sollte nie alleinige Beurteilungsgrundlage sein, sondern mindestens durch Überlegungen und einfache Berechnungen abgestützt werden. Ein Ergebnis, das nicht anschaulich gedeutet werden kann, so schwierig und problematisch dies seinerseits ist, sollte nicht hingenommen werden. Es muß eine genaue Kenntnis des Verfahrens und der zu erwartenden Widersprüche und eine Kenntnis der häufigsten Fehlermöglichkeiten gefordert werden, um die erhaltenen Ergebnisse kritisch sichten und beurteilen zu können. Die immer neue kritische Beschäftigung mit den Ergebnissen darf nie aufgegeben werden, auch wenn man erfahren hat, daß in vielen Fällen des Zweifels letztlich doch nichts Besseres blieb als die angezweifelte Berechnung; gewarnt werden muß vor der Abstumpfung durch die immer neue Papierflut.

Gewarnt werden muß auch vor jedem Zwang zur Anwendung dieser Methode zum Schaden der Weiterentwicklung der Methode selbst und zum Schaden der Weiterentwicklung anderer Rechenmethoden. Eine Festlegung zum gegenwärtigen Zeitpunkt würde nicht nur die Beschäftigung mit neuen Berechnungsmethoden lähmen, sondern auch alle Ingenieure auf dem Sektor Felshohlraumbau zwingen, sich mit einem der derzeit oft noch verbesserungsbedürftigen Programme auszustatten; damit wäre der Entwicklungsstand wahrscheinlich für Jahre festgeschrieben, denn alle würden sich an die Programme und deren Unzulänglichkeiten gewöhnen.

Es ist sehr wichtig, daß auch die Eingabewerte und die Werkstoffgesetze stets kritisch betrachtet werden. Gewarnt werden muß davor, daß, auf relativ ungesicherten Ausgangswerten aufbauend, eine große, vielleicht in ihrer Folgerichtigkeit sogar sehr gute Computerberechnung aufgebaut wird, deren Ergebnisse entsprechend den Ausgangswerten bestenfalls grobe Schätzwerte darstellen können. Bei einem Anwachsen des Rechenaufwandes bei der technischen Bearbeitung eines Projektes muß auch der Aufwand für die Bestimmung der Felskennwerte als projektabhängige und der Aufwand für die Erforschung der Werkstoffgesetze als projektunabhängige Vorarbeit angemessen mitwachsen.

Wichtig ist, daß auch das kritische Denken, das eine Rechnung begleitet, bei einer Vergrößerung des Rechenaufwandes angemessen mitwächst, denn der Computer rechnet nur und prüft nur, was ihm aufgetragen ist, er kann keine Verantwortung für das Ergebnis übernehmen.

Ohne einen relativ hohen Mindestaufwand ist die FEM nicht sinnvoll anzuwenden, wenn sie nicht nur zur Absicherung anderer Methoden verwendet wird.

Weil eine weniger aufwendige Rechnung sich weniger dem Verdacht aussetzt, eine Berechnung zu sein, die die Wirklichkeit abbildet, wird die Beurteilung der Standsicherheit aufgrund einer einfacheren Berechnung meist vorsichtiger und kritischer sein als bei der aufwendigen Berechnung; hier muß man sich dazu zwingen.

Diese kritische Haltung gegenüber der FEM sollte jedoch nicht nur einschränkend sein, sondern auch befreiend; so sollte bei Übereinstimmung von rechnerischem Ergebnis und sorgfältiger kritischer Analyse der Voraussetzungen und der Ergebnisse auch die Freiheit gewährt sein, Schritte zu Konstruktionen zu wagen, die wegen ihres Schwierigkeitsgrades bisher nicht angegangen wurden. Nötig ist eine kritische Wechselwirkung zwischen Frage durch den Ingenieur, Belehrung durch die Rechenergebnisse und dann kritischer Einordnung und Erklärung derselben durch den Ingenieur.

4. Schlußwort

Der Felsbau unter Tage gehört zu jenen Gebieten der Technik, die lange Zeit mit relativ wenig aufwendigen rechnerischen Standsicherheitsuntersuchungen auskommen mußten.

Die letzten Jahrzehnte haben auf dem Gebiet der Computertechnik ungeheure Fortschritte gebracht. Der Wunsch, dem Bauen unter Tage diese Fortschritte zugute kommen zu lassen, besteht naturgemäß besonders stark bei jenen, die noch nicht über Jahrzehnte der Erfahrung im Untertagebau verfügen, dafür aber eine Ausbildung an Großrechnern genossen haben. Die Entwicklung zu großen Berechnungen im Felshohlraumbau sollte von allen Interessierten wohlwollend, aber auch sehr kritisch beobachtet werden. Jetzt ist noch Zeit zu verhindern, daß die angesammelte Erfahrung verlorengeht, und es ist noch Zeit zu verhindern, daß durch den Zwang, bestimmte Rechenmethoden anzuwenden, das Wissen von anderen Rechenmethoden und auch weitgehend das Vorstellungsvermögen von der Lastabtragung im Gebirge verlorengeht.

All dies wird nach wie vor und jedes an seinem Platz gebraucht, nicht zuletzt zur Kontrolle der Ergebnisse von FE-Berechnungen, denn die Entwicklung ist zumindest im Augenblick noch nicht so, daß man auf das Mitdenken parallel zum Computer verzichten könnte.

Literatur

[1] Brady, B. G. H., Bray, J. W.: The Boundary Element Method for Determining Stresses and Displacements Around Long Openings in a Triaxial Stress Field Int. J. Rock Mech. Min. Sci. & Geomech. Abstr. *15,* 21—28 (1978).

[2] B u c h m a i e r, R. F., et al.: Die Anwendung der Methode der Finiten Elemente in der Grundbaupraxis. Forschungsbericht KFK-CAD 1, Karlsruhe, 1974.

[3] C l a r k e, S. B., T h o m p s o n, J. C.: The Surface Element Technique: A New Stress Analysis Method for Excavation and Tunneling Problems. 3rd Symp. Eng. Appl. Solid Mech., Toronto, 1976.

[4] C o o k, R. D.: Avoidance of Parasitic Shear in Plane Element. J. Struct. Div. ASCE Vol. *101*, 1239—1253 (1975).

[5] F l e c k, H., S o n n t a g, G.: Statische Berechnung gebetteter Hohlraumaus-kleidungen mit einem ortsveränderlichen, last- und verformungsabhängigen Bettungsmodul aus der Methode der Finiten Elemente. Bautechnik *54*, 149—156 (1977).

[6] G u d e h u s, G. (Hrsg.): Finite Elements in Geomechanics. London: J. Wiley & Sons 1977.

[7] L a c h a t, J. C., W a t s o n, J. O.: Effective Numerical Treatment of Boundary Integral Equations: A Formulation of Three-Dimensional Elastostatics. Int. J. num. Meth. Engng. *10*, 991—1005 (1976).

[8] M a i d l, B., G e i ß l e r, E.: Ein Beitrag zur Bewertung von Bauzuständen in „Konstruktiver Ingenieurbau in Forschung und Praxis". Festschrift Wolfgang Zerna und Institut KIB. Düsseldorf: Werner-Verlag 1976.

[9] O s i a s, J. R., W i l s o n, R. B., S e i t e l m a n, L. H.: Combined Boundary-Integral Equation / Finite Element Analysis of Cracked Solids. Report Int. Symp. on Innovative Num. Analysis in Applied Engineering Science, Versailles, 1977.

[10] P o l ó n y i, S., R e y e r, E.: Zuverlässigkeitsbetrachtungen und Kontrollmöglichkeiten (Prüfung) zu praktischen Berechnungen mit der Finite-Element-Methode. Die Bautechnik *11*, 374—384 (1975).

[11] S a w i n, G. N.: Spannungserhöhung am Rande von Löchern. Berlin: VEB Verlag Technik 1956.

[12] S t a g g, K. G., Z i e n k i e w i c z, O. C. (Hrsg.): Rock Mechanics in Engineering Practice. London: J. Wiley & Sons 1968.

[13] W i s s e r, E.: Vorschlag zur Ermittlung der Spannungsverteilung und der Verschiebungen im Gebirge rund um einen Hohlraum mit beliebig geformten Querschnitt. Der Bauingenieur *47*, 97—100 (1972).

[14] Z i e n k i e w i c z, O. C., K e l l y, D. W., B e t t e s s, P.: Marriage a la Mode — the Best of Both Worlds (Finite Elements and Boundary Integrals). Report Int. Symp. on Innovative Num. Analysis in Applied Engineering Science, Versailles, 1977.

Anschrift der Verfasser: Dipl.-Ing. Laimons Lielups, Dipl.-Ing. Paul W. Obenauer, Ingenieurbüro im Bauwesen, Bung, Postfach 101 420, D-6900 Heidelberg 1, Bundesrepublik Deutschland.

Rock Mechanics, Suppl. 8, 59—74 (1979)

Rock Mechanics
Felsmechanik
Mécanique des Roches
© by Springer-Verlag 1979

Beitrag zur Berechnung und Optimierung von Felsankern im Tunnelbau

Von

G. Seeber und S. Keller

Mit 8 Abbildungen

Zusammenfassung — Summary — Résumé

Beitrag zur Berechnung und Optimierung von Felsankern im Tunnelbau. Aus Mangel besserer Möglichkeiten wird der durch Anker aufgebrachte Ausbauwiderstand p_A meist als vergleichsmäßigter Flächendruck gerechnet.

Es ist jedoch selbstredend und wird durch Beobachtung im Tunnelbau bestätigt, daß die Länge der Anker einen wesentlichen Einfluß auf die Ankerwirkung bzw. die Deformationen hat und daß auch noch eine Dübelwirkung vorhanden sein muß.

Die Auswirkung der Ankerlänge, d. h. der zum Hohlraum gerichteten Kraft des inneren Ankerkopfes auf die Größe der Deformationen untersuchte bereits Egger.

Im vorliegenden Bemessungsverfahren ist diese Untersuchung insoferne eingebaut, als zu den normalen Kennlinien, die für einen rein als Innendruck wirkenden Ausbauwiderstand gelten (wie z. B. ein Betonring oder unendlich lange Anker), zusätzliche Ankerkennlinien eingezeichnet wurden, die die verschiedenen Ankerlängen berücksichtigen. Damit ist es möglich, den Ankereinsatz in Hinblick auf Stückzahl und Länge der Anker zu optimieren.

Die Dübelwirkung der Anker wurde von Bjurström in In-Situ-Großscherversuchen und von Feder in Laborversuchen an Beton untersucht. Mit Hilfe der von Bjurström angegebenen Formel läßt sich eine erhöhte Scherfestigkeit ermitteln, die vom Stahlquerschnitt sowie von der Stahl- und Gesteinsfestigkeit abhängt. Auch diese erhöhte Scherfestigkeit läßt sich in die zusätzlichen Ankerkennlinien einrechnen.

Somit kann an den zusätzlichen Ankerkennlinien der Einfluß der Ankerlänge und der Dübelwirkung abgelesen und in der Bemessung berücksichtigt werden.

Contribution to the Calculation and Optimization of Rock Anchors in Tunnelling. The lining resistance p_A of rock anchors is usually computed as an equal pressure acting from the opening towards the tunnel surface, because no better methods are available.

It is evident, however, and has been confirmed by observations made in tunnels, that the anchor length has a considerable influence on deformation. In addition, it appears that the anchors also act as dowels.

The degree to which the amount of deformation is influenced by anchor length, that is to say the force of the far end of the rock anchor directed towards the cavity, has been investigated already by Egger.

The results of this investigation have been taken into account here in so far as additional anchor characteristics for different anchor lengths were plotted, in addition to the usual characteristic lines which hold for a lining resistance that acts merely as an internal pressure (e. g. concrete ring or anchors of infinite length). It is therefore possible to optimize the number and length of rock anchors.

The dowel action of the rock anchors was investigated by Bjurström in large-scale in situ shear tests and by Feder in laboratory experiments with concrete. With the aid of the equation given by Bjurström an increased shear strength can be inferred which is a function of the steel cross section and of the strengths of steel and rock.

This increased shear strength, too, can be accounted for in the additional characteristic lines of the rock anchors.

The additional characteristic lines of the rock anchors therefore describe the influence of anchor length and dowel action which can thus be taken into consideration in dimensioning the anchors.

Contribution au calcul et à l'optimisation des ancrages dans la construction de tunnels. Faute de meilleures méthodes, la résistance de revêtement p_A declenchée par les ancrages est généralement calculée comme pression uniforme agissant de l'ouverture vers la surface du tunnel.

Il est pourtant évident et les observations faites dans les tunnels le confirment que la longueur d'ancrage a une grande influence sur la déformation. En outre, l'action de goujons est également indispensable.

Le degré auquel l'ampleur de la déformation est influencée par la longueur d'ancrage, c'est à dire la force du bout éloigné de l'ancrage orientée vers la cavité a déjà été étudié par M. Egger.

La présente méthode de calcul comporte les résultats de cette étude dans la mesure où de nouvelles lignes caractéristiques d'ancrage, tenant compte de différentes longueurs d'ancrage furent dessinées et s'ajoutent aux lignes caractéristiques habituelles qui sont considérées comme résistance de revêtement qui sert uniquement de pression intérieure (p. ex. anneau à béton ou des ancrages d'une longueur infinie). Il est ainsi possible d'optimiser les nombres et la longueur des ancrages.

L'action de goujon atteinte par les ancrages a été étudiée par M. Bjurström au cours de vastes essais de cisaillement sur place et par M. Feder au cours des expériences avec béton en laboratoire. A l'aide de la formule établie par M. Bjurström une plus grande résistance au cisaillement peut être déduite qui dépend de la section transversale du beton ainsi que de la résistance du béton et de la roche.

Cette plus grande résistance au cisàillement peut être également comprise dans les nouvelles lignes caractéristiques des ancrages.

L'influence de la longueur des ancrages et de l'action de goujons se manifeste ainsi aux nouvelles lignes caractéristiques des ancrages et peut être prise en considération pour le dimensionnement des ancrages.

1. Allgemeines

Im Rahmen der Beratertätigkeit unseres Institutes waren seit 1975 die schwierigen Verhältnisse am Arlberg-Straßentunnel zu beurteilen. In diesem Zusammenhang wurde ein Verfahren entwickelt, das mittels Kennlinien rasch die wechselnden Einflüsse der wichtigsten Parameter auf die Verschiebungen bzw. auf den Ausbauwiderstand erkennen läßt, worüber bereits auf dem

XXV. Geomechanik Kolloquium 1976 berichtet wurde [3]. In der Zwischenzeit wurde das Verfahren verfeinert, wobei u. a. auch die immer noch umstrittene Wirkung der Tunnelanker mehr in den Vordergrund rückte. Über die hierüber gewonnenen Erkenntnisse sei kurz berichtet.

Aus Mangel besserer Möglichkeiten wird der durch Anker aufgebrachte Ausbauwiderstand p_A meist als vergleichsmäßigter Flächendruck angesetzt.

Es ist jedoch selbstredend, und wird auch durch Beobachtung im Tunnelbau bestätigt, daß die Länge der Anker einen wesentlichen Einfluß auf die Ankerwirkung bzw. die Deformationen hat und daß zudem noch eine Dübelwirkung vorhanden sein muß. Die Auswirkung der Ankerlänge, d. h. der zum Hohlraum gerichteten Kraft des inneren Ankerkopfes auf die Größe der Deformationen untersuchte bereits Egger [2].

Die Dübelwirkung der Anker wurde von Bjurström [1] in In-Situ-Großscherversuchen und von Feder in Laborversuchen an Beton untersucht. Mit Hilfe der von Bjurström angegebenen Formeln läßt sich eine erhöhte Scherfestigkeit ermitteln, die vom Stahlquerschnitt sowie von der Stahl- und Gesteinsfestigkeit abhängt.

In das zitierte Bemessungsverfahren sind diese beiden, bisher nicht berücksichtigten Ankerwirkungen eingearbeitet worden. Neben den normalen Kennlinien, die für einen rein als Innendruck wirkenden Ausbauwiderstand gelten (wie z. B. ein Betonring oder unendlich lange Anker), sind zusätzliche „Ankerkennlinien" eingezeichnet worden, die die verschiedenen Ankerlängen berücksichtigen. Somit ist eine einfache, handliche Bemessungshilfe gegeben, die auch eine Optimierung des Ankereinsatzes in Hinblick auf Stückzahl und Länge der Anker ermöglicht.

2. Wirkungen verschiedener Ankertypen

Die Auswertung zahlreicher Meßdaten läßt erkennen, daß sich im drückenden Gebirge die Anker — einerlei welcher Type sie angehören — sowohl in ihrem aktiven Nutzen als auch in ihrem passiven Verhalten nur wenig voneinander unterscheiden.

Nur in der Theorie liegt ein Freispielanker in seiner Spannstrecke völlig frei im Bohrloch; durch Kluftkörperverstellungen geklemmt, verändern sich rasch Zugkraft und Stabform. Ähnlich verhalten sich vermörtelte Anker, wenngleich hier die Abstände zwischen den einzelnen Unstetigkeitsstellen im allgemeinen viel kleiner sind. Mörtelanker können reißen, ohne daß dies immer erkannt wird und ohne daß damit ihr Nutzwert vollständig verlorengeht. Dies zeigte sich u. a. am Arlbergtunnel, wo streckenweise relativ viele Anker rissen. Die Rißanfälligkeit im ausbruchsnahen Bereich, die besonders bei vorgespannten (blockierten) Mörtelankern, aber auch bei schlaffen, durch die Gebirgsdeformationen gespannten Ankern beobachtet wurde, konnte durch Einlegen von plastisch verformbaren Stauchelementen zwischen Ankerspannplatte und Tunnelwand wesentlich herabgesetzt werden (Abb. 1). Wegen des besseren Korrosionsschutzes werden als Daueranker vor allem Mörtelanker eingesetzt. Meist erscheint dann aber die Schutzwirkung auf Dauer doch nicht sicher. Am Arlbergtunnel wurde deshalb der Ausbauwiderstand der Anker nur im Bauzustand in Rechnung gestellt. Im Endzustand übernimmt der nun geschlossene Spritzbetonring den Ausbauwiderstand der Felsanker.

Abb. 1. Stauchkörper für Ankerköpfe
Supporting tubes of anchor heads with upsetting bulges

3. Einfluß der Ankerlänge

Um der theoretisch genauen Definition des Ausbauwiderstandes zu entsprechen, müßten die Ankerlängen gegen unendlich konvergieren. Für die in der Praxis verwendeten herkömmlichen Ankerlängen ist die Tiefe der Gleitbruchzone ein wichtiges Kriterium. Daneben bestehen aber noch Wechselbeziehungen zwischen dem Ankereinbauzeitpunkt, den Ankerlängen (L_{AN}) und dem Radius der Gleitbruchzone (R_0).

3.1 Ankerlänge und Spannungszustand um den Hohlraum

Die Verankerung im rein elastischen Bereich stellt im Prinzip eine Art Nagelung dar, bei der die Ankerstablängen im wesentlichen nur von den lokalen Kluftkörperdimensionen abhängig sind. In diesem Fall kann nicht von systematischer Anwendung gesprochen werden.

Felsankerungen, die durch die plastische Gleitbruchzone tief in den elastischen Bereich hineinreichen, sind längenabhängig und nur iterativ zu berechnen.

Systemankerungen im plastischen Bereich allein sind ebenfalls längenabhängig, wegen des expliziten Berechnungsmodells aber leichter zu handhaben.

Für die beiden zuletzt genannten Fälle wurden von Egger Berechnungsmodelle vorgeschlagen. Jenes für den plastischen Bereich wurde weiterentwickelt, für EDV-Auswertung adaptiert und für die wichtigsten Anwendungsfälle in Kennliniendiagrammen übersichtlich dargestellt. Näheres darüber in Punkt 5.

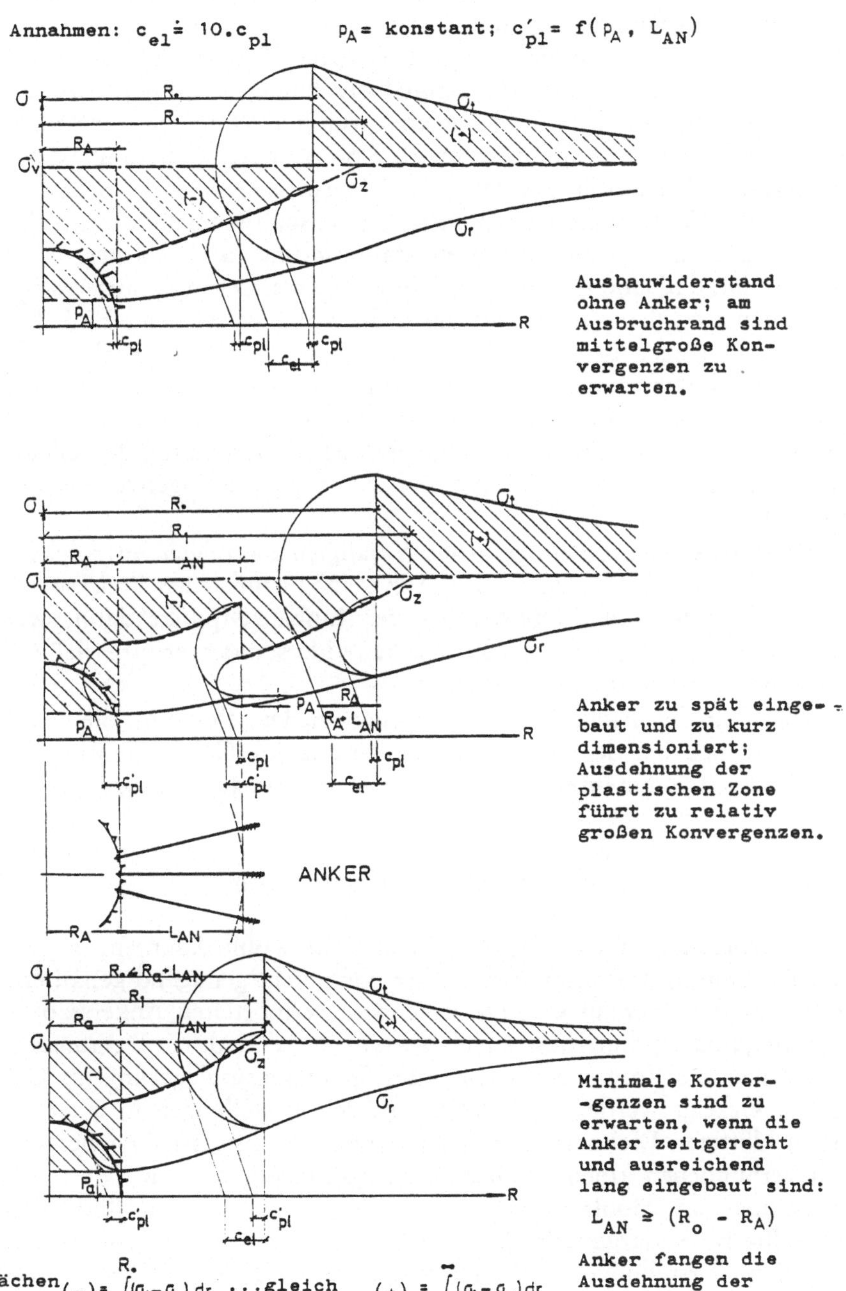

Abb. 2. Spannungsfelder im Gebirgstragring in Abhängigkeit von Art und Einbauzeitpunkt des Ausbauwiderstandes

Stress distribution in the ground arch as a function of the type of lining and the time of its placement

3.2 Einfluß des Einbauzeitpunktes

Aus dem rheologischen Verhalten des Gebirges ergeben sich einige Einflüsse auf Dimensionierung und Optimierung von Systemankerungen: Bekanntlich ist es sehr schwierig, den Parameter „Zeitabhängigkeit" in Form allgemeingültiger Ansätze in die Tunnelberechnungsverfahren einzubeziehen. Nun werden aber durch Einführung einer weiteren Variablen, der Ankerlänge, die Verhältnisse noch komplizierter. In Abb. 2, welche Spannungsfelder um einen kreisrunden Hohlraum zeigt, sind beispielsweise drei Varianten einer von gleichen Voraussetzungen (konstanter Ausbauwiderstand) ausgehenden, aber unterschiedlich durchgeführten Stabilisierung des Gebirges dargestellt. Man erkennt, daß eine zu spät eingebaute Systemankerung (mittleres Beispiel) der Ausdehnung der Gleitbruchzone nicht mehr ausreichend Einhalt gebieten kann. Hingegen ist dies durchaus möglich, wenn die gleiche Ankerung — sofort nach dem Ausbruch erstellt — über die zu diesem frühen Zeitpunkt noch sehr kleine Gleitbruchzone hinaus bis in den elastischen Bereich reichen würde. Damit ließe sich die rheologische Ausdehnung der Gleitbruchzone abfangen und das Gebirge bei einer viel geringeren Deformation stabilisieren.

Diese Beispiele, die einige grobe Verallgemeinerungen enthalten, sollten aber nun nicht dazu verleiten, den Ankereinbau um jeden Preis so früh als möglich durchzuführen. Optimal ist der Einbauzeitpunkt dann, wenn er auch auf die zur Begrenzung des Ausbauwiderstandes erforderliche Größe der Radialdeformation abgestimmt ist.

Selbst für den Fachmann ist es immer wieder schwierig, die zeitabhängigen Vorgänge bei der Spannungsumlagerung im Gebirgstragring laufend mitzuverfolgen und in ihren quantitativen Auswirkungen richtig abzuschätzen.

4. Der Dübeleffekt der Anker

Es stellte sich nun die Aufgabe, den zwar wohlbekannten, in geschlossenen Berechnungsverfahren bisher aber noch nicht genügend genau erfaßten Vergütungseffekt der im Gebirge liegenden, vermörtelten Ankerstäbe in die Bemessung und Optimierung einzubauen. Abb. 3 enthält ein Demonstrationsbeispiel über die Vorgänge im Zuge der Spannungsumlagerung im Gebirgstragring. Gezeigt werden typische Kluftkörperverstellungen in einem orthogonal geklüfteten Diskontinuum, und zwar im ausbruchsnahen Bereich. Die damit verbundenen kinematischen Vorgänge, resultierend in Deformationen in Richtung zum Hohlraumrand, sind ebenfalls — hier im Bild allerdings nur qualitativ — dargestellt. Deutlich ist zu erkennen, daß ein Ankerkanal durch diese Verstellungen mehrfach verdrückt wird. An praktisch allen vom Ankerkanal durchstoßenen Gefügeflächen würde ein Ankerstab sperrend und damit bewegungshemmend wirken. Diese Sperrwirkung entspricht einer künstlichen Vergütung des Gebirges. Sie wird in der rechnerischen Ermittlung als erhöhte Scherfestigkeit (c_{pi}') im plastischen Bereich entsprechend quantifiziert.

4.1 Ermittlung der zusätzlichen Scherfestigkeit infolge der Dübelwirkung

Betrachtet wird nur der Gleitbruchbereich mit der am Ausbruchsrand bis auf 10 N/cm² abgesunkenen Restkohäsion. Hier wirken die Ankerstan-

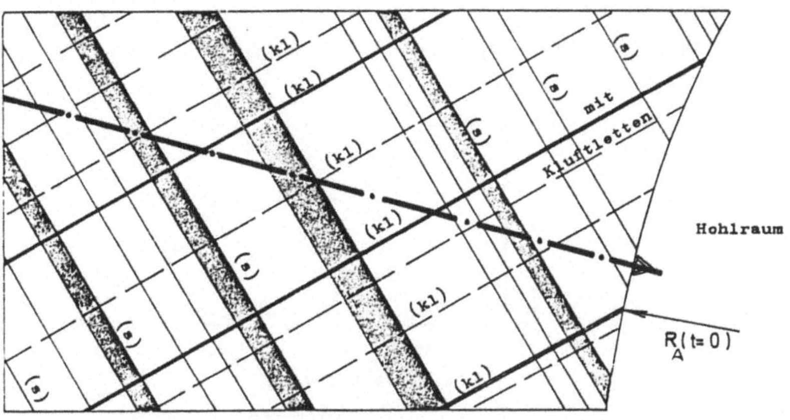

Abb. oben: Schichtung (s) und Klüftung (kl) im unverritzten Gebirge, bzw. zeitlich unmittelbar nach dem Ausbruch. Bohren des Ankerkanals (strichpunktiert)

Abb. unten: Zustand nach Spannungsumlagerung. Der Ankerkanal wird in den Gleitflächen der Schichtung jeweils nach rechts, in den Klüften nach links versetzt, und bei jedem Versatz durch Dehnung länger.

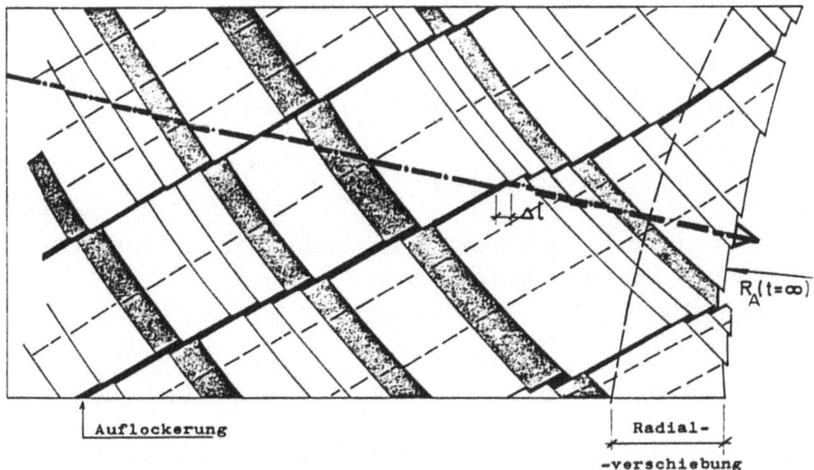

Abb. 3. Kluftkörperverstellungen in einem orthogonal geklüfteten Diskontinuum
Changes in the position of the rock mass in an orthogonally fractured discontinuity

gen in und mit ihren mörtelverfüllten Bohrkanälen im Sinne einer Verbesserung der Scherfestigkeit.

Durch paralleles Anheben der Coulombschen Geraden (bzw. der Mohrschen Hüllkurve) um die zusätzliche Scherfestigkeit der Anker c_{AN} läßt sich die Verbesserung der Gebirgsfestigkeit darstellen (d. i. der schraffierte Bereich in der Abb. 4). Die Ankerung durchörtert die (theoretischen) Gleitflächen mit Winkeln zwischen 20^0 und 70^0. In den besonders stark gequetschten Zonen (Kämpfer und Ulmen) werden die Gleitflächen unter $45^0 \pm \varphi/2$ durchstoßen. Für einen allgemeingültigen Ansatz werden die Gleitflächen verkürzend auf die Ausbruchsfläche des Tunnels projiziert. Da die Anker diese Fläche normal durchstoßen, sind die tatsächlichen Fe-Querschnitte identisch

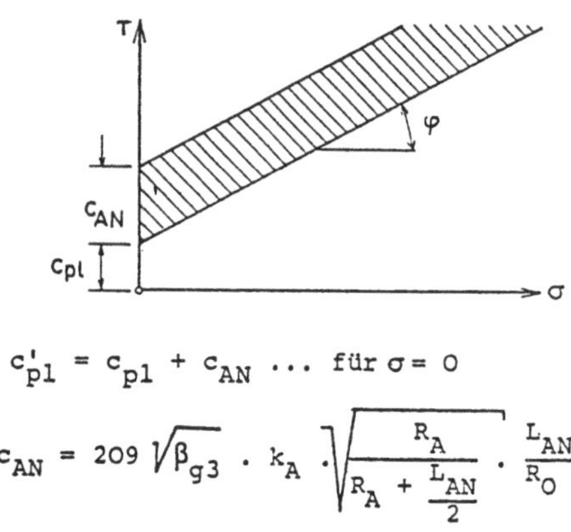

$$c'_{pl} = c_{pl} + c_{AN} \cdots \text{ für } \sigma = 0$$

$$c_{AN} = 209 \sqrt{\beta_{g3}} \cdot k_A \cdot \sqrt{\frac{R_A}{R_A + \frac{L_{AN}}{2}}} \cdot \frac{L_{AN}}{R_0}$$

Abb. 4. Kohäsionshebung durch Anker
Increase in cohesion produced by means of anchors

mit dem Rechenwert. Der durch den erforderlichen Ausbauwiderstand, die Stahleigenschaften und die gewählte Ankerkraft resultierende Ankeranteil (bzw. der Bewehrungsanteil) des Gebirges wird in Prozenten angegeben und auf den Ausbruchszylinder bezogen (Maximalwert):

$$K_A = \frac{F_e \cdot 100}{F_{zyl}}$$

Mit fortschreitender Entfernung vom Ausbruchsrand reduziert sich der Ankeranteil im Verhältnis $R_A/R_A + L_{AN}$.

Der mittlere Anteil beträgt dann exakt

$$K_{A_m} = K_A \cdot \frac{R_A}{R_A + 0,5 \, L_{AN}} \quad \text{bzw.} \quad K_A \sqrt{\frac{R_A}{R_A + 0,5 \, L_{AN}}}$$

Das Eintreten der Dübelwirkung setzt Verschiebungen in den Gefügeflächen voraus; letztere nehmen der Größe und Anzahl nach in Richtung zum Ausbruch hin progressiv zu. Mit der Wurzel über dem geometrischen Abminderungsfaktor des mittleren Bewehrungsanteils wird diese erhöhte Wirkung im ausbruchsnahen Bereich berücksichtigt. Weiters ist die Verbesserung der Scherfestigkeit durch die Anker abhängig von der Gesamtlänge der Stangen L_{AN}.

Wenn $L_{AN}=$ Gesamtankerlänge und $L_w=$ Wirklänge, so gilt bei zweidimensionaler Betrachtung der Zusammenhang

$$L_{AN}=0{,}50+L_w+\frac{a\,(L_w+R_A)}{2\,R_A\cdot\mathrm{tg}\,(45-\varphi/2)}$$

wobei a ... die tangentiale Ankerkopfdistanz am Ausbruchrand

$(a=\sqrt{\dfrac{1}{n}}$ für $n=$ Anzahl Anker pro m² Tunnelausbruchsoberfläche),

R_A ... Ausbruchsradius und

φ ... Reibungswinkel im plastischen Bereich ist.

Für die praktisch vorkommenden Fälle liegt diese zusätzliche Länge $L_{AN}-L_w$ zwischen 1,00 m und rund 2,00 m.

Die Zunahme der Scherfestigkeit durch die Anker ist ferner direkt abhängig

a) von dem bereits erwähnten Ankergehalt (K_{Am}) im Gebirgstragring (Bewehrungsanteil) analog zum Stahlbeton;

b) von dem Verhältnis Durchmesser zu Querschnittsfläche (D/F_e) der Ankerstangen;

c) von der triaxialen Druckfestigkeit des Gesteins (β_{g3});

d) von der Festigkeit des Ankerstabmaterials (β_{F1});

e) von den Verformungs-(Verschiebungs-)größen in den Gleitebenen und unter gewissen Voraussetzungen auch von

f) der Zugspannung in den Ankern.

Die ersten vier erwähnten Einflüsse werden in der Berechnung berücksichtigt. Für die Ermittlung der in die Berechnung eingehenden Daten werden zwei aus Versuchsreihen abgeleitete Verfahren herangezogen.

Der auf Grund von In-Situ-Großscherversuchen empirisch ermittelte Ansatz von S. Bjurström ergibt näherungsweise

$$T_{\text{Dübel}}=D^2\cdot0{,}67\,\sqrt{\beta_{F1}\cdot\beta_{g3}}\quad(N)$$

und gilt für Kreuzungswinkel von etwa 30° bis 60°; wobei

D ... Ankerdurchmesser,

β_{f1} ... Streckgrenze des Ankerstahls,

β_{g3} ... triaxiale Druckfestigkeit des Gesteins ist.

Maßgebend ist die Gesteinsfestigkeit, da vorausgesetzt wird, daß sämtliche Kluft- und Schichtflächen in Bewegung sind und somit deren Festigkeitseigenschaften für die Sperrwirkung von vornherein ohne Einfluß sind.

Bei Kreuzungswinkeln unter 30° tritt additiv die Ankerspannung hinzu, wobei es einerseits zu größeren Scherfestigkeiten kommt, andererseits aber die Rißanfälligkeit der Stäbe zunimmt. Während sowohl der Ankerdurchmesser mit 26 mm als auch die Stahlstreckspannung bei der heute üblichen Anwendung von Rippenstählen 60 in die Rechnung quasi als Konstanten eingehen können, muß die Gesteinsdruckfestigkeit variabel bleiben. Letztere ist wegen der beachtlichen, durch Reaktionen geweckten Seitendrücke stets viel höher als die einaxiale Druckfestigkeit. Es ist daher angebracht, hiefür Mittelwerte aus Triaxial-Versuchsreihen heranzuziehen. In Tabelle 1 ist der

Tabelle 1. Verbesserung der Restscherfestigkeit durch die Dübelwirkung der Anker

Improvement of Residual Shear Strength by Means of the Anchoring Action

Ausbauwider-stand P_A N/cm²	$\dfrac{\beta_{F1}}{P_A}\left(\dfrac{\mathrm{N}\cdot\mathrm{cm}^2}{\mathrm{N}\cdot\mathrm{cm}^2}\right)$	β_{g3} N/cm²	Zusätzliche Anker-scherfestigkeit* c_{AN} (N/cm²)	c'_{pl} N/cm²
30	$\dfrac{30}{50\,000}=0{,}0006$	6 000	9,719	19,7
		10 000	12,540	22,5
		20 000	17,734	27,7
50	$\dfrac{50}{50\,000}=0{,}001$	6 000	16,198	26,2
		10 000	20,900	30,9
		20 000	29,552	39,5
100	$\dfrac{100}{50\,000}=0{,}002$	6 000	32,395	42,4
		10 000	41,800	51,8
		20 000	59,105	69,1
150	$\dfrac{150}{50\,000}=0{,}003$	6 000	48,592	58,6
		10 000	62,700	72,7
		20 000	88,658	98,7
200	$\dfrac{200}{50\,000}=0{,}004$	6 000	64,628	74,6
		10 000	83,600	93,6
		20 000	118,210	128,2
250	$\dfrac{250}{50\,000}=0{,}005$	6 000	80,785	90,8
		10 000	104,500	114,5
		20 000	147,763	157,8

Ankerstahlvorspannung auf 75% der Streckgrenze, das sind für Rippentorstahl 60 rund 50 000 N/cm².

* Aus Formel $T_{\text{Dübel}} = D^2 \cdot 0{,}67 \cdot \sqrt{\beta_{F1}\cdot\beta_{g3}}$ (Bjurström) $D=26$ mm

zunehmende „Bewehrungseffekt" im Gebirgstragring als Funktion des erforderlichen bzw. gewählten Ausbauwiderstandes und dreier ausgewählter Gesteinsdruckfestigkeiten dargestellt. Die errechneten c'-Werte gelten, da sie sich auf den Ausbauwiderstand beziehen, nur im unmittelbaren Nahbereich hinter der Ausbruchsoberfläche.

Die aus der Addition $c_{pl} + c_{\text{Anker}} = c_{pl}'$ gewonnenen Tabellenwerte sind nun auf die mittlere Bewehrungsdichte und das Verhältnis Ankerlänge zu plastischem Radius zu reduzieren. Als allgemeiner Ansatz gilt:

$$c_{AN} = 209\,\sqrt{\beta_{g3}\cdot k_A}\cdot\sqrt{\frac{R_A}{R_A - L_{AN}/2}\cdot\frac{L_{AN}}{R_0}}$$

Wegen der impliziten Form dieses Ansatzes sind die variablen Unbekannten c_{AN} und R_0 durch konvergierende Iterationen zu ermitteln. Die c_{pl}'-Werte werden nun der weiteren Berechnung der Verschiebungen für verschiedene Ankerlängen zugrundegelegt. Zur Kontrolle der Größenord-

nung der nach Bjurström ermittelten Scherfestigkeiten wurden Versuchsergebnisse von Prof. G. Feder der Montan-Universität Leoben, Institut für

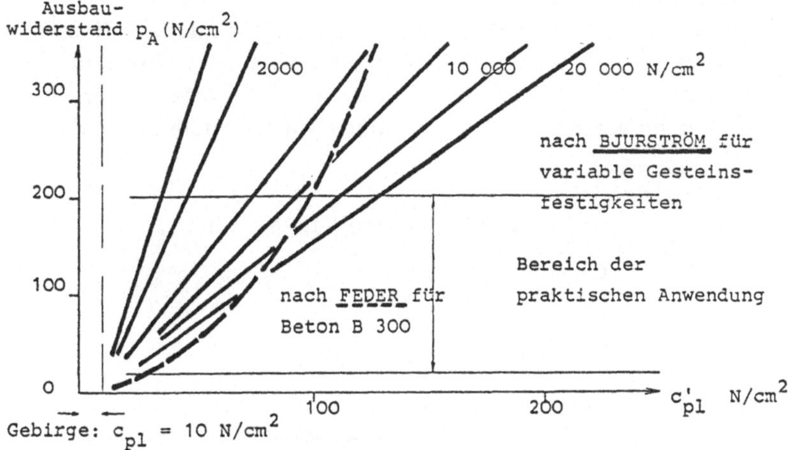

Abb. 5. Vergleich der Versuchsergebnisse über Kohäsionszunahme, Bjurström-Feder
Comparison of results obtained in cohesion tests Bjurström-Feder

Konstruktiven Tiefbau, zum Vergleich herangezogen. Wie das Diagramm in
Abb. 5 zeigt, ist für den Bereich der gegenwärtig üblichen Ausbauwider-
stände eine gute Übereinstimmung gegeben.

5. Darstellung der Kennlinien

Die beiden ermittelten Einflüsse werden nun in den Kennlinien übersichtlich dargestellt.

Zunächst zur Ankerlänge:

Im Sinne der eingangs erwähnten Definition des Begriffes „Ausbauwiderstand" sind hiefür unendlich lange Anker Voraussetzung. Je kürzer die
Anker, desto größer werden die Radialverschiebungen bei konstant bleibendem Ausbauwiderstand bzw. gleichbleibender Ankerzahl.

Die Kennlinien für die heute üblichen Systemankerungen in Autobahn-
tunneln mit z. B. 3, 6, 9 und 12 m Nutzlänge liegen daher alle rechts der
Ausgangskennlinie im ungünstigeren Bereich. Besonders große Konvergenzen
ergeben sich bei 3-m-Ankern, für die im tiefliegenden, schlechten Gebirge
praktisch keine wirtschaftlichen Anwendungen mehr möglich sind (Abb. 6).
Im Gegensatz hiezu führt die Berücksichtigung der Anker-Dübelwirkung zu
einer Vergütung, die sich durch einen beachtlichen „Linksruck" der Ankerkennlinien auszeichnet (Abb. 7).

Wie eingangs erläutert, ist die absolute Größe dieses Vergütungseffektes
nicht nur von den Parametern der Anker, sondern auch von jenen des Ge-

birges abhängig. Die Kennlinien sind daher für die einzelnen Gebirgsfestig-
keitsklassen bzw. für bestimmte Primärspannungszustände getrennt zu
ermitteln.

Man erkennt, daß sich im allgemeinen Anker mit 6 m Wirklänge neu-
tral verhalten, d. h., daß hier die beiden entgegengesetzten Einflüsse einander
mehr oder weniger die Waage halten. Längere Anker reduzieren bei gleich-
bleibendem Ausbauwiderstand die zu erwartenden Deformationen bzw. erlauben bei gleichbleibenden Deformationen eine Ermäßigung des Ausbau-

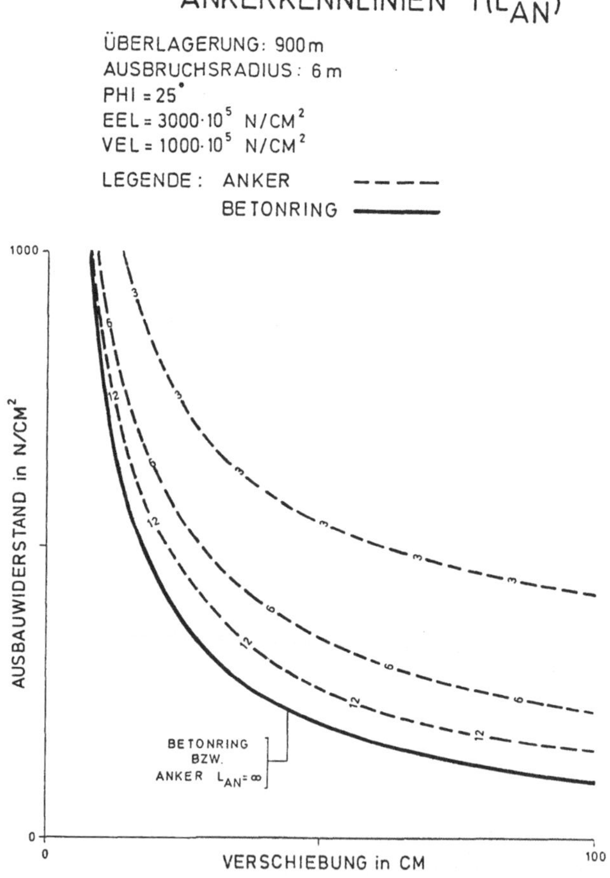

Abb. 6. Ankerkennlinien in Abhängigkeit von der Ankerlänge
Anchor characteristic lines as a function of anchor length

widerstandes. Hingegen sind Anker mit 3 m Wirklänge in allen Fällen tech-
nisch ungünstiger und auch bei Berücksichtigung des positiven Einflusses
aus der Dübelwirkung in bestimmten Fällen nicht mehr anwendbar.

Die übersichtliche und leichtverständliche Darstellung der Ankerkennlinien in den individuellen Bemessungsdiagrammen erlaubt nun eine schnelle

und irrtumsfreie Dimensionierung bzw. Optimierung der Systemankerungen, womit in rasch wechselnden geologischen Verhältnissen durch die schnelle Entscheidungsmöglichkeit die Sicherheit erhöht wird.

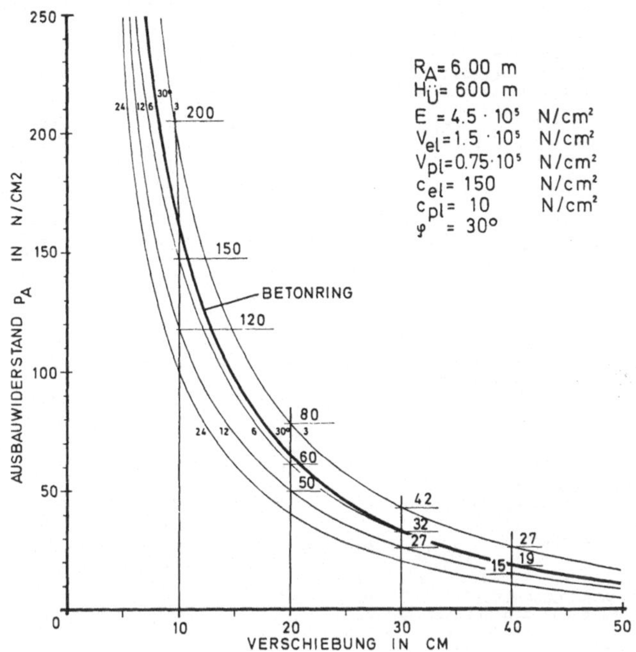

Abb. 7. Ankerkennlinien in Abhängigkeit von Länge und Dübelwirkung der Anker

Anchor characteristic lines as a function of length and anchoring action

6. Beispiel

Gegeben ist ein Autobahntunnel mit $R_A = 6$ m Ausbruchradius, 600 m Überlagerung in der Gebirgsfestigkeitsklasse 6 (Daten siehe Kennliniendiagramm, Abb. 7).

Gesucht ist die kostengünstigste Systemankerung für den Aufbau des Gebirgstragringes, unter der Voraussetzung bestimmter zugelassener Radialdeformationen.

Tabelle 2 enthält in Spalte 1 die heute im Verkehrstunnelbau üblichen Ankerlängen. In Spalte 2 sind die aus dem Kennliniendiagramm Abb. 7 übernommenen Zusammenhänge zwischen Ausbauwiderstand, Verschiebung und Ankerlänge numerisch dargestellt. Unter Zugrundelegung einer Ankerkraft von 300 kN (30 Mp) wird daraus in Spalte 3 die Ankerdichte pro m² Tunneloberfläche, in Spalte 4 die Ankergesamtlänge, also einschließlich der Köpfe und der Druckausbreitungskegel, ermittelt. Mit den Kostenrelationen in Spalte 5 (mit Berücksichtigung des auf die Ankerlänge umgelegten Aufwands für die Ankerköpfe und sonstige Fixkosten) werden in Spalte 6 relative, spezifische Gesamtkosten berechnet.

Tabelle 2. Beispiel einer Ankeroptimierung, wahlweise für vier verschiedene
zugelassene Radialverformungen im Tunnel
Example of Optimization of Anchors

Spalte		u (cm)	ANKERWIRKLÄNGE L_w (m)			
			3,00	6,00	9,00	12,00
1						
2	AUSBAUWIDERSTAND p_{Aerf} (N/cm2) bezogen auf Gebirgsfestigkeits-klasse, Überlagerungs-höhe und Ankerwirklänge. Übertragen aus der Kenn-linie für u=10,20,30 und 40 cm	10	200	150	130	120
		20	80	60	55	50
		30	42	32	29	27
		40	27	19	16	15
3	ERF. ANKERZAHL Anzahl Anker pro m^2 Tunneloberfläche für 30 Mp-Anker (300 kN)	10	6,67	5,00	4,33	4,00
		20	2,67	2,00	1,83	1,67
		30	1,40	1,07	0,97	0,90
		40	0,90	0,63	0,53	0,50
4	ANKERGESAMTLÄNGE $L_{AN}=L_w$+Haftstrecken+ +Druckausbreitungskegel als $f(p_A, L_w)$	10	3,8	7,0	10,1	13,2
		20	4,0	7,2	10,4	13,6
		30	4,2	7,5	10,8	14,0
		40	4,4	7,9	11,2	14,5
5	KOSTENRELATION für Systemankerung, be-zogen auf L_{AN}=3,00 m; ermittlet auf Grund von Firmenpreisen	10	1,14	1,69	2,24	2,78
		20	1,18	1,74	2,29	2,84
		30	1,22	1,79	2,35	2,92
		40	1,25	1,85	2,44	3,01
6	REL.ANKERGESAMTKOSTEN k Produkt aus den Spalten 3 und 5 = Ankergesamt-kostenrelation; pro-portional zu den Bau-kosten der Systemankerung	10	7,60	8,45	9,70	11,12
		20	3,15	3,48	4,19	4,74
		30	1,71	1,92	2,28	2,63
		40	1,13	1,17	1,29	1,51

KOSTENVERLAUF
Graphische Darstellung
der Produkte aus Spalte
Nr. 6. Die relativen
Kostenfaktoren "k" sind
auch direkt miteinander
vergleichbar.

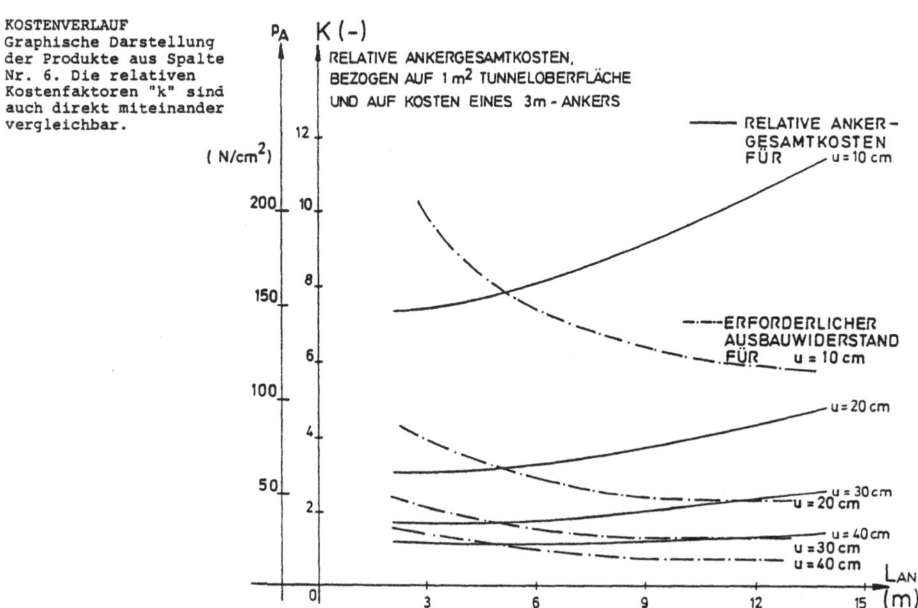

Für je eine konstante Verschiebung erhält man somit baukostenproportionale Faktoren, die in Spalte 7 graphisch dargestellt, das Minimum rasch erkennen lassen. Im vorliegenden Beispiel ergibt sich allerdings kein

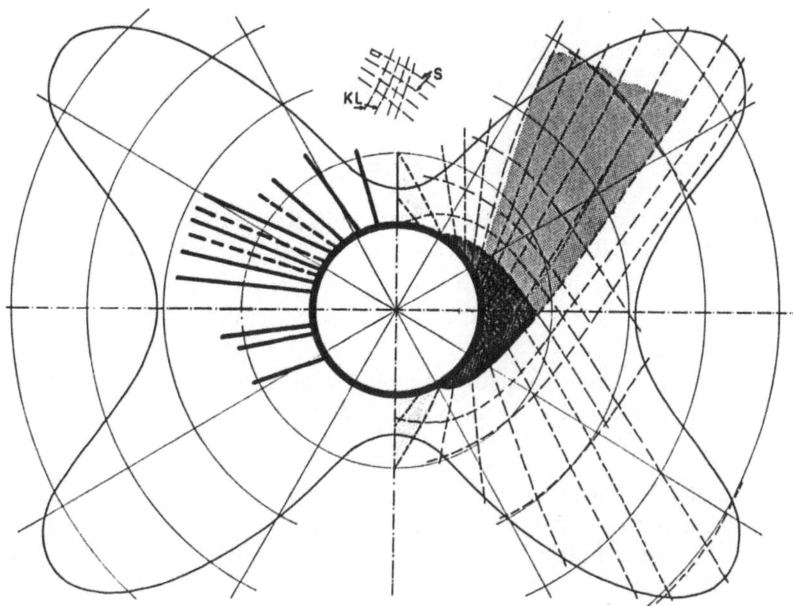

Abb. 8. Verlauf der Gleitflächen vor Eintreten der Plastifizierung und darauf abgestimmte Austeilung der Felsanker

Sliding surfaces within the plastic zone and corresponding distribution of rock anchors

ausgeprägtes Minimum. Dies ist in erster Linie auf die angenommene Kostenrelation zurückzuführen, die vom Arlbergtunnel übernommen worden war.

Eine Tendenz ist jedoch deutlich ablesbar: Je geringer die zugelassene Deformation, d. h. je größer der Ausbauwiderstand, umso wirtschaftlicher werden kürzere Anker. Dies deckt sich mit der technischen Wirkung, da ein höherer Ausbauwiderstand auch eine geringere Tiefe der plastischen Zone bewirkt. Bei größerer Deformation bzw. geringerem Ausbauwiderstand (Ankerdichte) zeigt die Kurve nur geringfügige Unterschiede in den spezifischen Kosten.

Um zu einem Optimum zu gelangen, ist jedoch auch die bautechnische Wirkung unterschiedlicher Ankerlängen zu berücksichtigen, deren Tendenz durch die zweite Kurvenschar — $p_A = f(L_{AN})$ — deutlich gemacht wird.

Die bautechnische Wirkung tendiert eindeutig zu längeren Ankern, während das Kostenminimum in diesem Beispiel zu Kurzankern tendiert. Diese Tendenz ist allerdings stark vom Verhältnis Fixkosten zu Laufmeterkosten abhängig, so daß sich bei einer anderen Relation mit einem höheren Fixkostenanteil das Minimum zu längeren Ankern verschiebt. Das Optimum ist je nach Einschätzung und Abwägung der wirtschaftlichen und bautechnischen Erfordernisse zu bestimmen.

Zu beachten ist schließlich noch, daß für diese Untersuchung ein allseits gleicher Druck ($\lambda = 1$) und somit Drehsymmetrie vorausgesetzt wurde. Die ermittelte Ankerlänge stellt somit eine über den Umfang gemittelte Länge dar. Eine genauere Aufteilung der Ankerlängen sollte zusätzlich auf Grund des Bildes der plastischen Zonen und der Gleitlinien vorgenommen werden, wie es in Abb. 8 für einen Seitendruckbeiwert $\lambda = 0,5$ dargestellt ist.

Literatur

[1] Bjurström, S.: Swedish Rock Mechanics Research Foundation, Stockholm. 3. ISRM-Kongreß 1974, Denver, Colorado, S. 1194—1200, 1974.

[2] Egger, P.: Einfluß des Post-Failure-Verhaltens von Fels auf den Tunnelausbau. Veröffentlichung des Institutes für Bodenmechanik und Felsmechanik, Universität Karlsruhe, Heft 57, 1973.

[3] Seeber, G.: Zur Tunnelberechnung in druckhaftem Gebirge. Rock Mechanics, Suppl. 6, S. 103—113. Wien, New York: Springer 1978.

Anschrift der Verfasser: o. Univ.-Prof. Dipl.-Ing. Dr. techn. Gerhard Seeber, Institut für konstruktiven Wasserbau und Tunnelbau, Universität Innsbruck, Technikerstraße 13, A-6020 Innsbruck, und Dipl.-Ing. Siegfried Keller, Lindenbühelweg 34, A-6020 Innsbruck, Österreich.

Rock Mechanics, Suppl. 8, 75—100 (1979)

Rock Mechanics
Felsmechanik
Mécanique des Roches
© by Springer-Verlag 1979

Zum Entwurf von Tunneln mit großem Ausbruchquerschnitt

Von

M. Baudendistel

Mit 19 Abbildungen

Zusammenfassung — Summary

Zum Entwurf von Tunneln mit großem Ausbruchquerschnitt. In der vorliegenden Arbeit werden die in der Projektierungsphase bei Tunneln mit großem Ausbruchquerschnitt zu bewältigenden Aufgaben behandelt, wobei besonders auf die Bauzustände (Teilausbruchstufen) eingegangen wird.

Es zeigt sich, daß, noch bevor statische Berechnungen aufgestellt werden, grundlegende Festlegungen hinsichtlich Ausbruchart, Ausbruchfolge und Ausbaumaßnahmen zu treffen sind. Über ein Diagramm läßt sich grob abschätzen, ob mehr oder weniger massive Ausbaumaßnahmen erforderlich werden.

Wesentliche Einflüsse auf das Tunnelbauwerk im Hinblick auf die Berechnung werden beschrieben. Hierbei wird ausführlich auf die räumliche Wirkung der Ortsbrustumgebung eingegangen und über Untersuchungen berichtet, deren Ergebnisse (Diagramme) es erlauben, Belastungsanteile auf Gebirge und Ausbau infolge Hohlraumschaffung in Abhängigkeit vom Abstand des eingebrachten Ausbaues zur Ortsbrust anzugeben. Diese Belastungsanteile (Lastfaktoren) lassen sich in einfacher zu handhabende zweidimensionale Berechnungen einfügen, um so die räumliche Wirkung an der Ortsbrust einschließlich der Bauzustände zu erfassen.

Es wird ein Weg angegeben, wie über die errechneten Beanspruchungen im Gebirge und der im Gebirge herrschenden Festigkeit abgeschätzt werden kann, ob die infolge Tunnelerstellung auftretenden Beanspruchungen dem Gebirge zugemutet werden können.

Die vorhandene Gebirgsfestigkeit stellt sich als entscheidender Faktor bei der Beurteilung der Ausführbarkeit des Tunnelbauwerkes dar.

On the Design of Tunnels With Large Full Section. In the work under consideration the problems to be overcome during the planning and design phase for tunnels with large full section are handled; in particular attention is given to the stages of construction (stages of partial excavation).

It is evident that fundamental decisions with respect to type of excavation, sequence of excavation and measures for permanent lining must be reached even before structural analyses are drawn up. It can be roughly estimated by means of a diagram whether more or less massive measures for tunnel supports will be required.

Important influences on the tunnel structure with regards to the computation are described. In this, detailed reference will be made to the three-dimensional effect of the tunnelface surroundings and a report made on tests, the results of which (diagrams) enable loading percentages on rock mass and permanent lining due to the creation of tunnel in relation to the distance of the inserted permanent lining to the tunnel-face to be given. These loading percentages (load factors) can be adapted into two-dimensional computations, which are simpler to work with, in order to consider in this way the three-dimesional effect at the tunnel-face including the stages of construction.

A method is given which shows how it is possible to estimate by means of the computed stresses and strains and the strength existing in the rock mass whether the stresses and strains occurring as a result of the tunnel construction can be coped with by the rock mass.

The existing rock mass strength is the decisive factor in evaluating the feasibility of the tunnel structure.

1. Einleitung

Tunnelbauwerke mit immer größer werdenden Querschnitten, wie z. B. dreispurige Autobahntunnel oder mehrgleisige U-Bahn-Röhren unter bebautem Gebiet, fordern den projektierenden Ingenieur heraus, immer näher an die Grenze dessen zu gehen, was dem Bauwerk (= Gebirge + Ausbau), hauptsächlich während der Ausführung, gerade noch zugemutet werden kann. Aus diesem Grund sind bei solch großen Tunnelquerschnitten, die bei bergmännischem Vortrieb aus betriebstechnischen und gebirgsmechanischen Ursachen meist nicht mehr im Vollquerschnitt, sondern in Teilquerschnitten aufzufahren sind, in der Projektierungsphase dem späteren Bauablauf möglichst entsprechende Überlegungen anzustellen, die zur Festlegung von Ausbruchart, Ausbruchfolge und dem Ausbau führen. Hierbei sind besonders die Teilausbruchstufen zu berücksichtigen, welche, neben dem Endzustand, für die Beanspruchung im Tunnelbauwerk von Bedeutung sind.

2. Zur Festlegung von Ausbruchart, Ausbruchfolge und Ausbau

Noch bevor statische Berechnungen aufgestellt werden, ist bereits zu entscheiden, nach welcher Ausbruchart und Ausbruchfolge (Teilquerschnitte) das Gebirge am *schonendsten* aufgefahren werden kann. Hinzu kommt die Wahl des Ausbaus (Ausbau = definitive Maßnahmen zur Abstützung des Gebirges).

Die *Ausbruchart* hängt weitgehend von der Beschaffenheit des Gebirges ab. Je nach Festigkeit und mineralogischem Aufbau des Gesteins wird der Ausbruch mit Lade- oder Baggergeräten, mit Teilschnittmaschinen (Vollschnittmaschinen bei Vollausbruch) oder im Sprengbetrieb erfolgen.

Lade- oder Baggergeräte werden eingesetzt, wenn der Ausbruch in Böden (Sande mit geringer Kohäsion, Tone, Mergel) oder stark entfestigtem, verwittertem Fels stattfindet.

Bei steiferen Böden (feste Mergel) und Fels mit Gesteinsdruckfestigkeiten bis zu 800—1000 kp/cm² (80—100 MN/m²) bietet sich der Einsatz von Teilschnittmaschinen an. Dieser ist dann zweckmäßig, wenn ein möglichst homogenes Gebirge (keine allzu wechselhafte Gesteinsfolgen) ansteht und auch wirtschaftliche Gesichtspunkte (ausreichende Tunnellänge, kein zu hoher Verschleiß) für den Einsatz einer Maschine sprechen. Bei Auslandseinsätzen muß an die mitunter zeitraubende Ersatzteilbeschaffung gedacht werden.

Bei Fels mit höherer Festigkeit erfolgt der Ausbruch im Sprengbetrieb. Unter Anwendung der Technik des gebirgsschonenden Sprengens ist es heute möglich, einen erschütterungsarmen Tunnelvortrieb ohne nennenswerte Ent-

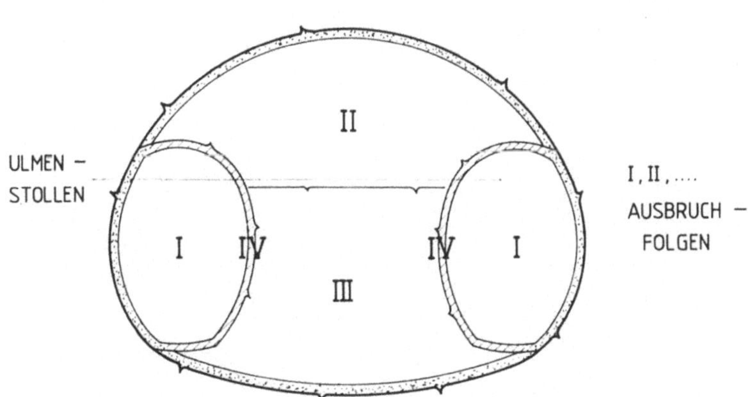

Abb. 1. Methode der vorauseilenden Ulmenstollen
Method of the advance side wall gallery

festigung durchzuführen. Auch die Kombination von maschinellem Vortrieb (z. B. in der Kalotte und an den Ulmen) und Sprengbetrieb (Kern- und Sohlausbruch) ist möglich.

Die *Ausbruchfolge* (Aufteilung des Tunnelprofiles in Teilquerschnitte) richtet sich nach der Größe des vorgesehenen Ausbruchgerätes und nach der

von der Beschaffenheit des Gebirges aus möglichen Größe der Teilquerschnitte. Erforderliche Gerätekapazität (und damit auch die Größe des Gerätes) und die dem gewählten Gerät angemessene Teilquerschnittsgröße stehen in direktem Zusammenhang zueinander. Ein Gebirge, welches aufgrund
seiner mechanischen Eigenschaften z. B. eine Teilschnittmaschine mit hoher
Schneidekapazität erfordert, kann im Normalfall wegen der dann auch vorhandenen höheren Gesteins- bzw. Gebirgsfestigkeit mit einem den Geräts-

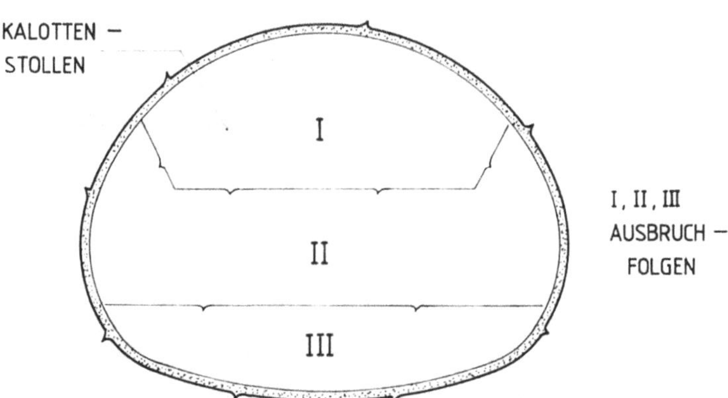

Abb. 2. Methode des vorauseilenden Kalottenstollens
Method of the advance crown gallery

abmessungen entsprechenden Stollenquerschnitt aufgefahren werden. Umgekehrt verhält es sich bei Gebirgen mit geringerer Festigkeit, welche Geräte
geringerer Schneideleistung bei kleineren Abmessungen erfordern, die mit
kleineren Stollenquerschnitten auskommen.

Zum Auffahren von Tunneln in Teilquerschnitten bieten sich heute im wesentlichen zwei Wege an. Bei der Methode der vorauseilenden Ulmenstollen (Abb. 1) werden die Ulmenstollen vorab erstellt. Der Kalottenvortrieb, Kernausbruch (mit Abreißen der nun überflüssig gewordenen, im Tunnelquerschnitt liegenden inneren Wände der Ulmenstollen) und der Sohlausbruch folgen in der in der Abbildung angegebenen Reihenfolge nach.

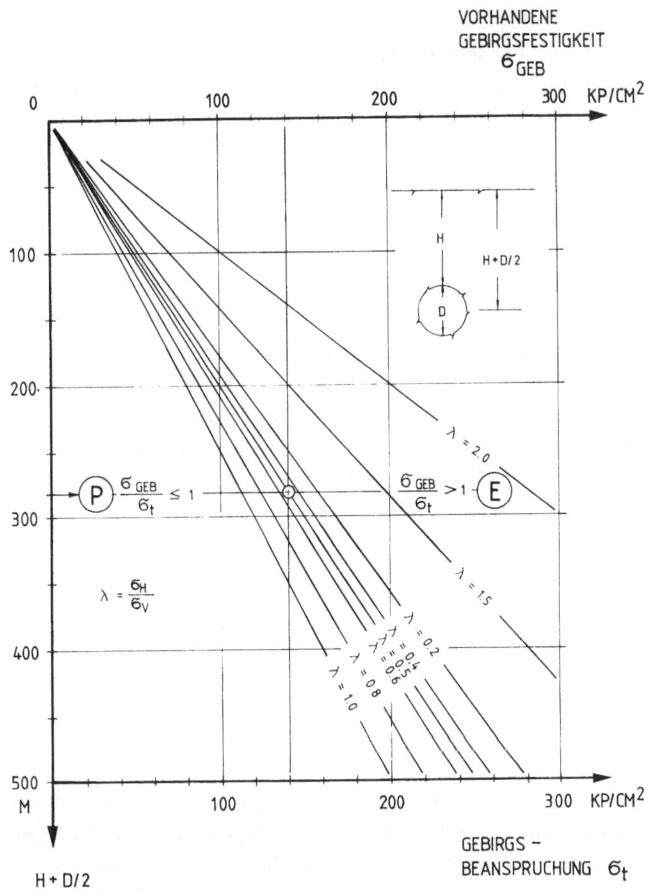

Abb. 3. Abschätzung der Gebirgsbeanspruchung (für $\gamma = 2.0$ Mp/m³)
Estimation of the stress and strain of the rock mass (for $\gamma = 2.0$ Mp/m³)

Bei der Methode des vorauseilenden Kalottenstollens (Abb. 2) wird der Kalottenstollen zuerst vorgetrieben und Strossen- sowie Sohlausbruch folgen von oben nach unten gehend nach. Ein auf die ganze Tunnellänge hergestellter Kalottenstollen — bevor Strosse und Sohle herausgenommen werden — bringt gewisse Vorteile (gute geologische Erkundung für die nachfolgenden Ausbrüche, eventuell günstigerer Baubetrieb, Bewetterung).

Wann welche Methode anzuwenden ist, läßt sich im voraus allgemeingültig nicht festlegen. Die Methode der vorauseilenden Ulmenstollen ist aufgrund der beschränkten Größe der Seitenstollen auf kleinere Abbaugeräte begrenzt und damit anwendbar in Gebirgen mit nicht allzu hohen Gesteinsfestigkeiten.

Sprengbetrieb ist bei beiden Methoden möglich. In mildem Gebirge ist jedoch der maschinelle Ausbruch zweckmäßiger.

Der *Ausbau* dient in erster Linie der Sicherung und Abstützung des geschaffenen Hohlraumes (Außenschale), hat aber mitunter noch weitere Funktionen, wie Wassersperre, Erhöhung der Tragwerkssicherheit (Innenschale). Ob und in welchem Abstand zur Ortsbrust ein Ausbau einzubringen ist, hängt von der Gebirgsfestigkeit, vom Spannungszustand im Gebirge und von den Anforderungen hinsichtlich Setzungsempfindlichkeit an der Geländeoberfläche ab.

Eine erste Näherung und Abschätzung der Beanspruchung im Gebirge ist über das in Abb. 3 dargestellte Diagramm möglich, in welchem max. Beanspruchungen σ_t am Hohlraumrand von kreisförmigen Tunneln je nach Seitendruckverhältnis λ und der Tiefenlage H angegeben sind (bei „eckigem" Ausbruch können die Spannungen lokal um ein Mehrfaches größer werden wie die Diagrammwerte). Die im konkreten Fall über λ und H ablesbare Beanspruchung im Gebirge ist der vorhandenen Gebirgsfestigkeit gegenüberzustellen. So läßt sich grob abschätzen, ob mit Überbeanspruchungen und Entfestigungen — und damit mit Ausbaumaßnahmen — zu rechnen ist.

Hierzu kann, unabhängig ob es sich um einen seicht- oder tiefliegenden Tunnel handelt, folgende Unterteilung vorgenommen werden:

Bereich (E):

Die vorhandene Gebirgsfestigkeit ist größer als die Beanspruchung infolge Tunnelauffahrung ($\sigma_{Geb}/\sigma_t > 1$). Das Gebirge verhält sich, abgesehen von lokalen Auflockerungen, weitgehendst *elastisch* (siehe Abb. 4). Ausbaumaßnahmen sind, abgesehen von örtlichen, geringfügigen Stützmaßnahmen, rechnerisch nicht erforderlich [Diagramm Abb. 3, Bereich (E)].

Bereich (P):

Die vorhandene Gebirgsfestigkeit ist kleiner als die auftretende Beanspruchung ($\sigma_{Geb}/\sigma_t < 1$). Es kommt zu Überbeanspruchungen und einem elastisch-*plastischen* Verhalten des Gebirges (Abb. 5). Zur Stützung des Gebirges werden Ausbaumaßnahmen erforderlich [Diagramm Abb. 3, Bereich (P)].

Die Intensität der Ausbaumaßnahme hängt davon ab, ob das Verhältnis σ_{Geb}/σ_t gegen 1 geht oder sich, kleiner werdend, von 1 entfernt. Bei $\sigma_{Geb}/\sigma_t \ll 1$ ist mit massiven Ausbaumaßnahmen zu rechnen. Dies trifft zu, wenn der primäre Spannungszustand im unverritzten Gebirge bereits nahe an der vorhandenen Gebirgsfestigkeit gelegen hatte.

Das Einbringen des Ausbaues in Abhängigkeit von der Entfernung zur Ortsbrust kann sich auch auf die Intensität der Ausbaumaßnahme auswirken. Dann nämlich, wenn man bei der Tunnelerstellung die durch den Vortrieb sich einstellende natürliche Entspannung des Gebirges (siehe Kap. 3) nicht abklingen lassen kann, ohne den Ausbau vorher einzubringen. Bei (den meist seicht liegenden) Tunneln unter bebautem Gebiet besteht die Notwendigkeit, den Ausbau so rasch wie möglich einzubringen, um unerwünschte Setzungen so gering wie nur möglich zu halten. Die Tiefenlage H spielt dann insofern eine Rolle, als die auf den Ausbau wirkende Belastung in Abhängigkeit von $\gamma \cdot H$ wächst.

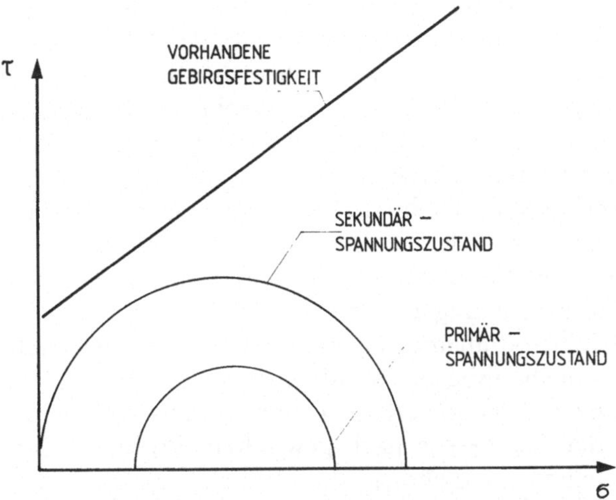

Abb. 4. Mohrsche Grenzgerade — elastisches Gebirgsverhalten
Mohr's strength envelope — elastic rock mass properties

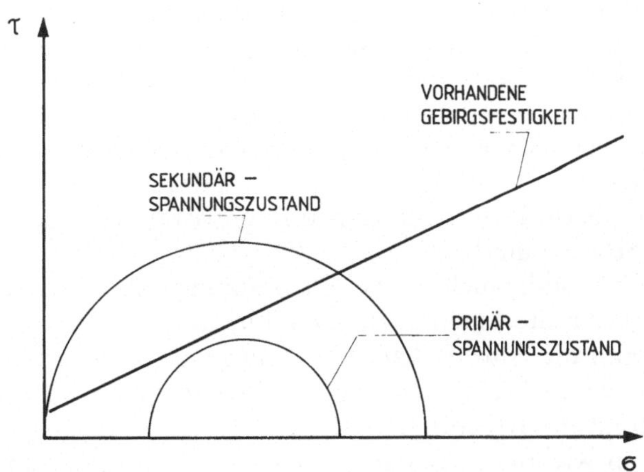

Abb. 5. Mohrsche Grenzgerade — elastisch-plastisches Gebirgsverhalten
Mohr's strength envelope — elastic-plastic rock mass properties

Bei tieferliegenden und/oder unter unbebautem Gebiet liegenden Tunneln besteht von „oben her" die Notwendigkeit eines raschen Einbringens des Ausbaues nicht. Soweit es die mechanischen Gebirgseigenschaften erlauben, ist es dann angebracht, die natürliche Gebirgsentspannung infolge

Tunnelauffahrung abklingen zu lassen, da sonst bei größeren Tiefen eine zu große Belastung alleine aus der elastischen Entspannung auf den Ausbau wirken würde.

Als wirksame Ausbaumaßnahme hat sich Spritzbeton erwiesen. Dieser erlaubt einen satten, flächenhaften Kontakt zwischen Ausbau und Gebirge, läßt sich jeder Ausbruchform anpassen und kann dem Ausbruch unmittelbar folgend aufgebracht werden. Entscheidend ist, daß der Spritzbeton rasch eine Frühfestigkeit erlangt, da er gerade in den ersten Stunden nach seinem Einbau die größte Steigerung der Beanspruchung erfährt (siehe Abb. 9). Oft reicht es sogar aus, die freigelegte Fläche zunächst mit einer dünnen, wenige cm dicken Spritzbetonschicht zu versiegeln, um eine vom Ausbruchrand her fortschreitende, tiefergehende Auflockerung und Entfestigung des Gebirges zu verhindern. Dadurch bleibt das Gebirge intakt. Eine intakte Tunnelumgebung ist von Bedeutung, da, wie später noch zu sehen ist, ein Großteil der Beanspruchung infolge Tunnelauffahrung in das Gebirge wandert und von diesem auch getragen werden muß.

Reicht Spritzbeton alleine zur Stützung des Gebirges nicht aus, so kann dieser durch Tunnelbaubögen, vor allem in der ersten Zeit, wenn der Spritzbeton noch seine Festigkeit aufbauen muß, unterstützt werden. Tunnelbaubögen sind in der Lage — je nach gewähltem Profil — einen beachtlichen Normalkraftanteil zu übernehmen, der ohnehin bei den heute üblichen dünnen Auskleidungen überwiegt.

Vorgespannte Anker in Verbindung mit Spritzbeton werden verwendet, wenn Schichtung und/oder Klüftung das mechanische Verhalten des Gebirges beeinflussen. Manchmal reicht es sogar (allerdings nicht bei den seicht liegenden U-Bahn-Tunneln der Städte), das Gebirge zunächst nur mit Anker zu sichern, bevor die definitive Auskleidung eingebaut wird. Mit intensiver (schlaffer) Ankerung im Verbund mit Spritzbeton und Tunnelbaubögen sowie nachfolgender Innenschale kann einem Gebirge begegnet werden, welches aufgrund seines bereits vor der Hohlraumschaffung nahe an der Festigkeit des Gebirges liegenden Primärspannungszustandes bei der Tunnelerstellung in tieferer Lage überbeanspruchte Zonen in größerem Ausmaß erwarten läßt (siehe Arlberg-Straßentunnel).

Zum Ausbau zählt auch — bei Anwendung einer zweischaligen Bauweise — die sogenannte Innenschale. Der Einbau einer Innenschale ist dann erforderlich, wenn die Außenschale das Gebirge nicht endgültig stabilisieren kann und/oder wegen Wasserandrang eine Wassersperre benötigt wird. Die Herstellung erfolgt in Ortbeton.

Mit Blick in Richtung „Zukunft" deutet sich an, daß künftig dem momentan noch in der Entwicklung befindlichen Stahlfaserspritzbeton [10] Bedeutung beizumessen ist. Mit diesem Baustoff kann der in vielen Fällen anzustrebende „einschalige Ausbau" erreicht werden.

Die heutzutage ohnehin dünnen, und damit nur geringe Biegemomente anziehenden, Auskleidungen werden durch das höhere Arbeitsvermögen des Stahlfaserspritzbetons noch begünstigt. Eine garantierbare Zugfestigkeit und die, durch die Fasern erreichbare, feinere Risseverteilung müßten es ermöglichen, auf die heute noch übliche Bewehrung (Matten) zu verzichten. Bei gleichzeitigem Erreichen hoher Frühfestigkeiten im Beton kann dann in vielen Fällen auch auf den Einbau der Tunnelbaubögen verzichtet werden. Das Weglassen der Bewehrung und der Stahlbögen brächte für das Tunnelbauwerk zwei Vorteile:

— Erstens läßt sich der Bauablauf beschleunigen, was gerade den seicht liegenden Tunneln in unseren Städten in meist mechanisch schwachen Gebirgen durch eine raschere Sicherung zugute kommt.

— Zweitens wird die Wasserundurchlässigkeit der Konstruktion m. E. entscheidend erhöht (feuchte oder tropfende Stellen sind im Spritzbeton fast ausschließlich entlang der Stahlbögen und Matten zu finden).

3. Einflüsse auf das Tunnelbauwerk im Hinblick auf die Berechnung

Ausführungstechnische Überlegungen und gebirgsmechanische Erfahrungen sind also notwendig, um ein Tunnelbauwerk in der Projektierungsphase — noch ohne unterstützende Berechnungen — zu einer ersten konkreten Form wachsen zu lassen. Die rechnerischen Untersuchungen folgen erst daran anschließend.

Auch wenn Daten, die in eine Berechnung eingehen, teilweise nur annähernd bestimmbar sind oder gar geschätzt werden müssen, ist eine Berechnung für ein schwierigeres Tunnelbauwerk erforderlich, denn sie dient der Verdeutlichung der bei der Tunnelerstellung im Gebirge und im Ausbau auftretenden Beanspruchungen, sowie der Beurteilung, ob diese Beanspruchungen dem geplanten Bauwerk zumutbar sind.

Eine Reihe von Parametern beeinflussen ein Tunnelbauwerk während der Ausführung und im Endzustand und gehen damit mehr oder weniger gewichtig in die Berechnung ein (Reihenfolge beliebig):

— Gebirgsfestigkeit
— Arbeitsqualität
— Verformungsverhalten
— Primärspannungszustand
— Form und Größe des Tunnelquerschnittes
— Dicke des Ausbaues
— Langzeitverhalten
— Ortsbrust und Teilausbruchstufen
— Bergwasser
— Erdbeben

Gebirgsfestigkeit

Aus Kap. 2 ist bereits zu entnehmen, daß die Gebirgsfestigkeit beim Bau eines Tunnels eine maßgebende Rolle spielt. Diese zu bekommen, muß am Ende aller Untersuchungen und Erkundungen in der Vorprojektphase stehen, wenn der oft nicht gering betriebene Aufwand hierfür gerechtfertigt sein soll.

                M. Baudendistel:

Arbeitsqualität

Die Arbeitsqualität im Tunnel ist ein nicht zu vernachlässigender Faktor. Je erfahrener, gebirgsschonender gearbeitet wird, desto geringer ist die Gebirgsentfestigung, was sich in geringeren Ausbruchmengen und Ausbaumaßnahmen niederschlägt. Explizite läßt sich diese Arbeit nicht in einer Berechnung erfassen, kann aber z. B. bei der Beurteilung der Gebirgsfestigkeit gegebenenfalls in Form einer Abminderung berücksichtigt werden.

Verformungsverhalten

Das Verformungsverhalten von Gebirge und Ausbau wird in der Berechnung durch den E-Modul beschrieben. Da der Spritzbeton in den ersten Stunden und Tagen entscheidende Beanspruchungen erfährt, ist es zweckmäßig, sein Verformungsverhalten (auch seine Festigkeit), welches am Anfang ja ein anderes ist als nach ca. 30 Tagen, entsprechend zu berücksichtigen.

Primärspannungszustand

Das Seitendruckverhältnis $\lambda = \sigma_H/\sigma_V$ ($\sigma_V = \gamma \cdot H$) des primären Spannungszustandes im unverritzten Gebirge wirkt sich bei der Hohlraumschaffung auf das Gebirge und den Ausbau aus. Im Diagramm der Abb. 3 ist zu erkennen, wie von $\lambda = 1$ abweichende λ-Werte erhöhte Beanspruchungen im

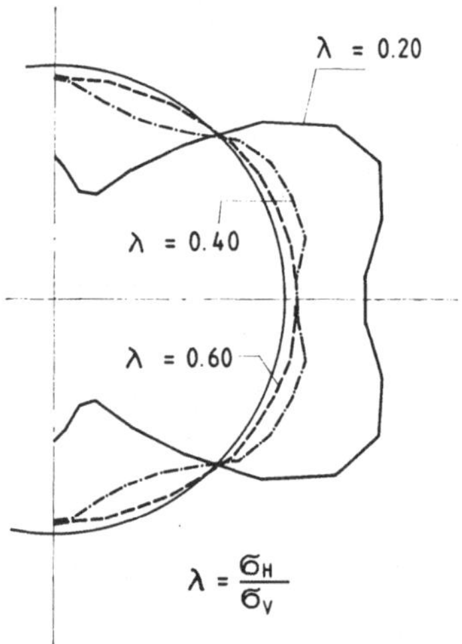

Abb. 6. Einfluß von λ auf die Momente einer Auskleidung
Influence of λ on the moments of a lining

Gebirge mit sich bringen. In Abb. 6 ist der Einfluß von λ auf die Auskleidung eines Tunnels dargestellt [1]. Befindet sich vor der Herstellung des Hohlraumes der primäre Spannungszustand bereits nahe an der Grenzfestigkeit des Gebirges (siehe kleiner Spannungskreis in Abb. 5), so wird es bei der Tunnelauffahrung in der Umgebung des Tunnels in größerem Ausmaß zu überbeanspruchten Zonen kommen, welche durch einen entsprechenden Ausbau zu stützen sind.

Der Primärspannungszustand sollte — wie die Gebirgsfestigkeit — im Rahmen der heutigen Möglichkeiten seiner Ermittlung dem projektierenden Ingenieur zur Verfügung stehen.

Form und Größe des Tunnelquerschnittes

Auch die Form des Tunnelquerschnittes kann sich auf die Beanspruchung im Ausbau auswirken. Abgeflachte Querschnitte erzeugen an der starken Krümmung im Sohlbereich, soweit sich das Gebirge nicht schon vor-

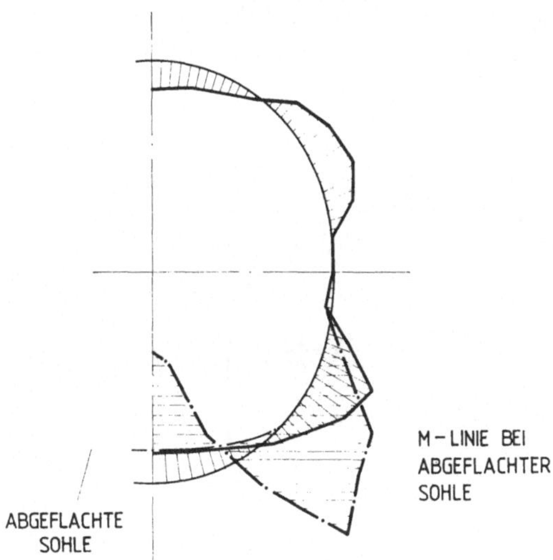

Abb. 7. Einfluß der Querschnittsform auf die Momente einer Auskleidung
Influence of full section form on the moments of a lining

her durch ein spätes Einbringen des Ausbaues entspannen konnte, einen teils beachtlichen Anstieg der Biegemomente (Abb. 7).

Von eckigen Formen der Auskleidung ist abzusehen, wenn diese tatsächlich eine nennenswerte Belastung erfährt. Bei breiten Tunneln verursacht ein allzu flaches Kalottengewölbe unerwünschte Zugspannungen im Ausbau. Die Größe eines Tunnelquerschnittes geht implizit in die Berechnung ein (Gebirgsfestigkeit ist vom betrachteten Querschnitt abhängig, Einzugsbereich der Belastung ändert sich automatisch je nach Querschnittsgröße).

Dicke des Ausbaues

Die Dicke einer Auskleidung selbst wirkt sich auf die in ihr wirkenden Biegemomente aus. Je dicker eine Auskleidung gewählt wird, desto mehr zieht diese unerwünschte Biegemomente an (Abb. 8). Der Vorteil einer dünnen, wenig biegesteifen Auskleidung wird bemerkbar, wenn diese der Beziehung $d = \dfrac{D}{>40}$ genügt.

Langzeitverhalten

Bei den zeitabhängigen Spannungsumlagerungen an Tunnelbauwerken kann unterschieden werden in das Kriechen des Ausbaues und in das Kriechen des Gebirges.

Bei entsprechender Belastung vermindert die Auskleidung ihre Beanspruchung durch „kriechendes" Verhalten, sofern das Gebirge selbst keine oder nur geringe Kriecheigenschaften besitzt. Die Folge ist, daß dafür das umgebende Gebirge eine höhere Belastung erfährt.

Bei jedoch kriechfähigem Gebirge ist mit einem Anstieg der Beanspruchung im Ausbau und mit dem Abbau der Spannungen in unmittelbarer Umgebung des Tunnels zu rechnen. Kriechen im Gebirge bedeutet Festigkeitsüberschreitung infolge Tunnelauffahrung, genau wie bei einem eher spröde (spontan) reagierenden Gebirge, nur eben zeitlich verschoben.

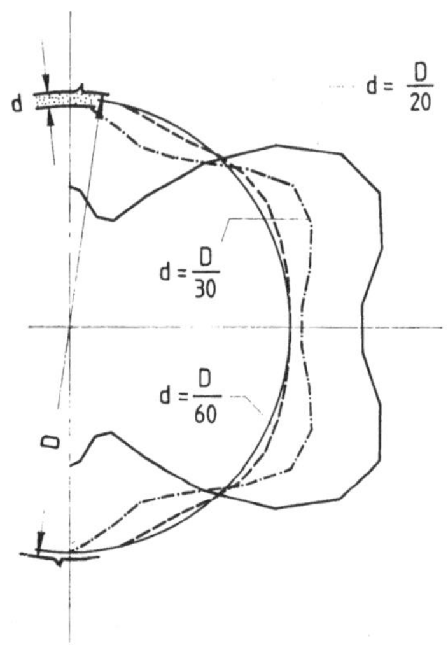

Abb. 8. Einfluß der Auskleidungsdicke auf die Momente einer Auskleidung (für $\lambda = 0{,}20$)
Influence of the lining thickness on the moments of a lining (for $\lambda = 0.20$)

In [13] werden Berechnungsansätze angegeben, mit denen Langzeiteinflüsse mathematisch exakt berücksichtigbar sind.

Näherungsweise läßt sich im erstgenannten Fall das Kriechen des Ausbaues auch durch eine Auskleidung mit geringerer Steifigkeit in der Berechnung simulieren. soweit dies relevant ist. Der zweitgenannte Fall kann, ebenfalls näherungsweise, durch die in der elastisch-plastischen Berechnung ablaufenden Spannungsumlagerungen erfaßt werden.

Ortsbrust und Teilausbruchstufen

Welcher Anteil an Spannungen zum Zeitpunkt des Vortriebes ins umgebende Gebirge und welcher in den Ausbau wandert, hängt davon ab, in welchem Abstand zur Ortsbrust der stützende Ausbau je nach Gebirgsverhältnissen und Anforderungen von der Oberfläche her (Limitierung der Setzungen) einzubringen ist.

Aus Veröffentlichungen der Forschung und Praxis ist bekannt [1], [2], [7], [8], [16], [6], [11], [18], daß die elastische Gebirgsentspannung dem Tunnelvortrieb um ca. 1 D (D = Tunneldurchmesser) vorauseilt, unmittelbar an und hinter der Ortsbrust ihren stärksten Zuwachs erfährt, um nach 1—3 D abgeklungen zu sein (Abb. 9). Dies bedeutet, daß ein in ca. 2—3 D Ent-

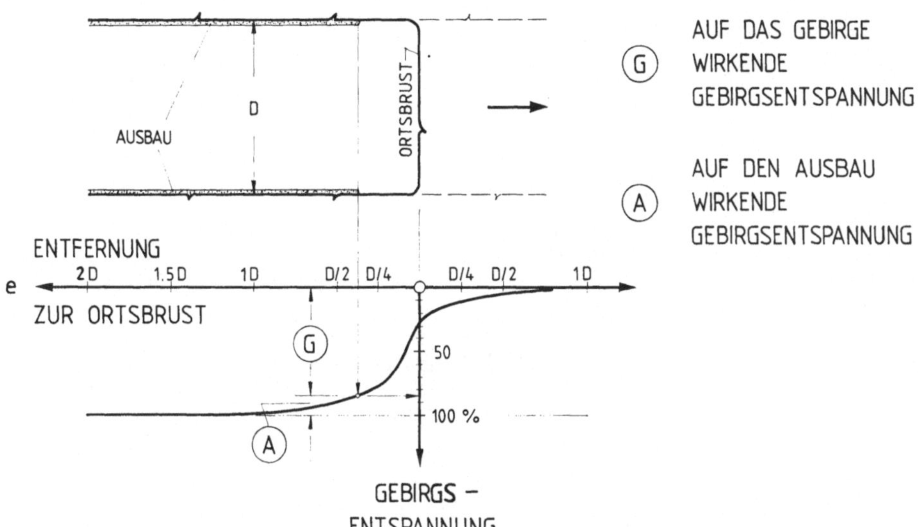

Abb. 9. Einfluß der Ortsbrust — Gebirgsentspannung in Abhängigkeit von der Entfernung zur Ortsbrust
Influence of the tunnel-face — rock mass relief in relation to the distance to the tunnel-face

fernung eingebrachter Ausbau praktisch keine Belastung aus elastischer Gebirgsentspannung infolge Tunnelauffahrung mehr erfährt, soweit der Ausbruchvorgang abgeschlossen ist. In diesem Fall hätten die ganzen Spannungsumlagerungen alleine im Gebirge stattgefunden, ohne den Ausbau zu belasten (Abb. 10). Je unmittelbarer jedoch der Ausbau hinter der Ortsbrust eingebaut wird, desto größer wird die Belastung auf diesen sein, wie aus Abb. 10 zu ersehen ist. Das Gebirge erfährt hierbei eine geringere Beanspruchung wie im zuvor beschriebenen Fall.

Bei zweidimensionalen Tunnelberechnungen war es bisher immer schwer, quantitativ die Belastungsanteile für Gebirge und Ausbau in der räumlich wirkenden Ortsbrustumgebung festzulegen. Aus Abb. 9 folgt, daß z. B. Vollast auf die Auskleidung weder der Beanspruchung in ihr selbst (da überbelastet), noch dem tatsächlichen Spannungszustand im Gebirge (da unterbelastet) entspricht. Je nach Einbauort der Auskleidung weicht diese Lastannahme beachtlich von der Wirklichkeit ab.

Für große Tunnelquerschnitte mit Teilausbruchstufen wird die Festlegung der Belastungsanteile Gebirge/Ausbau je Ausbruchstufe noch komplizierter, da die Vorgänge der einzelnen Ausbruch- und Ausbaustufen sich teilweise überlagern.

Um diese räumlichen Vorgänge in der Umgebung der Tunnelbrust wirklichkeitsnäher — gerade auch für Teilausbruchstufen — zu erfassen, wurden vom Autor Untersuchungen durchgeführt, welche den Einfluß der Ortsbrust herausstellen. Die hierzu notwendigen dreidimensionalen Berechnungen sind an der ETH-Zürich am Institut für Straßen-, Eisenbahn- und Felsbau durch

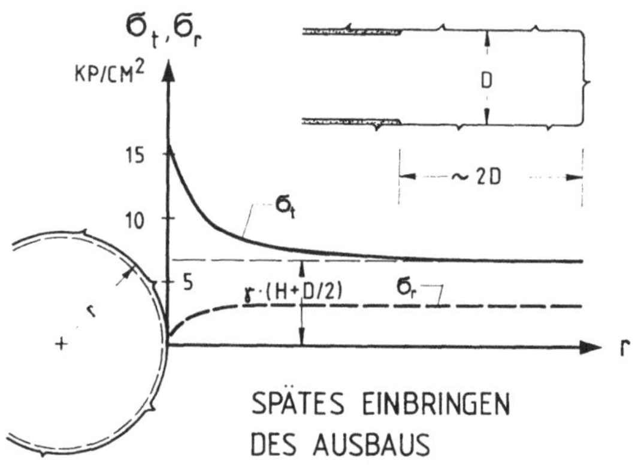

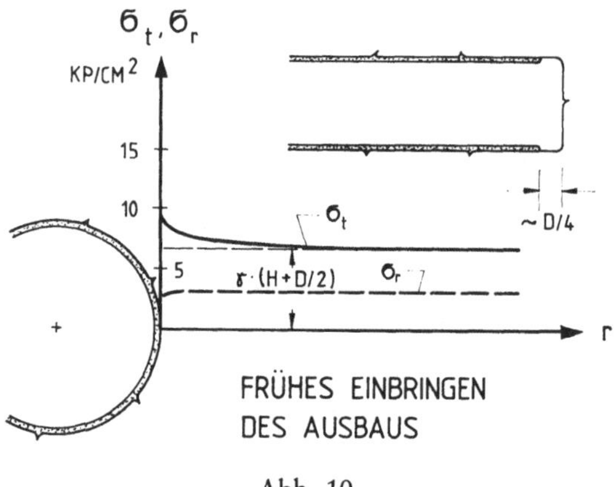

Abb. 10

Dipl.-Ing. Hagedorn erstellt worden. Verwendet wurde das SAP 4 FEM-Programm mit isoparametrischen Prismenelementen, in denen die Spannungen variabel sind. Die Anzahl der Knoten des gewählten Elementnetzes (Abb. 11) betrug 1326, die der Elemente 1012. Als Ergebnis dieser Untersuchungen wurden sogenannte „Kennlinien des Vortriebes" gewonnen, mit denen für ein Tunnelbauwerk — sowohl für Teilausbrüche als auch für Vollausbruch — die Belastungsanteile auf Gebirge und Ausbau infolge elastischer Gebirgsentspannung in Abhängigkeit vom Abstand des Ausbaues zur Ortsbrust bestimmt werden können. Diese Lastfaktoren lassen sich in zweidimensionale Berechnungen einführen (siehe Kap. 4), um so den räumlichen

Zustand in der Umgebung einer Tunnelbrust zu erfassen und zurückzuführen auf den für praktische Aufgaben anwendbaren ebenen Fall. Denn räumliche Berechnungen werden, ihres enormen Arbeits- und Rechenaufwandes

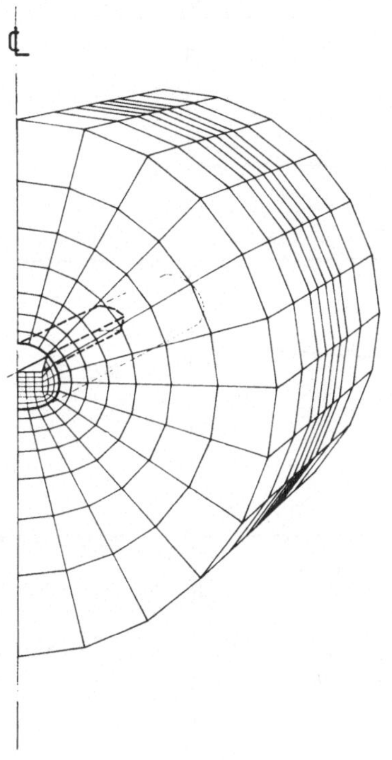

Abb. 11. Rechenmodell — Elementnetz
Calculating model — element network

wegen, das haben diese Untersuchungen auch gezeigt, gegenwärtig noch nur in Ausnahmefällen durchgeführt werden können.

Die Kennlinien des Vortriebes machen deutlich (Abb. 12, 13, 14), wie sich je nach Einbaustelle des Ausbaues das Gebirge entspannt und der Ausbau meist weit entfernt ist von einer Belastung wie die der Vollast ($\hat{=}$ dem Lastfaktor $f = 1,0$). Werden die Kurven der Teilausbruchstufen betrachtet (Abb. 12), so zeigt die Kurve R_r für den Kalottenbereich zunächst einen Endwert an, der aber dann noch einen Zuwachs erfährt, wenn Strossenausbruch (Kurve R_s) und Sohlausbruch (Kurve R_b) nachfolgen. Im Prinzip gleich verhält es sich mit den Kurven für den Strossenausbruch (Kurve S_s) und Sohlausbruch (Kurve B_b), es macht sich beim tiefergehenden Ausbruch nur der weiterschreitende Entspannungsvorgang bemerkbar, so daß der Belastungsanteil auf den Ausbau immer geringer wird. Gleiches gilt für die Kurven in Abb. 13, die einem Tunnelquerschnitt ohne Sohlgewölbe entsprechen.

Beim Vollausbruch zeigt sich (Abb. 14), daß ca. 0,5 D hinter der Ortsbrust rund 90% der Gebirgsentspannung bereits abgeklungen sind. Selbst bei unmittelbarem Einbringen des Ausbaues hinter der Ortsbrust erfährt das Gebirge einen großen Anteil an Spannungsumlagerungen, da ja der Spritzbeton auch noch eine gewisse Zeit benötigt, um seine Festigkeit aufzubauen, währenddessen der Vortrieb weitergeht. Dem Gebirge fällt also (zumindest vorübergehend, oft sogar auf Dauer) die entscheidende, die „tragende Wir-

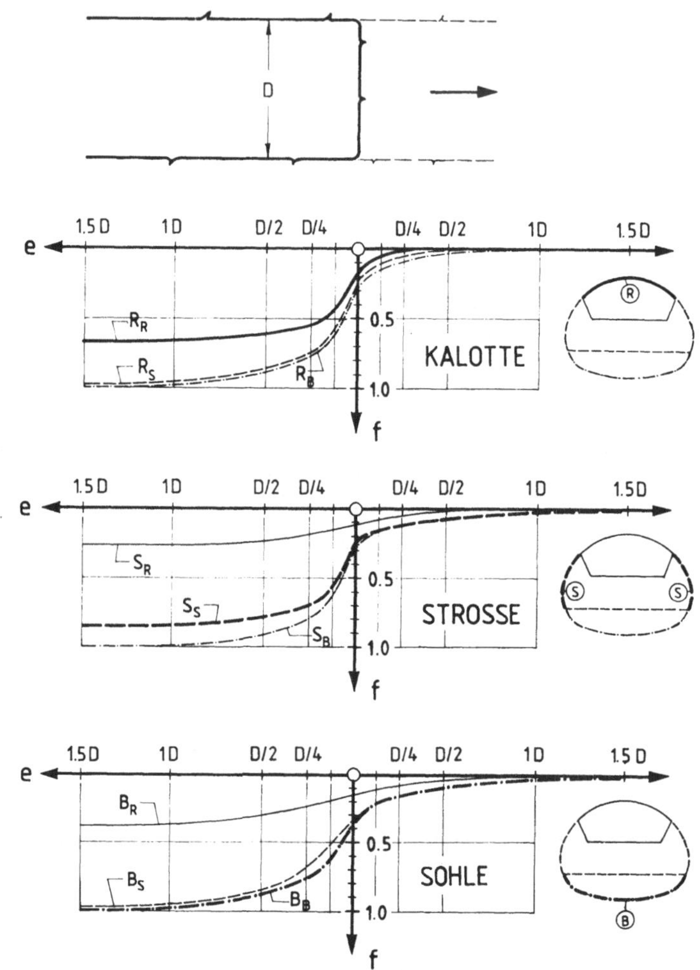

Abb. 12. Vortriebs-Kennlinien; Kalotten-, Strossen- und Sohlausbruch
Heading characteristics; Crown-, bench- and bottom excavation

kung" zu. Nicht umsonst haben hauptsächlich Rabcewicz und Müller-Salzburg immer wieder darauf hingewiesen, daß es das Gebirge ist, welches letztlich trägt und dem biegeweichen Ausbau eine eher gebirgsstabilisierende Funktion zukommt.

Bergwasser bzw. Wasserdruck

Bei bergmännischen Vortrieben hat Bergwasser für die Zeit der Bauausführung und Außenschale in statischer Hinsicht im allgemeinen keine Bedeutung.

Für den Endzustand und den Fall, daß die Tunnelröhre einschalig erstellt wird, brächte erfahrungsgemäß der Lastfall Überlagerung und Wasser-

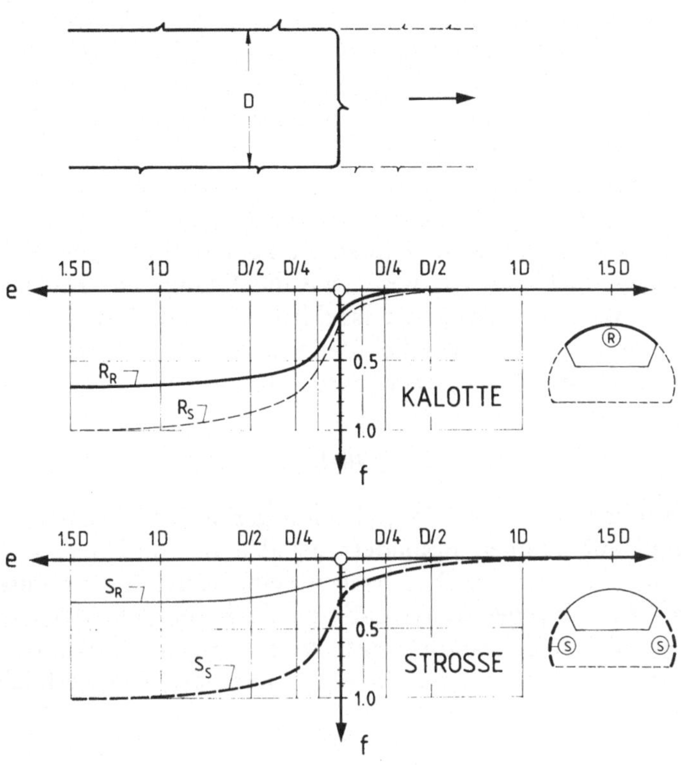

Abb. 13. Vortriebs-Kennlinien; Kalotten- und Strossenausbruch
Heading characteristics; Crown- and bench excavation

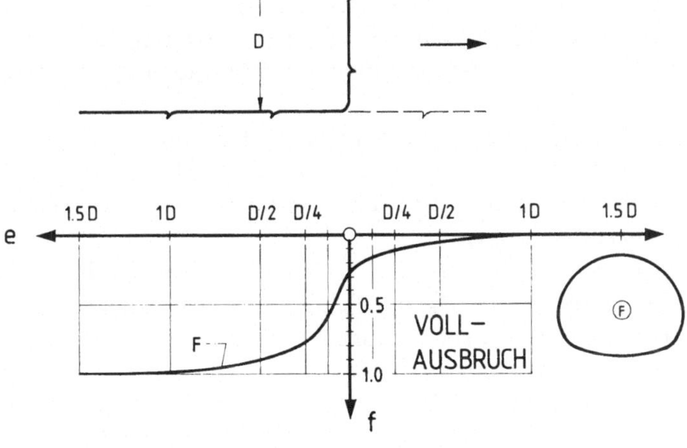

Abb. 14. Vortriebs-Kennlinie; Vollausbruch
Heading characteristics; Full-section tunnelling

druck für die Dimensionierung des Ausbaues keine ungünstigere Beanspruchung als aus dem Lastfall Überlagerung ohne Wasserdruck.

Bei zweischaligem Ausbau und anstehendem Wasser ist die Innenschale auf Wasserdruck zu bemessen. Zur Ermittlung der Schnittkräfte bedarf es hierfür keiner FEM-Berechnung, die weniger aufwendigen Stabwerkprogramme tun es auch, sofern die Innenschale außer für Wasserdruck nicht auch noch zur Stabilisierung eines noch nicht endgültig zur Ruhe gekommenen Gebirges gebraucht wird.

Ist Wasserdruck nicht zu erwarten und spielen auch zeitabhängige Spannungsumlagerungen im Gebirge keine Rolle und wird dennoch eine Innenschale gefordert (staubtrocken müßten Verkehrstunnel nicht sein, denn im Freien regnet es auch), so ist diese, wie die Kennlinien zeigen, bestenfalls für eine fiktive, nicht aber für eine tatsächlich wirkende Last dimensionierbar. Die Innenschale dient dann lediglich der Erhöhung der Tragwerkssicherheit, kann un- oder konstruktiv bewehrt ausgeführt werden und erfordert keinen statischen Nachweis.

Erdbeben

Erdbeben haben nach Müller [12] nur geringen und selten einen schädlichen Einfluß auf Tunnel, besonders bei den neuzeitlichen, kraftschlüssig gebauten Tunnelbauwerken. Dies erscheint einleuchtend, denn unsere Tunnel sind in die Erde eingebettet, so daß sie als Bestandteil des Gebirges bei weitem nicht solchen Beanspruchungen (mit wenigen Ausnahmen, wie z. B. Portalbauwerke) ausgesetzt sind, wie die über die Erdoberfläche hinausragenden Bauwerke.

4. Ablauf der Berechnung

Nach Festlegung von Ausbruchart, Ausbruchfolge und Ausbaumaßnahmen und nach Analyse der im betreffenden Fall zu berücksichtigenden, wichtigen Einflüsse ist, soweit die zu erwartenden Beanspruchungen (siehe Kap. 2) einerseits und die vorhandene Gebirgsfestigkeit andererseits auf deren Zweckmäßigkeit hindeuten, die Tunnelberechnung zur Ermittlung der Beanspruchungen und Deformationen im Gebirge und im Ausbau auszuführen.

Bei den Belastungsannahmen ist von dem im Gebirge herrschenden Primärspannungszustand $\sigma_V = \gamma \cdot H$ und $\sigma_H = \lambda \cdot \gamma \cdot H$ auszugehen. Gegebenenfalls sind noch Bebauungs- und/oder Verkehrslasten (bei seicht liegenden Tunneln) zu berücksichtigen.

Zunächst werden die am Ausbruchrand wirkenden Primärspannungen in äquivalente Knotenkräfte P_x und P_y umgerechnet, wobei auch die Knotenkräfte entlang der temporären Ausbruchränder benötigt werden. Des weiteren ist festzulegen bzw. abzuschätzen, in welchem Abstand zur Ortsbrust der Ausbau eingebracht werden kann (oder muß). Beispielsweise sei angenommen, daß der Ausbau für einen größeren Tunnelquerschnitt im Kalottenbereich in einer Entfernung von $D/4$ zur Ortsbrust eingebaut werde (D läßt sich, sofern kein reines Kreisprofil vorliegt, aus dem flächengleichen Kreisquerschnitt errechnen). Im Strossenbereich möge der Ausbau nach $D/2$ und in der Sohle nach $1,5\,D$ hinter dem vorauseilenden Ausbruch der jeweiligen Stufe eingebracht werden. Nach der Kennlinie (Abb. 15) entspannt sich das Gebirge beim Kalottenvortrieb in dessen Bereich bereits zu 55%, bevor der

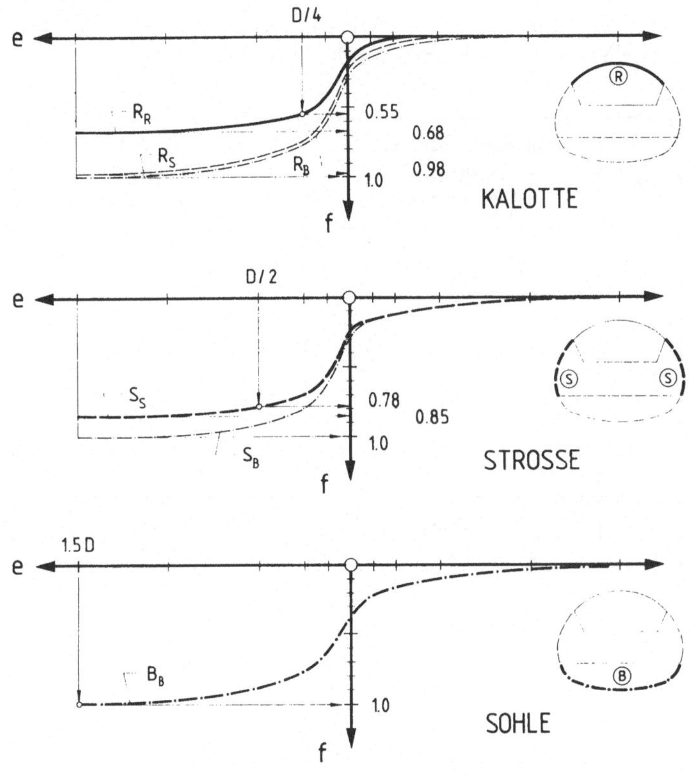

Abb. 15. Anwendungsbeispiel
Example of use

Ausbau im Abstand $D/4$ zur Ortsbrust eingebaut wird. Ab dem Einbringen des Ausbaues wirken auf diesen insgesamt 45% der elastischen Gebirgsentspannung, infolge Kalottenvortrieb zunächst jedoch nur ca. 13%.

In einem ersten Rechenschritt sind nun für den Lastfall „Kalottenausbruch ohne Ausbau" Spannungen und Deformationen im Gebirge zu ermitteln. Hierzu sind die vorab bestimmten Knotenkräfte P_x und P_y im Bereich des endgültigen Ausbruchrandes der Kalotte mit dem (für das gewählte Beispiel zutreffenden) Faktor $f = 0{,}55$ zu multiplizieren (die Faktoren f stellen für die einzelnen, abgegrenzten Bereiche, wie Kalotte, Strosse und Sohle, Mittelwerte dar), am Hohlraumrand anzusetzen und mit dem im Gebirge herrschenden und in der Berechnung gespeicherten Primärspannungszustand zu überlagern. Aus Gleichgewichtsgründen sind auch Kräfte an den Knoten entlang des temporären Ausbruchrandes anzusetzen. Zweckmäßigerweise erfolgt die Aufteilung hierfür entsprechend der Kennlinie (hier $0{,}55/0{,}68 =$

0,81, d. h. im ersten Rechenschritt sind die Knotenkräfte mit $f = 0,81$ zu berücksichtigen, im nächstfolgenden bei der Erfassung des Ausbaues mit $f = 0,19$). An den ersten Rechenschritt wird — aufbauend auf die hieraus resultierenden Spannungen und Deformationen — die nächste Rechenstufe mit Berücksichtigung des Ausbaues angeschlossen. Entsprechend Kennlinie R_r sind die entlang des endgültigen Ausbruchrandes vorab bestimmten Knotenkräfte hier mit dem Faktor $f = 0,13$ zu multiplizieren und am äußeren Rand des Ausbaues anzusetzen (siehe hierzu auch Abb. 16).

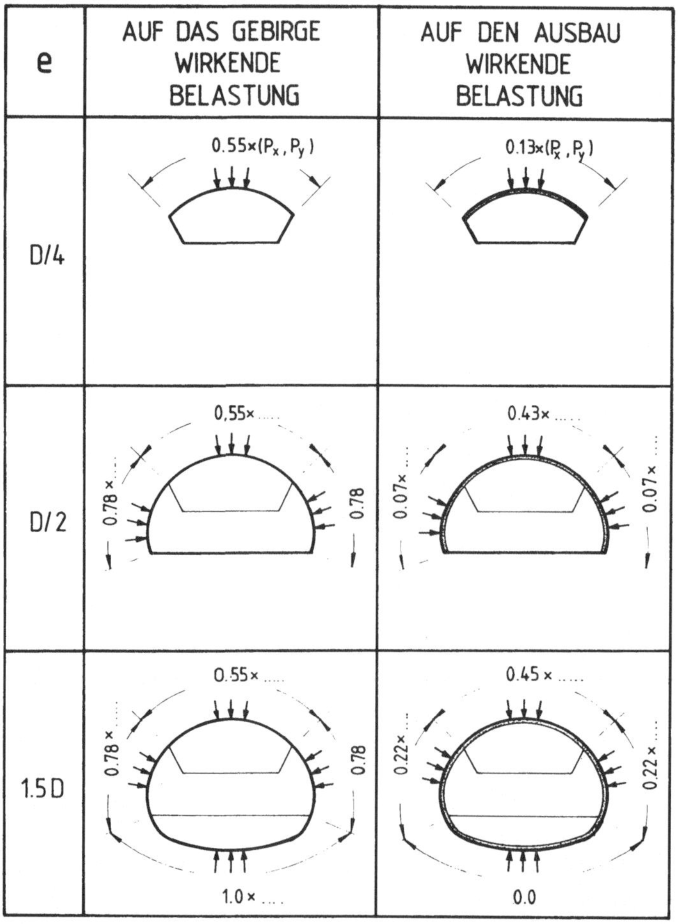

e	AUF DAS GEBIRGE WIRKENDE BELASTUNG	AUF DEN AUSBAU WIRKENDE BELASTUNG
D/4	$0.55 \times (P_x, P_y)$	$0.13 \times (P_x, P_y)$
D/2	$0,55 \times$; $0.78 \times$; 0.78	$0.43 \times$; $0.07 \times$; $0.07 \times$
1.5 D	$0.55 \times$; $0.78 \times$; 0.78 ; $1.0 \times$	$0.45 \times$; $0.22 \times$; $0.22 \times$; 0.0

Abb. 16. Anwendungsbeispiel
Example of use

Je nach Sekundärspannungszustand des Gebirges und der vorhandenen Gebirgsfestigkeit ist es möglich, die bisher elastisch durchgeführte Berechnung für den Lastfall Kalottenvortrieb bereits hier zu stoppen. Nämlich dann, wenn nur an lokalen, begrenzten Stellen mit überbeanspruchtem Gebirge zu rechnen ist (siehe hierzu Kap. 5). Zeigt die Gegenüberstellung von Beanspruchung und vorhandener Gebirgsfestigkeit jedoch, daß in größeren Bereichen der Tunnelumgebung mit überbeanspruchten Zonen zu rechnen ist, so ist die Berechnung elastisch-plastisch (iterativ) fortzusetzen, um Festigkeitsüberschreitungen und deren Auswirkungen auf Gebirge und Ausbau zu erfassen. Die Konvergenz der iterativen Berechnung ist ein Indikator, ob der betrachtete Lastfall einem eher stabilen oder instabilen Zustand zustrebt.

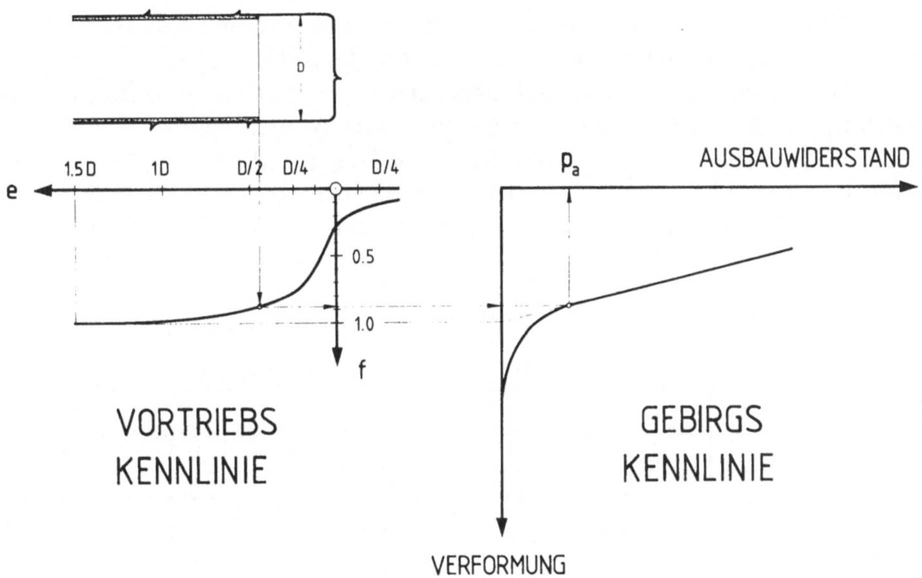

Abb. 17. Verwendung der Vortriebs-Kennlinien beim Gebirgs-Kennlinien-Verfahren, schematische Darstellung
Use of the heading characteristics for the rock mass characteristic method, schematic illustration

Zeitabhängige Spannungsumlagerungen können in dieser Phase der Berechnung, soweit sie relevant sind, berücksichtigt werden.

Analog dem Berechnungsablauf für den Lastfall Kalottenvortrieb ist auch für die Lastfälle ($\,\hat{=}\,$ Bauzustände) Strossen- und Sohlausbruch, im Falle eines Vollausbruches genauso, zu verfahren.

Möglich ist auch, die einzelnen Bauzustände nicht jeweils in sich geschlossen, sondern aneinanderhängend zu berechnen. Es muß aber gesagt werden, daß diese Berechnungsart einschlägige Erfahrungen des Bearbeiters vorausgesetzt und insgesamt anfälliger hinsichtlich möglicher Fehler ist.

Benutzt der planende Ingenieur zur Bestimmung der Ausbaubelastung das Verfahren der Gebirgskennlinien [4], [9], [14], so läßt sich die hierfür erforderliche, stattgefundene Gebirgsdeformation zum Zeitpunkt des Einbringens des Ausbaues über die Kennlinien des Vortriebes (Abb. 17) angeben.

Für einige ausgewählte Abstände Ausbau/Ortsbrust sind in Abb. 18 die Faktoren f tabellarisch zusammengestellt (f_G = Belastungsfaktor für die am Gebirge anzusetzende Belastung, f_A = Belastungsfaktor für die auf den Ausbau anzusetzende Belastung).

5. Interpretation der Berechnung

Neben den Schnittkräften zur Dimensionierung des Ausbaues und den errechneten Deformationen im Gebirge und Ausbau sind vor allem die Hauptnormalspannungen im Gebirge von Interesse. Diese geben Aufschluß darüber, mit welcher Gebirgsbeanspruchung in der Tunnelumgebung zu rechnen ist. Das ist für die Beurteilung der Tragfähigkeit des Bauwerkes von Bedeutung, vor allem während der Bauausführung, wenn z. B. die temporären Auflagerbereiche des Ausbaues das Gebirge beanspruchen.

Über folgenden Weg läßt sich abschätzen, ob eine Tunnelauffahrung in der vorgesehenen Weise dem Gebirge zugemutet werden kann:

Für Bereiche der Tunnelumgebung, welche für die Tragfähigkeit des Tunnels entscheidend sind, läßt sich über die berechnete Gebirgsbeanspruchung mit den Hauptnormalspannungen σ_1 und σ_2 und der Methode der

		1,5 D		1D		D/2		D/4		D/8		0		
		f_G	f_A	f_G	f_A	f_G	f_A	f_G	f_A	f_G	f_A	f_G	f_A	
⌂	KALOTTE	0.68	0	0.66	0.02	0.61	0.07	0.55	0.13	0.43	0.25	0.18	0.50	R_R
			0.30		0.32		0.37		0.43		0.55		0.80	R_S
			0.32		0.34		0.39		0.45		0.57		0.82	R_B
⌂	STROSSE	0.85	0	0.84	0.01	0.78	0.07	0.69	0.16	0.55	0.30	0.25	0.60	S_S
			0.15		0.16		0.22		0.31		0.45		0.75	S_B
⌂	SOHLE	1.0	0	0.98	0.02	0.88	0.12	0.76	0.24	0.62	0.38	0.36	0.64	B_B
⌂	KALOTTE	0.70	0	0.68	0.02	0.63	0.07	0.57	0.13	0.45	0.25	0.20	0.50	R_R
			0.30		0.32		0.37		0.43		0.55		0.80	R_S
⌂	STROSSE	1.0	0	0.98	0.02	0.91	0.09	0.79	0.21	0.62	0.38	0.29	0.71	S_S
⌂	VOLL–AUSBRUCH	1.0	0	0.98	0.02	0.89	0.11	0.77	0.23	0.59	0.41	0.28	0.72	F

f_G = BELASTUNGSFAKTOR GEBIRGE
f_A = BELASTUNGSFAKTOR AUSBAU

Abb. 18. Belastungsfaktoren f — tabellarische Zusammenstellung
Loading factors f — tabular summary

kleinsten Fehlerquadrate [5] eine sogenannte „erforderliche Gebirgsfestigkeit" angeben. Vorausgesetzt wird hierbei, daß Bereiche überschrittener Festigkeit von gesunden Nachbarbereichen übernommen und mitgetragen werden können, so wie es in natura im Gebirge auch geschieht, ohne daß es gleich zu Kollapserscheinungen kommt. Je nach Beanspruchungszustand werden lokale (in weitgehend elastisch reagierendem Gebirge) oder aber auch weite Bereiche (in sogenanntem druckhaften Gebirge, wenn der Primärspannungszustand bereits nahe an der Gebirgsfestigkeit lag) der Tunnelumgebung zum Mittragen heranzuziehen sein.

Sinnvoll ist, als „erforderliche Gebirgsfestigkeit" nicht die über die Methode der kleinsten Fehlerquadrate ermittelte Festigkeit direkt zu übernehmen [Abb. 19, Kreis (C)], sondern jene als erforderliche Gebirgsfestigkeit festzulegen, welche sich ergibt, wenn zwischen die beiden Mohrschen Kreise (C) und (M) (aus max. Beanspruchung) der Kreis (A) gelegt wird.

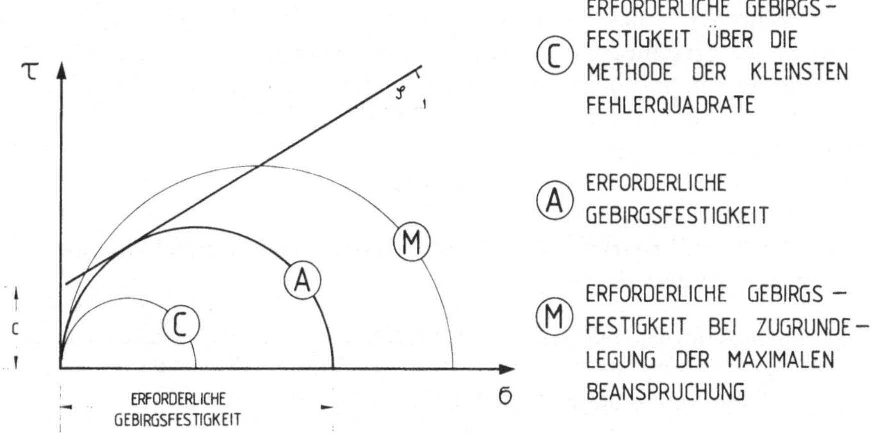

Abb. 19. Abschätzung der erforderlichen Gebirgsfestigkeit
Estimation of the required rock mass strength

Die so ermittelte erforderliche Gebirgsfestigkeit ist der tatsächlichen, vorhandenen Gebirgsfestigkeit gegenüberzustellen. Die Gegenüberstellung ermöglicht näherungsweise abzuschätzen — auch unter dem Vorbehalt, daß es sich hierbei nur um eine Teilbetrachtung handelt — ob das Gebirge in der Lage sein wird, die ihm zugemutete Beanspruchung auch zu tragen.

Die errechneten Deformationen vermitteln einen Eindruck, in welcher Größenordnung die Deformationen zu erwarten sind. Gegebenenfalls stellen sich dabei erforderliche Modifikationen für die vorgesehene Tunnelausführung heraus. Die rechnerischen Deformationen dienen darüberhinaus Messungen zum Vergleich — nicht in der absoluten Größe, aber in der Tendenz —, um bei der Auswertung der Messungen zu sehen, ob das Deformationsverhalten des Tunnelbauwerkes während der Ausführung im zu erwartenden Rahmen liegt.

Die Dimensionierung des Ausbaues erfolgt mit den ermittelten Schnittkräften am besten über ein Interaktionsprogramm, welches den Bereich der zulässigen Schnittkräfte M und N im betreffenden Querschnitt des Ausbaues gut überschaubar (graphisch) angibt. Bei der Außenschale ist gegebenenfalls zu berücksichtigen, daß, je nachdem wie rasch der Spritzbeton bei wenig standfestem Gebirge und/oder in seicht liegenden Tunneln unter bebautem Gebiet eingebaut werden muß, nicht der Endzustand, sondern eine frühere

Phase der Beanspruchung für die Dimensionierung maßgebend werden kann. Auf die Besonderheiten bei der Dimensionierung der Innenschale wurde in Kap. 3 bereits hingewiesen.

6. Zur Sicherheit im Tunnelbau

Bei der Beurteilung der Tragfähigkeit eines Tunnelbauwerkes ist von anderen Sicherheitsvorstellungen auszugehen, als dies bei normalen Ingenieurbauwerken der Fall ist [3], [15], [17].

Die Sicherheit eines Tunnels läßt sich nicht durch eine einzelne Zahl ausdrücken, da verschiedene, in sich oft stark wechselnde Faktoren das Bauwerk beeinflussen. Auch ist vor Augen zu halten, daß selbst bei einer bereichsweisen Sicherheit von < 1 im Gebirge und im Ausbau es noch nicht zu einem totalen Kollaps des Tunnels kommt, da sich Nachbarbereiche, welche noch gesund und ungestört sind, automatisch an der Aufnahme der überbeanspruchten Zonen beteiligen.

Um die Ausführbarkeit und Tragfähigkeit eines Tunnelbauwerkes zu beurteilen und zu gewährleisten, muß:

— die Gebirgsbeanspruchung der vorhandenen Gebirgsfestigkeit bereichsweise gegenübergestellt werden und im Durchschnitt kleiner sein wie die vorhandene Gebirgsfestigkeit,

— die Dimensionierung des Ausbaues, dessen Schnittkräfte in Wechselwirkung mit dem Gebirge ermittelt wurden, den tunnelbautechnischen Vorschriften entsprechen,

— die Gebirgs- und Ausbaudeformation beleuchtet werden,

— dafür Sorge getragen werden, daß bei der Ausführung ein gebirgsschonender Vortrieb stattfindet,

— die Bauausführung ständig durch Messungen der Deformation beobachtet werden.

All dies hat mit der Sicherheit eines Tunnels zu tun und kann nur schwerlich in einer „Sicherheitszahl" untergebracht werden.

7. Schlußbemerkung

Der Entwurf eines Tunnels mit großem Ausbruchquerschnitt — wobei die Ausführungen genauso für einfacher zu gestaltende Tunnelbauwerke gelten — läßt sich im wesentlichen in folgende Schwerpunktsbereiche aufgliedern:

a) die Festlegung aufgrund ausführungstechnischer und gebirgsmechanischer Überlegungen, wie das Gebirge aufzufahren und auszubauen ist;

b) rechnerische Untersuchungen zur Abschätzung und Darstellung der bei der Tunnelerstellung auftretenden Beanspruchungen im Gebirge und im Ausbau, besonders für die Teilausbruchstufen;

c) die Beurteilung, ob die Beanspruchungen vom Gebirge aufnehmbar sind, wobei der Gebirgsfestigkeit eine entscheidende Rolle zukommt;

d) Messungen während der Bauausführung, die darüber Aufschluß zu geben haben, ob die geplanten Maßnahmen ausführbar sind, oder ob Änderungen beim Ausbruch und/oder Ausbau erforderlich werden.

Literatur

[1] Baudendistel, M.: Wechselwirkung von Tunnelauskleidung und Gebirge. Veröff. Inst. Boden- und Felsmech., Univ. Karlsruhe, Heft 51, 1972.

[2] De La Cruz, R., Goodman, R.: Theoretical Basis of the Borehole Deepening Method of Absolute Stressmeasurements. 11th Symposium of Rock Mechanics, Berkeley, U. S. A., 1969.

[3] Duddeck, H.: Zu den Berechnungsmethoden und zur Sicherheit von Tunnelbauten. Der Bauingenieur H. 2 (1972)

[4] Egger, P.: Zur Abschätzung des Gebirgsdruckes aufgrund des Post-Failure-Verhaltens. 1. Nat. Tag. über Felshohlraumbau, Essen, 1974.

[5] Gilg, B.: Triaxiale Felsversuche in situ. Rock Mechanics, Suppl. 2. Wien, New York: Springer 1973.

[6] Kramer, J.: Einfluß von Tunnelbauten auf die Geländeoberfläche. Straße – Brücke – Tunnel H. 9 (1974).

[7] Lögters, G.: Das räumliche Verformungsgeschehen beim Vortrieb oberflächennaher Tunnelröhren. Veröff. Inst. Boden- und Felsmech., Univ. Karlsruhe, Heft 59, 1974.

[8] Lombardi, G.: Zur Bemessung der Tunnelauskleidung mit Berücksichtigung des Bauvorganges. Schweiz. Bauztg. H. 32 (1971).

[9] Lombardi, G.: Berücksichtigung der räumlichen Einflüsse im Bereich der Ortsbrust. 1. Nat. Tag. über Felshohlraumbau, Essen, 1974.

[10] Maidl, B.: Anwendung von Stahlfaserspritzbeton — derzeitiger Stand der Verfahrenstechnik und konstruktive Bewertung, Rock Mechanics, Suppl. 7. Wien, New York: Springer 1978.

[11] Müller, F., Bauernfeind, P.: U-Bahn-Bau in Nürnberg. Zwischenbericht vom Bauabschnitt Aufseßplatz – Lorenzkirche.

[12] Müller-Salzburg, L.: Der Felsbau, Bd. 3. Stuttgart: Verlag F. Enke 1978.

[13] Müller, K.: Zeitabhängige Spannungsumlagerungen beim Felshohlraumbau. Bericht Nr. 72-4, Inst. Statik, Techn. Univ. Braunschweig, 1972.

[14] Pacher, F.: Deformationsmessungen im Versuchsstollen als Mittel zur Erforschung des Gebirgsverhaltens und zur Bemessung des Ausbaues. Felsmechanik und Ingenieurgeologie, Suppl. 1. Wien, New York: Springer 1964.

[15] Pacher, F.: Der Begriff der Sicherheit bei speziellen Aufgaben des Felsbaues. Vortrag Felsmech.-Kolloqu. in Karlsruhe, Feb. 1978.

[16] Sauer, G.: Spannungsumlagerung und Oberflächensenkung beim Vortrieb von Tunneln mit geringer Überdeckung. Veröff. Inst. Boden- und Felsmech., Univ. Karlsruhe, Heft 67, 1976.

[17] S e e b e r, G.: Die Sicherheit im Tunnelbau. Schriftenreihe Forschungsges. f. Straßenwesen, Österr. Ing. und Arch.-Verein, H. 67 (1978).

[18] W i t t k e, W., C a r l, L., S e m p r i c h, St.: Felsmessungen als Grundlage für den Entwurf einer Tunnelauskleidung, Straße – Brücke – Tunnel H. 1 (1975).

Anschrift des Verfassers: Dr.-Ing. Manfred B a u d e n d i s t e l, Beratender Ingenieur für Tunnel- und Felsbau, Tulpenstraße 20, D-7505 Ettlingen 5, Bundesrepublik Deutschland.

Rock Mechanics, Suppl. 8, 101—112 (1979)

Rock Mechanics
Felsmechanik
Mécanique des Roches
© by Springer-Verlag 1979

Einige bodenmechanische Überlegungen zur Neuen Österreichischen Tunnelbauweise aufgrund der Erfahrungen beim Bau der beiden Wiltener Tunnel

Von

W. Tropper

Mit 8 Abbildungen

Zusammenfassung — Summary

Einige bodenmechanische Überlegungen zur Neuen Österreichischen Tunnelbauweise aufgrund der Erfahrungen beim Bau der beiden Wiltener Tunnel. Beim Bau des Autobahnteilabschnittes der A 12 „Südtangente Innsbruck" waren unter anderem je zwei etwa 520 m lange seichtliegende Tunnel zu errichten, die sich zu etwa 60% ihrer Länge im „Innsbrucker Quarzphyllit" und zu etwa 40% ihrer Länge im eiszeitlichen Lockergestein befinden. Der theoretische Ulmenabstand dieser eng nebeneinander liegenden Tunnel beträgt zwischen 4,2 und 5,4 m. Etwa 10 m oberhalb der Tunnelröhren befinden sich Wohnhäuser und die Brenner-Bundesstraße. Die Sicherheit dieser Bauwerke durfte durch den Bau der beiden Tunnel nicht gefährdet werden. Im Bereich des Westportales, wo Lockergestein ansteht, betrug der Winkel zwischen vertikaler Tunnel- und vertikaler Hauptlinienebene des Bergisel-Nordhanges rund 60 Grad. Damit war hier auch die Problematik eines Lehnentunnels gegeben. In diesem Bericht wird die Lockergesteinstrecke der beiden Tunnel behandelt, wobei unter Zuhilfenahme bekannter bodenmechanischer Berechnungsverfahren die Festlegung der Sicherungsmaßnahmen vorgenommen wurde.

Folgende Problemkreise werden dabei für seichtliegende Tunnel in Lockergestein berührt:

Sicherung der Tunnelflächen allgemein,

Sicherung des Westportales aufgrund des flachen Verschnittes zwischen Tunnelröhren und Nordhang des Bergisel,

Sicherung des schmalen Mittelpfeilers.

Some Soil-Mechanical Considerations Regarding the New Austrian Tunnelling Method, Based on Experiences of the Construction of the Two Wilten Tunnels (Tyrol). The construction project for Innsbruck's "South-Bypass Autobahn" (Südtangente) also comprised two tunnels, each about 520 m in length. These tunnels have little cover and are situated either in local Quarzphyllite or glacial gravelly soil. The theoretical distance between the two tunnels is 4.2 to 5.4 m.

The houses above the tunnels were permanently inhabited and a busy road there had to be passable all the time. The slope of gravelly soil around the western tunnel portal is rather steep, what made necessary special safety measures. The angle between the tunnel center-line and the slope is small and thus the tunnels affect the base of the slope. This paper mainly deals with the problems that arose in the construction of the tunnels in gravelly soil.

The support and safety measures were taken with the help of standard soil-mechanical methods. This paper aims at pointing out the problems in the construction of tunnels with little cover in gravelly soil mainly:

— General support measures;
— Stabilization of the western portal because of the small angle between tunnel center-line and slope;
— Stabilization of the remaining gravelly soil between the tunnels.

1. Allgemeines

Das Autobahnteilstück Südtangente Innsbruck besteht im wesentlichen aus zwei rund 520 m langen Tunnelröhren und neun Brückenbauwerken. Mit der Südtangente wurden die schon westlich und östlich der Stadt Innsbruck bestehenden Autobahnen der A 12 verbunden.

Am 18. März 1976 erhielt die Arbeitsgemeinschaft Porr-Hinteregger-Montana als Billigstbieter den Auftrag, das Autobahnbaulos bis Weihnachten 1977, also in 21 Monaten, dem Verkehr zu übergeben. Die restlichen Arbeiten waren bis Sommer 1978 fertigzustellen. Dieser Bericht behandelt die Probleme beim Bau der beiden Tunnelröhren im Lockergestein.

2. Geologie

Aus dem Gutachten von Herrn Univ.-Prof. Dr. Heißel, Innsbruck, und aus den Aufschlußbohrungen ging hervor, daß die beiden Tunnel zu etwa 60% ihrer Länge im „Innsbrucker Quarzphyllit" und etwa zu 40% ihrer Länge im eiszeitlichen Lockergestein liegen. Der Quarzphyllit war nach dieser Beschreibung als stark geschieferter bis gefalteter, zum Teil klüftiger Fels mit Quarz- und Lehmeinschüssen zu erwarten.

Das Lockergestein, welches vom leicht schluffigen Feinsand bis zum rolligen Kies zu erwarten war, wurde vom Institut für Bodenmechanik und Grundbau (Herrn Univ.-Prof. Dipl.-Ing. Dr. Schober) auf seine bodenmechanischen Eigenschaften hin untersucht. Gemäß dieser Untersuchung wurde das Lockermaterial folgendermaßen generell beschrieben.

$$\text{Reibungswinkel} \quad \varphi = 40 \text{ Altgrad}$$
$$\text{Kohäsion} \quad c = 0$$
$$\text{Raumgewicht} \quad \gamma = 21{,}5 \text{ kN/m}^3$$

Weiters war bekannt, daß vor allem im Lockergestein mit Wasserzutritten zu rechnen war.

3. Besonderheiten bei diesem Tunnelbauvorhaben

3.1 Projektbedingte Besonderheiten

Wie aus der Abb. 1 ersichtlich, handelt es sich hier um seichtliegende Tunnel, die einen theoretisch minimalen Ulmenabstand von 4,20 m und einen theoretisch maximalen Ulmenabstand von 5,40 m besitzen. Über diesen Tunnelbauwerken befinden sich Wohnhäuser, das Kaiserjäger-Museum und ein Hotel. Die Standfestigkeit dieser Gebäude durfte nicht beeinträchtigt werden. Der minimale Abstand zwischen der Gründungssohle eines Wohn-

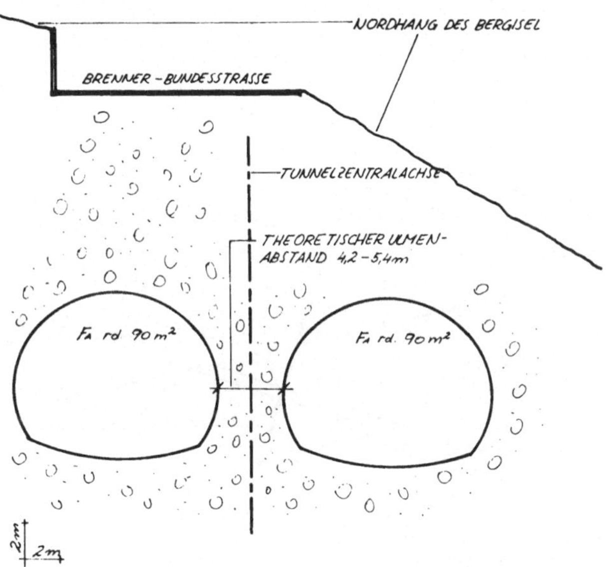

Abb. 1. Querschnitt normal zur Tunnelachse (Lockergestein)
Cross section of the tunnels in gravelly soil

hauses und der Tunnelfirste lag bei 9,0 m. Weiters befindet sich die Brenner Bundesstraße im Bereich des Westportales oberhalb der Tunnel. Diese Verkehrslinie durfte durch die Bauarbeiten ebenfalls nicht unterbrochen werden.

Im Bereich des Westportales beträgt der Winkel zwischen erster Tunnelhauptlinienebene und erster Fallinienebene des Berg-Isel-Nordhanges rund 60 Altgrad.

Die spezielle örtliche Situation, bedingt durch die Brückenbauwerke im Portalbereich, in Verbindung mit dem knappen Bautermin ließen es nicht zu, eine Tunnelröhre völlig fertigzustellen, um im „Nachlauf" die zweite Röhre aufzufahren, so daß von vornherein bei diesen Tunnel mit der Problematik des Parallelvortriebes gerechnet werden mußte.

3.2 Vertragsgemäße Besonderheiten

Wegen der Kürze der beiden Tunnel und aufgrund der Aufschlußergebnisse wurden die Vortriebs- und Sicherungsarbeiten in Gebirgstyp A (Lockergestein) und Gebirgstyp B (Felsgestein) unterschieden. Weitere Differenzierungen waren nicht vorgesehen. Daraus resultierend wurden die Stützmaßnahmen im Lockergestein und im Fels nach m²-Preisen pauschal vergütet, unabhängig davon, wieviel Stahl und Beton tatsächlich eingebaut wurde. Allerdings bekam die Arbeitsgemeinschaft vom Auftraggeber folgende wesentliche Auflagen:

„Mehrausbrüche jeglicher Art (Verbrüche, Kamine, Nachbrüche usw.) ob sie durch unsachgemäße Arbeitsweise oder geologisch bedingt entstehen, werden nicht vergütet". „Der Auftragnehmer hat den Auftraggeber für alle Schäden oder sonstige Ansprüche Dritter klag- und schadlos zu halten".

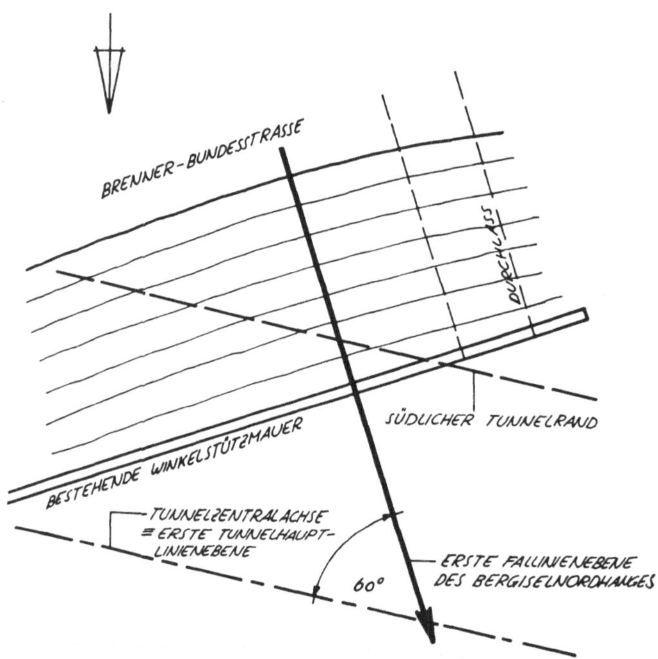

Abb. 2. Westportalbereich: Schiefer Verschnitt zwischen Nordhang des Bergisel und der Wiltener Tunnel
Illustration of the western portal showing the angle between tunnel and northern slope

Aus dieser vertragsbedingten Situation ergab sich für die Verantwortlichen der Arbeitsgemeinschaft (der Verfasser dieses Artikels war der Oberbauleiter der Arge Südtangente Innsbruck) eine nicht ganz einfach zu lösende Aufgabe, zumal bei jeder Entscheidung bezüglich der Stützmaßnahmen auf die Sicherheit der Stollenmannschaft, auf die im Tunnelbereich liegenden bewohnten bzw. frequentierten Bauwerke einerseits und wegen des niedrigen Pauschalpreises andererseits auch auf die wirtschaftliche Vertretbarkeit aller Maßnahmen geachtet werden mußte.

In den folgenden Abschnitten dieses Berichtes wird nun gezeigt, wie — unter Berücksichtigung der vorhin beschriebenen und an sich seltenen Vertragssituation — die Schwierigkeiten bei diesem Bauvorhaben gelöst wurden. Eine verständliche Ausdrucksweise und eine möglichst klare Ansprache der oft nicht einfachen Probleme war dem Verfasser ein persönliches Anliegen, da er ja letztlich all die hier behandelten Probleme mit der ihm anvertrauten Mannschaft verwirklichen mußte.

4. Grundsätzliche, theoretische und baupraktische Überlegungen für den Vortrieb und für die Sicherung in der Lockergesteinstrecke

Im Bergisel wurden bisher schon vier Autobahntunnel vorgetrieben. Diese Tunnel wurden im Schild- oder schildähnlichen Vortrieb hergestellt, so daß zunächst von der Auftraggeberseite her der Gedanke nahe lag, bei der Ausführung dieser Tunnel ein ähnliches Verfahren ins Auge zu fassen.

Beim Studium der beim Bau dieser vier Tunnel gemachten Erfahrungen stellte sich zunächst heraus, daß hier die Vorteile, die ein Schildvortrieb in sich bergen kann, nicht so gravierend waren, um bedingungslos einen Vortrieb dieser Art zu favorisieren. Aufgrund von Besichtigungsreisen zu Baustellen, die eine vorhin erwähnte Vortriebsart im Einsatz hatten, erhärtete sich unsere Vermutung, daß die wirtschaftliche Bandbreite in der Anwendung einer Schild- oder schildähnlichen Vortriebsart nicht allzu groß ist. Es muß hier im wesentlichen die Bedingung erfüllt sein, daß das Schild bzw. Schildsegment mit vertretbaren Mitteln vorgeschoben werden kann. Das bedeutet, daß der Boden nicht zu dicht gelagert sein darf und darüber hinaus keine zu großen Steine enthält. Da diese Eigenschaften in unserer Lockergesteinstrecke nicht mit Sicherheit erwartet werden konnten, schieden diese Vortriebsverfahren aus. Die geringen Tunnellängen, die hohe diesbezügliche Investitionen ebenfalls in Frage stellten, waren dabei eine Entscheidungshilfe in diesem Sinne.

Wir wählten daher die „Neue Österreichische Tunnelbauweise".

Bei der Anwendung NÖT mußten zunächst Ankerart und Ankerlänge geklärt werden.

Zur Ankerart:

Da im Lockergestein damit gerechnet werden mußte, daß die Ankerbohrlöcher nicht frei stehen bleiben, schieden die vorgesehenen vermörtelten Rippentorstahlanker aus und es kamen perforierte Rohranker, die nach dem Versetzen mit Zementsuspension ausgefüllt wurden, zur Anwendung.

Zur Ankerlänge:

Die Beantwortung dieser Frage steht schon im innigen Zusammenhang mit der erdstatischen Diagnose dieser beiden Tunnel, so daß zunächst darauf etwas eingegangen werden muß.

5. Erdstatische Betrachtungen und Folgerungen beim Bau der Wiltener Tunnel

Da die Tunnel mit ihrer Sohle nur etwa 20 m unter Geländeoberfläche liegen, vertraten wir die Auffassung, daß es sich hier grundsätzlich um die erdstatische Problematik tiefer Baugruben handelt, mit der Einschränkung, daß der obere Bereich der Baugrubenwandung durch das anstehende Material abgestützt wird (siehe Abb. 3), so daß sich die Bemessung der Anker vorwiegend auf den Ulmenbereich beschränkt.

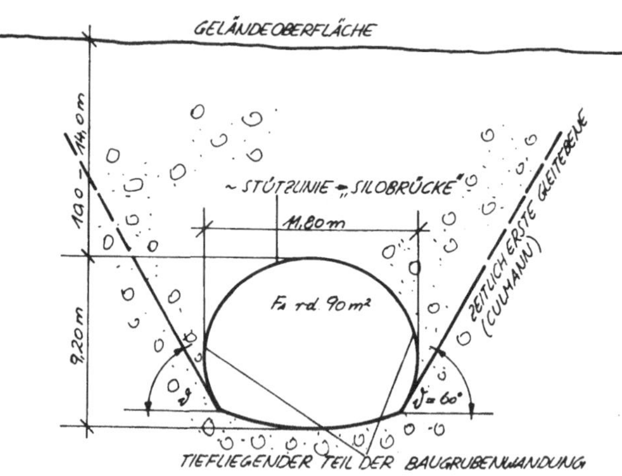

Abb. 3. Erdstatische Betrachtung der Wiltener Tunnel im Lockergestein
Soilmechanic conception of the tunnels in gravelly soil

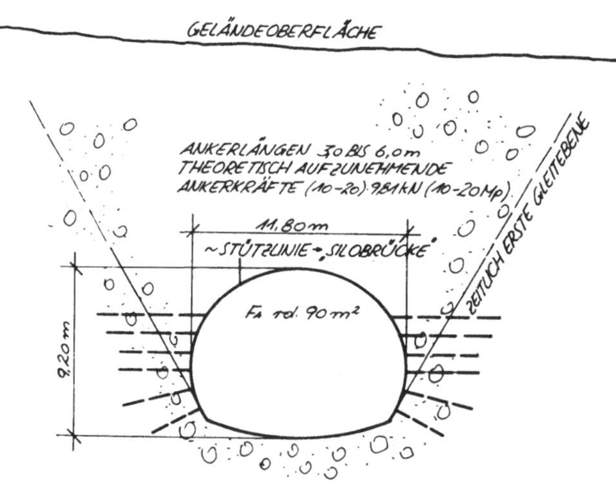

Abb. 4. Systemankerung für die Wiltener Tunnel im Lockergestein
General support measures for the tunnels in gravelly soil

Unter Zugrundelegung der für das anstehende Material ermittelten Bodenkenndaten ergibt sich aus der Erddruckermittlung gemäß der Culmannschen E-Linie eine zeitlich erste Gleitebene, die unter einem Winkel δ von rund 60 Grad zur Horizontalen geneigt ist.

Aus den Tunnelabmessungen und unter Berücksichtigung der Bodeneigenschaften ergeben sich bei dieser Auffassung durchaus vertretbare Ankerlängen von 3 bis 6 m (siehe Abb. 4) mit aufzunehmenden Kräften, die in der Größenordnung zwischen 100 bis 200 kN bzw. 10 bis 20 Mp liegen.

Obwohl die Ankerlängen als auch die rechnerisch ermittelten Ankerkräfte nicht übermäßig groß sind, liegt meines Erachtens diese erdstatische Diagnose auf der sicheren Seite, da mit ihr die plausibelste mögliche Gleitebene, die zu Verbrüchen führen könnte, direkt angesprochen wird, was bei einer Bemessung der Anker in der die allseitig tragringähnliche Verspannung des Gebirges in den Vordergrund gestellt wird, nicht der Fall sein muß. Diese Überlegungen haben sich im Laufe der Zeit auf der Baustelle durchgesetzt.

Bei dieser Betrachtungsweise ist — unter Berücksichtigung der Lockergesteinseigenschaften — die Forderung nach dem raschen Ringschluß nicht so akut. Diese Forderung wird erst dann aktuell, wenn sich im Laufe der

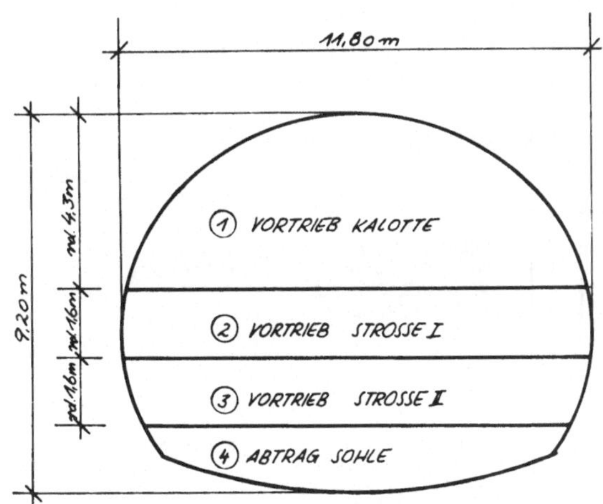

Abb. 5. Vortriebsschema für die Wiltener Tunnel im Lockergestein

Progress system for the tunnels in gravelly soil

Zeit eine tiefliegende Gleitfuge auszubilden beginnt, was allerdings durch die Konvergenzmessungen und Beobachtung der Spritzbetonauskleidung erkannt werden kann. Diese Überlegungen bezüglich der möglichen Gleitfugenausbildung ließ uns im Lockergestein von der in unserer Ausschreibung enthaltenen Forderung nach einem möglichst raschen Ringschluß abgehen. Somit konnte der Vortrieb recht einfach gestaltet werden, indem zuerst die Kalotte und nach deren Fertigstellung die Strosse vorgetrieben wurde (siehe Abb. 5).

Der Strossenabtrag, den wir aufgrund unserer Betrachtungen besonders beachteten, wurde in der Regel in zwei Ebenen durchgeführt, wobei die einfache bodenmechanische Überlegung der freien Standhöhe Pate stand. Da bei der Sicherung der Strosse praktisch keine Verzugsbleche verwendet wurden, sondern sofort nach abschnittweiser Freilegung der Ulmenflächen Spritzbeton und Baustahlgitter aufgebracht und im Anschluß daran die Rohranker versetzt wurden, haben wir in diesem Bereich in der Regel auf die Ausbaubögen (normalerweise IPB 100 Profile) verzichtet. Sehr wohl wurden aber die Ausbaubögen zur Sicherung der Kalotte verwendet, zumal hier folgende Auffassung über den Sinn des Ausbauringes bestand, die ich mit einem einfachen Beispiel erläutern möchte (siehe Abb. 6):

Bei kurzfristigen Baugruben oder Rohrgrabenpölzungen kann man immer wieder feststellen, daß die rechnerisch dimensionierte Pölzung mit der scheinbar praktisch erforderlichen nicht übereinstimmt bzw. die rechnerisch ermittelte Pölzung erst im Laufe der Zeit benötigt werden wird. Stellen wir uns drei Kanalgräben vor, von denen einer ohne Pölzung, einer mit einer leichten Pölzung und einer mit der auf Dauer erforderlichen Pölzung ausgeführt ist. Bei gleichen Bodenverhältnissen würde der Kanalgraben, der ohne Pölzung ausgeführt wurde, zuerst einstürzen. Beim Kanalgraben mit leichter Pölzung, die sich etwas gegen den Boden verspannt, wird das Einstürzen verzögert. Durch Beobachtung der Pölzungsverformung könnte der Zeitpunkt ermittelt werden, zu dem die erforderliche Pölzung aufgebracht werden muß, um den Einsturz zu verhindern.

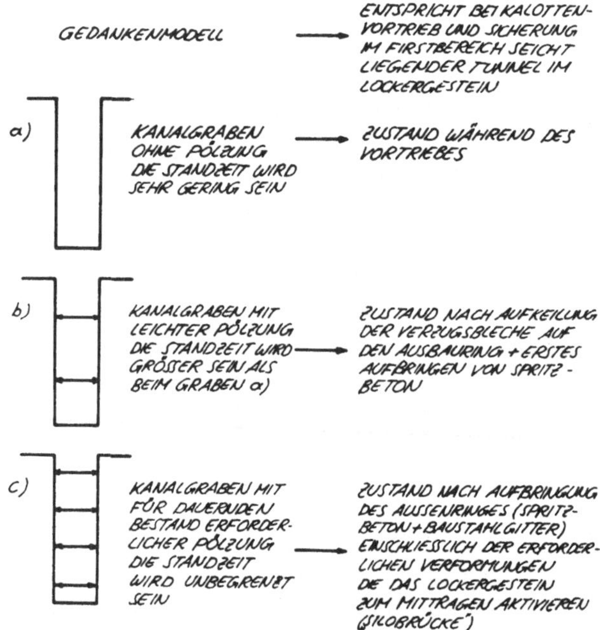

Abb. 6. Gedankenmodell über den Sinn des Ausbauringes am Beispiel der Wiltener Tunnel
Model for the permanent support unit

Der Ausbaubogen in der Kalotte hat demnach auch die Funktion einer leichten Pölzung, indem er die Kräfte — die durch das Aufkeilen der Verzugsbleche in den Boden gebracht werden — übernehmen muß.

Das in der Folge aufgebrachte Außenringgewölbe — bestehend aus Spritzbeton und Baustahlgitter — verstärkt in weiterer Folge das bisher eingebrachte Ausbausystem so weit, daß im Firstbereich ein Tragring mit dem rechnerisch erforderlichen Ausbauwiderstand (entspricht der rechnerisch erforderlichen Pölzung) bestehend aus Ausbaubogen, Spritzbeton, Baustahlgitter und anstehendem, verkeiltem Lockermaterial entsteht. Die zur tragenden Aktivierung des Lockermaterials erforderlichen Verformungen waren bei uns in der Regel sehr gering, sie lagen im mm- bzw. cm-Bereich.

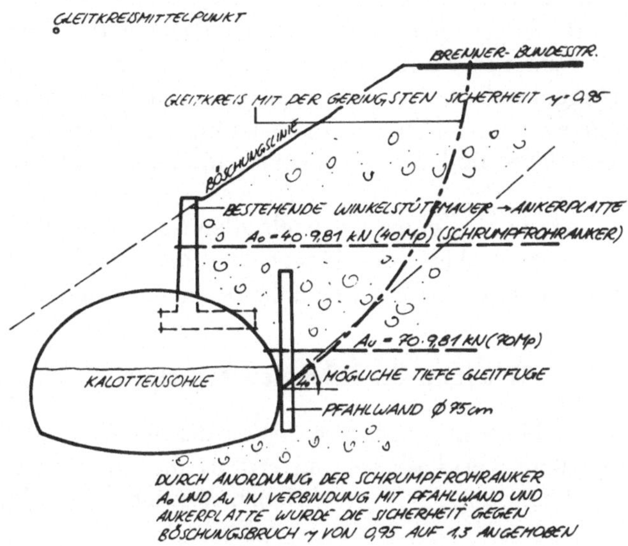

Abb. 7. Untersuchung der Böschungssicherheit einschließlich der daraus resultierenden Maßnahmen am Beispiel Westportal/Südröhre

Study of the stabilization in the area of the western portal

Aufgrund dieser Überlegungen und aufgrund unserer Erfahrungen beim Bau der Wiltener Tunnel hat eine Ankerung im Firstbereich seichtliegender Tunnel praktisch keine Bedeutung. Am augenscheinlichsten wurde diese Auffassung im Bereich des Westportales bestätigt, wo die Überlagerung zum Teil so gering war, daß ein Versetzen von Ankern im Firstbereich ohnehin nicht möglich war. Allerdings mußten hier besondere Hangsicherungsmaßnahmen durchgeführt werden, über die nun kurz berichtet werden darf.

6. Hangsicherung Westportal

Wie eingangs erwähnt, beträgt der Winkel zwischen erster Tunnelhauptlinienebene und erster Fallinienebene des Bergisel-Nordhanges 60 Altgrad. Dementsprechend wurde im Bereich des Westportales die Distanz zwischen Tunnelleibungs- und Hangoberfläche immer geringer, sie betrug im Westportalbereich nur mehr wenige Meter, so daß eine etwaige Verspannung dieses Materials gänzlich vernachlässigt werden konnte, was dann automatisch auf die klassische Geländebruchberechnung hinwies, die in Anlehnung an die DIN 4084 E durchgeführt wurde (siehe Abb. 7).

In dieser Abbildung ist ein Bauzustand im Bereich der Südröhre dargestellt.

Dabei ermittelten wir die Größe der dem Hang durch den Tunnelvortrieb entzogenen Horizontalkpomonente und brachten diese wiederum über Alluvialanker (Schrumpfrohranker) und Bohrpfähle in den Berg. Dabei stellte die dort bestehende Stützmauer eine sehr willkommene Ankerplatte dar.

Die so ermittelten rechnerischen Resultate trafen außergewöhnlich gut zu, was während der Durchführung der weiteren Vortriebsarbeiten beobachtet werden konnte. So ergaben die diesbezüglichen Gleitkreisuntersuchungen am Beispiel der Wiltener Tunnel, daß ab einer Distanz zwischen Tunnelleibung- und Hangoberfläche von etwa einem Tunneldurchmesser schon ein kritischer Gleichgewichtszustand eintreten kann, was ebenfalls durch Beobachtung der Vortriebs- und Sicherungsmaßnahmen in der Praxis bestätigt wurde.

Im freien Gelände, wo man sich nach allen Seiten hin ausbreiten kann, ist es möglich, dieses Problem der Hangsicherung einfacher zu lösen, was hier aber aufgrund der örtlichen Gegebenheiten nicht möglich war.

7. Sicherung des schmalen Mittelpfeilers

Sobald die Nachbarröhre aufgefahren wurde, war es klar, daß der Mittelpfeiler eine größere Vertikalbelastung erfuhr, die im Prinzip einfach mit dem Mohrschen Spannungskreis beschrieben werden kann. Die Zunahme

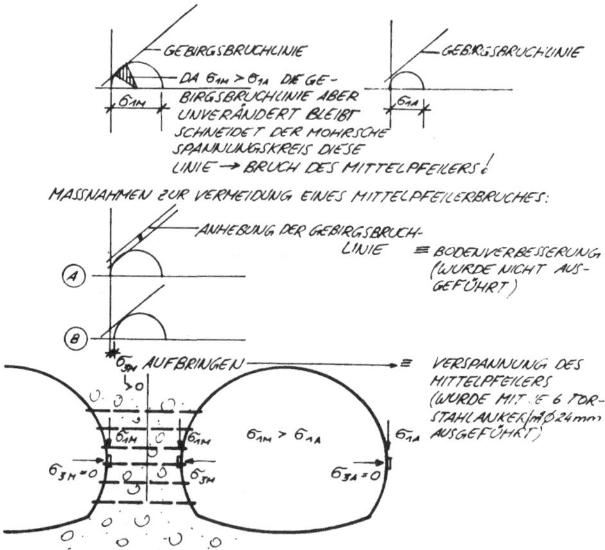

Abb. 8. Erdstatische Überlegungen zur Sicherung des schmalen Mittelpfeilers beim Bau der beiden Wiltener Tunnel

Contemplation of the soil mechanic problems concerning the stabilization of the remaining gravelly soil between the tunnels

der Vertikalspannung kann nun bewirken, daß die Bruchlinie des Gebirges vom Mohrschen Spannungskreis geschnitten wird, was einem Einsturz des

Mittelpfeilers und damit einem Verbruch oder zumindest verbruchähnlichen Zustand in beiden Tunnelröhren gleichkommen würde. Da die Stabilität des Mittelpfeilers somit beide Tunnelröhren beeinflußte, war es klar, daß hier unbedingt eine sichere Lösung zur Stabilisierung des Mittelpfeilers gefunden werden mußte. Grundsätzlich hatte man beim Bau der Wiltener Tunnel zwei Möglichkeiten, um dieses Problem zu lösen:

a) Bodenverbesserung bzw. Anhebung der Bruchlinie des Gebirges;

b) Durchankerung und Horizontalverspannung des Mittelpfeilers.

Zu a):

Der Gedanke einer Bodenverbesserung war zunächst bestechend, da diese Methode auch von der Geländeoberfläche aus, also ohne Störung des Vortriebes, vorgenommen werden konnte. Da aber die Bandbreite der verschiedenen Bodenverbesserungsverfahren gering ist und daher für die Wahl des Verbesserungsverfahrens eine genaue Kenntnis der Böden erforderlich ist und darüber hinaus der Feinsand- bzw. Schluffbereich kaum mehr wirtschaftlich bestrichen wird, schied dieser Vorschlag aus Sicherheits- und Kostengründen aus.

Zur Anwendung kam deshalb der von der Arbeitsgemeinschaft ausgearbeitete

Vorschlag b),

bei dem der Mittelpfeiler mit 6 durchgehenden Torstahlankern, $\varnothing$ 24 mm, verspannt wurde. Diese Art der Mittelpfeilersicherung stellt nichts Neues dar. Sie wird ja laufend im Betonbau angewendet, wenn man z. B. eine Wand oder einen Pfeiler betoniert. Hier werden ebenfalls die gegenüberliegenden Schalungselemente mit Ankern zusammengehalten. In unserem Fall bestehen die vorhin erwähnten Schalungselemente aus den jeweiligen Außenringen der Röhren und statt Beton befindet sich Lockergestein innerhalb der Schalungen. Der besondere Vorteil dieser Sicherungsmaßnahme lag darin, daß sie — gleich welches Material im Mittelpfeilerbereich angefahren wurde — immer gleich wirksam ist. Ein gewisser Nachteil war dadurch gegeben, daß die Ankerpartie, die diese Sicherung von der zuerst aufgefahrenen Röhre zur Nachbarröhre hin durchführte, von der jeweiligen Vortriebsgeschwindigkeit abhängig war. Diese Art der Pfeilersicherung wurde solange konsequent durchgeführt, bis der Innenringbeton der Südröhre den Vortrieb der Nordröhre überholt hatte.

8. Abschließende Bemerkungen

Es wurde hier versucht, auf möglichst einfache Art und Weise unter Zuhilfenahme bekannter bodenmechanischer Tatsachen, den Problemkreis seichtliegender Tunnel im Lockergesteinbereich zu beleuchten. Die hier vertretenen Auffassungen stimmen gewiß nicht immer mit schon ausgeführten ähnlichen Beispielen überein.

Der Grundsatz aller diesbezüglichen Überlegungen wurde jedoch von den Komponenten Sicherheit, Einfachheit in der praktischen Durchführung sowie reelle Abschätzung des möglichen Risikos geleitet. All die hier beschriebenen Gedanken wurden in die Tat umgesetzt und mußten am Prüfstand der Praxis bestehen.

Literatur

Kastner, H.: Statik des Tunnel- und Stollenbaues. Berlin, Heidelberg, New York: Springer 1971.

Terzaghi, K., Peck, R. B.: Die Bodenmechanik in der Baupraxis. Berlin, Göttingen, Heidelberg: Springer 1961.

Anschrift des Verfassers: Dipl.-Ing. Dr. techn. Werner Tropper, Ingenieurbüro für Geomechanik und Bauwesen, Höhenstraße 13 A, A-6020 Innsbruck, Österreich.

Rock Mechanics, Suppl. 8, 113—124 (1979)

Rock Mechanics
Felsmechanik
Mécanique des Roches
© by Springer-Verlag 1979

Entwicklungen der geotechnischen Messungen für den Hohlraumbau

Von

G. Müller und H. Habenicht

Mit 9 Abbildungen

Zusammenfassung — Summary

Entwicklungen der geotechnischen Messungen für den Hohlraumbau. Anhand von zusammenfassenden Darstellungen der kürzlich im Arlberg-Straßentunnel durchgeführten geotechnischen Messungen wird eine Einführung in das Wesentliche der Meßtechnik der NÖT gegeben. Umfangreichere Darlegungen zu diesem Thema sind bereits bekannt; die wichtigsten Beiträge umfaßt das Literaturverzeichnis am Schluß der Arbeit.

Neu auf diesem Gebiet sind eine Anzahl von Meßgeräten und Meßverfahren, die im zweiten Teil dieses Beitrages vorgestellt werden sollen. Hierzu gehört 1. der Vorschlag einer Meßtechnik zur Ermittlung der Wirkungsweise von Systemankern in-situ, die auf der Entwicklung von Meßankern und Miniextensometern beruht. Die Kombination beider Geräte führt 2. zu einem Testgerät, mit dem im Zugversuch der Kraftfluß vom Anker ins Gebirge individuell ermittelt werden kann. Schließlich führt 3. die Kombination eines Extensometers mit einer Druckmeßdose zur Möglichkeit, Druckentwicklungen und Verformungen gleichzeitig im Gebirgstragring aufzunehmen.

Developments of Geotechnical Measurements for Underground Engineering. Through a comprehensive display of the geotechnical measurements recently conducted in the Arlberg-Road Tunnel, an introduction into the essential measuring technique of the NATM is presented. Extensive publications on this topic have already occurred, the most important ones of which are listed at the end of this paper.

A number of devices and methods newly developed in this field are presented in the second part of this contribution. The first one of these methods is a proposal for a technique of evaluating the in-situ function of individual grouted anchors, which is based on the application of measuring anchors and mini-extensometers. The second one comprises the combination of both of the before mentioned devices, which leads to a testing device permitting to determine the force flow from the anchor into the rock in the course of a loading test. And lastly, there is a third one involving the combination of an extensometer with a hydraulic pressure cell in order to observe simultaneously the pressure development in the rock carrying ring and the displacement of the pressure cell.

0080-3375/79/Suppl. 8/0113/$ 02.40

1. Meßergebnisse aus dem Arlberg-Straßentunnel

In Abb. 1 sind alle zur Zeit gebräuchlichen Arten von geotechnischen Messungen zusammengestellt. Es sind Messungen der Konvergenz, der Extensometerbewegungen, der Ankerkräfte und der Druckentwicklung in radialer und tangentialer Richtung im Spritzbeton. Messungen im Innenbeton sind hier nicht wiedergegeben. Die in der Abbildung enthaltenen Meßquer-

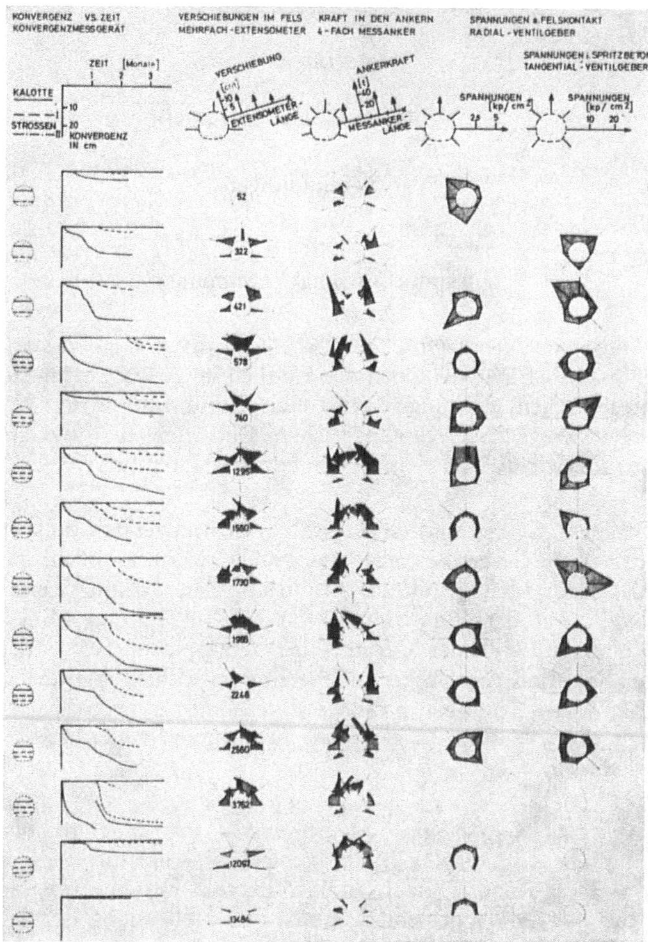

Abb. 1. Überblick über Arten der Messungen und Meßwerteverlauf aus dem Arlberg-Straßentunnel, Südröhre

Survey of types of measurements and development of measured quantities from the Arlberg-Road Tunnel, Southern Tube

schnitte sind allerdings nur ein Auszug aus der Gesamtheit aller Meßquerschnitte des Arlbergtunnels. Sie sollen aber dennoch einen Eindruck von der praktischen Nutzbarkeit der Messungen vermitteln, wie die folgenden kurzen Beschreibungen zu den einzelnen Diagrammen zeigen werden.

Konvergenzmessungen

Die linke Spalte der Abbildung enthält die Diagramme mit dem Verlauf der Konvergenz über die Zeit. Die Kurven sind typisch für die hier angewandte Vortriebsfolge. Zuerst der Ausbruch der Kalotte mit dem deutlichen Einsetzen der Konvergenz von hoher Konvergenzrate, die allmählich nach-

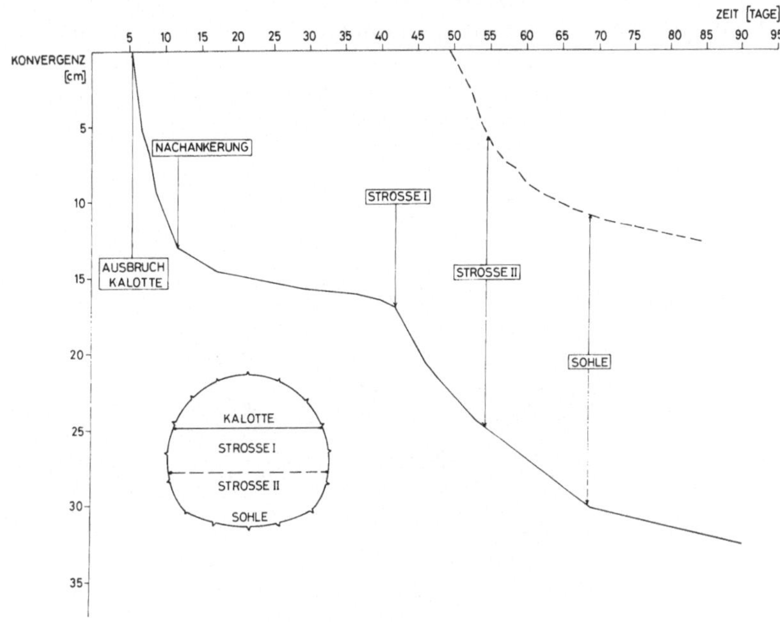

Abb. 2. Beispiel eines Konvergenzverlaufs
Example of convergence development

läßt, dann aber durch den beginnenden Ausbruch der Strossen und Sohle wieder verstärkt wird. Meist bewirkt der schnell folgende Sohlschluß die endgültige Beruhigung. Nur in einigen Meßquerschnitten ist die Konvergenz auch dann noch nicht restlos zum Stillstand gekommen, so daß der Innenbeton bei fortschreitenden, allerdings sehr geringen Konvergenzraten eingebracht wurde, was jedoch bisher zu keinerlei nachteiligen Folgen führte. Somit gilt allgemein, daß in allen Meßquerschnitten eine abnehmende Geschwindigkeit der Verformungen — manchmal wohl erst unterstützt durch Nachankerungen — nachgewiesen werden konnte und überall die gewünschte Einstellung eines stabilen Gleichgewichts im Tragring erzielt wurde.

Das Beispiel einer erfolgreichen Nachankerung ist in Abb. 2 gezeigt. Deutlich ist die im Anschluß an die Verstärkung der Ankerung eingetretene Abnahme der Konvergenzrate erkennbar.

Über Details, wie die Anpassung der verschiedenen Stützmaßnahmen an die durch Messungen erkennbaren unterschiedlichen Gebirgsverhältnisse, wurde bereits mehrfach berichtet. So haben John und auch Judtmann auf den vergangenen Kolloquien diese Maßnahme erläutert.

Extensometermessungen

Die zweite Spalte der Abb. 1 enthält Diagramme der Extensometer-Messungen. Aufgetragen sind die maximalen Verschiebungen der Extenso-meter-Fixpunkte, die am Ende des Meßzeitraums aufgetreten sind. Sie geben den gewünschten Einblick in die unterschiedlichen radialen Auflockerungs-bewegungen innerhalb des Gebirgstragrings. So werden zusätzliche Aussagen über die Ursache der Konvergenz und die Wirkung der Ankerung bzw. der Stützmaßnahmen ganz allgemein gewonnen. Bemerkenswert ist auch, daß

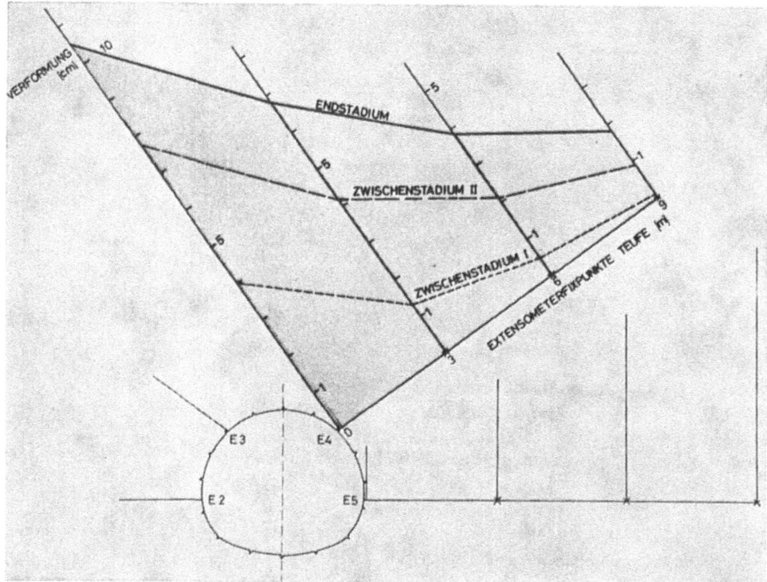

Abb. 3. Verschiebungen der Extensometerpunkte zu verschiedenen Entwicklungs-Stadien
Displacements of extensometer points at different phases

die tiefsten Extensometerpunkte nicht immer im ruhenden Gebirge liegen (Abb. 3). Daher sind die Absolutbeträge der Verformungen vorerst nicht er-mittelbar und nur in Kombination mit den Konvergenzmessungen abzu-schätzen.

Ankerkraftmessungen

Die mechanischen Meßanker sind vollvermörtelte Anker und werden als ein Bestandteil des Ankerungssystems eingebaut. Sie dienen also gleich-zeitig als regelrechter Anker aber auch als Meßinstrument. Sie wurden im Arlberg-Straßentunnel als Neuentwicklung erstmalig eingesetzt und haben sich dort gut bewährt. Ihre Bedeutung liegt im Erkennen des Belastungszu-standes als Funktion von Ort und Zeit, wobei als Ort nicht nur die Stelle innerhalb des Ankerungssystems, sondern auch der einzelne Längenabschnitt des Ankers selbst zu verstehen ist. Gemessen werden die Längungen der vier

Teilabschnitte jedes Ankerstabs, die dann mit Hilfe der Steifigkeit des Stabes in die jeweils wirkenden Kräfte umgerechnet werden können.

Die dritte Spalte der Diagramme in Abb. 1 enthält also die in den mechanischen Meßankern wirkenden Kräfte. Aufgetragen sind für jeden Teilabschnitt die erreichten Maximalwerte, das ist jeweils zum Endzeitpunkt der

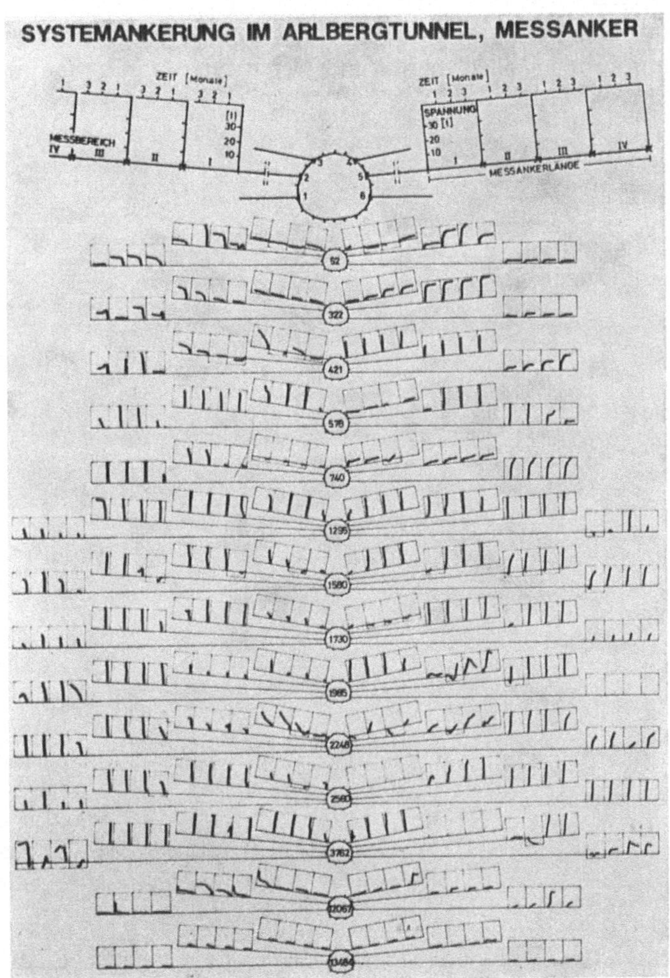

Abb. 4. Zeit-Last-Verlauf für die einzelnen Längenabschnitte der Mechanischen Meßanker
Time-Load development for the individual length sections of Mechanical Measuring Anchors

Messungen. Eine andere Darstellung in Abb. 4 gibt die Kraftänderung im Anker für den gesamten Zeitverlauf wieder. Danach sind die Ankerkräfte portalseitig (oberste und unterste Meßquerschnitte) am geringsten und in den dazwischenliegenden Bereichen des Tunnels verhältnismäßig groß. Das Gebirge ist hier stark druckhaft. Die Ankerkräfte erreichen bei ca. 14—20

                    G. Müller und H. Habenicht:

Ankern je Querschnitt und 6 m bis 9 m Ankerlänge meist Beträge von mehr
als 15 t. Die Diagramme zeigen auch, daß die Firstanker weniger belastet
sind als jene in den Ulmen, ein Beweis für die von Rabcewicz immer ver-
tretene Auffassung, daß die Ulmenbereiche ausschlaggebend für den Stabili-
tätszustand sind. Auch ist aus der Darstellung erkennbar, daß die tiefsten
Teilabschnitte der Meßanker noch deutlich belastet sind, ein Zeichen, daß
die Ankerlängen nicht zu groß sind.

Ein einzelner Meßquerschnitt mit den Details der Dehnungen und Stauchungen im zeitlichen Verlauf für jeden Längenabschnitt der Meßanker ist

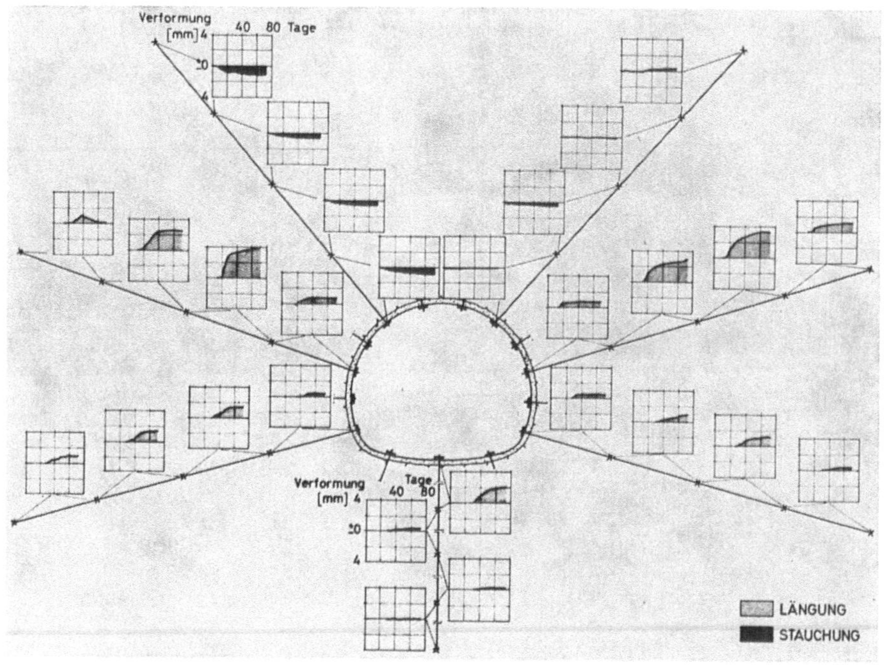

Abb. 5. Detail eines Meßquerschnittes mit Mechanischen Meßankern
Detail of a measuring station with Mechanical Measuring Anchors

in Abb. 5 enthalten. Die beiden Anker der Kalotte zeigen bis auf einen einzigen Teilabschnitt Stauchungen. In den meisten Längenabschnitten ist auch
die endgültige Beruhigung erkennbar.

Druckmessungen

Die beiden rechten Spalten der Abb. 1 enthalten die Diagramme der
Druckwerte in der Fuge Spritzbeton/Gebirge (Radialdruck) bzw. in der Um-
fangrichtung innerhalb des Spritzbetons (Tangentialdruck), die mit hydraulischen Zellen gemessen worden sind. Aufgetragen sind jeweils die Maximal-
beträge, welche sich gegen das Ende des Meßzeitraums einstellen. Sie lassen
die Tendenz erkennen, daß der Spritzbeton relativ wenig aber doch deutlich

belastet ist und daß diese Belastung ziemlich gleichmäßig rings um den Hohlraum auftritt. Der Spritzbeton ist zwar im Arlberg-Straßentunnel von Längsschlitzen unterbrochen, doch zeigt er trotzdem Umfangsspannungen

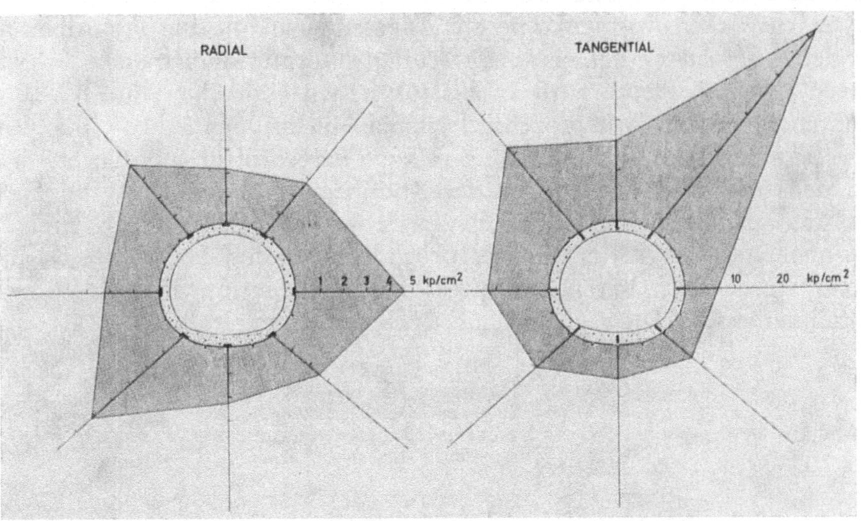

Abb. 6. Detail eines Meßquerschnittes mit Radial- und Tangentialdruckzellen beim Endpunkt der Messungen

Detail of a measuring station with pressure cells for radial and tangential pressure at endpoint of measurements

und radialen Widerstand an, was darauf hinweist, daß er seine Rolle als Verzug voll übernimmt.

Abb. 6 enthält einen Spannungs-Meßquerschnitt für den Spritzbeton, in welchem die Endbeträge der gemessenen Radialspannungen und Tangentialspannungen eingetragen sind. Auch hier ist die Deutlichkeit der entwickelten Druckbeträge auffallend.

2. Folgerungen für die Praxis und Neuerungen

Großbauprojekte wie der Arlberg-Straßentunnel bringen eine Fülle von Erfahrungen und werfen eine Vielzahl von Fragen auf. Sie sind deshalb immer Anlaß zu Fortschritten. Auch für die Meß- und Gerätetechnik hat diese Baustelle viele Anregungen gebracht.

Die Abb. 1 und 4 können wohl am besten den Eindruck vermitteln, daß neben einer deutlichen und allgemein gültigen Grundaussage zusätzlich noch spezielle Abweichungen und Einzelverhalten bei den Messungen auftreten, die Anlaß zu neuen Überlegungen sein müssen. Solche Überlegungen führten schließlich zu weiteren Entwicklungen und Verbesserungen an den Geräten wie dem Konvergenzmeßgerät, dem Mechanischen Meßanker, Extensometern und Druckmeßgeräten. Sie sollen im folgenden kurz vorgestellt werden.

     G. Müller und H. Habenicht:

Mechanischer Meßanker

Abb. 7 A zeigt den Aufbau eines mechanischen Meßankers im Schema. Er ist ursprünglich in Form eines Rohres mit glatter Oberfläche als Gegenstück zu dem im Bergbau verwendeten Rundstahlanker von 22 mm Durchmesser entwickelt worden. Für die Anpassung an die im Tunnelbau verwendeten SN-Anker hat er außen schraubenförmig aufgetragene Schweißraupen erhalten. Heute wird er aus tordiertem Stahl der Güte RT 50 mit kontinuierlichen im Walzprozeß gefertigten Außenrippen (Abb. 7 B) geliefert. Seine Durchmesser sind 30/17 mm. Damit hat er nicht nur die Steifigkeit und den tragenden Querschnitt der Routineanker aus RT 50 von 26 mm Durchmesser, die im Tunnelbau eingesetzt werden, sondern auch deren Proportionalitätsgrenze, Streckgrenze, Bruchdehnung und Festigkeit. Darüberhinaus wurde auch durch die mitgewalzten Außenrippen die Haftung im Mörtel verbessert. Diese gleicht nun jener von Rippenstahl.

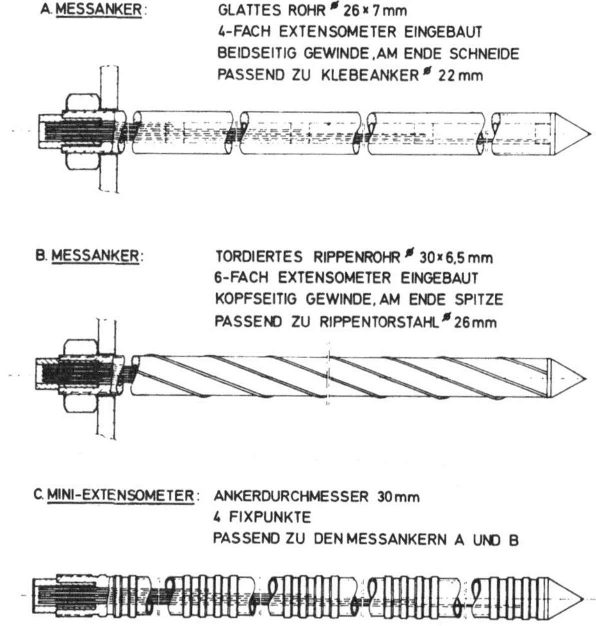

Abb. 7. Prinzipskizze des Mechanischen Meßankers, ausgeführt als glattes Rohr (A) und als Rippenrohr (B) sowie des Mini-Extensometers (C)

Schematic sketch of Mechanical Measuring Anchor in the form of a smooth tube (A) and of a ribbed tube (B), and of the Mini-Extensometer (C)

Die bisher noch unbeantwortete Frage nach der Einleitbarkeit von Kräften aus dem Anker in das Gebirge und umgekehrt, hat nun mit der Einrichtung der Mechanischen Meßanker eine Möglichkeit zur Untersuchung und Klärung gefunden. Man kann nämlich den Mechanischen Meßanker zu Belastungsversuchen einsetzen und die Abtragungsrate der Ankerkraft ins Gebirge beobachten. Diesbezügliche Untersuchungen werden derzeit von Interfels durchgeführt.

Weiter ist auch bisher der Erfordernis einer zufriedenstellenden Haftungs-prüfung in-situ für Haftanker noch nicht Rechnung getragen worden. Hierzu gibt es nun ebenfalls durch die Nutzung der Mechanischen Meßanker eine Möglichkeit. Abb. 8 enthält eine Prinzipskizze für einen Prüfanker, der sich

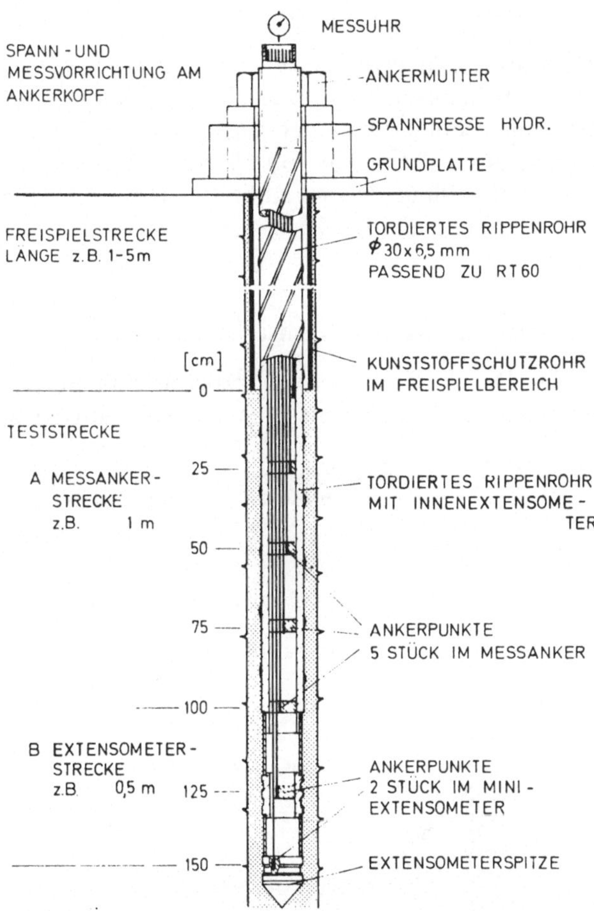

Abb. 8. Prinzipskizze eines Prüfankers für Belastungs- und Zugversuche
Schematic sketch of a test anchor for loading- and pull tests

durch Ausstattung einmal mit einem Innenextensometer im Ankerteil, zum anderen mit einem vorgelagerten Tiefenextensometer für Belastungs- und Ausziehversuche eignet. An der Spitze des Mechanischen Meßankers läßt sich nämlich ein Miniextensometer anbringen, das mit diesem ins Bohrloch eingeführt, und gleichzeitig mit dem Meßanker im Mörtel abgebunden wird. Wird nun bei dieser Gerätekombination der Meßanker vom Bohrlochmund gezogen bis zum Überschreiten der Haftfestigkeit, so verschiebt sich der Anker mit seinem Innenextensometer, während das vorneliegende Tiefen-extensometer in Ruhe bleibt. Somit ist der Eintritt der Gleitbewegung beim Zugversuch sehr genau routinemäßig feststellbar. Wird nun der Meßanker selbst relativ kurz ausgeführt, so daß seine Haftlänge klein bleibt, kann der Kraftfluß von ihm ins Gebirge im Bereich der Teststrecke (z. B. 1 m) durch den Zugversuch sehr genau ermittelt werden. Meßreihen dieser Art werden zur Zeit auch bei Interfels gefahren.

Extensometer

Abb. 7C zeigt noch den prinzipiellen Aufbau eines Miniextensometers, welches ebenfalls als Neuentwicklung nun als eine kompakte Baueinheit mit bis zu vier Extensometerpunkten vorgefertigt und als Ganzes in einem einzigen Einbauvorgang in ein Bohrloch von 36 mm Durchmesser eingeschoben wird und dort im eingefüllten Mörtel abbindet. Die Teilbeweglichkeit der Extensometerpunkte gegeneinander wird sichergestellt durch Distanzstücke, die im Mörtel nicht abbinden können.

Druckmeßgeräte und Extensometer

Messungen des Druckes auf den Spritzbeton und innerhalb desselben sowie auch innerhalb des Innenbetons, gehören seit langem zum Standard.

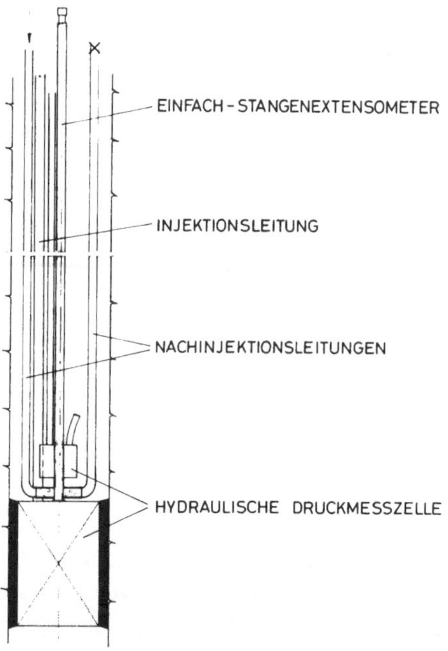

Abb. 9. Hydraulische Bohrloch-Flachzelle, ausgeführt als Extensometerankerpunkt
Hydraulic borehole pressure cell modified for use as extensometer anchor point

Entsprechende Messungen innerhalb des Gebirges werden dagegen bislang noch nicht routinemäßig durchgeführt. obwohl die hydraulischen Druckmeßzellen sich grundsätzlich für die Erfassung der sekundären Druckentwicklung insbesondere in druckhaftem und pseudoplastischem Gebirge eignen. Eine Geräteentwicklung hierzu ist auf Abb. 9 dargestellt. Eine hydraulische Flachzelle ist als Ankerpunkt eines Einfach-Stangenextensometers so angeordnet, daß sie mit dem Extensometergestänge ins Bohrloch eingeschoben und vermörtelt wird. Zusätzlich zu den Meßleitungen für die Druckwertbestimmung wird auch eine Ringleitung für die Nachinjektion des Bohrlochs eingebaut, womit es möglich ist, auch nach Abbinden des Primärmörtels durch eine Nachverpressung einen zusätzlichen Druck, d. h. eine Vorspannung auf die Zelle aufzubringen.

Für die Praxis ist daran gedacht, diese Baueinheiten von Einfach-Stangenextensometern mit Druckmeßzellen in jeweils erforderlicher Länge für den Einbau im Tragring zu liefern. Dabei können je Lokation im Tunnelquerschnitt auch mehrere solche Baueinheiten in verschiedener Länge montiert werden, so daß die Kurve der Druckentwicklung gegenüber dem Radius und der Zeit bei gleichzeitiger Beobachtung der Extensometerpunkt-Verschiebung erhalten wird.

Literatur

Döllerl, A.: Bericht über die Meßergebnisse bei der Anfahrt der ersten Schildstrecke im Zuge des U-Bahn-Tunnelbaues zwischen Karlsplatz und Favoritenstraße in Wien. Der Aufbau, Stadtbauamt Wien, H. 11/12 (1972).

Habenicht, H.: Gebirgsdruckmessung mit passiven hydraulischen Flachzellen. Berg- und Hüttenmännische Monatshefte vereinigt mit Montanrundschau, Jg. 122/H. 12, 563—568 (1977).

Hackl. E.: Messungen im Tunnelbau und ihr Einfluß auf das Baugeschehen. IMI. 12—15 (1973).

Herbeck, J.: Die Tauernscheiteltunnel-Vortriebsarbeiten. Porr-Nachrichten Nr. 50/51, 5—36 (1972).

Jagsch, D.: Bericht über die Meßergebnisse beim Bau der Stadtbahn Bochum, Baulos A2. IMI. 11—13 (1974).

John, M.: Die geotechnischen Messungen im Arlbergtunnel und deren Auswirkungen auf das Baugeschehen. Rock Mechanics, Suppl. 5, 157—177. Wien, New York: Springer 1976.

John, M.: Adjustment of Programs of Measurements Based on the Results of Current Evaluation. Internat. Symposium on Field Measurements in Rock Mechanics. Proceedings, 639—656. Zürich, 1977.

Judtmann G.: Die Vortriebssicherung des Arlberg-Straßentunnels, Anpassung an die Gebirgsverhältnisse mit Hilfe von geotechnischen Messungen. Rock Mechanics, Suppl. 7, 157—177. Wien, New York: Springer 1978.

Mayrhauser, W.: Der Arlberg-Straßentunnel, Baulos West. Mayreder-Zeitschrift 11/75 und 6/76; Sonderdruck. 19—29 (1976).

Müller, G., Müller-Salzburg, L., Götz, H. P.: Messung der Spannungs- und Materialumlagerungen in geklüftetem Fels. Tagungsbericht vom 2. Kongreß der Internat. Ges. f. Felsmechanik, Beitrag 4—46, Belgrad, 1970.

Müller, G.: Geomechanische Messungen der INTERFELS in den Tunneln der Tauernautobahn. a) Deformations- und Spannungsmessungen beim Vortrieb nach der Neuen Österreichischen Tunnelbauweise. b) Messungen der Primär- und Sekundärspannungen im Tauerntunnel, Interfels Meßtechnik Information (IMI), 16—25 (1973).

Müller, G., Hackl, E.: Geomechanische Messungen — Kontrolle und Mittel der empirisch-wissenschaftlichen Bemessungen von Tunnelausbauten, Interfels Meßtechnik Information (IMI), 19—28 (1974).

Müller, G.: Einsatzmöglichkeiten von Meßgeräten aus der Fels- und Tiefbaupraxis im Bergbau. Schacht- und Tunnelbaukolloquium Berlin 1975. Tagungsbericht, 53—65; Techn. Universität Berlin, 1975.

Müller-Salzburg, L.: Messungen in Stollen und Bohrlöchern zur Erfassung von Gebirgsdeformationen. Sonderdruck aus V. Internationaler Kurs für geodätische Streckenmessung 1965 in Zürich. Veröffentlichungen der Deutschen Geodätischen Kommission, Reihe B, Heft Nr. 123, München 1966.

Müller, L.: Grundsätze der Meßtechnik im Felsbau. Interfels Meßtechnik Information (IMI), 3—9 (1973).

Rabcewicz, L., Golser, J., Hackl, E.: Die Bedeutung der Messung im Hohlraumbau. Sonderdruck aus „Der Bauingenieur" 46/H. 7, 227—234 und 46/H. 8 278—287 (1972).

Rabcewicz, L., Golser, J.: Principles of Dimensioning the Supporting System for the "New Austrian Tunneling Method". Reprint from Water Power, March 1973.

Rabcewicz, L.: Die Entwicklung der Meßtechnik im Rahmen der „Neuen Österreichischen Tunnelbauweise", Interfels Meßtechnik Information (IMI), 10—11 (1973).

Rabcewicz, L., Pacher, F.: Die Elemente der Neuen Österreichischen Tunnelbauweise und ihre geschichtliche Entwicklung. ÖIZ 18/H. 9, 315—323 (1975).

Seeber, G.: Problematik der Gebirgsklassifikation im druckhaften Gebirge. Bundesministerium für Bauten und Technik, Straßenforschung. Sonderdruck aus Heft 18 „Auswirkung geologischer Faktoren auf Bauabwicklung und Vertrag" Wien, 29—36 (1974).

Weber, H.: Messungen als Garanten der Sicherheit im Felsbau. Sonderdruck aus Felsmechanik und Ingenieurgeologie, Suppl. 2, 34—51. Wien, New York: Springer 1965.

Anschrift der Verfasser: Dr. Gerhard Müller, INTERFELS GmbH, Deilmannstraße 1, D-4444 Bentheim, Bundesrepublik Deutschland; Dr. Helmut Habenicht, INTERFELS Ges. m. b. H., Schwarzstraße 27, A-5020 Salzburg, Österreich.

Rock Mechanics, Suppl. 8, 125—145 (1979)

Rock Mechanics
Felsmechanik
Mécanique des Roches
© by Springer-Verlag 1979

Baugeologische Erfahrungen mit Erkundungsstollen bei der Projektierung und dem Bau großer Straßentunnels

Von

T. R. Schneider

Mit 11 Abbildungen

Zusammenfassung — Summary

Baugeologische Erfahrungen mit Erkundungsstollen bei der Projektierung und dem Bau großer Straßentunnels. Der Beitrag enthält einige Erfahrungen mit Erkundungsstollen im Zusammenhange mit der Projektierung und dem Bau größerer Straßentunnels. Anhand von „case histories" wird gezeigt, wie aufgrund sehr unterschiedlicher Voraussetzungen und Rahmenbedingungen Vorsondierungen verwendet und für das weitere Bauvorhaben, so insbesondere den Vortrieb des Haupttunnels, ausgewertet wurden und werden.

Beim Bau des *Gotthard-Tunnels* (Länge 16,3 km) bestand die seltene Gelegenheit, den aus Gründen der Betriebssicherheit geforderten Seitenstollen, dem Haupttunnelvortrieb vorauseilend, vorzutreiben. An drei Beispielen aus dem Los Nord wird gezeigt, wie in kritischen Abschnitten die Aufschlüsse aus diesem Stollen im Hinblick auf den Vortrieb des Haupttunnels ausgewertet wurden.

Beim *Seelisberg-Tunnel* (Länge 9,3 km, doppelröhrig) erforderte das vollständige Fehlen von Informationen über das bautechnische Verhalten der helvetischen Valanginienmergel-Serie den Vortrieb eines Erkundungsstollens. In einer Seitenkammer von Tunnelgröße wurde das Kurz- und Langzeitverhalten des Gebirges überprüft. Ein spezielles Vorerkundungssystem wurde beim Seelisbergtunnel aufgrund der Gasführung des Gebirges notwendig. Es bestand im Mittellos aus Pilotstollen und in den beiden Randlosen aus Staffelungen der Hauptvortriebe sowie aus Vorsondierungen aus der vorauseilenden Tunnelröhre.

Beim *Du Toitskloof-Tunnel* (SA, Länge 3,8 km) führten vor allem folgende Überlegungen zum Vortrieb eines Pilotstollens:

— Bautechnische Erfahrungen im Bereich des Großteils der zu durchfahrenden Serien fehlten vollständig.

— Der allgemeine geologische Aufbau des zu durchfahrenden Gebirges ließ erkennen, daß die Möglichkeit der Anwesenheit von durch jüngere Sedimente verdeckten bautechnisch schwierigen tektonischen Störungen besteht.

Zusammenfassend läßt sich feststellen, daß anhand all dieser „case histories" die großen Vorteile von Vorsondierungen demonstriert werden konnten.

Engineering-Geological Experiences With Exploratory Galleries in the Planning and Construction of Large Road Tunnels. The paper contains some experiences of the author with exploratory galleries in connection with the planning and the con-

0080-3375/79/Suppl. 8/0125/$ 04.20

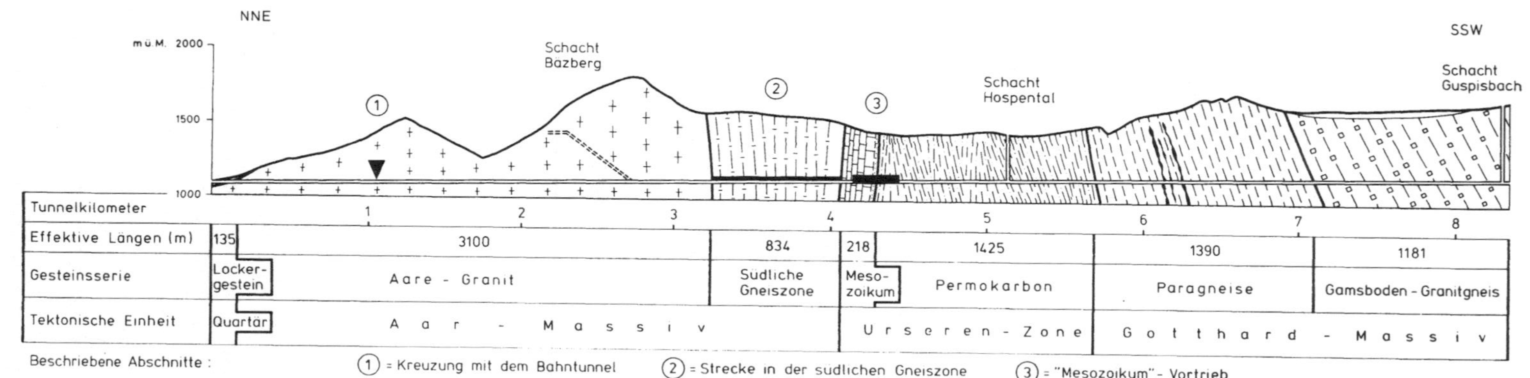

Abb. 1. Geologischer Längsschnitt durch das Los Nord des Gotthard-Straßentunnels: Befund nach Durchörterung

Geological section along the northern allotement of Gotthard road tunnel: result after excavation

struction of large road tunnels. Mainly from some case histories, it is exhibited how use is made of informations from these explorations under different boundary or other conditions in view of the future construction, especially the excavation of the main bore.

During the construction of the *Gotthard Tunnel* (length 16.3 km) full use was made of the gallery which had to be executed for safety reasons of the future tunnel operations. This gallery was driven ahead of the main bore, so to speak as exploratory adit. It is demonstrated with three cases, how use was made in critical sections of the information of this gallery, partly together with additional geotechnical investigations for the construction of the main tunnel; that is:

— the undercrossing of the existing railway tunnel,

— the crossing of tectonical discontinuities in the southern gneisses,

— the section with expected excavation difficulties across the border of the Mesozoic and the Permocarbon of the Urseren Zone, the so-called "Mesozoikum".

At the *Seelisberg Tunnel* (length 9.3 km, double bore) an exploratory adit had to be driven due to the complete lacking of engineering-geological informations about the helvetic Valanginian marls, which had to be crossed by the tunnel for about 2 km. The short and long-term behaviour of this serie was examined in a test chamber of the same size and orientation as the main tunnel. A special system of explorations was necessary during the construction of the Seelisberg Tunnel due to the presence of methan gas. It consisted on one hand on pilot bores in the middle section which was excavated mechanically and on the other hand of an echelon arrangement of the headings of the two tunnels in the two conventionally driven border lots.

The following main considerations led at the *Du Toitskloof Tunnel* (SA, length 3.8 km) to the excavation of a pilot bore along the axes of the second tunnel, which will be enlarged in a later date:

— The lacking of engineering-geological informations and experiences in almost all the rock series to cross, especially the Decomposed Granite, which was considered to be very difficult to excavate.

— The general geological structure of the mountain range to cross, which indicated the possibility of the presence of tectonical discontinuities covered by younger sediments, which might lead to construction difficulties.

As a summary, the described case histories demonstrated the big advantages of large scale explorations.

1. Einleitung

Im folgenden Artikel werden an 3 Beispielen die Begründung, das Konzept und die Resultate von felsmechanischen Untersuchungen in Erkundungsstollen sowie die daraus gezogenen Schlußfolgerungen für den Haupttunnelvortrieb erläutert.

Zwei Beispiele stammen aus der Schweiz:

— Gotthard-Straßentunnel

— Seelisbergtunnel

eines aus Südafrika:

— Du Toitskloof-Tunnel

Damit wird ein Beitrag zum Themenkreis „Erkundungsstollen" des 27. Salzburger Kolloquiums an Hand von Beispielen aus der Praxis geleistet. Die Auswahl wurde so getroffen, daß ein breites Spektrum von verschiedenen z. T. ganz speziellen, dann aber auch weitgehend allgemein verwendbaren Fällen tangiert wird. Zwangsläufig ergibt sich aus der praktischen Tätigkeit des Verfassers, daß in den Beispielen hauptsächlich die ingenieurgeologischen Aspekte im Vordergrund stehen. Die Literaturangaben erlauben jedoch eine Vertiefung in die felsmechanischen und bautechnischen Fragen.

2. Gotthard-Straßentunnel

Der 16,322 km lange Gotthard-Straßentunnel der Nationalstraße N2 durchfährt die beiden aus Graniten, Granitgneisen und Gneisen bestehenden Kristallinkörper des Aar-Massivs und des Gotthard-Massivs der schweizerischen Zentralalpen [Lombardi u. a. (1970), Dal Vesco und Schneider (1970)].

Die beiden Massive werden durch die aus epimetamorphen Sedimenten bestehende Urseren-Zone getrennt. Der wichtigste Aufschluß über den geologischen Aufbau des zu durchfahrenden Gebirges lieferte neben der detaillierten Oberflächenkartierung der vor rund 100 Jahren vorgetriebene Gotthard-Bahntunnel. Das geologische Längenprofil des hier interessierenden Loses Nord enthält die Abb. 1.

Die Länge des Tunnels einerseits und der in einer ersten Phase vorgesehene Gegenverkehr in dem zweispurigen Tunnel andererseits erforderten von seiten der Betriebssicherheit die Anlage eines parallel zum Haupttunnel

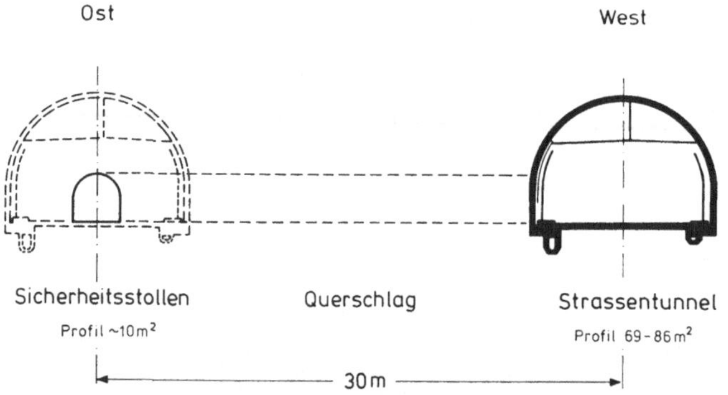

Abb. 2. Profil durch den Haupttunnel und den als Erkundungsstollen benutzten Sicherheitsstollen

Section through the tunnel and the safety gallery used as exploration adit

verlaufenden Sicherheitsstollens. Dieser wird mit Querschlägen alle 250 Meter mit dem Haupttunnel verbunden. Der Abstand zwischen dem Sicherheitsstollen und dem Tunnel beträgt auf der ganzen Länge 30 m. (Abb. 2)

Der kleine Stollen besitzt einen Querschnitt von rund 10 m², derjenige des Haupttunnels variiert zwischen 69 bis 86 m².

Der von seiten des Betriebes geforderte Sicherheitsstollen konnte im Rahmen des gesamten Bauvorhabens in ingenieur-geologischer Hinsicht ausgenützt werden, weil er hauptsächlich zu diesem Zwecke dem Hauptvortrieb vorauseilend aufgefahren wurde. Die Tatsache erlaubte eine frühzeitige Erfassung der örtlichen Geologie und deren Interpretation im Hinblick auf den Vortrieb des Haupttunnels. An 3 Beispielen aus dem Los Nord soll gezeigt werden, wie in einzelnen Fällen diese Auswertung durchgeführt und was für bauliche Konsequenzen daraus abgeleitet wurden.

2.1 Unterfahrung des Bahntunnels

Im Gegensatz zum Bahntunnel der SBB, der Göschenen gradlinig mit Airolo verbindet, weicht der Straßentunnel in einem weiten Bogen nach Westen aus. Diese Trassierung ist primär bedingt einerseits durch die Umfahrung des bis auf Tunnelniveau hinunter greifenden Kolkes von Andermatt und andererseits durch die Optimierung der Lüftungsschächte, die Dank dem Verlauf des Tunnels in der Nähe der natürlichen Paßfurche kürzer gehalten und an gut zugänglichen Stellen angelegt werden konnten.

Diese Trassierung bedingt im Norden eine Kreuzung mit dem Bahntunnel in Form von Unterfahrungen sowohl durch den Sicherheitsstollen wie auch den Haupttunnel. Der Sicherheitsstollen quert den Bahntunnel zwischen Sm 1'103—Sm 1'128 (Kreuzungsstelle der Axen bei Sm 1'115,5). Nach Erreichen der Kreuzungsstelle wurde aus einer seitlichen Nische bei Sm 1'109,81 eine vertikale Sondierbohrung in den Bahntunnel vorgetrieben. In dem verhältnismäßigen massigen Aare-Granit mit einzelnen porphyrischen Feldspäten zeigte die Bohrung eine durchwegs gesunde Ausbildung des Felskörpers. Insbesondere konnten im Bereich der Rigole des Bahntunnels keinerlei Anzeichen von Entfestigungen festgestellt werden. Dies obwohl der Bahntunnel über 90 Jahre alt war. Andererseits zeigte eine Kontrolle im Bahntunnel einen sehr schlechten Zustand der Mauerung. Die Sondierung ließ vor allem erkennen, daß mit einer Dicke von nur wenig über 5 m die Felsbrücke zwischen dem Bahn- und dem Straßentunnel verhältnismäßig dünn ist.

Die Bedeutung der Gotthard-Bahn als europäische Nord-Süd-Verbindung erforderte, daß jegliche Störung des Bahnbetriebes durch den Bau des Straßentunnels unter allen Umständen vermieden werden mußte. Diese entscheidende Bedingung führte dazu, daß die Unterfahrung sehr sorgfältig studiert und im Detail projektiert werden mußte.

Die ingenieur-geologischen Untersuchungen im Sicherheitsstollen bestanden im wesentlichen aus folgendem:

— geologische Detailkartierung,
— detaillierte Ermittlung der Durchtrennungsverhältnisse,
— Extrapolation der Geologie und der Trennflächenverhältnisse vom Sicherheitsstollen auf den Haupttunnel,
— Erfassung der geotechnischen Kennziffern des Gebirges, insbesondere der Festigkeitswerte in den Trennflächen.

Aus den Detailkartierungen ging hervor, daß sich die Kreuzungsstelle größtenteils in massigem, höchstens schwach flaserigem Aare-Granit befindet.

Tabelle 1. Beschreibung und Kennziffern der Trennflächensysteme des Aare-Granites an der Kreuzungsstelle

	Trennflächensystem			
	I	II	III	IV
A. *Beschreibung*				
Orientierung (Streichen/Fallen in g)	81/91 S	109/90 S	162/94 SW	22/16 NW
Geologische Identifikation	Schieferungsklüfte	Ruschelzonen Scherflächen	Kluftflächen	Kluftflächen
Gefügekoordinaten	ab-Flächen	h01-Flächen	~ bc-Flächen	ac-Flächen
Belag	Glimmer (Serizit/Biotit)	Lehm, z. T. verquarzt	Chlorit	fehlend
Ausbildung	rauh, fein gewellt (stengelige Lineation)	glatt, leicht verbogen	glatt, eben	rauh, eben
Trennflächenabstände (in m)				
— in massigem Aare-Granit	10	28	8,4	—
— in gneisigem Aare-Granit	1,0	3,4	11	—
B. *Ermittelte Kennziffern*				
Probenzahl < n	4	3	1	2
Scherfestigkeit				
— Reibungswinkel Φ' (^{0})	27—32/30,5*	23—31/27*	30	33/33
— Kohäsion c' (kg/cm²)	0,4—1,3/0,75*	0,5—0,7/0,6*	1,1	0—2,4/1,2*
— Kohäsion bei erzwungenem Scherbruch c' (kg/cm²)		2,0—4,8/3,4**		
Zugfestigkeit σ_t (kg/cm²) ($\perp$ Trennfläche)·	39	39**		
Einachsige Druckfestigkeit σ_c (kg/cm²)	610—1110/783			

* Streuung/*Mittelwert*   ** Mit Quarz verheilte Ruschelzone

Die Trennflächenanalyse ergab, daß der Granit neben der angenähert senkrechten Schieferung, die sich hauptsächlich in Form von Schieferungsklüften abzeichnet (= Trennflächensystem I) vor allem von zwei weiteren, ebenfalls angenähert senkrecht stehenden Trennflächensystemen durchtrennt wird

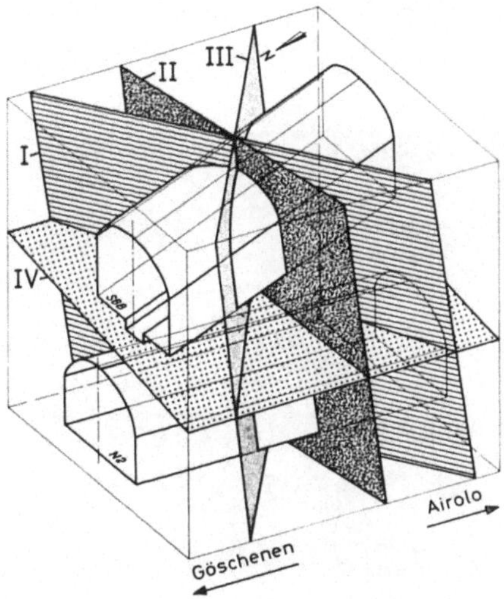

Abb. 3. Verschneidung der Trennflächensysteme mit dem Bahn- und Straßentunnel im Bereich der Kreuzungsstelle

Intersection of the discontinuities with the railway and the road tunnel at the crossing

(Systeme II und III). Hinzu kommt noch ein flaches System, das leicht westwärts einfällt (System IV). Die gegenseitigen Lagebeziehungen zwischen diesen Systemen enthält die Abb. 3.

In dcr Tabelle 1 sind die wesentlichsten Merkmale der Trennflächensysteme zusammengestellt. Die Festigkeitswerte in den Trennflächensystemen wurden in der Scherbüchse an Proben bestimmt, die durch Überbohrung der Trennflächen gewonnen wurden (Abb. 4).

Das wesentlichste Resultat der Untersuchungen war, daß die Hauptdurchtrennung des Granites aus mehr oder weniger senkrecht stehenden Systemen besteht. Diese besitzen aufgrund ihrer weitgehend glatten, ebenen Ausbildung in Verbindung mit Chloritbelägen relativ geringe Festigkeiten. Aus diesen Tatsachen in Verbindung mit weiteren Abklärungen der geotechnischen Kennziffern ergibt sich, daß sich die Felsbrücke zwischen dem Scheitel des Straßentunnels und der Sohle des Bahntunnels noch innerhalb der plastischen Zone, hervorgerufen durch den Straßentunnelvortrieb, befinden muß. Die größtenteils steile bis senkrechte Anordnung der Hauptkluftsysteme ließ befürchten, daß größere Niederbrüche von prismenförmigen Felspaketen möglich sind. Aus diesen Erkenntnissen mußte der Schluß gezogen werden, daß es nicht möglich ist, das ursprüngliche Konzept, welches eine Unterfahrung einzig mit einer Reduktion der Abschlaglängen, d. h. schonenderem Sprengen vorsah, durchzuführen. Es wäre mit zu großen

Risiken verbunden gewesen. Es mußte zu einem Teilausbruch gemäß dem Schema in Abb. 5 geschritten werden. Dieser Teilausbruch wurde zwischen Tm 924—Tm 1'081, d. h. auf einer Länge von 157 m bei einer effektiven Länge der eigentlichen Kreuzung von 42 m durchgeführt. Eine Detailbeschreibung des Bauvorganges enthält die Publikation von Weiss (1974).

Der kritische Tunnelabschnitt wurde — ausgehend von einem Zwischenangriff aus dem Sicherheitsstollen heraus — vor dem Erreichen der Kreuzungs-

Abb. 4. Überbohrte Mylonitzone des Kluftsystems II zur Probeentnahme für die Scherfestigkeitsbestimmungen, Bohrdurchmesser 21 cm

Overcored mylonite of the system of discontinuities II to get samples for the determination of the shear resistance, diameter of the drillhole 21 cm

stelle durch den Haupttunnelvortrieb ausgebrochen und ausgekleidet. Dank der großen vorhandenen Sicherheiten konnten jegliche Störungen des Bahnbetriebes vermieden werden.

2.2 Störungszonen in den Gneisen des Aar-Massives

Die südlichen Gneise des Aar-Massives sind relativ häufig von lokal begrenzten Störungszonen durchsetzt. Diese variieren von eigentlichem Boudinage über schmale verlehmte Ruschelzonen bis zu engscharig geklüfteten, meist stärker verschieferten und verlehmten Gneisen. Die Zonen können Mächtigkeiten von wenigen cm bis zu 10 m erreichen. Sie stehen durchwegs angenähert senkrecht und werden vom Sicherheitsstollen und dem Tunnel unter Winkeln von rund 45⁰ gequert. Ferner sind die Zonen meist

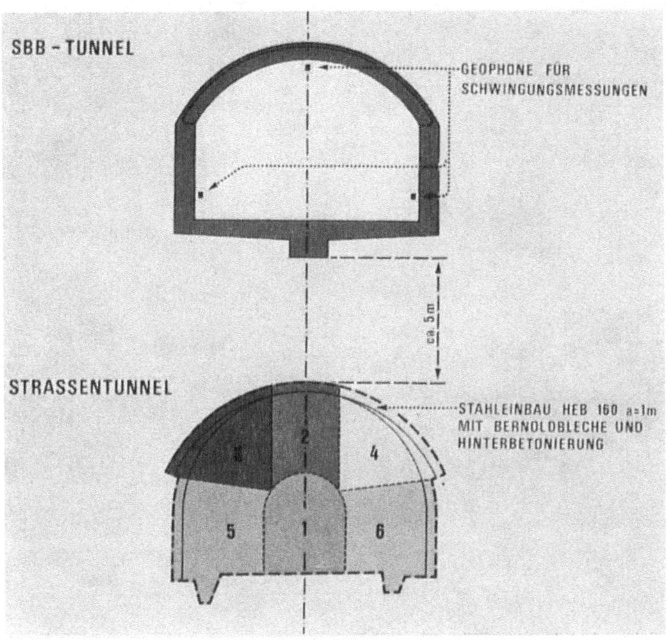

Abb. 5. Schema des Teilausbruches im Bereich der Kreuzung mit dem Bahntunnel
Schema of the excavation in sections at the crossing with the railwaytunnel

feucht bis schwach wasserführend, was ihre Festigkeit zusätzlich reduziert. Die geringen Festigkeiten hatten zur Folge, daß selbst im kleinen Profil des Sicherheitsstollens oft kaminartige Ausbrüche von bis zu 3 m Tiefe auftraten.

Der Haupttunnel wurde in dieser Gesteinszone im Teilausbruch mit Kalottenvortrieb ausgebrochen. Die Durchfahrungsstrecken von Störungszonen mußten meist mittels unmittelbar im Vortriebsbereich gestellter Einbaubogen gesichert werden. Das Einbringen dieser Sicherungsmaßnahmen erforderte eine Ausweitung des Profils.

Die Erfahrungen beim Bau haben nun gezeigt, daß diese nachträglichen Ausweitungen stärkere Komplikationen bzw. unliebsame Verzögerungen des Vortriebes mit sich bringen, wenn sie erst nach dem Anfahren der Störungen vorgenommen werden müssen. Aus diesem Grunde wurde die mutmaßliche Lage der Störungen aus dem Sicherheitsstollen auf den Tunnel extrapoliert, so daß die Spreizung der Kalotte unmittelbar vor dem Anfahren (2—3 m) vorgenommen werden konnte. Dies erlaubte später — falls notwendig — den sofortigen Einbau der Bogen. Das Beispiel einer solchen Extrapolation enthält die Abb. 6.

Nachkalkulationen haben gezeigt, daß sich die Spreizung lohnt, auch wenn in einigen Fällen nachträglich festgestellt werden konnte, daß die lokale

Tabelle 2. Geotechnische Kennziffern einiger Gesteine des „Mesozoikum"-Vortriebes

Gesteinseigenschaften (m = Mittelwert)	Jura Kalke	Jura Tonschiefer	Trias Gips	Trias Tonschiefer + Gips	Permokarbon Serizitschiefer	Permokarbon verlehmte Serizitschiefer
Scherfestigkeit						
a) direkte Scherung Φ' (°)	27,5—30,5/m=29		32		23—34 m	
c′ (kg/cm²)	0 (c=9,5)		0		0 (c=11,7—24,8)	
b) Scherbüchse n. Casagrande						
Φ' (°)	22—41	29—31/m=30	35	30	28—33/m=31	28
c′ (kg/cm²)	0—0,43	0	0	0	0	0,3
c) Triax Φ' (°)		26—30/m=28			34—36/m=35	29
c′ (kg/cm²)		0			0,7	0,7
Wassergehalt w (%)	11,2—13,1	6,5—13				
Quelldruck (kg/cm²)		0—4,0	0	6,2		0,2—1,5
Montmorillonitgehalt						
Tonfraktion		0—10		15		5—50
Gesamtgestein		≪5		~5		≦5
Einachsige Druckfestigkeit						
σ_c (kg/cm²)	570				176—813	
Elastizitätsmodul E (kg/cm²)	23 000				90 000—352 000	
Zugfestigkeit σ_t (kg/cm²)					⊥ s: 12 // s: 60	
Spezifisches Gew. s (kg/dm³)		2,8			2,78	

Ausbildung der Störung keinen Einbau von Bogen notwendig machte und als Sicherungsmaßnahmen Anker, Netze und Gunit ausreichten.

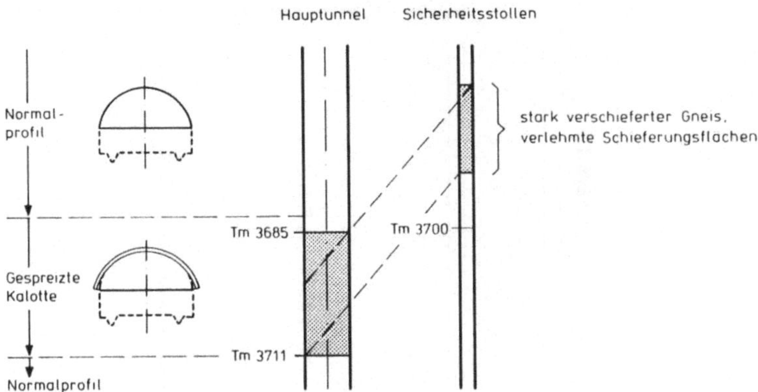

Abb. 6. Die Extrapolation von Störungen vom Sicherheitsstollen auf den Haupttunnel
The extrapolation of the fault zones from the safety gallery to the main tunnel

2.3 „Mesozoikums-Strecke"

Aus der Zeit des Bahntunnelbaues war bekannt, daß im Bereich des Nord-Loses des Gotthard-Straßentunnels sich die bautechnisch schwierigste Zone im Grenzbereich Jura-Trias-Permokarbon der Urseren-Zone befindet. Dieser Tunnelabschnitt setzt sich, in Vortriebsrichtung betrachtet, aus Kalkschiefern, Kalktonschiefern und Tonschiefern des Juras, Gips, Dolomit, Rauhwacke und teils zuckerkörnigem Dolomit der Trias sowie mehr oder weniger stark tektonisch überprägten, z. T. auf den Schieferungsflächen verlehmten Serizit- und Serizit-Chlorit-Gneisen, -Schiefern bis -Phylliten des Permokarbons zusammen. Dementsprechend wurde im Straßentunnelvortrieb mit größeren bautechnischen Schwierigkeiten gerechnet und in der Prognose größere Anteile an den Ausbruchsklassen V und VI eingesetzt.

Im Aufschluß des Sicherheitsstollens war zu erkennen, daß effektiv drei schmale bautechnisch schwierige Zonen vorliegen, in denen im Haupttunnel größere Vortriebsprobleme zu erwarten sind (Abb. 7).

Diese Abschnitte liegen im Sicherheitsstollen zwischen:

Sm 4'200—Sm 4'230 in feinplattigen, leicht wasserführenden Kalken des Jura.

Sm 4'315—Sm 4'335 in weißlichen, zersetzten, verlehmten, verschieferten und mylonitisierten Serizitgneisen des Permokarbons.

Sm 4'390—Sm 4'415 in hellen Serizitschiefern bis Phylliten des Permokarbons.

Umstellungen in der Vortriebsart, insbesondere wenn Ausbruchsmethoden der Klasse VI angeordnet werden müssen, führen immer zu zeitrauben-

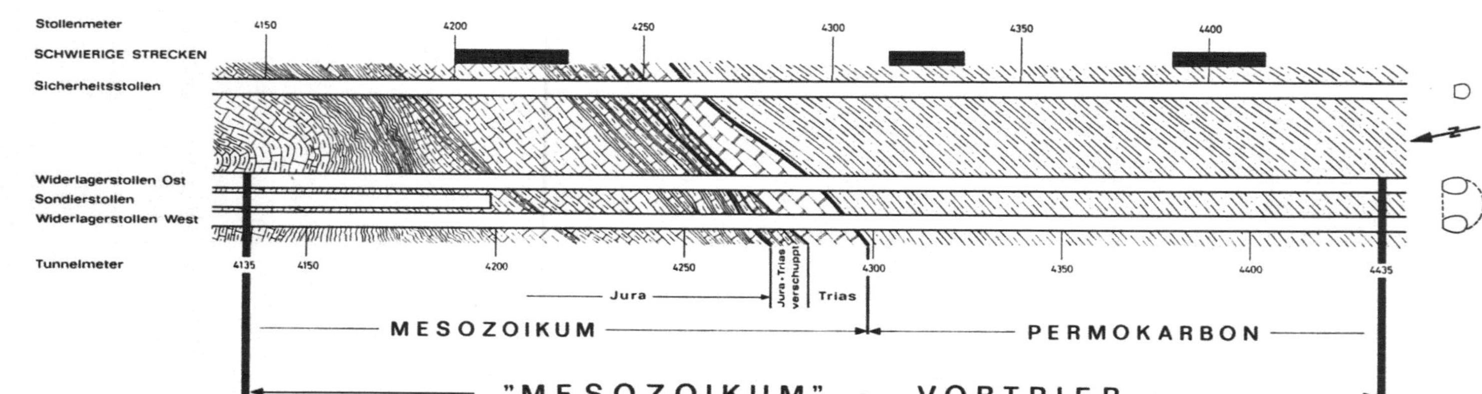

Abb. 7. Bautechnisch schwierige Zonen im Grenzbereich Jura-Trias-Permokarbon und deren Zusammenfassung in den „Mesozoikums"-Vortrieb

Zones of difficult tunneling in the borderzone of Jurassic-Triassic and Permocarbon series and their condensation in the "Mesozoic"-heading

den Verzögerungen. Deshalb wurde, aufgrund der erkannten geologischen Schwierigkeiten, der Entschluß gefaßt, die drei nur kurzen schwierigen Strecken in einem gemeinsamen Vortrieb mit zusätzlicher Einlaufstrecke von rund 50 m Länge zusammenzufassen. Aus diesem Konzept resultierte der Tunnelabschnitt, der später geologisch vereinfachend als „Mesozoikums-Strecke" bezeichnet wurde. In diesem Abschnitt wurde auf 300 m Länge der Tunnel mit der deutschen Baumethode aufgefahren.

Die Voruntersuchungen für die Detailprojektierung der „Mesozoikums-Strecke" umfaßten im Sicherheitsstollen folgendes:

— geologische Detailkartierung und Extrapolation des Befundes auf den Haupttunnel,
— mineralogische Untersuchungen der Tonmineralien, insbesondere im Hinblick auf die Quellfähigkeit,
— Bestimmung der felsmechanischen Kennziffern an Proben im Laboratorium.

Die Resultate dieser Untersuchungen sind in der Publikation von Lombardi (1975) enthalten. Diese liefert auch eine detaillierte Beschreibung der Gebirgsdruckmessungen im Rahmen des Haupttunnelvortriebes. Die wichtigsten geologischen Kennziffern enthält ferner Tabelle 2.

Der entscheidende Beitrag der Erkenntnisse aus dem Sicherheitsstollen bestand im vorliegenden Falle darin, daß die schwierige Zone eindeutig abgegrenzt und detaillierte Informationen über die Dimensionierung der Gewölbe und die notwendige Vortriebsmethode gewonnen werden konnten. Der Sicherheitsstollen ermöglichte ferner auch hier — diesmal sogar von beiden Seiten — die Durchführung von Zwischenangriffen, die das Auffahren der schwierigen Strecke noch vor dem Erreichen dieses Abschnittes durch den Haupttunnelvortrieb erlaubte.

3. Seelisbergtunnel

Der 9,25 km lange Seelisbergtunnel wurde von Anfang an als Autobahntunnel geplant und gebaut. Er besteht somit aus zwei Tunnelröhren à zwei richtungsparallelen Fahrspuren. Die Achsabstände der Röhren variieren je nach Geologie zwischen 20—57 m [Ingenieurgemeinschaft Seelisberg (1974)]. Geologisch durchfährt der Seelisbergtunnel, abgesehen vom südlichsten Teilstück im Parautochthon, größtenteils komplex verfaltete Decken des Helvetikums (Abb. 8).

Für die Geologie längs des Tunnels ist charakteristisch, daß die Drusbergdecke im Norden durch eine mächtige Valanginienmergelserie von den beiden Lappen der Axendecke im Süden getrennt ist. Im Bereich des Tunnels mußte diese Mergelserie auf einer Länge von etwas mehr als 2 km durchfahren werden. Der geologische Aufbau des zu durchfahrenden Gebirges bestimmte denn auch die Losaufteilung des Bauvorhabens in ein Mittellos, das die gesamte Valanginienmergelstrecke und zwei Randlose, die die beiden vorwiegend aus einer Wechsellagerung von Kalken und Mergeln aufgebauten Deckenkomplexe umfassen.

T. R. Schneider:

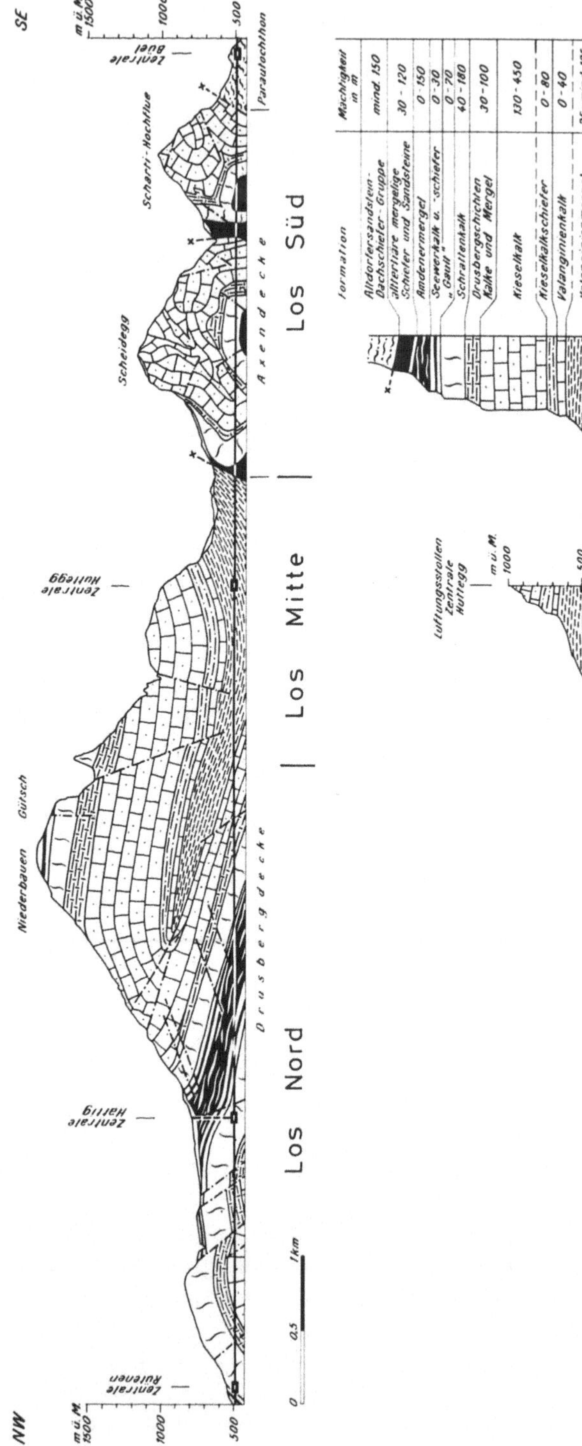

Abb. 8. Geologischer Längsschnitt durch den Seelisbergtunnel, stark vereinfacht

Geological section along the Seelisbergtunnel, highly simplified

Vorsondierungen waren beim Bau des Seelisbergtunnels hauptsächlich zur Beschaffung von geotechnischen Unterlagen in den Valanginienmergeln und aufgrund der Gasführung des Gebirges notwendig.

3.1 Geotechnische Eigenschaften der Valanginienmergel

Trotz der zahlreichen Tunnels im zentralschweizerischen Helvetikum war im Zeitpunkt der Projektierung des Seelisbergtunnels kein Bauwerk vorhanden, das in größerer Tiefe in Valanginienmergeln liegt. Die wenigen

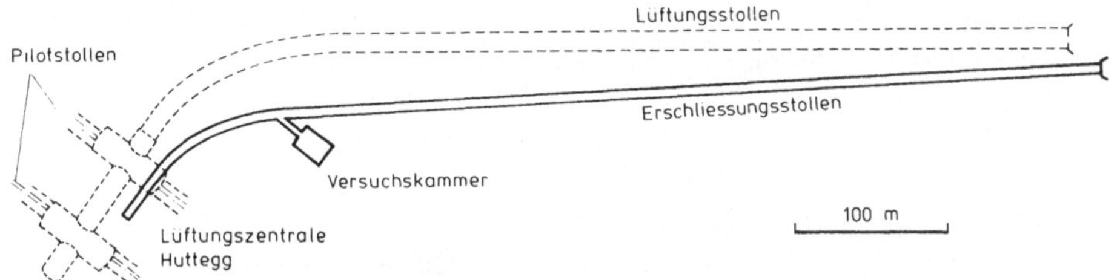

Abb. 9. Situation des Erschließungsstollens Huttegg des Seelisbergtunnels
Situation of the exploration adit Huttegg of the Seelisbergtunnel

Strecken in denen diese Serie angefahren worden war, befanden sich alle im Bereich der oberflächlichen Auflockerungs- und Verwitterungszone mit entsprechend ungünstigen Felsverhältnissen. Die Valanginienmergel hatten folglich bautechnisch einen „schlechten Ruf".

In Anbetracht der Tatsache, daß in den Valanginienmergeln 2×2030 m Straßentunnel mit rund $110\,\text{m}^2$ Querschnitt, der 657 m lange horizontale Lüftungsstollen und die Lüftungszentrale Huttegg aufgefahren werden mußten, waren genauere Aufschlüsse über diese Gesteinserie unbedingt notwendig. Zu diesem Zwecke wurde parallel zum künftigen Lüftungsstollen bis in den Bereich der Zentrale Huttegg ein Erschließungs- bzw. Sondierstollen vorgetrieben. Von diesem wurde im Hinblick auf den Kavernenausbruch und die Verwendung von maschinellen Tunnelvortrieben auch bauprogrammliche Vorteile erwartet (Abb. 9).

Ergänzt wurde der Erschließungsstollen durch eine Testkammer, die parallel zum Haupttunnel verlaufend, mit demselben Querschnitt ausgebrochen wurde.

Das Untersuchungsprogramm umfaßte folgendes:

— Konvergenzmessungen im Erschließungsstollen im Bereich der künftigen Lüftungszentrale,

— Deformationsmessungen mittels Extensometern in der Testkammer,

— Beobachtungen über das Verhalten verschiedener provisorischer Auskleidungssysteme in der Testkammer,

— Bestimmung von geotechnischen Kennziffern im Labor an im Stollen entnommenen Proben.

Die Tabelle 3 enthält die wichtigsten Eigenschaften der Valanginienmergel. Die Beschreibung der Resultate dieser Untersuchungen und die dar-

Tabelle 3. Geotechnische Kennziffern der Valanginienmergel ermittelt an
Proben aus Versuchskammer und Erschließungsstollen

Gesteinseigenschaft		Ermittelte Kennziffern m = Mittelwert
Einachsige Druckfestigkeit σ_c (kg/cm²)		
Mergel	$\perp$ Schichtung	124—318
(geschichtet bis schiefrig)	// Schichtung	171—464
Kompakte Mergel		458—497
Mergelkalk	$\perp$ Schichtung	296—580
	// Schichtung	320—400
Scherfestigkeit (Trennflächen)		
Reibungswinkel	Φ' (°)	20—35 $m = 27$
Kohäsion	c' (kg/cm²)	0,24—0,72 $m = 0,49$
Verformungsmodul	D (kg/cm²)	60 000—350 000 $m = 150\,000$
Spezifisches Gewicht	γ_s (kg/dm³)	2,68 ± 0,01
Quelldruck	(kg/cm²)	0,42—6,25
Quellmaß	(%)	1,46—2,7
Wassergehalt	w (%)	0,9—2,5

aus abgeleiteten bautechnischen Konsequenzen, insbesondere im Hinblick
auf den Ausbruch der Lüftungskaverne, der nach klassischer NATM erfolgte,
enthält die Arbeit von Letsch (1977).

3.2 Pilotstollen im Los Huttegg

Die oben erwähnten Untersuchungen, z. T. mit ergänzenden Studien,
brachten für das Bauvorhaben folgende wesentliche Erkenntnisse:

— die Valanginienmergel können mechanisch aufgefahren werden,

— im ganzen Seelisbergtunnel ist mit Erdgasaustritten zu rechnen [Pfister
(1972), Schneider (1974), (1976), Amberg (1976)].

Nachdem die Wahl des Vortriebssystems auf eine Vollschnittmaschine
(später ersetzt durch den Vortrieb mit dem „Big John") gefallen war, wurde
aufgrund der Schwierigkeiten, die die Beherrschung der Gassituation hauptsächlich bei einem allfälligen Anfahren stärkerer sekundärer Bläser im Bereich
des Bohrkopfes erwarten ließen, zur Vorerkundung der Gassituation einerseits und zur besseren Beherrschung der Wetterführung andererseits, längs
des künftigen Lüftungsstollens wie auch der beiden Tunnelröhren, Pilotstollen von rund 10 m² Querschnitt konventionell vorgetrieben. Querschläge alle
300 m erlaubten, mit Einbezug des bereits vorhandenen Erkundungsstollens,

die konsequente Durchführung eines Umluftsystems. Die Gaslage in den Pilotstollen wurde laufend überwacht mit

— Handmessungen durch die Aufsichtspersonen,

— automatischen Meßgeräten, kombiniert mit Alarmauslösung,

— Vorbohrungen,

— Stillstandsmessungen der globalen Ausgasung bei abgestellter Ventilation.

Selbstverständlich wurden die Pilotstollen auch zur Aufnahme der geologischen und geotechnischen Verhältnisse und deren Extrapolation auf die Ausweitung auf den künftigen Tunnelquerschnitt benutzt.

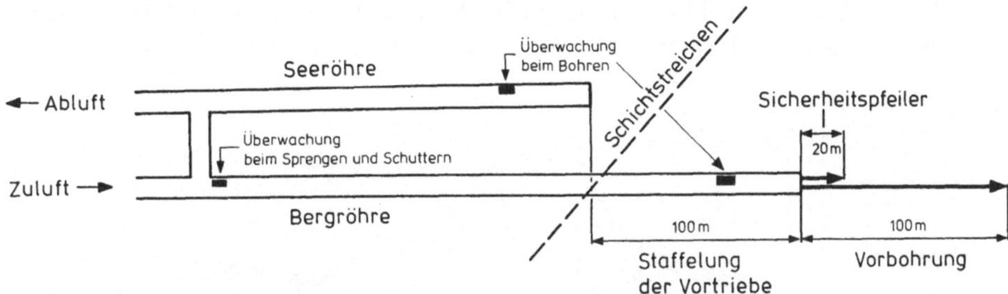

Abb. 10. Vorsondierungen im Bereiche des konventionellen Vortriebes des Loses Nord des Seelisbergtunnels

Preexplorations in the conventionally driven northern allotement of the Seelisbergtunnel

3.3 Konventionelle Vortriebe

In den beiden konventionell im Vollausbruch vorgetriebenen Randlosen waren zur vorzeitigen Abklärung der Gaslage keine Pilotstollen notwendig. Die Erkundung wurde hier folgendermaßen durchgeführt (Abb. 10):

— Staffelung der beiden Vortriebe mit aus strukturellen Gründen der Bergröhre als vorauseilende Baustelle gegenüber der Seeröhre, die mit rund 100 m Rückstand folgte.

— Vorsondierungen mittels Schlagbohrungen vom vorauseilenden Vortrieb aus:
— Nordlos: 1 Bohrung à jeweils 100 m.
— Südlos: 3 Bohrungen à jeweils ca. 40 m.

Als zusätzliche Gasüberwachungsmaßnahmen wurden angeordnet:

— laufende Überwachung der Abschlagbohrungen mittels Gasmeßwagen, kombiniert mit Alarmauslösung,

— laufende Überwachung der Tunnelluft im letzten Querschnitt mittels Meßgeräten, kombiniert mit Alarmauslösung,

— lokale Handmessungen durch das Aufsichtspersonal.

Auch im vorliegenden Falle wurden die bautechnischen Erfahrungen von der einen Röhre auf die andere extrapoliert. Dank der genauen Kenntnisse der effektiven geotechnischen Bedingungen und der Ausmaße der schwierigeren Zone war es in einem Falle im Nordlos sogar möglich, an Stelle einer Sicherung mit Einbaubögen (Ausbruchsklasse IV), wie sie in der Bergröhre noch durchgeführt wurde, und die sich als sehr zeitraubend und aufwendig erwies, in der entsprechenden Strecke der Seeröhre die Sicherung mittels längerer Anker (ca. 5 m), Netzen und Gunit, d. h. mit nur geringen Verzögerungen der Vortriebsarbeiten (Ausbruchsklasse III) vorzunehmen.

4. Du Toitskloof-Tunnel

Der 3,8 km lange Du Toitskloof-Tunnel befindet sich ca. 70 km ENE von Cape Town in Südafrika. Er ist im Endausbau ebenfalls als doppelröh-

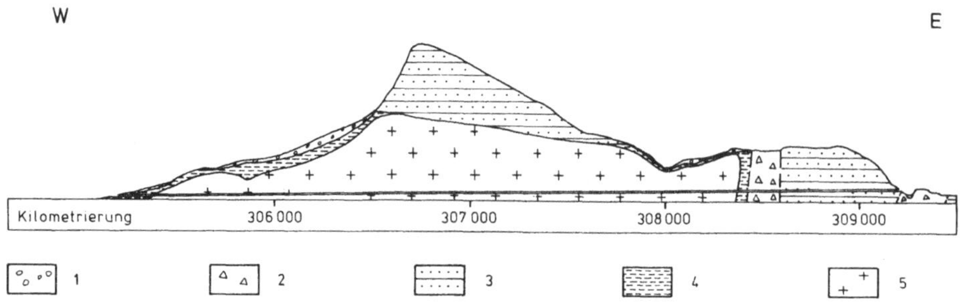

Abb. 11. Geologischer Längsschnitt durch den Du Toitskloof Tunnel
1 — Lockergestein, *2* — Du Toitskloof-Verwerfung, *3* — Table Mountain Sandstone, *4* — Decomposed and Weatherd Granite, *5* — Cape Granite

Geological section along the Du Toitskloof Tunnel
1 — Talus, *2* — Du Toitskloof Fault, *3* — Table Mountain Sandstone, *4* — Decomposed and Weatherd Granite, *5* — Cape Granite

riger Tunnel mit richtungsgetrenntem Verkehr geplant. Von West nach Ost verläuft der Tunnel in folgenden Gesteinsserien (Abb. 11):

— Decomposed Granite [4]
— Weathered Granite [4]
— Cape Granite [5]
— Du Toitskloof Fault [2]
— Table Mountain Sandstone [3]

In einer ersten Phase wird auch hier erst eine der beiden Röhren gebaut. Folgende Überlegungen führten zum Vortrieb eines Pilotstollens in der Achse der zweiten — später aufzufahrenden — Röhre:

— Bautechnische Erfahrungen aus früher vorgetriebenen Untertagebauten in den zu durchfahrenden Gesteinsserien waren im Zeitpunkt der Projektierung und des Baubeginns des Pilotstollens keine vorhanden.

— Der „Decomposed Granite" auf der Westseite wurde als tunnelbautechnisch sehr schwieriges Gebirge bewertet, das möglichst vollumfänglich erkundet werden mußte.

— Die überliegenden Table Mountain Sandstones, die transgressiv den Cape Granite überdecken, verunmöglichten über weite Tunnelabschnitte einen Einblick in den strukturellen Aufbau des unterliegenden Granites. Aus der geologischen Geschichte der Region war jedoch bekannt, daß zwischen der Bildung des „Cape Granites" im späten Präkambrium und der Sedimentation der „Table Mountain Sandstones" im Silur-Devon mindestens zwei orogene Phasen zu verzeichnen sind. Es konnte folglich die Möglichkeit nicht ausgeschlossen werden, daß durch die später sedimentierten „Table Mountain Sandstones" alte Strukturen verdeckt werden, die sich heute an der Oberfläche nicht abzeichnen.

Der Pilotstollen war anfangs 1978 vollständig durchörtert. Folgende Untersuchungen wurden durchgeführt oder sind z. T. heute noch im Gange:

— geologische Detailkartierung,

— detaillierte Erfassung der Durchtrennungsverhältnisse des Gebirges,

— detaillierte Aufnahme der Wasserzuflüsse,

— Temperaturmessungen,

— Bestimmung der geotechnischen Kennziffern aller durchfahrenen Serien an Proben im Laboratorium,

— „In situ"-Messungen, z. T. in vom Pilotstollen aus speziell ausgebrochenen Testkammern [Loudon and Cockcraft (1976), Bebie (1977)].

Die wesentlichsten Erkenntnisse aus dem Pilotstollenvortrieb sind folgende:

— Der Abschnitt im Decomposed Granite wird hauptsächlich aufgrund der Wasserführung im Gefrierverfahren durchörtert werden müssen. Das Verfahren wurde im Zuge des Pilotstollenvortriebes erprobt [Könz u. a. (1978)].

— Ein zweiter bautechnisch schwieriger Abschnitt befindet sich in ca. Tunnelmitte. In dieser Zone ist der „Cape Granite" stark tektonisch gestört in Form von engen Scharungen senkrecht stehender verlehmter Kluftflächen. Diese werden im Haupttunnelvortrieb auf rund 190 m Länge — je nach Ausbruchsmethode — eine mehr oder weniger höhere Ausbruchsklasse erfordern. Hier empfiehlt sich, ähnlich wie in der „Mesozoikums-Strecke" des Gotthardtunnels die Überprüfung der Vorteile eines Spezialvortriebes. Es handelt sich um eine der befürchteten, durch die jüngeren „Table Mountain Sandstones" verdeckten Störungen.

— Im Bereich der Du Toitskloof Fault ist der westlich anschließende Cape-Granite auf einer mehrere Dekameter breiten Zone bis ins Korngefüge verwittert. Zusammen mit der eigentlichen Verwerfungszone wird auch hier auf rund 180 m Länge ein Spezialvortrieb vorgesehen werden müssen.

— In den übrigen Abschnitten entsprach der Aufschluß des Pilotstollens weitgehend den Erwartungen. Es konnte auch beobachtet werden, daß nicht alle an der Oberfläche festzustellenden Störungen bis auf das Tunnelniveau hinunterziehen. Gesamthaft betrachtet war deshalb der Felskörper eher weniger gestört als ursprünglich vermutet.

Der Vorteil des mit dem Pilotstollen geschaffenen weiteren Zuganges zu den erwähnten schwierigeren Abschnitten wird ausgenutzt, indem, zur eindeutigen Begrenzung der kritischen Bereiche, vom Pilotstollen aus zusätzliche Sondierbohrungen vorgetrieben werden.

5. Schlußfolgerungen

An Hand der verschiedenen erläuterten Beispiele wurden die Vorteile von Vorsondierungen demonstriert. Insbesondere bei doppelröhrigen Tunnels, bei denen vorerst nur der Vortrieb einer Röhre vorgesehen ist, sollten die Vorteile, die ein in der künftigen zweiten Röhre vorgetriebener Pilotstollen für die Projektierung und den Bau des Haupttunnels mit sich bringt, vollumfänglich ausgeschöpft werden.

Vorsondierungen sind in allen Fällen als unerläßlich zu bewerten, wo:

— der geologische Aufbau des Gebirges mit andern Mitteln nicht restlos abgeklärt werden kann bzw. am erkannten Aufbau des Gebirges aufgrund der tektonischen Geschichte noch Zweifel bestehen;
— Abschnitte mit größeren bautechnischen Schwierigkeiten an Hand der Vorabklärungen bereits erkannt werden konnten;
— spezielle Vorkommnisse, wie erhöhte Gebirgsdrucke, Erdgas, erhöhte Temperaturen, stärkere Wassereinbrüche, erhöhte Radioaktivität usw. erwartet werden.

Als weitere Vorteile von Vorerkundungen in Pilotstollengröße können u. a. noch angeführt werden:

— Die Gewinnung von Proben für Laboruntersuchungen unmittelbar am zu durchfahrenden Fels.
— Die Durchführung von „In situ"-Messungen und -Versuchen.
— Die Möglichkeit, schwierige Zonen in Ihrer Ausdehnung und Beschaffenheit genau und ohne zusätzliche Aufwendungen zu erkunden.
— Die Möglichkeit, die bautechnischen Bedingungen im Haupttunnel bei größeren Schwierigkeiten zu verbessern (z. B. Injektionen, Drainagen).
— Die Schaffung eines oder mehrerer Zwischenangriffe für die kritischen Zonen im Hinblick einer Verkürzung der Bauzeit.

Wird der allgemeine Trend im neueren Tunnelbau berücksichtigt, so ist zu erkennen, daß der Ruf nach möglichst genauen geologisch-geotechnischen Grundlagen zunehmend stärker wird. Damit wird auch die Durchführung großkalibriger Vorsondierungen aufgrund der oben erwähnten Grundbedingungen und Vorteile zweifellos immer wichtiger werden.

Literatur

Amberg, R.: Gasvorkommen im Seelisbergtunnel — Sicherheitsmaßnahmen. SIA-Dokumentation 14, Tunnel- und Stollenlüftung, Projektierung, Bau und Betrieb. Referate der Studientagung vom 8. April 1976 in Bern, 1976.

Bebi, P. C.: Du Toitskloof Tunnel, Geotechnical Investigations and Rockmechanical Measurements. Proceedings of the International Symposium on Field Measurements in Rock Mechanics, Zürich, 4.—6. April 1977, Vol. II, 1977.

Dal Vesco, E., Schneider, T. R.: Der Gotthardstraßentunnel, Geologia-Geologie, Sondernummer der Rivista Technica, Mai 1970.

Ingenieurgemeinschaft Seelisberg: Das Projekt des Seelisbergtunnels. Straße und Verkehr 60. Jg./H. 3 (1974).

Koenz, P., Garbe, L., Aerni, K.: Anwendung des Gefrierverfahrens im Tunnelbau. SBZ 96. Jg./H. 8 (1978).

Letsch, U.: Seelisbergtunnel; Huttegg Ventilation Chamber. Proceedings of the International Symposium on Field Measurements in Rock Mechanics, Zürich, 4.—6. April 1977, Vol. II, 1977.

Lombardi, G., Elektro-Watt, Haerter, A.: Das Projekt des Gotthardstraßentunnels. Sondernummer der Rivista Technica, Mai 1970.

Lombardi, G.: Gotthardtunnel; Gebirgsdruckprobleme beim Bau des Straßentunnels, SIA-Dokumentation 12, Aktueller Tunnelbau in nicht standfestem Gebirge. Referate der Studientagung vom 5. Dezember 1975 in Zürich, 1975.

Loudon, P. A., Cockcroft, T. N.: Du Toitskloof Tunnel. Proceedings of the Symposium on Exploration for Rock Engineering, 1.—5. November 1976, Johannesburg, Vol. 1, 1976.

Pfister, R.: Erdgasvorkommen im Seelisbergtunnel. SBZ 36 90. Jg./H. 3 (1972).

Schneider, T. R.: Methangasvorkommen im Erschließungsstollen Huttegg des Seelisbergtunnels. Straße und Verkehr 60. Jg./H. 3 (1974).

Schneider, T. R.: Gasvorkommen im Seelisbergtunnel, Geologischer Aspekt, SIA-Dokumentation 14, Tunnel und Stollenlüftung, Projektierung, Bau und Betrieb. Referate der Studientagung vom 8. April 1976 in Bern, 1976.

Weiss, R.: Unterfahrung des Bahntunnels. Straße und Verkehr 60. Jg./H. 3 (1974).

Anschrift des Verfassers: Dr. T. R. Schneider, Beratender Geologe, Rütihofstraße 53, CH-8713 Uerikon, Schweiz.

Rock Mechanics, Suppl. 8, 147—171 (1979)

Rock Mechanics
Felsmechanik
Mécanique des Roches
© by Springer-Verlag 1979

Sondierstollen mit Probestrecken
für den Engelberg-Basistunnel der Autobahn Heilbronn-Stuttgart

Von

K. Kuhnhenn und W. Lorscheider

Mit 21 Abbildungen

Zusammenfassung — Summary

Sondierstollen mit Probestrecken für den Engelberg-Basistunnel der Autobahn Heilbronn — Stuttgart. Der geplante Engelberg-Basistunnel ist ein Teilabschnitt der Modernisierungsmaßnahmen der Bundesautobahn A81 Heilbronn — Stuttgart.

Um durch Wegfall der bisherigen beidseitigen Steigungsstrecken von ca. 6 % durch den Scheiteltunnel hindurch den Verkehrsfluß zu verbessern, und wegen der sehr starken Anliegerbelästigung, soll ein Basistunnel mit 0,9 % Steigung und 1950 m Länge gebaut werden. Nach Untersuchung mehrerer Lösungsmöglichkeiten sind zwei Röhren mit je 3 Fahrspuren, einer Spannweite von 16,30 m und 166 m^2 Ausbruchfläche vorgesehen. Der Achsabstand zwischen beiden Röhren wird 36 m betragen. Wegen der großen Tunnellänge sind in jeder Röhre zwei Haltebuchten geplant. Dort beträgt die Spannweite 18,50 m und die Ausbruchfläche 233 m^2.

Straßentunnel dieser Abmessungen wurden bislang im Gipskeupergebirge noch nicht aufgefahren. In den Eingangsbereichen sind die tunnelbautechnisch sehr schwierigen ausgelaugten, teilweise verstürzten und stark wasserführenden Schichten des Gipskeupers zu durchfahren, im Berginnern durchstoßen die Tunnelröhren das nichtausgelaugte Sulfatgebirge, das unterhalb des Anhydritspiegels bei Feuchtigkeitszutritt starke Schwellneigungen aufweist.

Um genauere Kenntnis über die einzelnen Gebirgstypen und ihr felsbaumechanisches Verhalten zu gewinnen, wurde ein Sondierstollen mit 4 m Durchmesser aufgefahren. Nach Kenntnis des Gebirges in diesem Streckenabschnitt, der von Norden her alle charakteristischen Gebirgsformationen und die Engelberg-Hauptverwerfung durchfahren hat, wurde die Lage der beiden vorgesehenen Probestrecken festgelegt. Entsprechend ihrer unterschiedlichen Aufgabenstellung ist der Querschnitt beider Probenstrecken unterschiedlich ausgebildet worden. In Länge und Spannweite sind beide Probestrecken mit je 50 m und 15,60 m jedoch gleich. Inzwischen ist nach dem Auffahren der Probestrecke im Anhydrit die Probestrecke im ausgelaugten Gebirge in der Ausführung. Die gesamten Vortriebs- und Sicherungsarbeiten im Stollen wie in der Probestrecke werden von einem umfangreichen, aufeinander abgestimmten Meßprogramm begleitet, darüber hinaus werden mineralogisch petrographische und chemische Untersuchungen durchgeführt.

Exploratory Gallery With Test Enlargement Hall for the Engelberg Base Tunnel of the Motorway Heilbronn — Stuttgart. The designed Engelberg Base Tunnel is one part of the reconstruction measures of the motorway Heilbronn — Stuttgart. To pre-

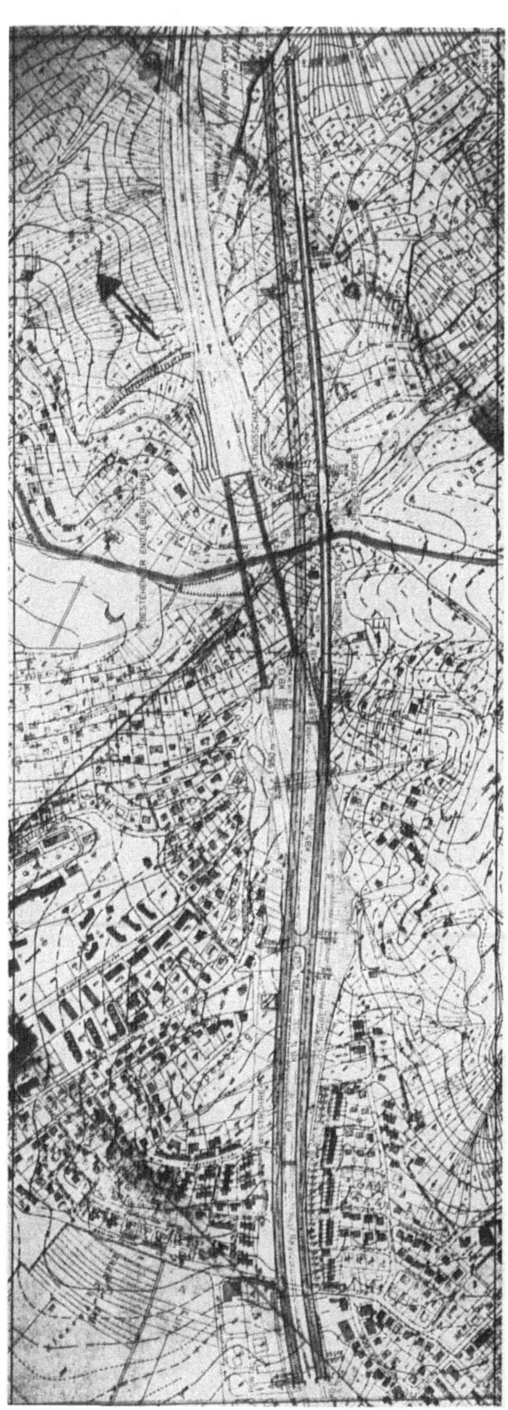

Abb. 1. Generelle Situation
General situation

vent the inhabitants of the very high noise and other immissions and to improve the traffic-conditions by cutting the now existing 6% steep gradient on both slopes up to the crown tunnel, a base tunnel with a gradient of 0,9% and a length of 1950 m shall be built.

After having studied different possibilities it is planned to build two tubes with three lanes each, a crossection of 166 m² excavation and a clear span of 16,30 m. The distance between the axes of both tubes shall be 36 m. Because of the great length of the tubes two draw-ins are designed. There the clear span is 18,50 m and the excavation area is 233 m².

Road tunnels with comparable dimensions have not been executed in sulphatic rock mass. In the entry sections there have to be passed through the for tunnels practice very difficult strata ground formations, which is leached out, partly dumped and highly waterbearing. In the internal part the tubes go through the not leached out sulphatic rock, which shows high expansibility, if contact with humidity happens.

To get more informations about the different strata and its rockmechanical behaviour, an exploratory gallery with a diameter of 4 m and a length of about 1000 m was excavated. Having got knowledge about the rock conditions in this stretch which has oped all characteristic rock strata and the Engelberg geological main fault, the position of both Test Enlargement Halls could be fixed. In fact of their different purpose, the cross section of the test halls has been designed different. In length (50 m) and clear span (15,6 m) the investigation chambers are the same. In the meantime, after having excavated the Test Enlargment Hall in the anhydrite rock mass, the second test hall in the leached out rock is under construction. All the excavation and supporting works in the gallery as well as in the test halls are connected with an extensive measuring program. Furthermore mineralogical-, petrographic- and chemical investigations are in excution.

1. Projekt

Zwischen Weinsberg bei Heilbronn und dem Autobahndreieck Stuttgart muß die A81, die Nord-Süd-Verbindung von Würzburg zum westlichen Bodensee von dem zweibahnigen Vorkriegsquerschnitt auf drei Fahrspuren und eine Standspur in jeder Richtung verbreitert werden. Am südlichen Ende der Modernisierungsstrecke nahe dem Autobahndreieck Stuttgart führt die jetzige Autobahn jeweils von Süden und Norden mit 6% Steigung durch den jetzigen zweiröhrigen Engelbergtunnel, dessen zwei Fahrstreifen je Röhre dem derzeitigen Verkehrsaufkommen nicht mehr gewachsen sind. Darüber hinaus reicht an der südlichen Rampe die Bebauung mittlerweile beidseits sehr nahe an die Autobahn heran. Diese bildet nunmehr eine Trennungslinie zwischen zwei großen Wohngebieten der Stadt Leonberg.

Bereits 1972 wurde vom Autobahnamt Baden-Württemberg Herr Professor Dr. Müller für die Tunnelplanung hinzugezogen und gemeinsam wurden erste Überlegungen angestellt, wie die Autobahnverbreiterung in diesem Bereich verwirklicht werden könnte.

Nach Abwägung aller möglichen Schwierigkeiten in geologischer Sicht und seitens der Stadt Leonberg zum einen und der Notwendigkeit der Maßnahme zur Verbesserung der Verkehrssituation zum anderen, entschloß man sich zur Verwirklichung eines 1950 m langen Basistunnels, ein für bundesdeutsche Verhältnisse bis dahin etwas aus dem Rahmen fallendes Projekt.

150   K. Kuhnhenn und W. Lorscheider:

Die innere Querschnittsfläche im Tunnel wird bestimmt durch:

— eine erforderliche Gesamtbreite von 13,75 m in Fahrbahnhöhe infolge dreier Fahrstreifen und der seitlichen Sicherheits- und Bedienungsstege;

— die lichte Höhe von 4,50 m und durch die Notwendigkeit des Einbaus von Verkehrslenkungseinrichtungen oberhalb des Lichtraumprofils;

— die Unterbringung von Zu- und Abluftkanälen, für die sich in diesem Falle der Raum zwischen der Fahrbahn und dem Sohlgewölbe anbietet;

— die Freiräume für die Ver- und Entsorgungseinrichtungen.

Zum anderen wird die Querschnittsform beeinflußt von den zu erwartenden Gebirgsverhältnissen. Auf Grund der bisher vorliegenden Erfahrungen in Gipskeupergebirgen war nur mit einem geschlossenen Gewölbe zu

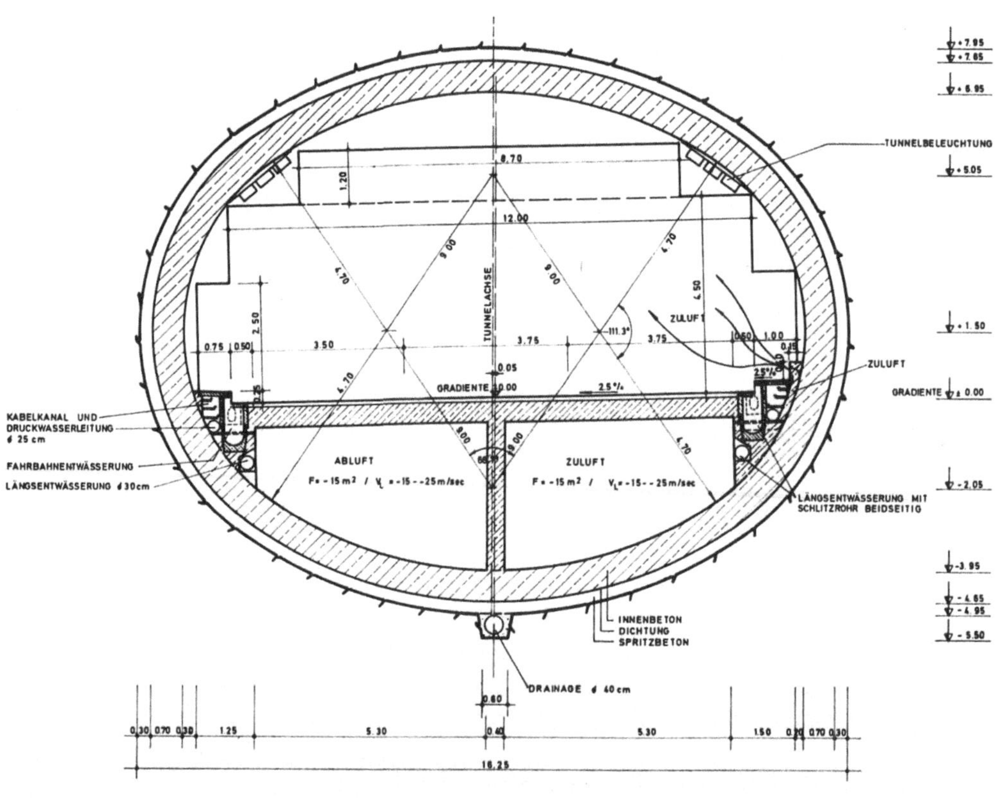

Abb. 2. Regelquerschnitt

Standard cross section

rechnen. Unter Einschluß der obgenannten geometrischen Einflußfaktoren ergab sich als günstiger Querschnitt eine liegende Ellipse mit einer Ausbruchsfläche von 166 m² für den Regelquerschnitt.

Wegen des Verzichts auf durchgehende Standspuren im Tunnel wurden in jeder Röhre zwei Haltebuchten vorgesehen. In diesen Bereichen vergrößert sich die Spannweite auf 18,50 m und der Ausbruchquerschnitt auf 233 m².

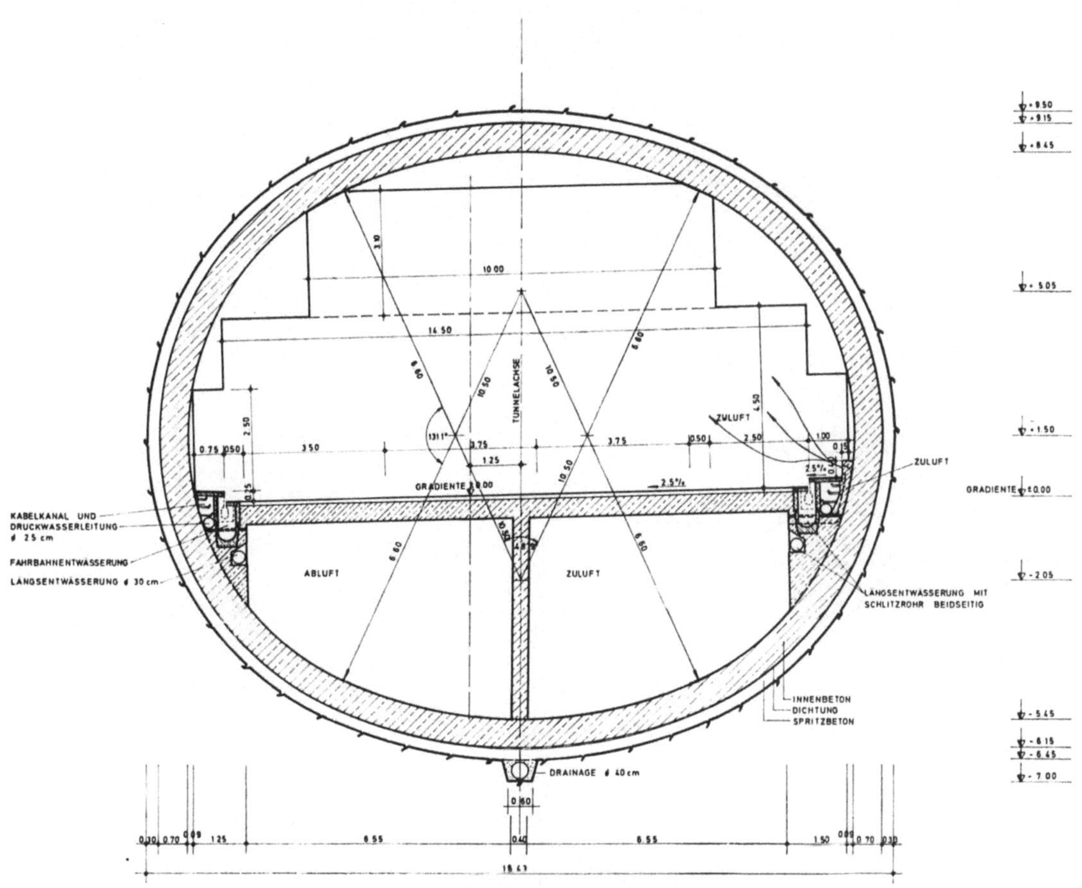

Abb. 3. Haltebuchtquerschnitt
Cross section in a stopping place

Folgender Aufbau des Tunnelquerschnitts ist vorgesehen:

— Hilfsgewölbe aus Spritzbeton, Stahlbögen, Betonstahlmatten und Ankerung,
— Dichtung gegen sulfathaltiges, daher sehr aggressives Wasser,
— Betoninnengewölbe mit Sohle.

Die beiden Tunnelröhren sollen etwa in den Drittelspunkten Umleitungsfahrstreifen zum Überwechseln in die andere Röhre erhalten. Jeweils zwischen diesen und den Portalen und in Tunnelmitte werden Fluchtquergänge für Fußgänger vorgesehen, so daß sich im Katastrophenfall ein Fluchtweg von längstens 150 m ergibt.

Die Länge des Tunnels macht eine Querlüftung erforderlich. Das Lüftungssystem sieht einen senkrechten Abluftschacht vor, der aus ökologischen Gründen im nördlichen Drittelspunkt der Röhren auf dem Engelbergsattel an der Oberfläche austritt. Die Frischluft wird an den Portalen angesaugt. Die Abluft wird im Tunnel in eigens dafür vorgesehenen größeren Absaugquerschnitten im Abstand von 150 m abgezogen. An diesen Stellen wird der

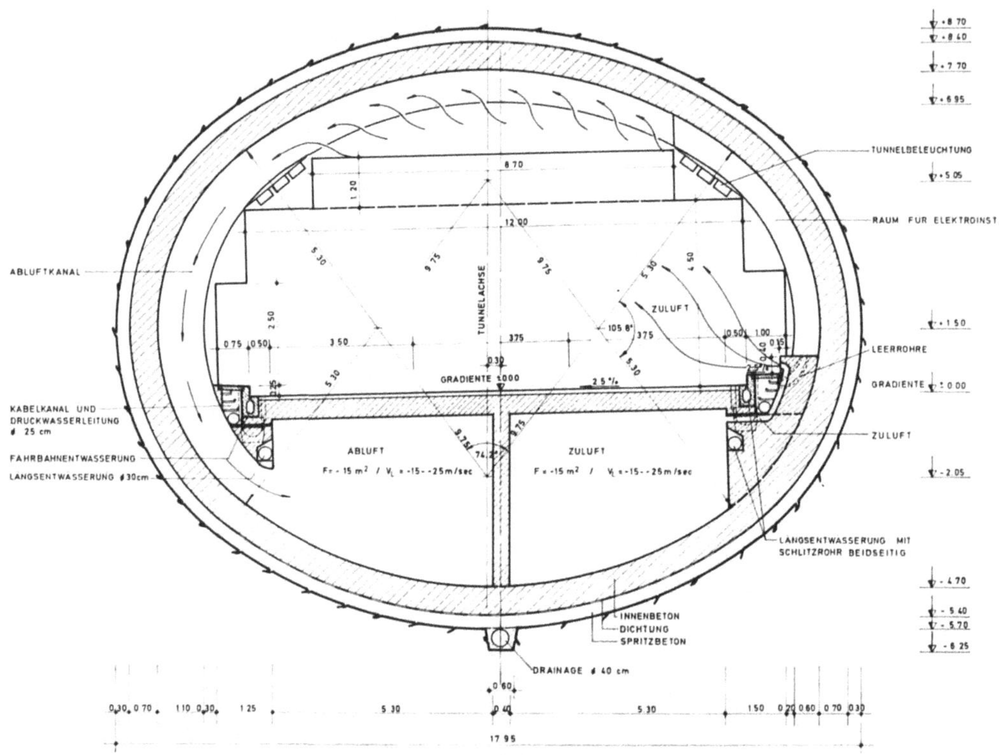

Abb. 4. Abzugquerschnitt
Cross section for taking vitiated air

Regelquerschnitt auf einer Länge von rd. 5 m aufgeweitet. Eine Betriebswarte ist vor dem Nordportal vorgesehen. Die zentrale Verkehrsüberwachung und -lenkung erfolgt von der nächstgelegenen Autobahnmeisterei aus. Die weiteren betrieblichen Einrichtungen können an dieser Stelle unerwähnt bleiben, da sie für die tunnelbautechnischen und geomechanischen Betrachtungen ohne Bedeutung sind.

2. Geologischer Überblick

Um die grobe Kenntnis der örtlichen geologischen Situation zu erweitern, wurden bereits 1974 17 Kernbohrungen im Bereich der Tunneltrasse niedergebracht. Die Ergebnisse dieser Aufschlüsse wurden vom Geologischen

Landesamt Baden-Württemberg in einem geologischen Gutachten zusammengestellt. Diesem ist zu entnehmen, daß wir einen Höhenrücken des Keupers durchfahren müssen.

Die Tunneltrasse selbst verläuft zum größten Teil im Gipskeuper, der von oben nach unten enthält:

die Estherienschichten,

die Zone der Engelhofer Platte,

die Grundgipsschichten, hierunter steht Lettenkeuper an.

Durch gezielte Bohrungen konnte die bekannte Engelbergverwerfung etwa in Tunnelmitte auch in ihrer Grundrißlage fixiert werden. Sie fällt mit etwa 60^0 nach Nordosten ein. Die Sprunghöhe beträgt etwa 80 m.

Während im allgemeinen die Schichtenfolge in etwa horizontal zu bezeichnen ist, ist zur Engelbergverwerfung hin ein Schichteneinfallen erkennbar. Der Gipsspiegel als obere Begrenzung der unverwitterten gipsführenden Schichten steigt sowohl nördlich wie auch südlich der Engelbergverwerfung über die Tunnelfirste an und liegt etwa 70 m unter Geländeoberfläche. Er kann, wie bereits von anderen Tunneln bekannt, sehr unregelmäßig verlaufen.

Die nicht ausgelaugten Gipskeuperschichten bestehen aus einer Wechsellagerung von Tonsteinen mit Gips oder Anhydrit. Gelegentlich treten auch dolomitische Tonsteine auf.

Die mineralogischen Untersuchungen von Proben des unausgelaugten Gipskeupers zeigten erhebliche Mengen von Anhydrit; zum Teil mehr als 30%. Damit stand die Gefahr von Sohlhebungen, wie sie z. B. vom Wagenburgtunnel in Stuttgart und vom Belchentunnel in der Schweiz bekannt sind, vor Augen. Neben dem Anhydrit wurden in einigen Proben quellfähige Tonminerale, wie „offener" Illit und Corrensit angetroffen. Auch diese können Sohlhebungen beeinflussen.

Zu einem größeren Teil verläuft die Tunneltrasse in Schichten des ausgelaugten Gipskeupers mit unregelmäßig gelagertem und zerbrochenem Tonstein und mit unterschiedlicher Festigkeit. Während der nichtausgelaugte Gipskeuper praktisch trocken ist, ist der ausgelaugte Bereich durch seine zahlreichen Kleinklüfte als schwach wasserführend, gemäß den Erfahrungen in zwei bereits fertiggestellten anderen Tunneln, vorausgesagt worden. Im Grenzbereich von ausgelaugtem zu unausgelaugtem Gebirge mußte mit verstärktem Wasserandrang gerechnet werden, ebenso in der Verwerfung. Die Gebirgsfestigkeit der ausgelaugten Schichten ist deutlich niedriger als in den nichtausgelaugten Strecken. Durch Nachsacken der überlagernden Schichten in die durch Auslaugung entstandenen Hohlräume bildet sich ein kleinklüftiges, aufgelockertes Gebirge mit zum Teil unregelmäßiger Lagerung aus.

Obwohl bis zum Zeitpunkt der Planung aus den fertiggestellten oder noch im Bau befindlichen Tunneln im Gipskeuper schon etliche Erfahrungen vorlagen, waren wir der Auffassung, daß das Verhalten des Anhydrits und des ausgelaugten Gebirges beim Vortrieb eines großen Querschnitts, die Verteilung von Ausgelaugtem und Unausgelaugtem in Längsrichtung und

K. Kuhnhenn und W. Lorscheider:

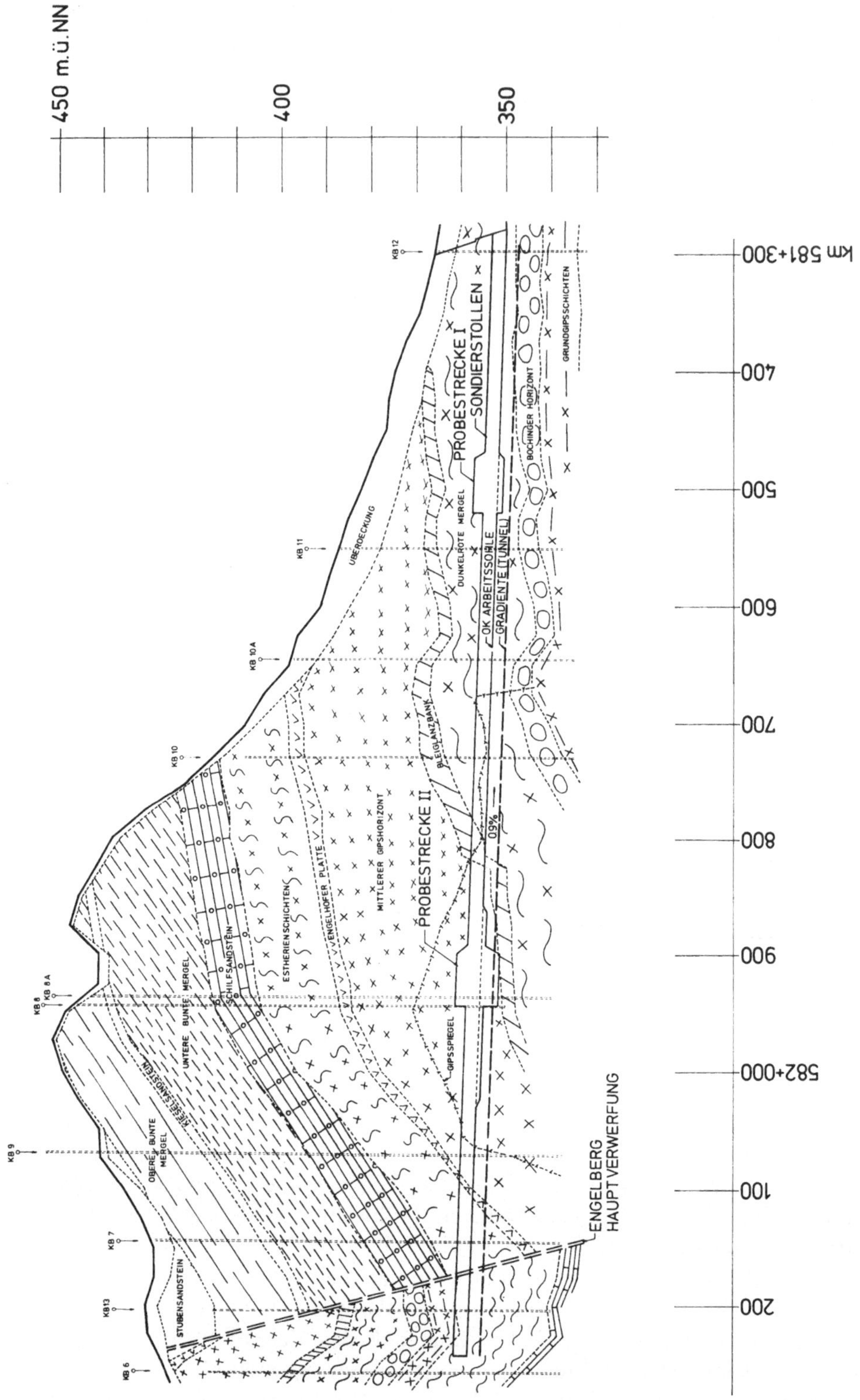

Abb. 5. Geologischer Längsschnitt (nach Angaben des Geologischen Landesamtes Freiburg/Stuttgart)
Geological longitudinal section

der Wasserandrang im Bereich der Engelbergverwerfung doch näher erkundet werden mußten, um mögliche Schwierigkeiten, die auf ungenügende Kenntnisse des Untergrundes zurückgeführt werden könnten, weitgehend zu vermeiden. So entschied man sich zur Durchführung eines Sondierstollens mit Probestrecken in der künftigen Tunnelkalotte.

3. Planung des Sondierstollens mit Probestrecken

Aus zeitlichen Gründen sollte der Stollen nicht auf ganze Tunnellänge aufgefahren werden, wenngleich dies für die Bewetterung des späteren Tunnelausbruchs wünschenswert wäre. So wurde der Stollen nur etwa auf halbe

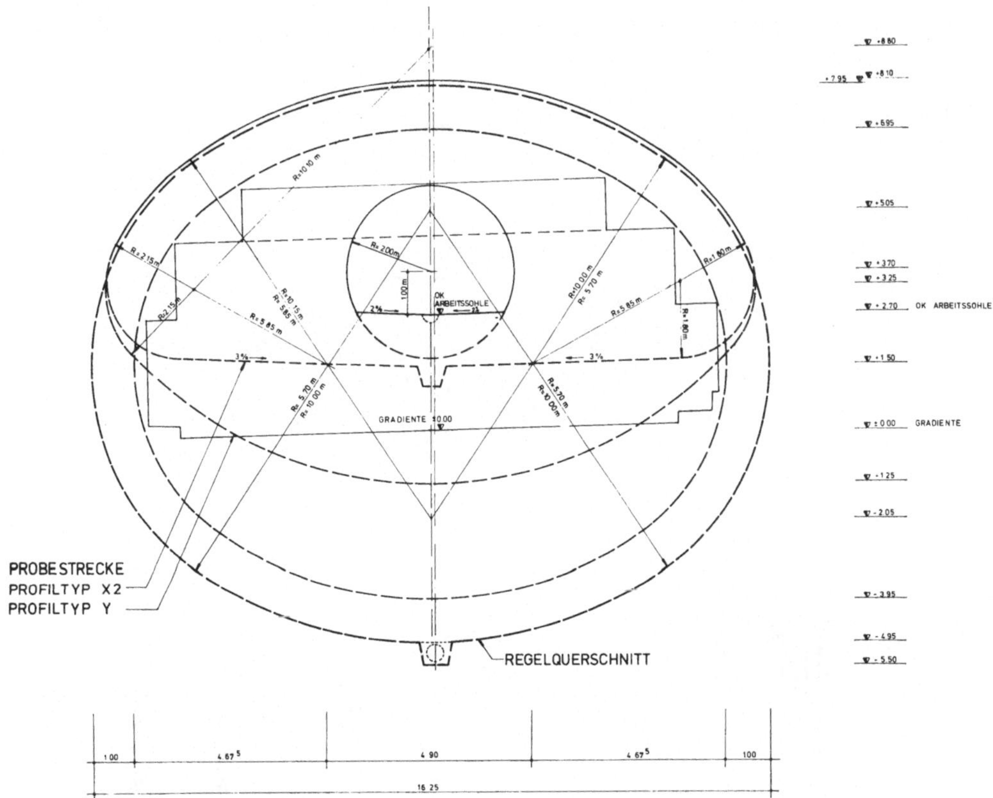

Abb. 6. Lage des Sondierstollens und der Probestrecken im Regelquerschnitt
Position of gallery and test excavation in relation to the cross section of the tunnel

Tunnellänge vorgesehen. Damit konnte allerdings nach der geologischen Prognose das Verhalten aller auch später im Süden anzutreffenden Gebirgsverhältnisse erkundet werden. Auf jeden Fall sollte der Stollen die Engelbergverwerfung durchfahren, um den vermuteten starken Wasserandrang und die in den Randzonen der Verschiebungsfläche erwarteten Zerreißungen kennenzulernen.

Die Lage des Sondierstollens innerhalb des Gesamtquerschnitts wurde, um seiner Aufgabe gerecht zu werden, nach folgenden Gesichtspunkten gewählt:

— bestmögliche Erkundung der Gebirgsverhältnisse für den späteren Tunnelvortrieb;

— geringstmögliche Behinderung bei der späteren Vortriebsarbeit im Tunnel;

— Vermeidung der Auflockerung des Gebirges außerhalb des späteren Ausbruchquerschnitts;

— mögliche Entwässerung des Gebirges im Kalottenbereich und damit Verbesserung der Gebirgsfestigkeit;

— Vermeidung von Wasserzutritt in dem Bereich der künftigen Tunnelsohle, vornehmlich im Anhydrit.

Daraus resultiert die Lage des Stollens mit seiner Firste etwa 2,50 m unter der künftigen Tunnelfirste.

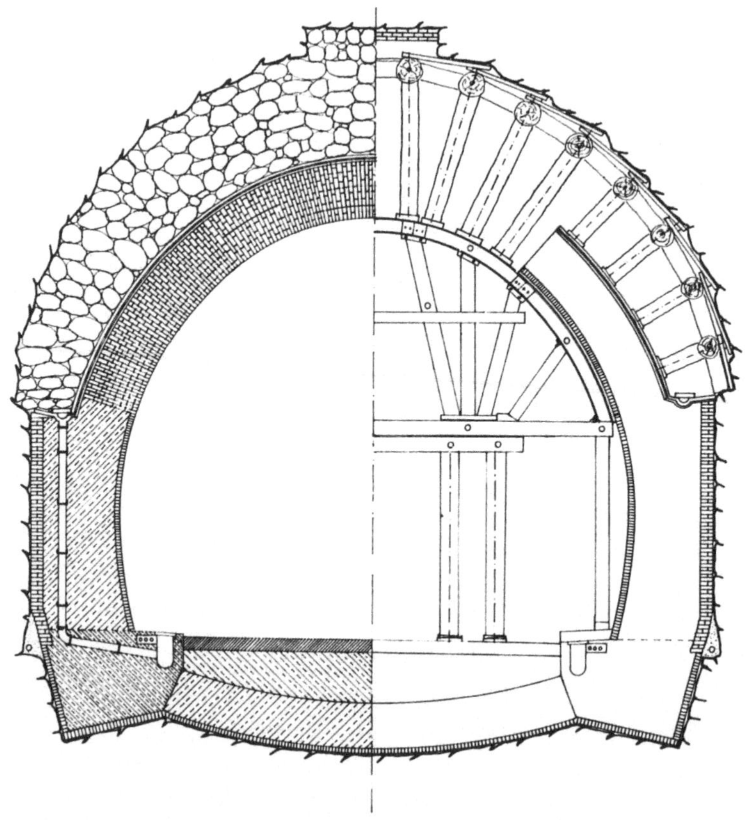

Abb. 7. Querschnitt des bestehenden Engelbergtunnels
Cross section of existing Engelberg tunnel

Die Arbeitssohle liegt dabei in Höhe der Sohle der nicht ausgeführten Probestreckenvariante X1.

Wissend um die Schwierigkeiten bei der Extrapolation von Ereignissen aus Stollen kleineren Durchmessers auf Tunnel mit wesentlich größeren Abmessungen, sollten innerhalb des Untersuchungsprogramms auch zwei

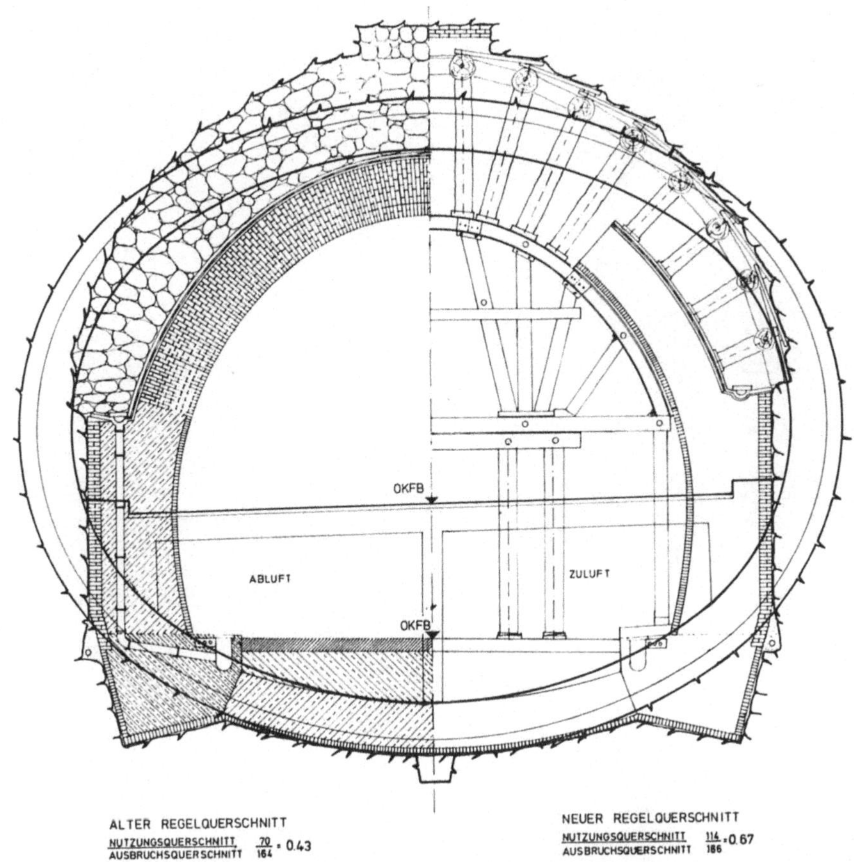

Abb. 8. Vergleich der Querschnitte des bestehenden und des geplanten Engelbergtunnels
Comparison of cross sections of existing and designed Engelberg tunnel

Probestrecken in der künftigen Kalotte aufgefahren werden. Den zwei grundverschiedenen Charakteren des Gebirges entsprechend, wurde eine Probestrecke im Bereich mittlerer Überlagerung im ausgelaugten und eine zweite im unausgelaugten Anhydritbereich vorgesehen, wo zugleich die höchste Überlagerung ansteht.

Die Probestrecke I im ausgelaugten Gebirge, für die zwei Varianten vorgesehen waren, soll Aufschluß darüber geben, wie in einem solch großen Querschnitt das Gebirge mit geringer Festigkeit beherrscht werden kann. Dies war deswegen von entscheidender Bedeutung, weil auf ca. 70% der Gesamtlänge der ausgelaugte Gipskeuper durchfahren werden muß. Der

Querschnitt der Probestrecke I entspricht in Form und Abmessungen etwa der Kalotte beim späteren Ausbruch im Haupttunnel.

Die Probestrecke II sollte dazu dienen, das Verhalten des anhydritführenden Gesteins beim Ausbruch des großen Querschnitts kennenzulernen unter besonderer Beachtung von eventuellen Sohlhebungen und daraus sich

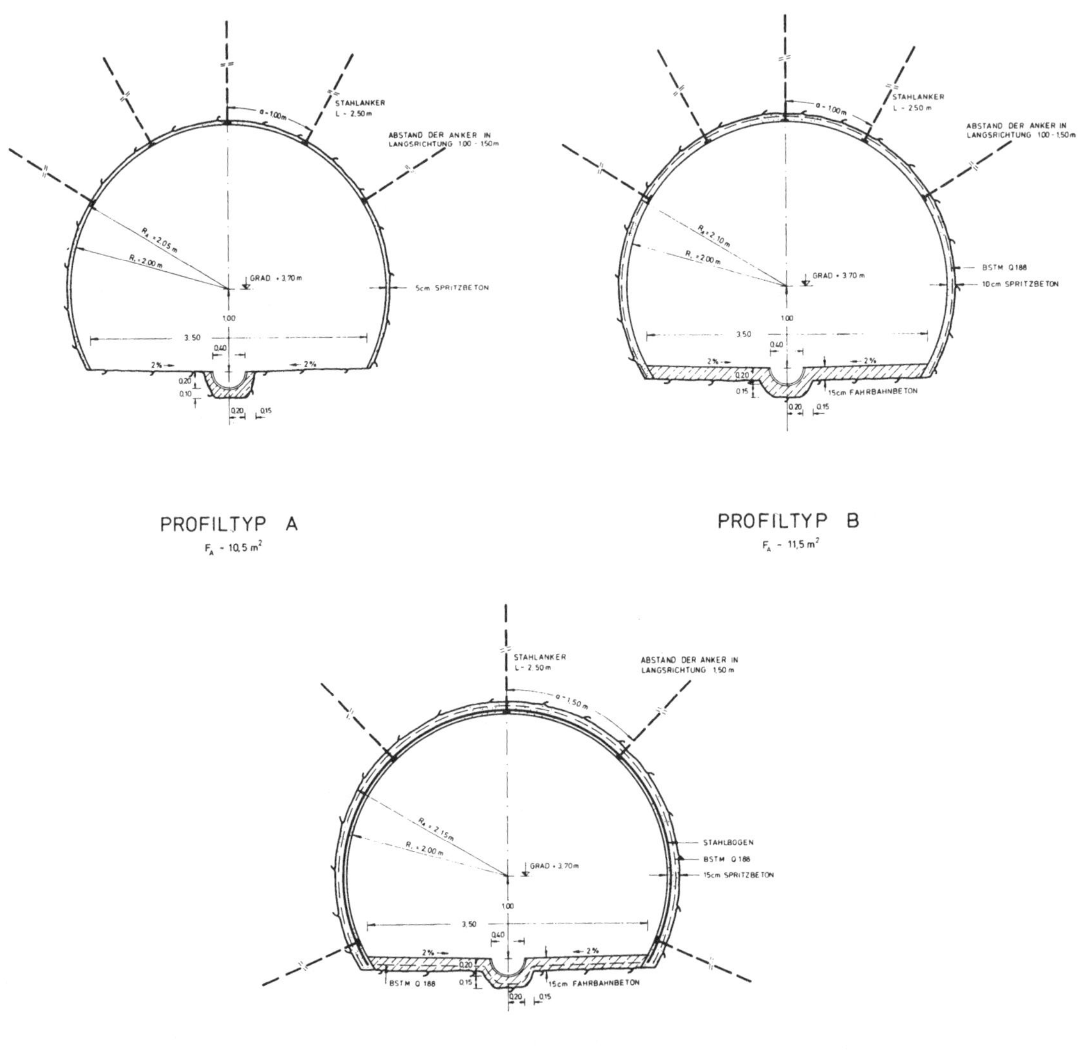

ergebender Ausbaubelastung. Die Querschnittsform wurde so gewählt, daß die Kalotte in die spätere Tunnelsicherung integriert werden kann. Da eine geschlossene Querschnittssicherung zu empfehlen war, wurde die Sohle ebenfalls ausgerundet, und zwar im gleichen Radius wie beim späteren Regelquerschnitt.

Die Sohlsicherung beider Probestrecken muß im Haupttunnel wieder entfernt werden.

Beide Probestrecken sollten erst nach Fertigstellung des Sondierstollens in ihrer Lage festgelegt werden, damit sie an den zweckdienlichsten Stellen aufgefahren werden konnten.

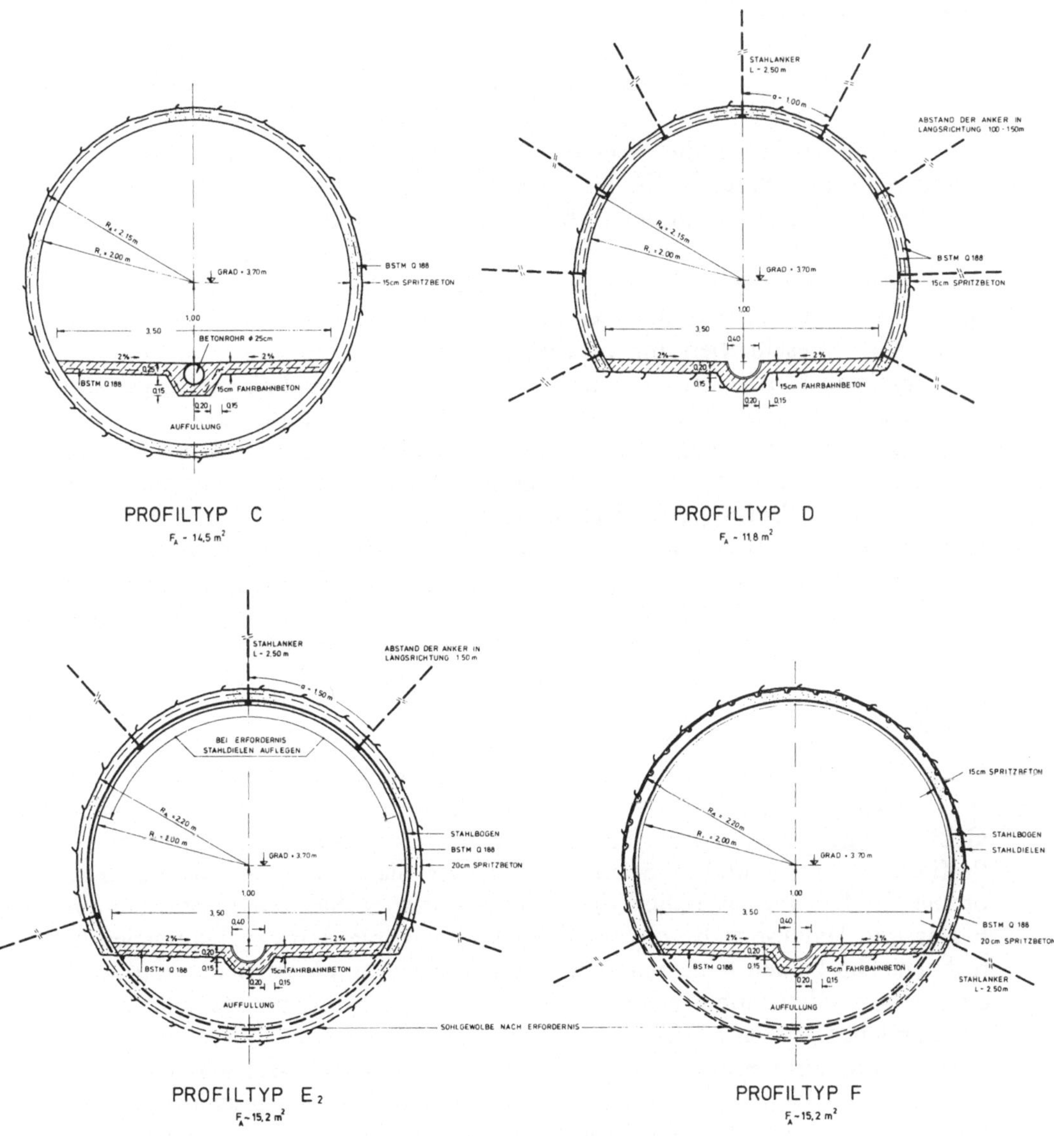

Abb. 9. Regelprofile Sondierstollen

Cross sections of the gallery

Ein Rückblick auf die Durchführung des ersten Engelbergtunnels nach der Österreichischen Bauweise aus Holzzimmerung mit Jochbalken von

60 cm Durchmesser zeigt uns bereits einen Ausbruchsquerschnitt von 164 m² und eine Spannweite von rd. 15 m für nur zwei Fahrstreifen.

Der Vergleich mit dem neuen Regelquerschnitt für drei Fahrstreifen mit 166 m² Ausbruchsquerschnitt und einer Stützweite von 16,60 m, führt uns die wesentlich günstigeren neuzeitlichen Sicherungsmethoden deutlich vor Augen, wobei uns die Leistung der damals Beteiligten ungeschmälerten Beifall abverlangt.

4. Baudurchführung

Anfang 1977 hat die Arbeitsgemeinschaft Engelbergstollen, bestehend aus den Firmen Baresel, Ph. Holzmann, Sänger u. Lanninger und Züblin, mit der Ausführung begonnen. Ausgehend von einer Baugrube mit Sohlhöhe auf Stollensohle, die im späteren nördlichen Voreinschnitt der Oströhre liegt, erfolgt der Stollenvortrieb. Der Stollen folgt der Tunnelachse mit seiner Sohle 2,70 m über Gradientenhöhe. Es wurde teilmechanischer Ausbruch vorgeschrieben, um Erfahrungen für die Haupttunnel zu sammeln.

Sprengausbruch war nur zugelassen, wenn sich zu hohe Gebirgsfestigkeit einstellen sollte. In jedem Fall war jedoch der Randbereich zu fräsen.

Für die unterschiedlichen zu durchfahrenden Gebirgsarten waren verschiedene Profiltypen für den Ausbruch mit Regelsicherungen ausgeschrieben worden. Diese Profiltypen waren nicht an bestimmte geologische Kriterien (Gebirgsklassen) gekoppelt, sondern sollten vor Ort auf Grund des geotechnischen Verhaltens des Gebirges festgelegt werden. Es war demnach nur eine Einstufung nach der tunnelbautechnischen Schwierigkeit vorzunehmen.

Diese Art der Festlegung der Profiltypen hat sich bisher bewährt. Insgesamt wurde der Ausbruch für sieben Profiltypen und zugehöriger Regelsicherung ausgeschrieben.

Die Profiltypen A, B, C und D kommen für Gebirgsverhältnisse in Frage, deren Sicherung ohne Stahlbögen auskommt. Eine besondere Rolle spielt hierbei der kreisförmige Profiltyp C, der ausschließlich in schwellendem Gebirge angewendet wurde. Für die schwierigen Gebirgsarten waren in den Profiltypen E_1, E_2 und F Stahlbögen in der Sicherungsauskleidung angeordnet. In E_2 war zusätzlich das Auflegen von Stahldielen vorgesehen. In F war mit Teilausbruch von Hand im Schutz vorgetriebener Stahldielen zu rechnen. Die beiden letztgenannten Profiltypen konnten im Bedarfsfall auch eine ausgerundete Sohle erhalten. Außer in den Profiltypen C und F war erforderlichenfalls eine Ankerung vorgesehen. Die Wasserableitung geschah in einem offenen Gerinne in Stollenachse, das im Bereich des schwellfähigen Gebirges, wo keine Wasserzutritte erwartet wurden, als geschlossene Leitung geführt wurde. In allen Profiltypen, mit Ausnahme von A, wurde eine durchgehende Betonsohle eingebaut.

Das vorhandene Bergwasser reduzierte die Stabilitätsverhältnisse im ausgelaugten Gebirge einschneidend, ließ nur geringe Ausbruchstiefen zu und erforderte kürzeste Zeiträume bis zum Einbau der Sicherung. Durch Entwässerungsbohrungen von bis zu 15 m Länge in der Ortsbrust und durch Vakuumentwässerung wurde versucht, die Stabilitätsverhältnisse zu verbessern. Ein durchschlagender Erfolg blieb hierbei jedoch aus, wahrscheinlich weil die Vorentwässerungszeiten zu kurz waren. Die größten Wassermengen von bis zu 10 l/sec traten erwartungsgemäß am Übergang zwischen aus-

Abb. 10. Stollen im Bereich stark wasserführenden Gebirges
Gallery in soft wet ground

gelaugtem und unausgelaugtem Gebirge auf, am sog. Gipsspiegel. Letzterer stellte sich im Engelberg scharf begrenzt ein und bildet einen Wasserstauhorizont.

Die in den einzelnen Profiltypen vorgesehenen Sicherungsmittel waren für die Ausführung richtig gewählt, was durch eine baldige Stabilisierung der Verformungswerte bestätigt wurde. Auf die fallweise vorgesehene Ankerung konnte in allen Profiltypen verzichtet werden. Die Ankerfähigkeit des nassen Gebirges — die bisher in Zweifel gezogen wurde — wurde jedoch in einer Versuchsserie überprüft. An den 2,50 m und 4,0 m langen und auf 8 Tonnen vorgespannten Mörtelankern mit 1,0 bis 3,0 m langer Freispielstrecke stellte sich innerhalb weniger Tage ein Ankerkraftverlust von etwa 20% ein. Nach nochmaligem Anspannen auf 9 Tonnen stellte sich im weiteren Zeitverlauf nur noch ein unwesentlicher Kraftverlust ein.

Der Spritzbeton bildete in den angetroffenen Gebirgsverhältnissen ein wesentliches Sicherungselement. Wegen der geringen Stabilität des Gebirges kam es auf eine sehr schnelle Versiegelung an, die oftmals wegen der flächenhaften Benetzung des Gebirges schwierig aufzubringen war.

Entgegen den Prognosen, die auch auf die Bauunterlagen des Scheiteltunnels zurückgeführt wurden, konnte die Verwerfung wider Erwarten ohne Probleme durchfahren werden. Die Schichtgrenze zum Schilfsandstein blieb oberhalb der Stollenfirste und die beiden Schichten „graue Estherien" auf der Nord- und „Grundgips bzw. Lettenkeuper" auf der Südseite, waren ohne einen tunnelbautechnisch ungünstigen Störungsbereich nur durch die Verwerfungsfuge getrennt und konnten im Stollen nur mit Mühe erkannt werden.

Im Lettenkeuper des südlichen Stollenbereichs, der aus einer Wechsellagerung von Tonsteinen und Dolomitbänken besteht, wurde die Festigkeitsgrenze des Gebirges bei einem teilmechanischen Ausbruch mit einer WAV 170

Abb. 11. Stollen im Bereich des Lettenkeupers
Gallery in the area of Lettenkeuper

in etwa erreicht. Das Gips- und Anhydritgebirge konnte dagegen vorteilhaft und gebirgsschonend von diesem Gerät, allerdings unter erheblicher Staubentwicklung, gelöst werden, da im Sulfatgebirge die Verwendung von Wasser auf das unbedingt notwendige Minimum beschränkt werden mußte und eine Verdüsung zur Staubbindung nicht zugelassen werden konnte.

5. Besonderheiten im anhydritführenden Gebirge

Aus vielen bisherigen Tunnelbauwerken im Anhydritgebirge sind die infolge Wasserzutritten ausgelösten Schwellerscheinungen bekannt. Wasserzutritte müssen daher nach Möglichkeit unterbunden werden. Hierzu gehört auch die Abdichtung der Erkundungsbohrungen unterhalb des Gipsspiegels.

So sollte auch die Erkundungsbohrung Nr. 8 in der Stollenachse eigentlich abgedichtet sein. Da dies jedoch nicht oder nicht sorgfältig geschehen war, ergossen sich beim Unterfahren ca. 3 l/sec Wasser in den Stollen.

Abb. 12. Wasserzutritt Bohrung Nr. 8
Water inflow through drill hole No. 8

Zwar wurde das Wasser sofort abgepumpt und abgeleitet und die Bohrung aus dem Stollen heraus bis an den Gipsspiegel hin mit Mörtel verfüllt und abgedichtet — die Aktivitäten des Gebirges waren jedoch in Gang gesetzt worden, wie sehr bald festzustellen war.

Mit dem Eintauchen des Stollens in das unausgelaugte Gebirge wurden täglich Proben aus der Ortsbrust entnommen, um die Gemengeanteile Gips-Anhydrit zu bestimmen, damit rechtzeitig die Umstellung auf den Profiltyp C mit geschlossener Sohle erfolgen konnte. Das aus der Bohrung 8 ausfließende Wasser wurde in die Betonhalbschale in der Stollensohle abgeleitet und fand offenbar in den Stoßfugen der Halbschalen Wege in die arbeitsbedingte Auffüllung darunter. Die große freie Oberfläche dieses anhydritführenden Materials sorgte für Hebungen, die man am besten mit dem Aufgehen eines Hefekuchens vergleichen kann. Am Anfang hob sich die Sohle innerhalb eines Tages um ca. 15 cm, dieser Vorgang verlangsamte sich dann im Laufe der Zeit und erreichte immerhin das Gesamtmaß von ca. 65 cm.

Der weitere Ausbruch im Anhydritbereich verlief ohne Besonderheiten. Durch die mineralogisch petrographischen Untersuchungsergebnisse war die Lage des Anhydritspiegels bekannt, so daß der Übergang aus dem Gipsspiegel in das ausgelaugte Gebirge vorbereitet werden konnte. Als Vorsichtsmaßnahme wurde am Ende des Ausbruchs nach Profiltyp C eine Wassersperre unterhalb der Sohle einschließlich einem Pumpensumpf eingebaut. Der Vortrieb im Lettenkeuper südlich der Engelbergverwerfung konnte anfangs nicht so zügig wie erwartet erfolgen, weil die teilweise ausgelaugten Grundgipsschichten, entgegen der geologischen Prognose, den oberen Querschnittsbereich einnahmen. Mit zunehmender Stollenlänge wanderte der Grenzhorizont über die Firste aus dem Profil hinaus.

Abb. 13. Sohlhebungen im Stollen
Heaving of invert in the gallery

In der Zeit des Vortriebs im südlichen ausgelaugten Bereich wurde das dort anfallende Bergwasser durch eine geschlossene Leitung im Anhydritbereich und das offene Gerinne im nördlichen Stollenteil abgeleitet. Beim Bohren der Löcher für die Extensometer der Probestrecke II, die schon im Stollen eingebaut wurden, um eine möglichst lückenlose Messung von Beginn der Ausbruchsarbeiten an sicherzustellen, wurde Wasser in der Stollensohle angetroffen. Bald danach wurden erste Sohlhebungen registriert. Von zusätzlich gebohrten Beobachtungslöchern waren einige naß, einige blieben trocken. Die Spiegelhöhen waren sehr unterschiedlich und konnten nicht mit dem Schichteinfallen in Einklang gebracht werden. Bis zum Ausbruch der Probestrecke II blieb die Herkunft des Wassers rätselhaft. Danach wurde bestätigt, daß das Wasser nicht aus dem Gebirge selbst kam, sondern aus undichten Stellen in der PVC-Leitung der Stollensohle.

Abb. 14. Probestrecke II

Test excavation II

Da dieser Bereich des Stollens bis auf wenige Meter nördlich der Probestrecke II sowieso beim Ausbruch der Probestrecke aufgezehrt wurde, blieb der Schaden gering.

Eine weitere Erscheinung im Anhydritgebirge muß noch angesprochen werden. Sehr bald nach dem Ausfräsen setzten an der Ausbruchslaibung unter Knistern und Knacken Abplatzungen schalenförmiger plattiger Gebirgsteile ein. Die Abmessungen gingen von Markstückgröße bis zur halben Quadratmetergröße, bei einer Dicke von wenigen Millimetern bis mehreren Zentimetern. Wie bei Bergschlag bekannt, ließen sich auch hier die herausgesprengten Teile nicht mehr in die Ursprungsstellen einsetzen. Durch Befeuchten der Ausbruchlaibung konnte diese Erscheinung verstärkt werden. Spröde Lagen wurden wesentlich stärker betroffen, als die zäheren Tonsteinlagen. Bereichsweise setzte sich dieser Vorgang auch noch nach dem Aufbringen des Spritzbetons fort, was sich durch Hohlklingen infolge Ablösung bemerkbar machte. Um das Aufbringen der Sicherungsauskleidung zu erleichtern und um einen Verbund mit dem Gebirge sicherzustellen, wurde die gesamte Probestrecke II mit 3 m langen Ankern gesichert. In Kalotte und Ulmen kamen SN-Anker mit Stahlstäben zur Ausführung, in der Sohle Glasstabanker, die voll mit Kunststoff vergossen wurden. Hiermit sollte jeglicher Zutritt von Feuchtigkeit ausgeschlossen und ein erleichterter Rückbau beim Herstellen der Haupttunnel erreicht werden.

Der ursprünglich vorgesehene lehrbuchmäßige Ausbruch mit möglichst raschem abschnittsweisem Ringschluß mußte maschinenbedingt in der Sohle abgewandelt werden, was sich nicht nachteilig auf die Verformungen auswirkte, wie die Messungen zeigten. Diese bestanden aus Nivellements, Konvergenz- und Extensometermessungen sowie aus Spannungsmessungen zwischen Ausbruchrand und Spritzbeton sowie im Spritzbeton selbst.

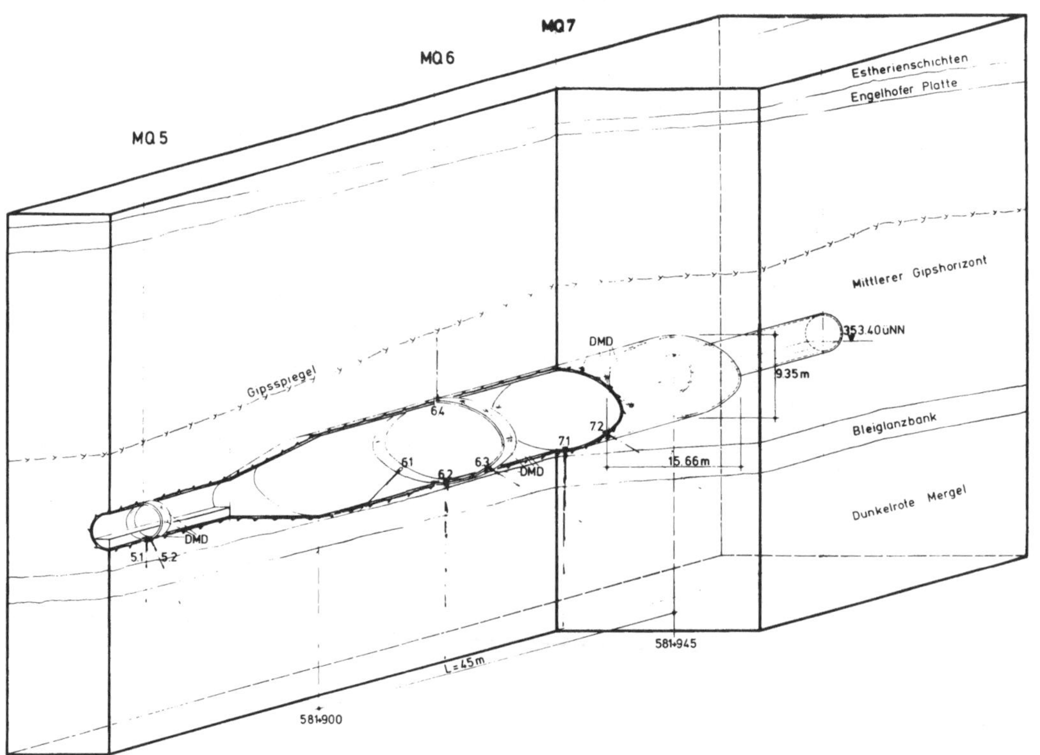

Abb. 15. Probestrecke II — Meßeinrichtungen
Test excavation II — measuring installations

Die Messungen sind noch nicht abgeschlossen, es sollen daher an dieser Stelle nur einige charakteristische Ergebnisse angesprochen werden. Nivellement und Konvergenz zeigen nur geringe Absolutwerte. Mit den Extensometern konnte sehr gut der Schwellvorgang in der Sohle erfaßt werden. Deutlich tritt das Maximum in Stollenachse hervor. Zu den Ulmen hin wurden deutlich geringere Werte gemessen.

In die Tiefe hin wurde ein Bereich von bis ca. 2,50 m vom Schwellvorgang erfaßt. Die Meßergebnisse für die fertiggestellte Probestrecke zeigen nur noch geringe Werte und rasches Konvergieren. Die Kontaktspannungen sind um den Querschnitt herum gleichmäßig verteilt und liegen unter 2 bar. Die Betondruckspannung zeigt Maxima in Firste und Sohle und erheblich geringere Werte in den Ulmenbereichen.

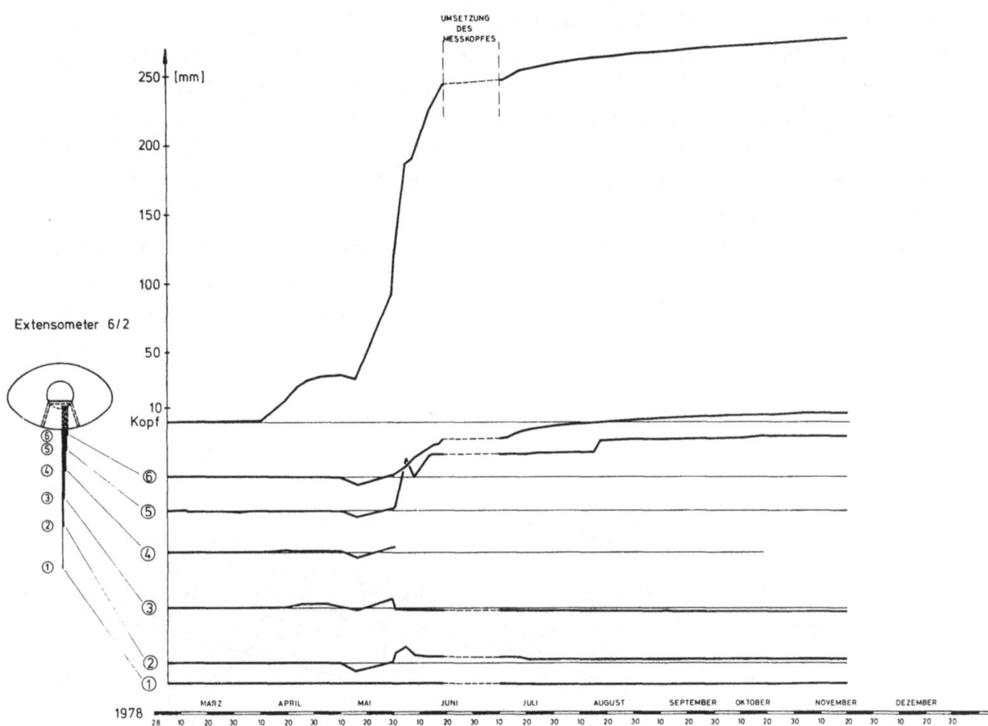

Abb. 16. Meßergebnisse Ext. 6/2

Measuring results Ext. 6/2

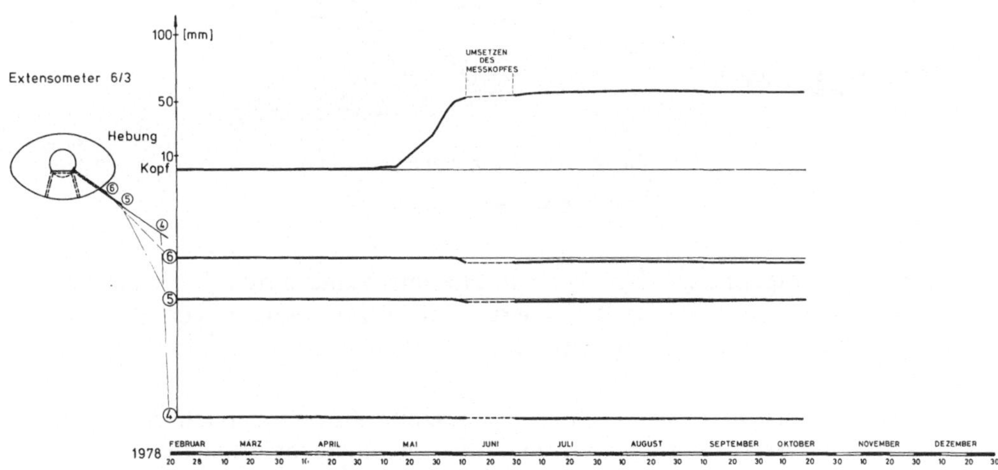

Abb. 17. Meßergebnisse Ext. 6/3

Measuring results Ext. 6/3

6. Tunnelbautechnische Probleme im ausgelaugten Gebirge

Bei der Probestrecke I im ausgelaugten Gebirge lag eine völlig andere Aufgabenstellung als im anhydritführenden Gebirge vor. Nach den Erfahrungen beim Vortrieb des Stollens waren Zweifel berechtigt, ob ein so weitgespannter flacher Querschnitt überhaupt ohne Zusatzmaßnahmen aufgefahren werden könnte. Die Möglichkeit der Gebirgsankerung war inzwischen geklärt. Ein kurzer Querstollen im Bereich der Probestrecke, gestützt mit zwei Holzgepärren, stand seit vier Monaten ohne wesentlichen Nachfall und ließ eine Entwässerungswirkung erkennen. Auf der Basis dieser Erkenntnisse wurde ein Ausbruchschema erarbeitet, das trotz des Ausbaus in verhältnismäßig kleinen Teilausbrüchen einen Ringschluß nach 5—7 Bogenabständen ermöglicht. Um einen möglichst guten Gebirgsverbund sicherzustellen, wurden sofort mit dem Sicherungseinbau in den einzelnen Teilausbrüchen, schnell abbindende Mörtelanker mit Topac-Patrone gesetzt, die nach

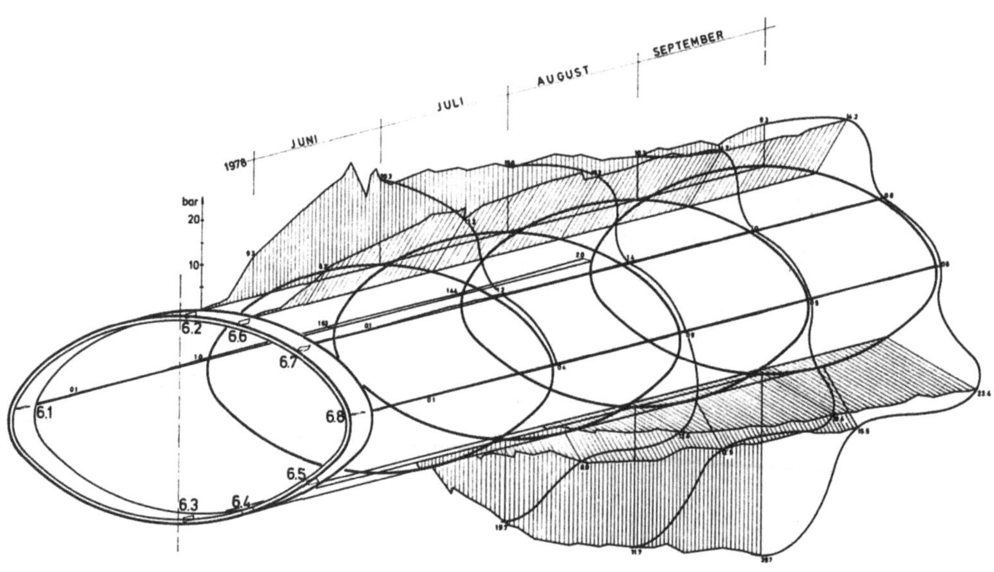

Abb. 18. Betondruckspannungen MQ 6

Concrete stresses at section 6

3 Stunden angespannt werden konnten. Hierdurch und durch die Hydraulikstempel, die sich auf der Stollensicherung abstützen, werden vor allem die Vorfangschienen entlastet, die nach hinten möglichst kurz gehalten werden mußten.

Beim Ausbruch zeigte sich, daß der gesamte Kalottenbereich der Probestrecke I entwässert worden war und dies in einem Streckenabschnitt, in dem der Stollenvortrieb große Schwierigkeiten machte und größtenteils Dielenvortrieb erforderte. Wie schon aus den Pegelmessungen, die von der Geländeoberfläche aus erfolgten, erkennbar war, stellte sich eine relativ flache, weitreichende Entwässerungsmulde ein, so daß beim Ausbruch der Probestrecke nur noch der Ulmenbereich und die Sohle Wasser führten. Durch sorgfältige Wasserableitung in einer Sohldrainage kann dieses beherrscht

Abb. 19. Vortrieb Probestrecke I
Excavation at test I

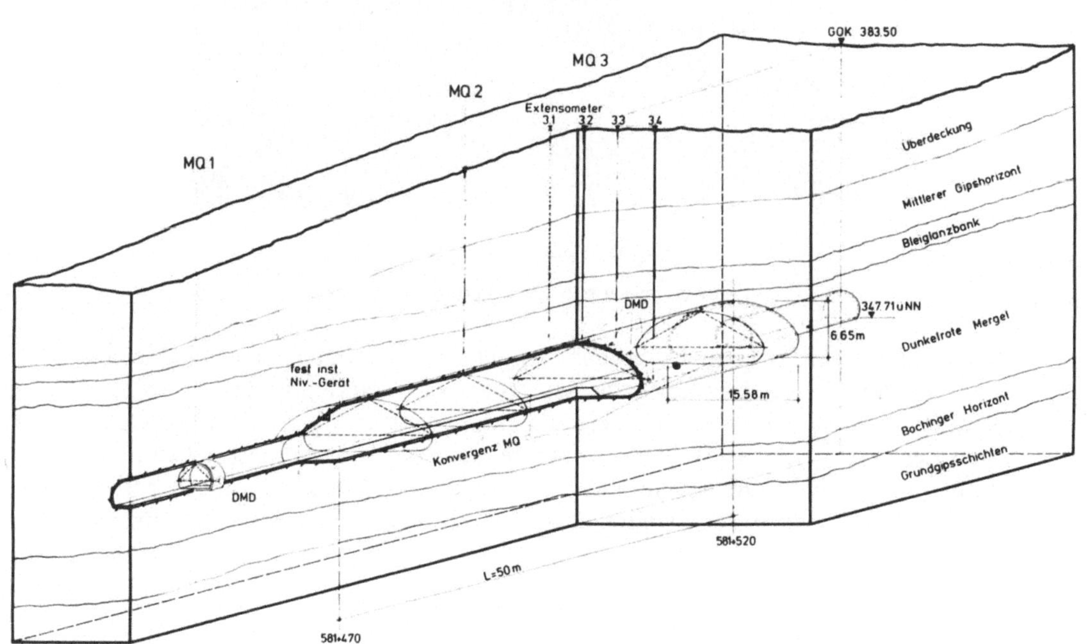

Abb. 20. Meßeinrichtungen Probestrecke I
Test excavation I, measuring installations

werden. Ein negativer Einfluß infolge Gebirgauflockerung aus dem Stollen-vortrieb konnte bisher noch nicht festgestellt werden.

Beim Herstellen der Probestrecke I kam es uns sehr auf eine verformungs-arme Bauweise an. Um möglichst rasch gesicherte Erkenntnisse hierüber zu erhalten, wurde im Scheitel der Aufweitung zur Probestrecke ein Nivellier-gerät fest installiert. Hierdurch können die Senkungen der Kalottenbogenteile direkt nach dem Einspritzen gemessen werden. Zur genaueren Erfassung des Lastwechselspiels wurden mehrere selbstanzeigende Ankerkraftmeßteller an den Ankern und zwischen Bogenteil und Hydraulikstempel verwendet. Die Wirksamkeit des Ankerausbaus mit einer geringen Anspannung auf 2 Ton-nen wurde bestätigt. Die gemessenen Verformungen sind für einen derartig weitgespannten Ausbruch im ausgelaugten Gipskeupergebirge bisher erfreu-lich gering und liegen bei etwa 60 mm. Korrespondierend hiermit wird eine

Abb. 21. Probestrecke I
Test excavation I, nearly completed

Querschnittsverbreiterung (Divergenz) von etwa 15 mm gemessen, die gleich-zeitig mit der Firstsetzung abklingt. Die von der Geländeoberfläche aus ein-gebauten Mehrfachextensometer zeigen Veränderungen an, seitdem die Orts-brust den Übergang zwischen Trompete und vollem Probestreckenquer-schnitt erreicht hat. Die Spannungsmessungen (radial und tangential) sollen in gleicher Art wie in der Probestrecke II auch in der Probestrecke I durch-geführt werden.

7. Schlußbemerkung

Bei weiterhin planmäßigem Ablauf der Arbeiten ist mit der Fertigstel-lung der Probestrecke I und damit dem Abschluß der ausgeschriebenen Ar-beiten bis Ende November 1978 zu rechnen.

Nach dem Vorliegen der Meßergebnisse kann die detaillierte Auswertung erfolgen, um die Eingangsgrößen und Grenzwerte für die Bemessung der Hauptbauwerke zu ermitteln.

Einige wesentliche Erkenntnisse können schon angeführt werden:

1. Die angetroffenen Bergwassermengen bestimmen im ausgelaugten Gebirge die Tunnelausbruchsarbeiten wesentlich mit.
2. Im ausgelaugten Gebirge ist ein Vortrieb mit den hier geforderten Querschnittsabmessungen nach der „Neuen Österreichischen Tunnelbauweise" ohne Zusatzmaßnahmen sicher beherrschbar, wenn durch vorherige Entwässerung die Stabilitätsverhältnisse verbessert werden.
3. Auch im bergfeuchten ausgelaugten Gebirge ist eine wirksame Ankerung möglich.
4. Im unausgelaugten, anhydritführenden Gebirge muß jegliches Wasser vom Gebirge ferngehalten werden, da andernfalls Schwellerscheinungen erheblichen Ausmaßes zwangsläufig folgen werden.
5. Im unausgelaugten, anhydritführenden Gebirge hat sich ein rasch eingebrachter Ausbauwiderstand mit Spritzbeton und Ankerung als zweckmäßig erwiesen.

Die anfänglichen Zweifel hinsichtlich der Durchführbarkeit des Gesamtprojektes wurden durch die Erkenntnisse beim Stollen und in den Probestrecken ausgeräumt, wobei trotz aller Widrigkeiten durch das hohe Fachkönnen der Mannschaften vor Ort die Sicherheit für das Bauwerk zu keinem Zeitpunkt in Frage stand.

Anschriften der Verfasser: Dr.-Ing. Karl Kuhnhenn, Ingenieurbüro für Tunnel- und Felsbau GmbH, Rintheimer Straße 48, D-7500 Karlsruhe 1; Reg.-Bau-Dir. Winfried Lorscheider, Autobahnamt Baden-Württemberg, Königstraße 44, D-7000 Stuttgart 1, Bundesrepublik Deutschland.

Rock Mechanics, Suppl. 8, 173—194 (1979)

Rock Mechanics
Felsmechanik
Mécanique des Roches
© by Springer-Verlag 1979

Geotechnische Auswertung des Richtstollens für den Vollausbruch am Beispiel Pfändertunnel

Von

M. John und J. Wogrin

Mit 16 Abbildungen

Zusammenfassung — Summary — Résumé

Geotechnische Auswertung des Richtstollens für den Vollausbruch am Beispiel Pfändertunnel. Beim 6,7 km langen Pfändertunnel wurde vorerst ein durchgehender Richtstollen mittels 2 Tunnelbohrmaschinen aufgefahren. Neben der geologischen Aufnahme wurden folgende Untersuchungen durchgeführt:

Geotechnische Messungen beim Vortrieb, Ermittlung der Gesteinskennwerte, Ermittlung des Verformungsmoduls und Ultraschallmessungen.

Die Prognose für die Gebirgsverhältnisse beim Vollausbruch wurde unter Zugrundelegen der ausgewerteten Untersuchungsergebnisse im Richstollen durchgeführt. Dazu wurde aufgrund der geologischen Aufnahme ein Säulenprofil konstruiert. Die daraus ersichtlichen Gesteinsschichten wurden zu geologischen Gebirgstypen zusammengefaßt. In die Gebirgsklassifizierung wurden die jeweiligen Spannungs-, Wasser- und Witterungseinflüsse einbezogen.

Der Vergleich der Prognose vor und nach dem Richtstollen mit den tatsächlichen Verhältnissen zeigt, daß die Kenntnis des Gebirgsverhaltens eine wesentliche Verbesserung der Prognose ermöglicht. Aufgrund eines Wirtschaftlichkeitsvergleiches konnte beim Pfändertunnel nachgewiesen werden, daß die Kosten des Richtstollens durch die Einsparungen beim Vollausbruch des Tunnels und dem Abteufen der beiden Schächte mehr als aufgewogen wurden.

Geotechnical Evaluation of the Exploratory Gallery for Excavation of the Pfänder Road Tunnel. For the 6,7 km Pfänder Tunnel a full-length pilot gallery was first constructed using two tunnel driving machines. In addition to the geological documentation, geotechnical measurements during driving, determination of rock properties, determination of the modulus of deformation of the rock mass and ultrasonic measurements were performed in the exploratory gallery.

The prognosis for the rock mass behavior during full excavation was based on the results of investigations in the exploratory gallery. On the basis of the geological records a column profile was drawn up. The rock strata shown therein were compiled in geological rock mass types. These types were assigned to the individual areas in the engineering-geology longitudinal section. When evaluating the rock mass behavior to be expected, not only the engineering-geology characteristics of the rock mass were considered but also the overburden height, water conditions and especially the influence of weathering.

The most valuable experience acquired in the exploratory gallery was the observation that the marly rock series are temporarily stable but are subject to a

0080-3375/79/Suppl. 8/0173/$ 04.40

progressive weathering process. Once weathering appearances have occurred, they first lead to loosening and then to rock pressure, which are difficult to stabilize.

As can be seen from the comparison of the prognosis of rock mass classification before and after excavation of the exploratory gallery to actual conditions, observation of the rock mass behavior in relation to support measures, in particular weathering processes, is most valuable. These experiences were taken into consideration in the tender documents and were a decisive factor in the successful construction of the road tunnel.

The most important outcome of the present study is the fact that the costs of the exploratory gallery could be recovered during construction of the road tunnel and its two ventilation shafts. However, this result, which was found on the basis of a cost analysis, is only valid for the project in question.

Evaluation géotechnique de la galerie pilote pour l'excavation du tunnel du Pfänder. Pour le tunnel du Pfänder avec une longuer de 6,7 km on a d'abord construit une galerie pilote en utilisant deux machines foreuse. Outre la documentation géologique, dans la galerie pilote pendant l'avancement on y a procédé à des mesurages géotechniques, à la détermination de la nature du rocher et du module de déformation du rocher et on a fait aussi des mesurages ultra-sonores.

La prognose pour la tenue du rocher pendant l'élargement de la galerie était basée sur les résultats obtenus grâce aux investigations dans la galerie pilote. Basé sur les constatations géologiques on a établi un profil à colonne dans lequel les strates ont été classifiées en types géologiques du rocher. Ces types furent assignés aux parties individuelles de la coupe longitudinale géologique. En évaluant la tenue probable du rocher on ne considérait pas seulement les caractéristiques géologiques du rocher mais aussi l'épaisseur de la terre de couverture, les conditions des eaux et surtout l'influence atmosphérique.

De la plus grande importance fút l'observation dans la galerie pilote que la marne est temporairement stable mais qu'elle est soumise à un procès progressif dû aux intempéries. Dès que les influences d'intempéries se montrent elles mènent d'abord aux relâchements et ensuite à la pression de la roche, qui sont difficile à stabiliser.

Comme no peut voir en comparant la prognose des types de roches avant et après l'excavation de la galerie pilote avec les conditions réelles, il est de grande importance d'observer la tenue du rocher en relation aux mesures de support, surtout en ce qui concerne l'influence des intempéries. L'expérience obtenue à cet égard a été prise en considération dans les appels d'offers et elle se révélait de grande valeur pour la construction avec succès du tunnel.

Le résultat le plus important obtenu grâce à cette étude est que tous les frais rélatifs à la galerie pilote peuvent être regagnés en cours de la construction du tunnel et des deux puits d'aérage. Pourtant, ce résultat, qui est basé sur une analyse des coûts, n'est valable que pour le projet en question.

Abwicklung des Bauvorhabens

Der Pfändertunnel ist Bestandteil der Rheintal-Autobahn A 14. Das Bauvorhaben wird im Auftrag der Bundesstraßenverwaltung vom Amt der Vorarlberger Landesregierung, Abteilung Straßenbau (Planung) und Landesstraßenbauamt Feldkirch (Bauleitung), abgewickelt. Die gesamte Planung und Bauaufsicht wurde der Ingenieurgemeinschaft Lässer-Feizlmayr übertragen, als deren Sachbearbeiter und Bauleiter die Verfasser tätig sind. Der Richtstollen wurde von der Arge C. Baresel und G. Moosbrugger hergestellt, die

Bauarbeiten für den Vollausbruch und das Abteufen der Schächte wurden der Arge Beton- und Monierbau, Ed. Züblin und Hilti & Jehle übertragen. Das geologische Gutachten und die Dokumentation des Richtstollens verfaßte Herr Doz. Dr. L. Krasser, als Gutachter fungierten Univ.-Prof. Dr. E. H. Weiss und Hon.-Prof. Dipl.-Ing. Dr.-Ing. h. c. F. Pacher.

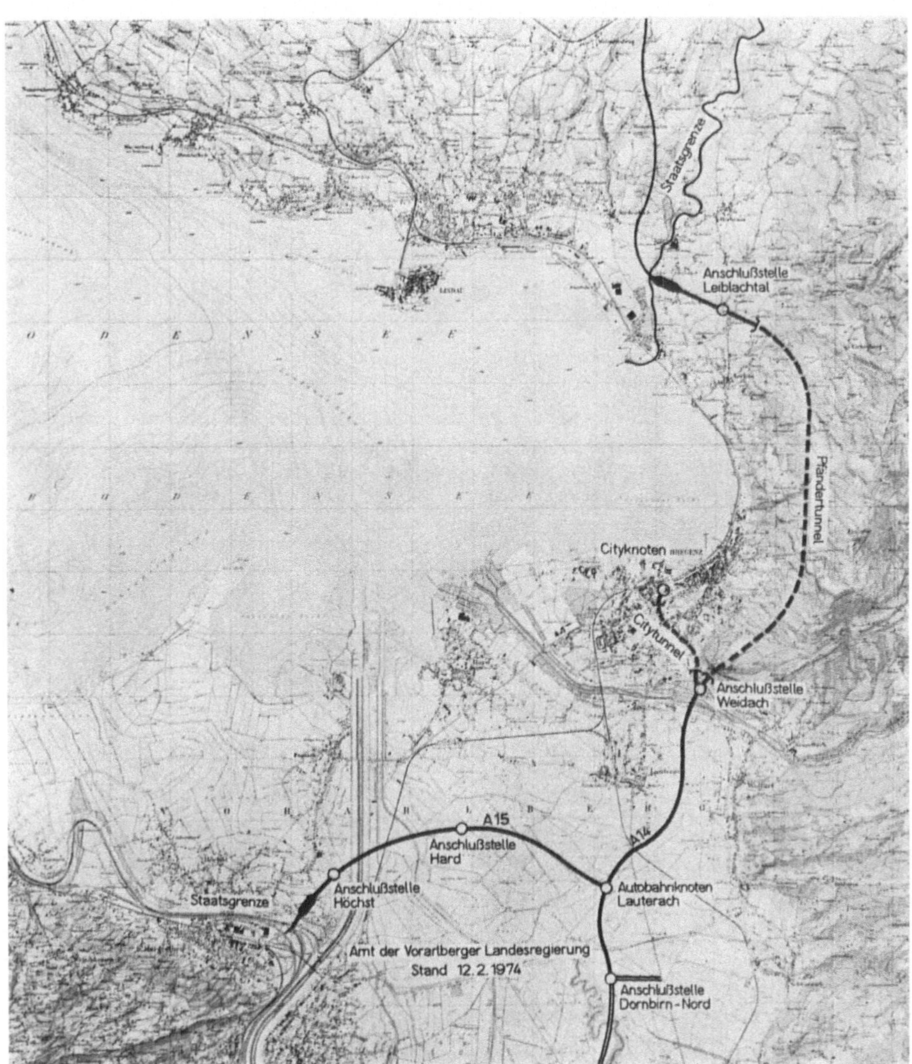

Abb. 1. Übersichtskarte Rheintal-Autobahn A 14 im Raum Bregenz
Situation plan of the Rhine Valley Freeway A 14 at Bregenz

1. Übersicht

Für die Trassierung der Rheintal Autobahn im Raum Bregenz wurden verschiedenste Varianten untersucht. Letzten Endes wurde einer Tunneltrasse der Vorzug gegeben.

M. John und J. Wogrin:

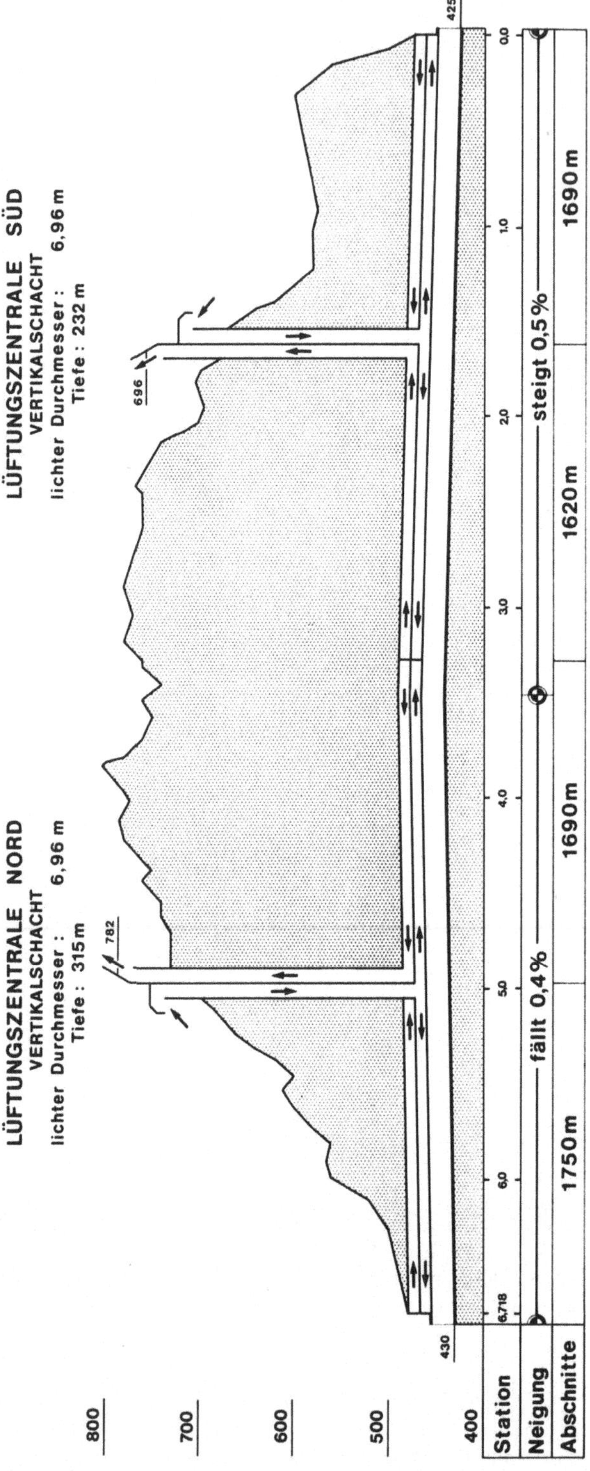

Abb. 2. Längenschnitt mit Lüftungskonzept

Longitudinal section with ventilation concept

Die Portale des 6,7 km langen Pfändertunnels, mit dem Bregenz umfahren wird, wurden vor allem aus geologischen Gründen nicht auf kürzestem Weg miteinander verbunden (Abb. 1).

Eine hangnahe Tunneltrasse hätte tunnelbautechnische Schwierigkeiten mit sich gebracht, da der Rand des Pfändermassivs mit Kluftscharen und Bruchsystemen durchsetzt und stark wasserführend ist. Außerdem wurde die Linienführung von meteorologischen und topographischen Verhältnissen bestimmt. Es war gefordert, die Abluft in einer Höhe von rund 700 m auszublasen, da sich im Bodenseegebiet im Winter bis in diese Höhe häufig Inversionsschichten bilden.

Diese Forderung bedingte ein Lüftungskonzept mit 2 Untertag-Lüftungszentralen, welche durch 2 Schächte mit Obertag verbunden sind (Abb. 2).

2. Geologie

Nachdem im Alpenkörper die wesentlichsten tektonischen Strukturen bereits gebildet waren, hoben sich die Alpen gegenüber dem nördlichen Vorland und wurden damit einer Erosion ausgesetzt. Die wasserreichen Flüsse setzten ihr durch Verwitterung des Gebirges entstandenes Geschiebe an den Flußmündungen ab. Der Pfänderstock stellt den Rest eines so entstandenen Schuttfächers dar.

Die Ablagerungsbedingungen ergaben eine ausgeprägte Wechsellagerung der Gesteinstypen: Konglomerat, Sandstein und Mergel.

Eine Abgrenzung der Gesteinstypen ist nur schwer möglich, weil diese ineinander übergehen, Einlagerungen z. B. von Kohle und Tonmergel auftreten und die Schichtstärken teilweise im cm-Bereich liegen. Im geologischen Längenschnitt (Abb. 3) wurden daher Abschnitte mit ähnlichem Gebirgsverhalten zusammengefaßt.

Die Schichtung ist sehr flach gelagert, sie fällt nach Norden ein.

Die Klüftung hat eine untergeordnete Bedeutung, die Klüfte sind vor allem in den spröden Konglomeraten in Form von offenen Spalten vorhanden, die wasserführend sein können. Ansonsten ist das Gebirge wegen des geschichteten Aufbaues mit Wechsel von durchlässigen und undurchlässigen Schichten trocken. Vereinzelt werden gasführende Gesteinsserien angetroffen, die Konzentration des Methangases ist jedoch niedrig.

3. Richtstollen

3.1 Ausschreibung und Vergabe

Um die wechselnden geologischen Verhältnisse quantitativ voraussagen zu können, wurde der Bau eines Richtstollens ins Auge gefaßt. Zu den technischen Vorteilen, wie Verringerung des Risikos, günstigere Bewetterung beim Vollausbruch, kam auch der Umstand, daß nach den langen Unklarheiten über die Trassenführung ein rascher Baubeginn den politischen Intentionen entsprach.

M. John und J. Wogrin:

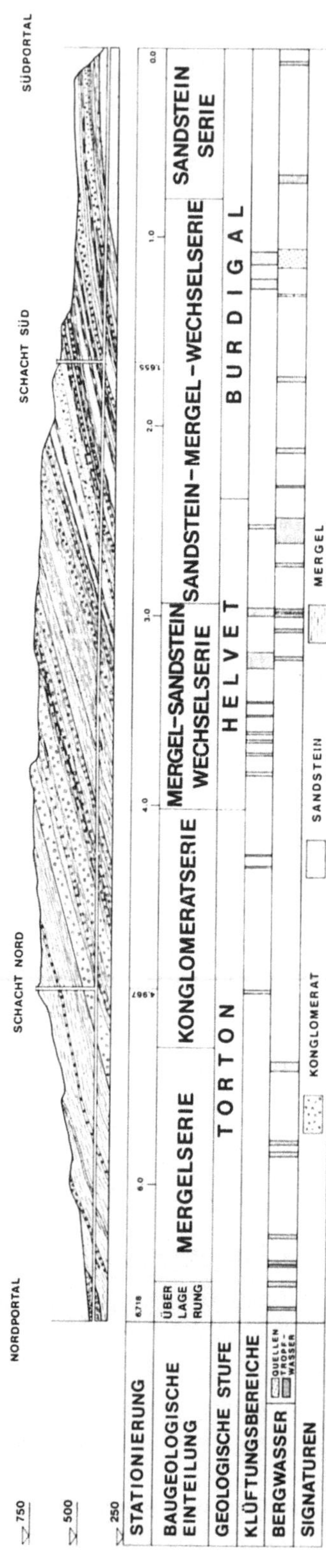

Abb. 3. Geologischer Längenschnitt
Geological longitidinal section

Um den geologischen Aufschluß durch den Richtstollen für die weitere Projektierung nützen zu können, wurde dieser mit Vortrieb von beiden Portalen aus mit Sprengvortrieb ausgeschrieben.

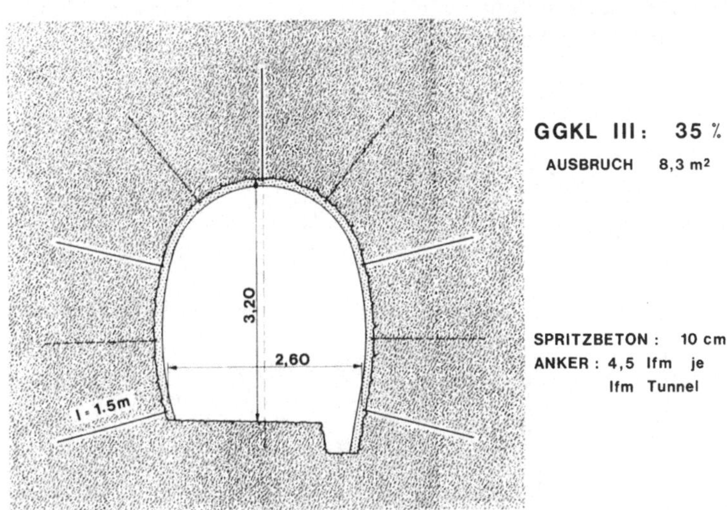

Abb. 4 a. Richtstollen, Regelprofil für Sprengvortrieb und Stützmaßnahmen nach Gebirgsgüteklasse III
Pilot tunnel, cross-section for conventional excavation and support measures for rock class III

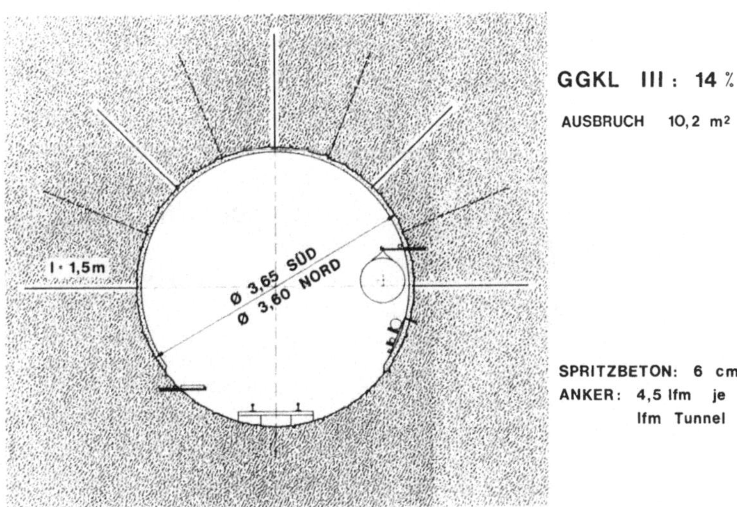

Abb. 4 b. Richtstollen, Regelprofil für maschinellen Vortrieb und Stützmaßnahmen nach Gebirgsgüteklasse III
Pilot tunnel, cross-section for mechanical excavation and support measures for rock class III

Trotz der verhältnismäßig kurzen Bauloslänge von jeweils 3,3 km wurden von einem Teil der Bieter kostengünstigere Varianten für maschinellen

　　　　M. John und J. Wogrin:

Vortrieb abgegeben. Die Beurteilung der Alternativangebote wurde deshalb erschwert, weil gegenüber dem Ausschreibungsentwurf teils die Verteilung der Güteklassen, teils die Stützmaßnahmen in den einzelnen Klassen oder teils beides abgeändert wurde (Abb. 4a und 4b). Die Vergabe des Richtstollens erfolgte nach einem Alternativangebot für maschinellen Vortrieb, bei dem die Vortriebsarbeiten pauschaliert waren.

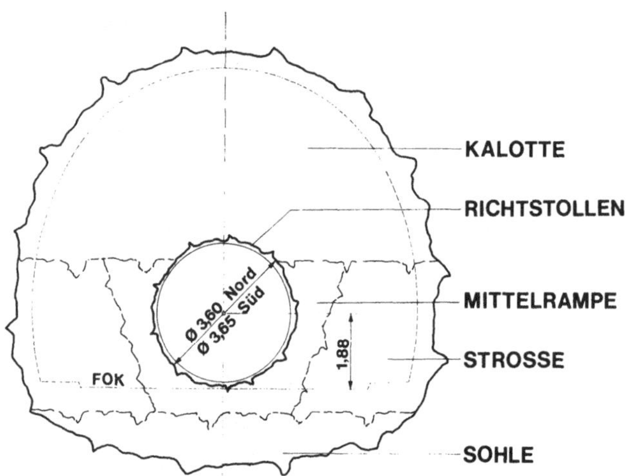

Abb. 5 a. Anordnung des Richtstollens bei Sprengvortrieb des Vollausbruches
Situation of the pilot tunnel for conventional excavation of the full tunnel diameter

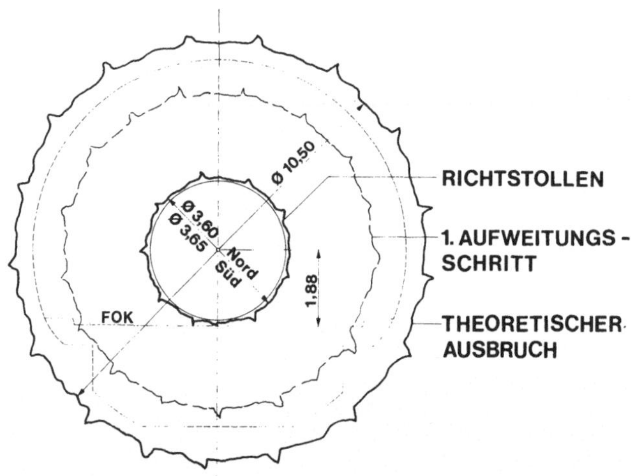

Abb. 5 b. Anordnung des Richtstollens bei maschinellem Vortrieb des Vollausbruches
Situation of the pilot tunnel for mechanical excavation of the full tunnel diameter

Die Vergabe beeinflußte die Anordnung des Richtstollens in bezug zum Vollprofil (Abb. 5a und 5b). Es war zu erwarten, daß das maschinelle Auffahren des Vollprofiles ebenfalls wirtschaftlich sein kann. Um keine der beiden Methoden von vornherein auszuschließen — schließlich ist eine harte Konkurrenz noch immer der bedeutendste Faktor für kostengünstige Angebote — wurde der Richtstollen in das Zentrum des Kreisprofiles für den Vollausbruch gelegt. Den Beteiligten war bewußt, daß dies für den konventionellen Vortrieb nicht die optimalste Lage darstellte, der stärkeren Konkurrenzierung wurde aber der Vorrang gegeben.

3.2 Bauausführung

Die Ausbruchsarbeiten wurden im Baulos Süd mit einer Robbins-Maschine und im Baulos Nord mit einer Wirth-Maschine durchgeführt. Die technischen Daten der beiden eingesetzten Vortriebsmaschinen sind:

	Robbins	Wirth
Type	123/133	TB II H
Bohrdurchmesser	3,65 m	3,60 m
Anschlußleistung	500 kW	460 kW
Vorschubkraft	3120 kN	4400 kN
Vorschub pro Hub	1,05 m	0,80 m
Kopfumdrehungen	6,5/Minute	0—12/Minute
Anzahl der Schneidringe	30	24
Länge der Maschine	11 m	13 m
Betriebsgewicht	880 kN	850 kN
Kleinster Kurvenradius	160 m	150 m

Als Baulosgrenze war der Scheitelpunkt vorgesehen, zufolge eines späteren Baubeginns am Nordportal und der unterschiedlichen geologischen Verhältnisse kam es jedoch zu einer Verschiebung der Baulosgrenze. Das Baulos Süd hatte endgültig eine Länge von rund 4650 m, das Baulos Nord von rund 2100 m, wovon 220 m im Hangschutt konventionell aufgefahren werden mußten.

Es zeigte sich, daß die anstehenden Gesteine für einen maschinellen Abbau gut geeignet sind.

Alle wichtigen Daten wurden aufgezeichnet (Tabelle 1) und für den Vollausbruch den anbietenden Firmen zur Verfügung gestellt.

Die ungünstigeren Werte im Baulos Nord sind einesteils durch die schlechteren geologischen Verhältnisse bedingt, andererseits zeigt der Vergleich der Werte für die Mergel-Sandsteinserie mit jenen der Mergelserie, die sich geologisch nicht wesentlich unterscheiden, daß mit den beiden Vortriebsmaschinen unterschiedliche Ergebnisse erzielt wurden. Beides hat sich in den Vortriebsleistungen niedergeschlagen. Bei einem zweischichtigen Betrieb mit je 10 Stunden im Dekadenrhythmus wurde im Baulos Süd eine mittlere Vortriebsleistung von 420 m je Monat, im Baulos Nord von 340 m je Monat erzielt.

Der Einbau von Stahlteilen als Stützmittel wurde beim Richtstollen nicht zugelassen, da diese einen maschinellen Ausbruch des Vollprofiles wesentlich erschwert hätten. Anstelle von Stahlanker wurden Glasharzanker verwendet, welche vermörtelt wurden. Um Ankerplatten festschrauben zu können, wurde ein Stahlkopf aufgepreßt. Anstelle des Baustahlgitters wurde

Tabelle 1. Parameter des maschinellen Vortriebes des Richtstollens
Parameters for Mechanical Excavation of the Pilot Tunnel

GESTEINS-SERIE	BOHRBARKEIT		
	ANPRESSDRUCK MN/m^2	PENETRATION mm/U	NETTOBOHRGESCHW. m/h
Sandstein	0,26 — 0,28	6,5 — 9,0	2,5 — 3,2
Sandstein-Mergel	0,26 — 0,30	6,0 — 7,5	2,4 — 2,8
Mergel-Sandstein	0,26 — 0,28	6,0 — 10,0	2,5 — 3,3
Konglomerat	0,25 — 0,29	2,5 — 3,0	1,5 — 2,0
Mergel	0,12 — 0,15	2,5 — 4,0	2,0 — 2,5
Baulos - Süd	0,27	7,07	2,66
Baulos - Nord	0,18	3,11	2,02
Mittel - Gesamt	0,23	5,93	2,44

ein Glasfasernetz mit 6 mm Durchmesser eingesetzt (Abb. 6). Nachdem das Aufbringen von Spritzbeton erst im Bereich hinter der Maschine möglich war,

Abb. 6. Richtstollen: Anker und Glasfasernetz zur Vortriebssicherung
Pilot tunnel: anchors and fiberglass netting as support measures

wurden bei Nachbrüchen im Maschinenbereich vorgeformte Sperrholzelemente im Firstbereich eingebaut und mit Anker befestigt (Abb. 7).

3.3 Geotechnische Untersuchungen

Mittels einaxialen und dreiaxialen Druckversuchen wurde die Gesteinsfestigkeit ermittelt. Die Ergebnisse der Scherversuche an Schichtflächen ergaben erwartungsgemäß niedrigere Festigkeiten (Tabelle 2). Letztere wurden als für die Gebirgsfestigkeit repräsentativ gewertet. Bei diesen Versuchen wurde auch die Restfestigkeit festgehalten.

Abb. 7. Richtstollen: Sperrholzplatten zur Vortriebssicherung
Pilot tunnel: plywood panels as support measures

Der Vergleich des Verformungsverhaltens an Gesteinsproben mit jenem bei Bohrloch-Aufweitungsmessungen zeigte beim E-Modul gute Übereinstimmung. Der Verformungsmodul im Bohrloch war hingegen generell erheblich niedriger als jener an Gesteinsproben (Tabelle 3). Aus den gewonnenen Ergebnissen ging hervor, daß keine übermäßigen Verformungen zu erwarten sind, was durch die Ergebnisse der Konvergenzmessungen im Richtstollen bestätigt wurde. Die maximale Durchmesseränderung betrug 17 mm, im allgemeinen war sie jedoch wesentlich geringer.

Im Bereich der Kavernen wurde ein Stollen zum Schachtfuß vorgetrieben, um die geologischen Verhältnisse aufzuschließen. Dieser konventionell aufgefahrene Stollen, welcher zum Teil parallel zum Richtstollen verlief, wurde dazu genützt, den Einfluß der Sprengauflockerung festzustellen. In beiden Stollen wurde das Gebirge zwischen zwei Bohrlöchern im Abstand von 5 m parallel zur Stollenachse durchschallt. Es zeigte sich, daß die Auflockerung bis in eine Tiefe von rd. 2,5 m reicht. Ob diese durch die Sprengwirkung vergrößert wurde, konnte nicht festgestellt werden, da im Auflockerungsbereich keine Signale empfangen wurden. Es war aber zu erkennen, daß die Sprengauflockerung das Gebirgsverhalten nicht übermäßig beeinflußt.

Tabelle 2. Festigkeitsparameter von Gestein und Gebirge
Strength Parameters of Rock and Rock Mass

GESTEINS-TYP	FESTIGKEITSPARAMETER [MN/m²]							
	Einaxiale Druckfestigkeit		Spalt-Zugfestigkeit		Kohäsion		Reibungs-winkel	
	GESTEIN	GEBIRGE	GESTEIN	GEBIRGE	GESTEIN	GEBIRGE	GESTEIN	GEBIRGE
Konglomerat	55	32	7,0	3,0	9,5	6,0	48	43
Sandstein	50	20	4,0	2,0	9,0	4,0	45	42
Mergel //s	53	15	6,0	1,5	6,5	3,0	40	35
Mergel ⊥s	37	15	4,0	1,5	10,0	3,0	40	35

Tabelle 3. Verformungsparameter von Gestein und Gebirge
Deformation Parameters of Rock and Rock Mass

VERFORMUNGS-PARAMETER	E-MODUL [MN/m²]		V-MODUL [MN/m²]	
	GESTEIN	GEBIRGE	GESTEIN	GEBIRGE
Konglomerat	19.000	19.000	16.000	9.000
Sandstein	11.000	11.000	9.000	3.500
Mergel //s	18.000	13.000	15.000	5.000
Mergel ⊥s	7.000	15.000	6.000	5.500

3.4 Bauerfahrungen

Die wesentlichsten Erfahrungen beim Richtstollen wurden durch die Beobachtung des Gebirgsverhaltens gewonnen:

Konglomerate, die standfest sind, wurden nur in kurzen Abschnitten angetroffen; durch die verschiedensten Einschaltungen und Wechsellagerungen kam es zu Abplatzungen und Keilausbrüchen aus der Firste. Die reinen Sandsteinserien waren im allgemeinen standfest; lokal wurden kleinere Ablösungen von dünnschichtigen Lagen beobachtet.

Die Mergel waren im trockenen Zustand auf Grund der hohen Festigkeit vorübergehend standfest, sie erwiesen sich aber als stark wasserempfindlich. Die Luftfeuchtigkeit verursachte schuppenartige Ablösungen, welche sich später zu Abplatzungen und in weiterer Folge zur Scherbrüchen in den

Ulmen ausdehnten (Abb. 8). Bei direkter Befeuchtung, z. B. durch die Ableitung des Brauchwassers auf der Felssohle, wurden die Mergel rasch aufgeweicht und es kam zu Sohlhebungen. Eine Oberflächenversiegelung, die

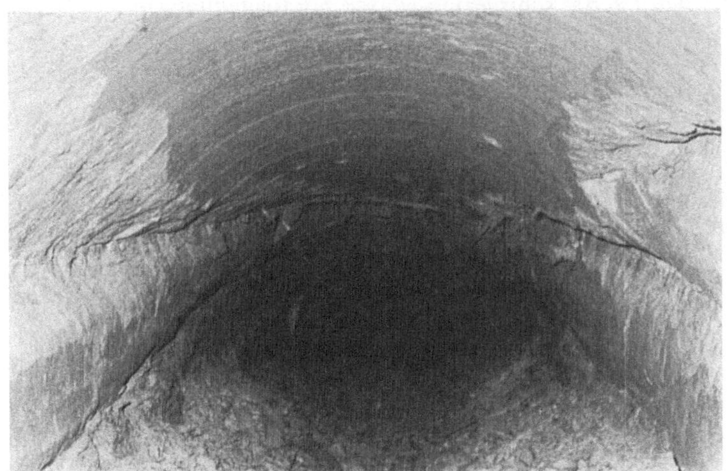

Abb. 8. Richtstollen: Brucherscheinungen in Ulm und Sohle
Pilot tunnel: appearance of fractures in side wall and invert

Abb. 9. Richtstollen: fortgeschrittene Brucherscheinungen in Firste, Ulm und Sohle
Pilot tunnel: advanced appearances of fractures in the roof, side wall and invert

erst aufgebracht wurde, wenn die Verwitterungsprozesse bereits eingeleitet sind, gewährleistete nur eine kurzfristige Standsicherheit. Die Spritzbetonschale wurde abgeschert, der Mergel löste sich in Schalen ab, der Verbund Anker zu Gebirge ging verloren (Abb. 9). Diese Bruchvorgänge dauerten an bis der Vollausbruch nachfolgte.

Ähnliche Beobachtungen wurden auch in den Wechselserien, in denen Mergel und Tonmergel eingeschaltet waren, gemacht. Wurde z. B. im Kalottenbereich Sandstein und in der Sohle Mergel aufgefahren, wurde die Sohle auf den Ulm aufgeschoben. Der Tonmergel erwies sich als stark quellend, er wurde vielfach als schmierige-Masse herausgequetscht.

4. Vollausbruch

4.1 Prognose des Gebirgsverhaltens

Vor Auffahren des Richtstollens wurden die geologischen Verhältnisse auf Grund einer Oberflächenkartierung abgeschätzt. Die Extrapolation in den Tunneln war demnach mit Unsicherheiten verbunden.

Die Verteilung der Gesteinstypen wurde wie folgt angenommen:

Konglomerat	15%	
Sandstein	20%	
Mergelsandstein	35%	
Mergel	18%	} 65%
Tonmergel	12%	

Als tatsächliche Verteilung der Gesteinstypen wurde ermittelt:

Konglomerat	20%	
Sandstein	20%	
Mergelsandstein	18%	
Mergel	37%	} 60%
Tonmergel	5%	

Der Vergleich zeigt, daß der Anteil der Hauptgesteinsarten relativ gut übereinstimmte, die Unterteilung der mergeligen Gesteinstypen jedoch nicht.

Da keine Daten der Gesteinskennwerte vorlagen, mußten diese geschätzt werden. Die Untersuchungen im Richtstollen ergaben, daß die Festigkeit der Mergel unterschätzt worden war.

Aus diesen Gründen fiel die Prognose des Gebirgsverhaltens vor Auffahren des Richtstollens zu pessimistisch aus (Abb. 10). Nach Auffahren des Richtstollens wurde auf der Basis der geologischen Aufnahme ein Säulenprofil über sämtliche zu durchörternde Schichten von Dr. M. Köhler aufgestellt.

Mit einem Deckblatt wurde das Brustbild an jeder beliebigen Station abgelesen. Die verschiedenen Gesteinstypen wurden zu Gebirgstypen zusammengefaßt. Als Gebirgstype wurde z. B. ein homogenes Gebirge oder hartes Grundgebirge mit weichen Einschaltungen aufgefaßt. Die verschiedenen Gesteinstypen dienten als weitere Unterteilung. Die Gebirgstypen wurden hinsichtlich Gebirgsverhalten grundsätzlich beurteilt. Die endgültige Gebirgsklassifizierung erfolgte im geologischen Längenschnitt unter Berücksichtigung der Überlagerungshöhe, Wassereinflüsse und der Gesamtabfolge der Schichten auch außerhalb des Tunnelprofiles.

Ein Vergleich der Prognose des Gebirgsverhaltens mit den tatsächlichen Verhältnissen zwischen Station 0 und 5000 m ab Portal Süd gibt Abb. 10 wieder.

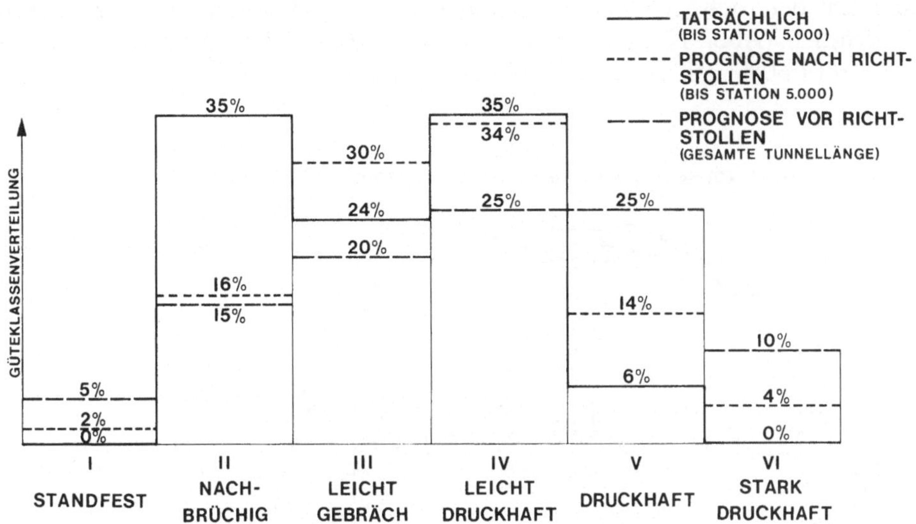

Abb. 10. Vergleich der Gebirgsklassifizierung
Comparison of rock mass classification

Die Diskrepanz zwischen Prognose und Tatsache in den Klassen II, V und VI ist darauf zurückzuführen, daß einerseits die Sprengauflockerung und andererseits die Schwierigkeiten bei der Beherrschung der mergeligen Gesteinstypen auf Grund der schlechten Erfahrungen beim Vortrieb des Richtstollens überbewertet wurden.

Eine weitere Verbesserung der Prognose wäre möglich gewesen, wenn der Richtstollen in typischen Abschnitten auf das volle Profil ausgeweitet worden wäre, wie dies vom Planungsbüro vorgeschlagen worden war. Auf Grund der raschen Abwicklung des Projektes konnte dies nicht verwirklicht werden.

4.2 Ausschreibung und Vergabe

Die Ausschreibung für den Vollausbruch des Pfändertunnels erfolgte sowohl für Sprengvortrieb als auch für maschinellen Vortrieb. Das Hufeisenprofil für den konventionellen Vortrieb (Abb. 11) weist einen theoretischen Ausbruchsquerschnitt von 82 bis 94 m^2 auf, letzteres mit Sohlgewölbe. Das Kreisprofil (Abb. 12) hat einen Innendurchmesser von 9,7 m, einen theoretischen Bohrdurchmesser von 10,5 m und einen Ausbruchsquerschnitt von 85 m^2. Sowohl die zum damaligen Zeitpunkt nicht im Einsatz stehende Aufweitungsmaschine von Wirth für den Sonnenburgtunnel wie auch die Robbinsmaschine, die beim Heitersbergtunnel eingesetzt war, hätten für den Pfändertunnel herangezogen werden können.

Die Güteklassenverteilung entsprechend der Prognose nach dem Richtstollen (vgl. Abb. 10) galt für beide Vortriebsmethoden. Der erforderliche

Ausbauwiderstand für das Hufeisen- und Kreisprofil wurde unter Berücksichtigung der Sprengauflockerung, des geotechnisch günstigeren Kreisprofiles und des unterschiedlichen Ausbruchdurchmessers festgelegt. Demnach unterschieden sich die Stützmaßnahmen für das Hufeisen- und Kreisprofil beträchtlich (Abb. 13 und 14), in Summe betrug z. B. die Ankerung beim Kreisprofil 60% von jener beim Hufeisenprofil.

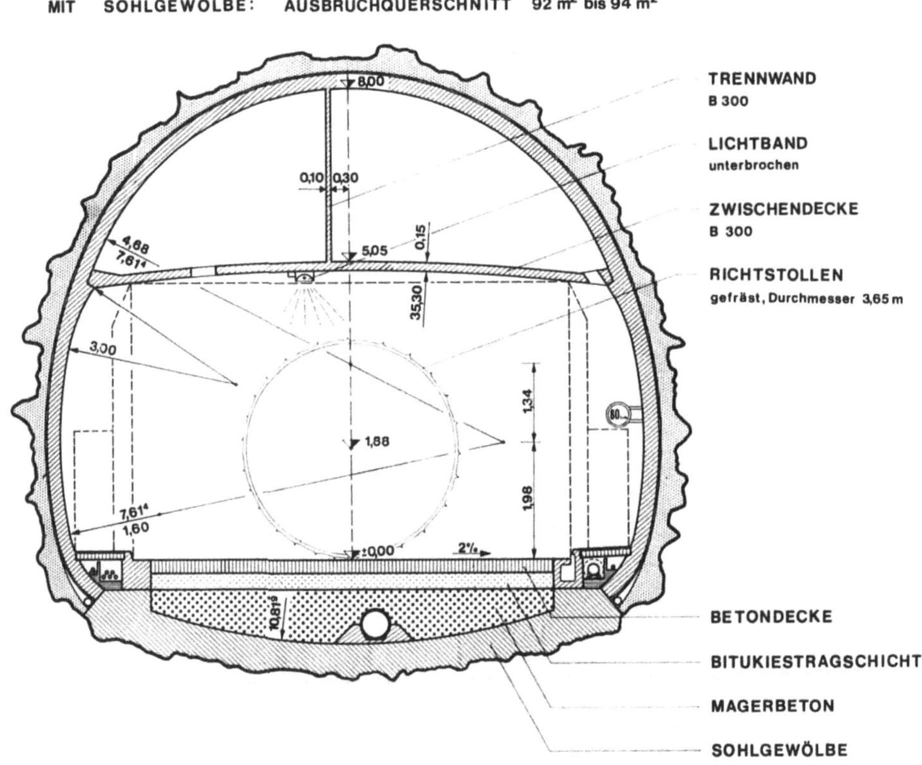

Abb. 11. Regelprofil — Hufeisen
Cross section — horseshoe shape

5 der 6 Bietergruppen gaben für den Sprengvortrieb günstigere Angebote ab als für den maschinellen Vortrieb. An vorderster Stelle lagen die Angebote für den konventionellen Vortrieb, weshalb die Vergabe nach dieser Baumethode erfolgte.

4.3 Bauausführung

Wegen der stark wechselhaften geologischen Verhältnisse hat sich die ausführende Arge für einen durchgehenden, gleislosen Kalotten-Strossen-Betrieb entschieden (Abb. 15). Der Strossenabbau folgt dem Kalottenvortrieb im Abstand von rd. 100 bis 150 m. Dadurch können in Kalotte und Strosse dieselbe Mannschaft und dieselben Geräte wirtschaftlich eingesetzt werden.

Bedingt durch die Lage des Richtstollens im Volpllrofi ist der sonst übliche, halbseitige Strossenabbau schwer durchführbar, weil die Stabilität der Rampenböschungen nicht gegeben ist. Es wird daher eine Mittelrampe

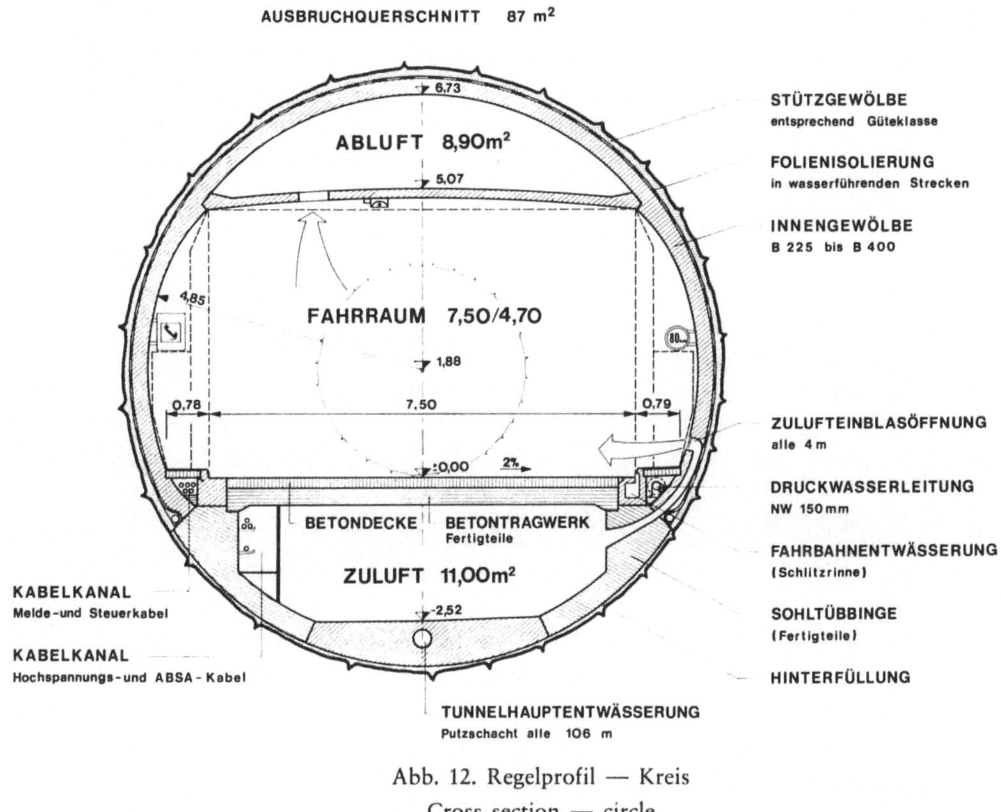

Abb. 12. Regelprofil — Kreis
Cross section — circle

hergestellt. Der Sohleeinbau erfolgt — wie üblich — halbseitig im Abstand von rd. 100 m von der Strossenbrust.

Der Tunnelvortrieb erfolgt einseitig vom Südportal aus, weil das Ausbruchsmaterial zur Abdeckung des Massendefizites bei der Schüttung der Autobahndämme im Südabschnitt benötigt wird. Bei diesen Gegebenheiten kann der Richtstollen ständig für die Baubewetterung herangezogen werden. Am Nordportal wurde ein Ventilator installiert, der die Frischluft am Südportal ansaugt. Trotz der für den Vollausbruch ungünstigen tiefen Lage des Richtstollens im Profil werden die Sprengschwaden nach jedem Abschlag in wenigen Minuten durch das Haufwerk abgesaugt und beim Nordportal ausgeblasen. Die sonst übliche „Bojanpause" entfällt, ebenso wie der Einbau der Luttenleitung, welche bei den nachlaufenden Arbeitsgängen ein ständiges Hindernis darstellt. Die gewählte Vortriebsweise hat sich bisher bewährt. Bei einem durchlaufenden Dekadenbetrieb mit 2 Schichten je Tag wurde bis zur Station 5000 eine mittlere Vortriebsleistung von 275 m je Monat erzielt.

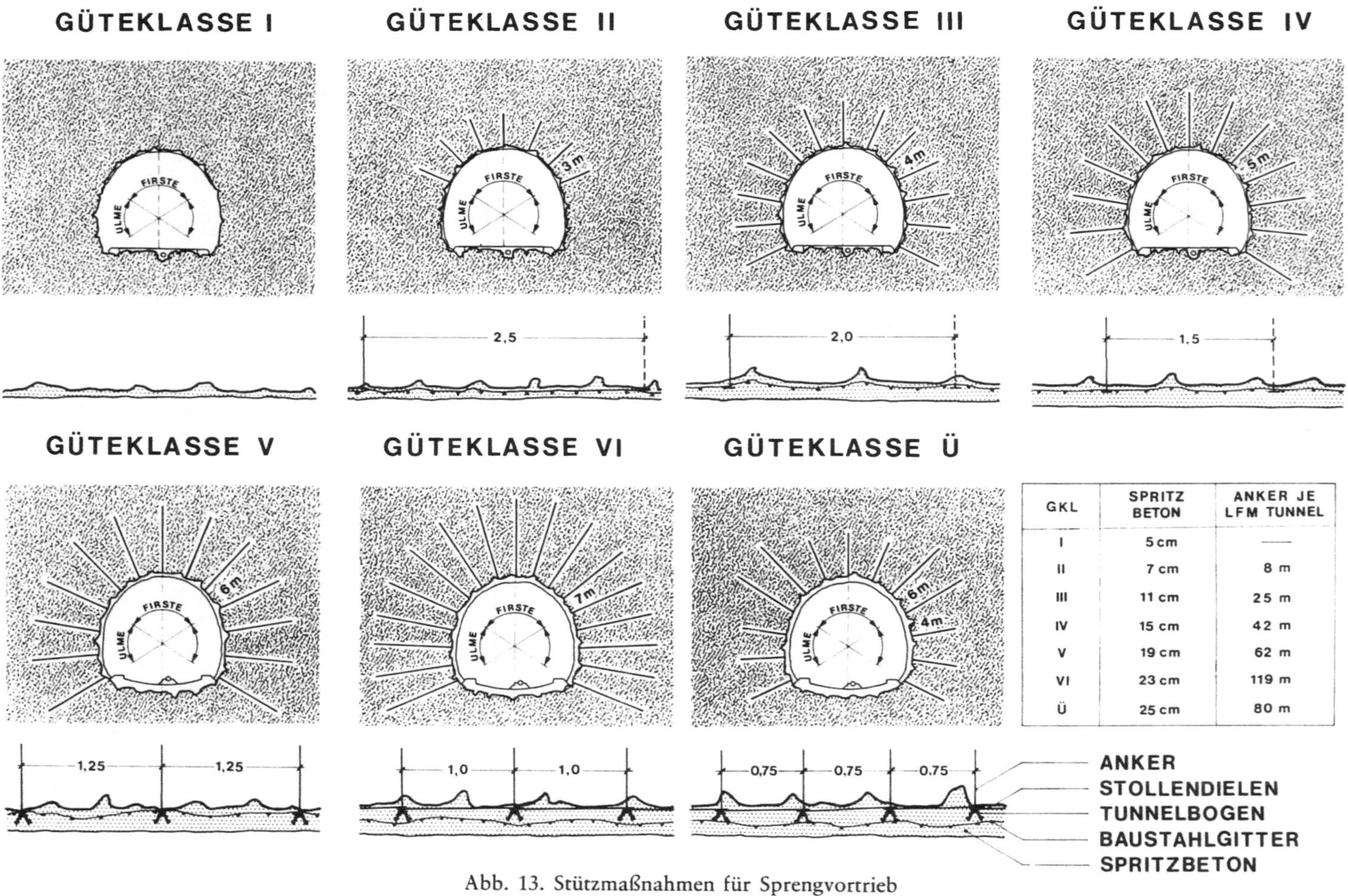

GKL	SPRITZ BETON	ANKER JE LFM TUNNEL
I	5 cm	—
II	7 cm	8 m
III	11 cm	25 m
IV	15 cm	42 m
V	19 cm	62 m
VI	23 cm	119 m
Ü	25 cm	80 m

Abb. 13. Stützmaßnahmen für Sprengvortrieb
Support measures for conventional excavation

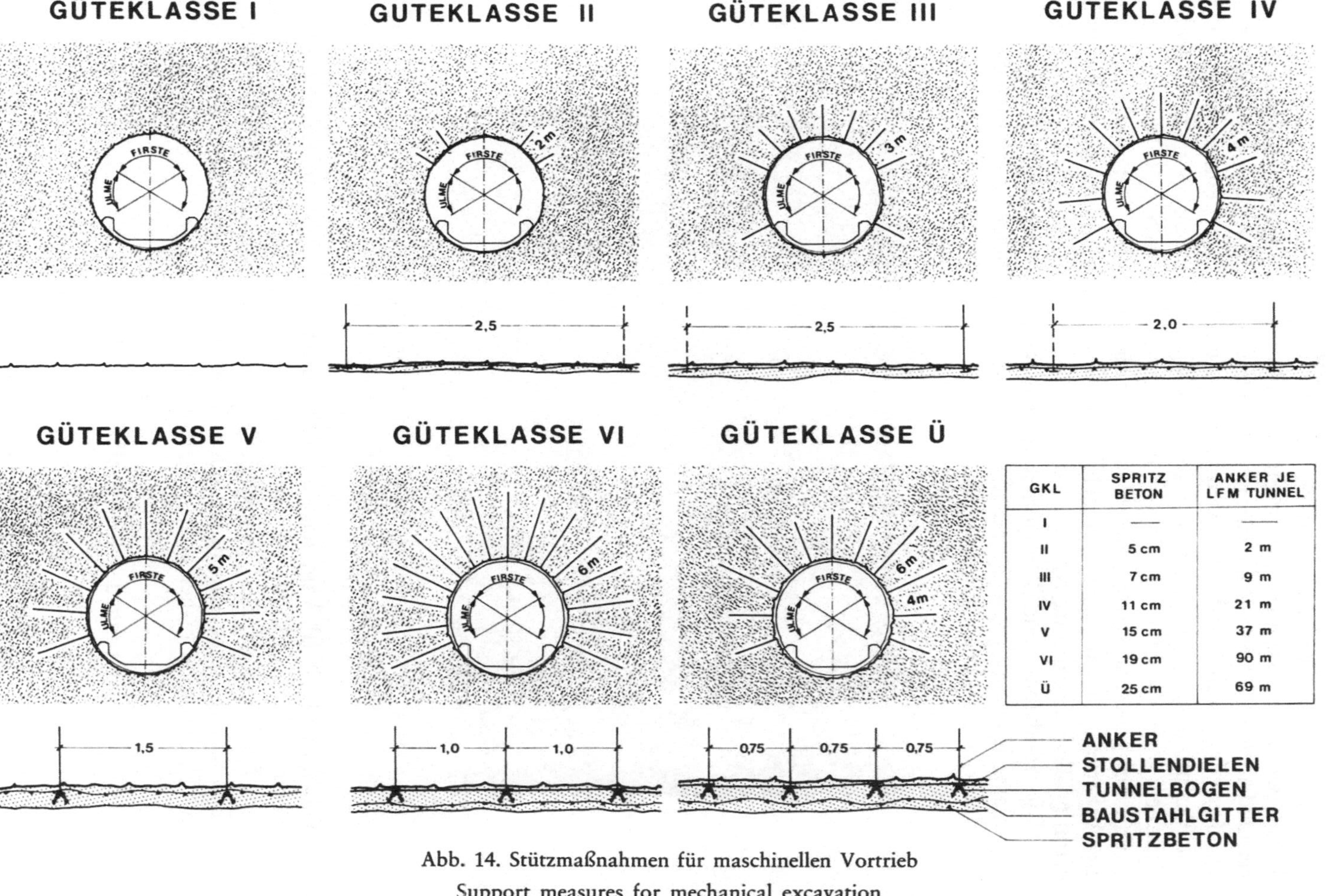

Abb. 14. Stützmaßnahmen für maschinellen Vortrieb

Support measures for mechanical excavation

4.4 Bauerfahrungen

Die im Richtstollen gewonnene Erkenntnis, in Strecken mit Mergel und Tonmergel jeden Kontakt der Hohlraumlaibung mit Wasser und Luft zu vermeiden, wurde beim Vollausbruch beachtet. Jeder Abschlag wurde sofort gesichert, wodurch Quell- oder Druckerscheinungen hintangehalten wurden. Die Verformungen der Hohlraumlaibung bewegten sich bisher in der Regel zwischen 2 und 4 cm und erreichten in Einzelfällen maximal 10 cm. Auf Grund der geotechnischen Meßergebnisse wurde bei den Stützmaßnahmen die Ankerung gegenüber den Regelplänen meist reduziert und dem Spritzbeton größere Bedeutung zugemessen.

Die Sandstein- und Konglomeratserien wurden überwiegend mit der Güteklasse II bewältigt, während alle Strecken mit größeren Mergelschichten der Güteklasse IV zugeordnet wurden.

Abb. 15. Ausbruch der Kalotte bei vorhandenem Richtstollen
Excavation of the calotte at existing pilot tunnel

Die Güteklasse III kam hauptsächlich in den Übergangsbereichen zur Anwendung. Dies erklärt die sprunghafte Verteilung der Güteklassen (Abb. 9). Nach Güteklasse V wurde in Mergel- und Tonmergelstrecken mit zusätzlich ausgeprägter Schichtung oder Wasserführung gesichert. Die Klassen I und VI wurden bisher nicht angetroffen.

5. Bewertung des Richtstollens für den Vollausbruch

5.1 Sprengstoffverbrauch

Bei der Argumentation der Vor- und Nachteile eines Richtstollens wird vielfach ins Treffen geführt, daß der Sprengstoffverbrauch insgesamt geringer ist, wenn ein Richtstollen vorhanden ist. Dieser Frage konnte beim

Pfändertunnel im Bereich der Sandsteinserie in der Eingangsstrecke Süd nachgegangen werden. Die Röhre Ost wurde bei Vorhandensein des Richtstollens aufgefahren, während die Weströhre 100 m ohne Richtstollen vorgetrieben wurde. Um den Gesamtverbrauch des Sprengstoffes für die Röhre Ost bei Sprengvortrieb des Richtstollens ermitteln zu können, wurde der spezifische Verbrauch eines Fußgängerquerschlages mit rd. 10 m² Ausbruch ermittelt. Die Ergebnisse sind in Abb. 16 dargestellt.

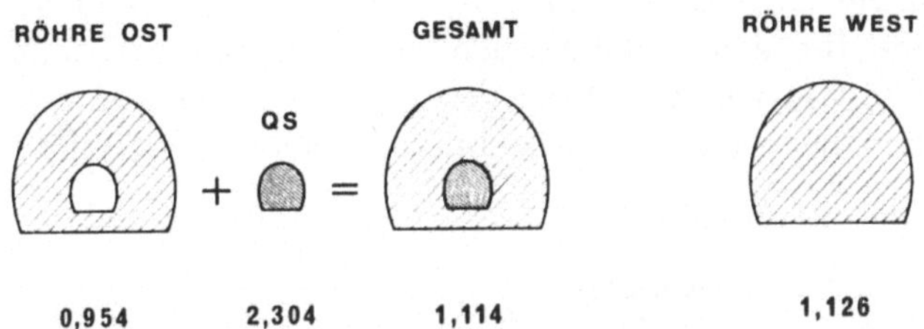

Abb. 16. Vergleich des spezifischen Sprengstoffverbrauches (kg/m³)

Comparison of the specific amount of explosives used

Der geringere Sprengstoffverbrauch beim Ausweiten des Richtstollens ist durch den Wegfall des Einbruches bedingt, welcher beim Auffahren eines kleinen Querschnittes dessen hohen spezifischen Verbrauch verursacht. Der Unterschied im Sprengstoffverbrauch insgesamt liegt innerhalb der Genauigkeit der Ergebnisse; daraus kann kein Vorteil durch den Ausbruch des Richtstollens abgeleitet werden.

5.2 Wirtschaftlichkeitsvergleich

Neben den technischen Gesichtspunkten ist der Wirtschaftlichkeit der Bauabwicklung Rechnung zu tragen. Für den Pfändertunnel wurden jene Einsparungen beim Vollausbruch zusammengestellt, die sich aus dem Vorhandensein des Richtstollens errechnen lassen. Diese gelten jedoch nur spezifisch für das beschriebene Bauvorhaben und setzen sich einschließlich 18% Mehrwertsteuer wie folgt zusammen:

— Vorweggenommener Ausbruch des Richtstollens bei Berücksichtigung des erhöhten Sprengstoffverbrauches und der Ausbruchskosten für den Vollausbruch   27 Mio. öS

— Vorweggenommene Erd- und Felsarbeiten unter Berücksichtigung der Einheitspreise beim Vollausbruch   5 Mio. öS

— Einsparungen bei der Bewetterung durch Wegfall der Bojanpause, der Kosten für die Luttenleitung, der Behinderungen beim Nachprofilieren, Isolieren und Einbauen des Innengewölbes und durch Einsparungen bei den Energiekosten für die Bewetterung ....   14 Mio. öS

— Einsparungen durch die Anwendung der Pilotschacht-
  methode bei beiden Lüftungsschächten aufgrund von
  Einsparungen bei der Baustelleneinrichtung, der Wasserhaltung und insbesondere durch den Entfall des
  Förderns des Ausbruchsmaterials aus dem Schacht
  und zu den Einbaustellen ....   19 Mio. öS
Insgesamt errechnen sich Einsparungen von ....   65 Mio. öS

Die Abrechnungssumme für den Richtstollen betrug vergleichsweise
90 Mio. öS. Dem Differenzbetrag von 25 Mio. öS, das sind bezogen auf die
Auftragssumme für den Vollausbruch von 826 Mio. öS rund 3%, stehen
noch eine Reihe von weiteren Vorteilen gegenüber, die von einer subjektiven
Beurteilung abhängen und daher rechnerisch schwer feststellbar sind.

Die wichtigsten davon sind:

— Höhere Vortriebsleistungen.
— Bessere Arbeitsplatzbedingungen im ganzen Tunnel durch die Absau-
  gung der Sprengschwaden an der Tunnelbrust.
— Geringeres Kalkulationsrisiko aufgrund der besseren Einschätzung des
  zweckmäßigsten Vortriebsgerätes bei bekannten geologischen Verhältnissen.
— Geringere Gefahr von Verbrüchen und Niederbrüchen.
— Geringere Kosten für die Wasserhaltung und Wassererschwernisse insbesondere beim Schachtabteufen.

Diese Punkte wurden bei der Preisbildung berücksichtigt und kamen
dem Bauherrn zugute. Dem Urteil von erfahrenen Kalkulanten nach, wurden
die daraus abzuleitenden Minderkosten mit mehr als 3% der Angebotssumme
bewertet. Beim Pfändertunnel hat sich demnach das Auffahren eines Richtstollens bezahlt gemacht.

6. Schlußbetrachtung

Zusammenfassend wird festgestellt, daß der Richtstollen einen exakten
Aufschluß hinsichtlich Geologie und eine Abschätzung des gebirgsmechanischen Verhaltens erlaubt hat. Die Bauausführung wurde wesentlich erleichtert. Schwierige Strecken waren bekannt und wurden mit entsprechender
Vorsicht und mit auf die örtlichen Verhältnisse abgestimmten Stützmaßnahmen in Angriff genommen. Der Tunnelvortrieb ist bisher — ca. 80%
sind zum Zeitpunkt der Ausarbeitung der vorliegenden Arbeit aufgefahren
— zügig und ohne tödliche Unfälle verlaufen.

Anschrift der Verfasser: Dipl.-Ing. Dr. techn. Max John, Ingenieurgemeinschaft
Lässer-Feizlmayr, Framsweg 16, A-6020 Innsbruck, und Dipl.-Ing. Josef Wogrin,
Örtliche Bauleitung Pfändertunnel, Ingenieurgemeinschaft Lässer-Feizlmayr, Kennel-
bacherstraße, A-6900 Bregenz, Österreich.

Rock Mechanics, Suppl. 8, 195—208 (1979)

Rock Mechanics
Felsmechanik
Mécanique des Roches
© by Springer-Verlag 1979

Große Querschnitte in nicht standfestem Gebirge

Von

F. Pacher und G. Sauer

Mit 14 Abbildungen

Zusammenfassung — Summary

Große Querschnitte in nicht standfestem Gebirge. Der Bedarf an Verkehrs- und Speicherraum steigt mit der Bevölkerungszahl; es werden nicht nur mehr, sondern auch größere Flächen und Querschnitte gebraucht.

Sowohl der Überland- als auch vor allem der städtische Verkehr wird in zunehmendem Maße unter Tage geführt, wobei große Querschnitte vielfach in sehr weichem, mürbem Gebirge bzw. in Böden hergestellt werden müssen.

Auf der Suche nach wirtschaftlichen Verfahren zur Auffahrung von langgestreckten, aufgeweiteten, gedrungenen oder trompetenförmigen Hohlräumen hat sich auch in diesen schwierigen Gebirgsarten die NÖT (NATM) mit — den speziellen Verhältnissen angepaßten — Variationen usw. als anpassungsfähige Bauweise bewährt.

Hierzu werden anhand von Beispielen aus der Baupraxis neue Überlegungen und Verfahren vorgestellt, die zu kostengünstigen Lösungen von Vortriebs- und Sicherungsproblemen beigetragen haben.

Large Profiles in Unstable Rock Mass. The increasing of population also causes an enlarging of traffic- and store volumes in the underground.

Not only the overland but also the municipal traffic is forced to go underground caused by several reasons. Often large profiles have to be constructed in soft, weak and/or cohesionless and sometimes water-saturated soil.

In such cases the NATM (New Austrian Tunneling Method) has today developed to the most adaptable constructing methods in view of technology as well as economics.

Several practical examples show how by additional measures to the NATM large underground openings in unstable rock masses could be constructed even under problematic conditions.

Einleitung

Mit der enormen Zunahme der Erdbevölkerung in den letzten Jahrzehnten steigt gleichermaßen der Bedarf an unterirdischem Verkehrs- und Speicherraum. Waren die ursprünglichen Lichtraumprofile sowohl im Bergbau als auch im Wasser- und später im Eisenbahnbau noch bescheiden in Größenordnungen von wenigen Zehnern m², so steigen die Querschnittsflächen für Straßen- und Eisenbahntunnels heute auf über 100 m² und auf weit über 1000 m² für gedrungene Untertagehohlräume an. Eine Ausnahme bei langgestreckten Verkehrsbauten bilden die etwa 100 Kanaltunnel (Kretschmer, Flieger 1977) mit Querschnittsflächen bis zu mehreren 100 m².

Hat man sich früher, wie im Talsperrenbau, noch guten Baugrund aussuchen können, so ist man heute gezwungen, auch schwierige, große Bauwerke in teilweise sehr schlechtem Gebirge mit einem großen Aufwand technischer Hilfsmaßnahmen oder/und guten bautechnischen Einfällen herzustellen.

1. Wozu braucht man große Querschnitte?

Einen kleinen unvollständigen Überblick soll die nachstehende Tabelle (Abb. 1) vermitteln. Die unterirdischen Hohlräume lassen sich in zwei Gruppen (mit fließenden Grenzen) unterteilen.

	Straßen-bau	Eisenbahn-bau	U-Bahn-bau	Berg-bau	Wasser-bau	Kavernen Hallen
Langgestreckte Bauwerke	×	×	×	×	×	
Ausweitungen						
Bahnhöfe		●	×			
Abstellnischen	×			×		
Umkehrnischen	×			×		
Verzweigungen	●		×	×	●	
Abzweigungen	●	●	⊗	⊗		×
Gedrungene Bauwerke				×		×
Kavernen						
Maschinenräume	×	●	×	×	×	
Lagerräume				×		
Produktionsräume						
Fabriken						×
Energieerzeugung .... (Kernkraftwerke)				×		×
Bibliotheken						
Sicherheitsräume ..... (ziviler und militärischer Art usw.)	×	×	×	×		×

Abb. 1. Vereinfachte Unterteilung unterirdischer Hohlräume

● selten   × normal   ⊗ häufig

Simplified representation of underground cavities

● rare   × normal   ⊗ frequent

Langgestreckte Hohlräume und die ihnen zuzugliedernden Verzweigungen, Abzweigungen, unterirdischen Abstellräume und Bahnhöfe zeigen in den letzten Jahren eine deutliche Tendenz zu Querschnittsvergrößerungen von zweispurigen Verkehrsräumen zur drei- und vierspurigen Linienführung neben- oder übereinander (Abb. 2). Die darin notwendigen Abstellnischen und Umkehrnischen (Abb. 3) weiten diese Regelquerschnitte noch erheblich auf. Trotz gedrungener Form werden hier je nach Gebirgsgüteklasse Zusatzmaßnahmen wie Langanker, Stahlbögen, u. U. auch gebirgsverfestigende Maßnahmen,

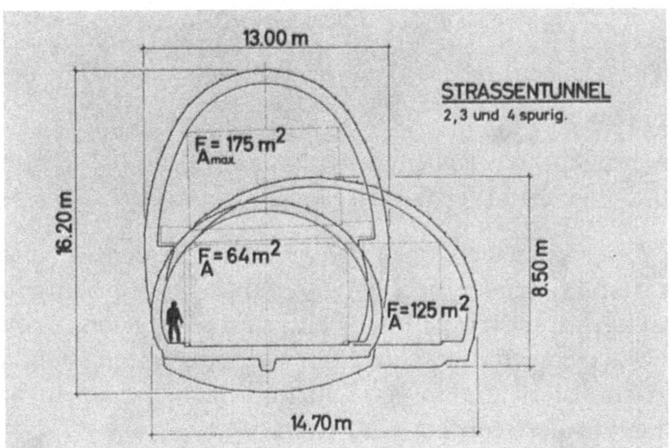

Abb. 2. Querschnittsentwicklung von 2- zu 4-spurigen Verkehrsräumen
Development of cross section from 2-lane to 4-lane traffic facilities

notwendig; Verzweigungen und Abzweigungen bringen neben den großen Querschnittsflächen auch Stabilitätsprobleme für die Mittelwand mit sich (Sauer 1976).

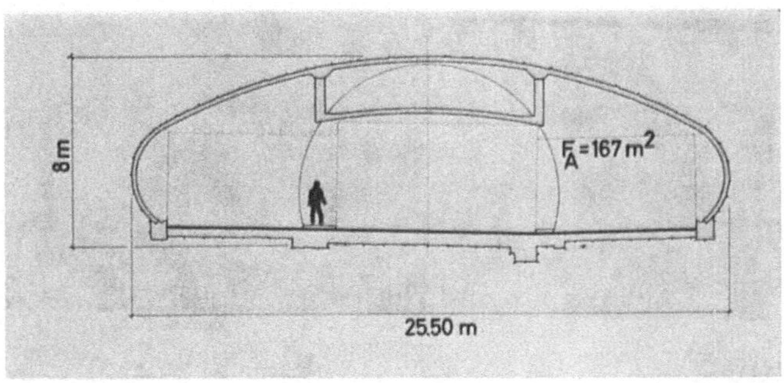

Abb. 3. Umkehrnische „Klammtunnel — B 167“, Österreich, im standfesten Kalk
Turn-back niche "Klammtunnel — B 167" in Austria in stable limestone

Gedrungene, große Hohlräume erfordern gerade in der Auffahrtechnik besondere Überlegungen. Nicht minder problematisch ist die Sicherung und Auskleidung.

Gegenwärtig wird in den Industriezweigen „Energieproduktion“, „Lager- und Vorratswirtschaft“, aber auch in der militärischen Vorrats- und Schutz- raumbeschaffung, das Interesse am Bau unterirdischer Großräume immer stärker (Rock Store 1977).

2. Wie fährt man derartige Querschnitte in schlechtem Gebirge auf?

Die Bewältigung solcher Vortriebsaufgaben erfolgt im Längs- und Querschnitt nach verschiedenen Gesichtspunkten. Einer davon ist eine optimale Anpassung an *geometrische und gebirgstechnische Voraussetzungen;* dies sind z. B.

— Gebirgseigenschaften und Wasserandrang,

— Hohlraumgeometrie,

— Randbedingungen, wie Oberflächennähe, Bebauung, Bauwirtschaft, Rechts- und Eigentumsverhältnisse und viele andere.

Da jeder dieser einzelnen Faktoren wieder aus einer großen Zahl von Einzelpunkten besteht, lassen sich eine Unzahl von Kombinationen finden, die im Anwendungsfall individuell beurteilt werden müssen. Trotzdem haben sich für große Querschnitte im schlechten Gebirge einige grundlegende Verfahren herauskristallisiert, die ausgewählt und nach Bedarf auch mit Zusatzmaßnahmen angewendet werden.

Ein weiterer Gesichtspunkt ist jedoch die Berücksichtigung *verschiedener tunnelbautechnischer Auffassungen* oder Schulen. Neben den hiermit verbundenen Kosten tritt dabei das Einschulungsproblem des Gebirges auf die jeweilige „Schule" auf.

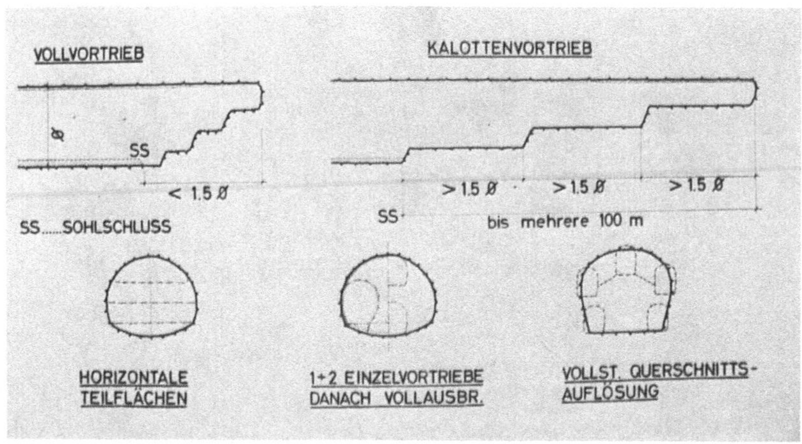

Abb. 4. Verschiedene Auffahrweisen im Längs- und Querschnitt
Different driving methods in longitudinal and cross sections

Die prinzipiellen Unterschiede der Auffahrung von Hohlräumen sind im Längs- und Querschnitt (Abb. 4) dargestellt. Dieser Überblick stellt nur eine schwerpunktmäßige Beleuchtung der gebräuchlichen Verfahren dar; Kombination untereinander oder mit weiteren Auffahrtechniken sind möglich und werden angewandt. Einige wesentliche Vor- und Nachteile der in Abb. 4

gezeigten Auffahrweisen sollen im Anschluß angesprochen werden. Eine ausführlichere Darstellung für die momentan gebräuchlichen Bauweisen ist im Felsbau III (L. Müller-Salzburg 1978) zu sehen.

2.1 Weit vorlaufende Kalotte, später Sohlschluß

(Sohlschluß (SS) nach 1,5 ∅ hinter Kalottenbrust)

Vorteil: Mit allen herkömmlichen Maschinengrößen bei gutem Arbeitsfortschritt zu bewältigen.

Nachteil: Nur in relativ gutem Gebirge ohne kostenintensive Zusatzmaßnahmen möglich.
In druckhaftem Gebirge werden Langanker, verstärkte Spritzbeton- und Stahleinbauten sowie Kalottenfußsicherungen erforderlich. Im allgemeinen große Konvergenzen bzw. unregelmäßiges Überprofil durch Induzieren von Scherflächen im Kämpferbereich (Kerbwirkung).

2.2 Vollquerschnitt mit schnellem Sohlschluß

(SS innerhalb 1,5 ∅ hinter Kalottenbrust)

Vorteil: Geringe Konvergenzen, geringe Gebirgsauflockerung, regelmäßigeres Profil, häufig geringere Sicherungskosten (Anker, Spritzbeton, Stahlbögen).
Auch in schlechtem Gebirge ohne umfangreiche Zusatzmaßnahmen anwendbar.

Nachteil: Große Vortriebsmaschinen erforderlich, Ortsbrust muß entweder standfest sein oder sie muß ausgerundet und abgetreppt werden. Erzielbarer Arbeitsfortschritt durch laufenden Sohlschluß meist etwas geringer als beim Kalottenvortrieb.

2.3 Vortrieb mit First-, Sohl- oder Ulmenstollen

Vorteil: Auch noch bei sehr druckhaftem Gebirge ohne besondere Zusatzmaßnahmen möglich. Nachbruchgefahr überschaubar, da der große Querschnitt in in sich geschlossene, kleine Querschnitte aufgelöst wird und damit kontrollierbar bleibt.
Optimaler Gebirgsaufschluß, Vorentwässerungsmöglichkeit von Vorbehandlungen (Gebirgsvergütung), Längsbewehrung, eventuell Lüftungs- und Transporterleichterungen.

Nachteil: Relativ langsamer Arbeitsfortschritt, Teile der Einbauschalen von den Einzelvortrieben sind verloren. Oft sind besonders kleine Vortriebsmaschinen erforderlich.

2.4 Sonderbauweisen

Hierzu gehören alle Verfahren und Zusatzmaßnahmen vom Druckluftvortrieb, Hydroschild über Injektionen, Gefrierverfahren bis hin zur Rohrschirmdecke, Spund- und Bohrpfahlwänden usw.; Verfahren, die über den bergmännischen Vortrieb und dessen Sicherung hinausgehen.

Vorteil: Als Zusatzverfahren und begleitende Maßnahmen überall anwendbar.

Nachteil: I. A. hohe Kosten sowie Vortriebsverzögerung bis zu längeren Stillstandszeiten. Häufig sind erst spezielle Baustelleneinrichtungen erforderlich.

3. Einige praktische Beispiele

3.1 Beispiel 1

In jüngster Zeit mußte durch eine Quarzmylonitzone ein Tunnel mit einer Querschnittsfläche von knapp 100 m² (10—25 m Überlagerung) aufgefahren werden. Dieser Quarz-Mylonit kann als beinahe Einkornmaterial

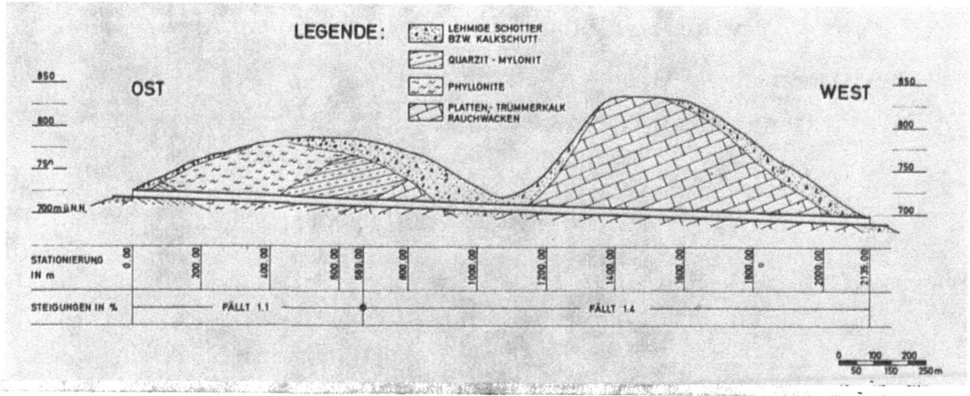

Abb. 5. Geologischer Längsschnitt entlang eines 2-spurigen Autotunnels mit einer Quarz-Mylonitzone (Ganzsteintunnel)

Geological longitudinal section, along a 2-lane highway tunnel, with a quartz mylonite zone (Ganzsteintunnel)

im mittleren Schluffbereich bezeichnet werden. Etwa 80% der Körnung liegt im 0,02- bis 0,07-mm-Bereich (Abb. 5). Durch die Eigenfeuchtigkeit konnte über die scheinbare Kohäsion eine kurze Standzeit ausgenützt werden.

Erster Versuch

Nach einem ersten Versuch mit einem Kalottenvortrieb dieses Gebirge zu beherrschen, mußten aufgrund der großen Deformationen und starken Nachbruchneigung sehr bald Zusatzeinbauten in der Kalotte (Zwischensohle, Holzpölzungen) eingebaut werden (Abb. 6).

Ein mit großen Niederschlägen verbundener Herbst brachte eine starke Durchfeuchtung des Gebirges mit sich. Nach einer Stillstandzeit (Weihnachtsferien) von etwa 2 Wochen brach beim Öffnen der Ortsbrust der gesamte vordere Bereich breiartig in den Hohlraum herein. Der Einbruchtrichter setzte sich bis an die Oberfläche fort.

Abb. 6. Holzpölzung in einem Kalottenvortrieb bei drückendem Gebirge
Timber supporting in a calotte heading in pressure-accumulating rock

Sanierung der Verbruchstrecke

Der Vortrieb wurde daraufhin eingestellt und es wurden Sanierungsmaßnahmen überlegt. Sie reichten von Vereisungsvorschlägen über Bohrpfahlwände, Injektionen, Vorpfändung, bis hin zur Rohrschirmdecke. Ausgewählt wurde aufgrund verschiedener Überlegungen eine Kombination aus beidseitig angeordneten Bohrpfahlwänden mit einer Injektionsdecke über dem Tunnel.

Die Durchörterung der Sanierungsstrecke verlief problemlos; für das weitere Vorgehen wurde ein Ulmenstollenvortrieb gewählt.

Weiterer Vortrieb

Mittels zweier asynchron vorzutreibender Ulmenstollen (die Mittelwanddicke betrug weniger als 0,7 $\varnothing$ — S a u e r 1976) wurden alle Vorteile eines Teilvortriebes nach Punkt 2.3 ausgenutzt (Abb. 7). Aus der Erfahrung des bisherigen Vortriebsgeschehens wurde ein Durchlaufbetrieb eingeführt, so daß jede angeschnittene Gebirgsfläche nach spätestens 7 Stunden wieder angeschnitten werden konnte.

Der Ulmenvortrieb funktionierte klaglos, ebenso die anschließende Aufweitung zum vollen Querschnitt. Nach einer leichten Gebirgsverbesserung — man erreichte mürbe Phyllite und Serizitschiefer — wurde auf Vollvortrieb umgestellt, der wegen mangelnder Standfestigkeit der Ortsbrust in zwei Stufen abgetreppt wurde.

Es zeigte sich, daß die Sohlschlußdistanz (Entfernung zwischen Ortsbrust und wirksamem Sohlschluß) einen direkten Einfluß auf die sichtbaren

                    F. Pacher und G. Sauer:

Druckerscheinungen in der Spritzbetonschale sowie vor allem auf die Firstsenkungen (Überprofil) hatte. Blieb der Sohlschluß innerhalb 1,5 D, konnten

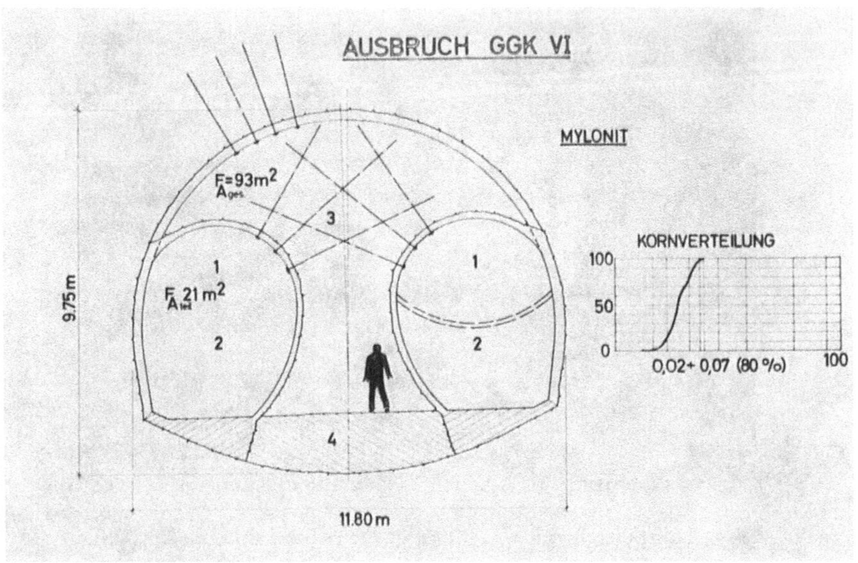

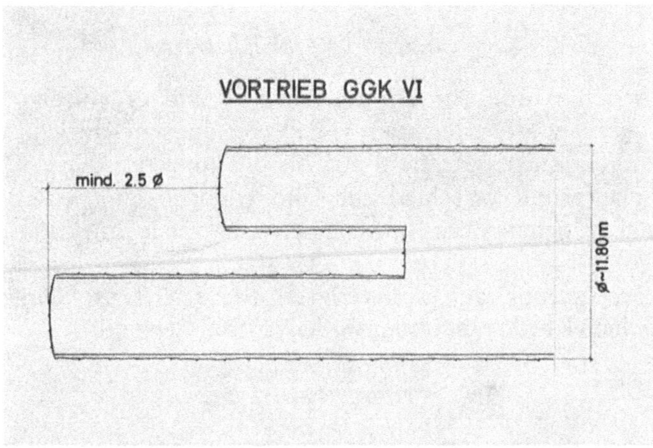

Abb. 7. Ulmenstollenvortrieb mit nachfolgender Aufweitung
Side wall gallery driving with subsequent expanding

die Firstsenkungen und auch die Druckerscheinungen in der Spritzbetonschale
in minimalen Grenzen gehalten werden.

3.2 Beispiel 2

Das nächste Beispiel stammt von einem Autobahntunnel, der dreispurig
(Hohlraumbreite etwa 13 m) durch eine Hangschutt-Moränenmasse auf eine
Länge von etwa 700 m durchzutreiben war. Die Querschnittsfläche betrug
hier über 100 m², die Firstüberlagerung zwischen 5 und 20 m.

Erster Versuch

Ausschreibungsgemäß wurde die Strecke mit dem talseitigen Ulmenstollen begonnen (Abb. 8). Nach etwa 150 m wurde die Überdeckung so

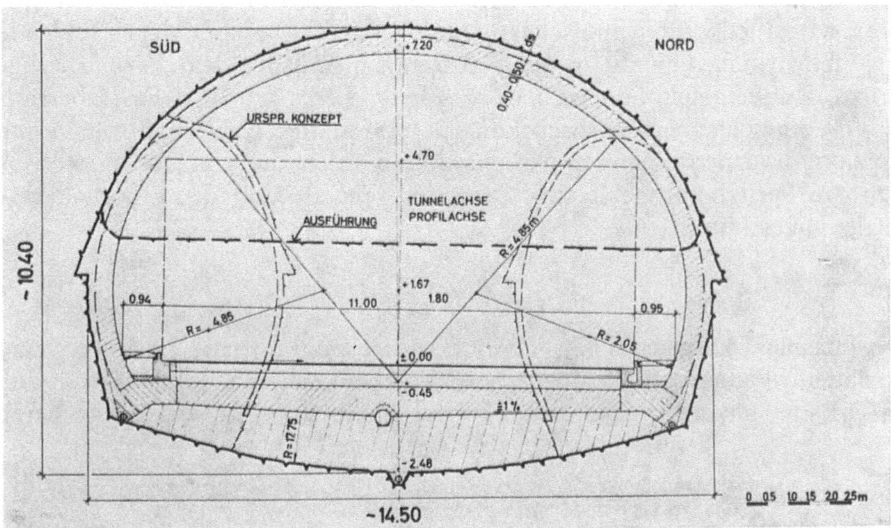

Abb. 8. Regelquerschnitt für eine 3-spurige Autobahn mit Ulmenstollenauffahrung
Standard section for a 3-lane highway with side wall gallery driving

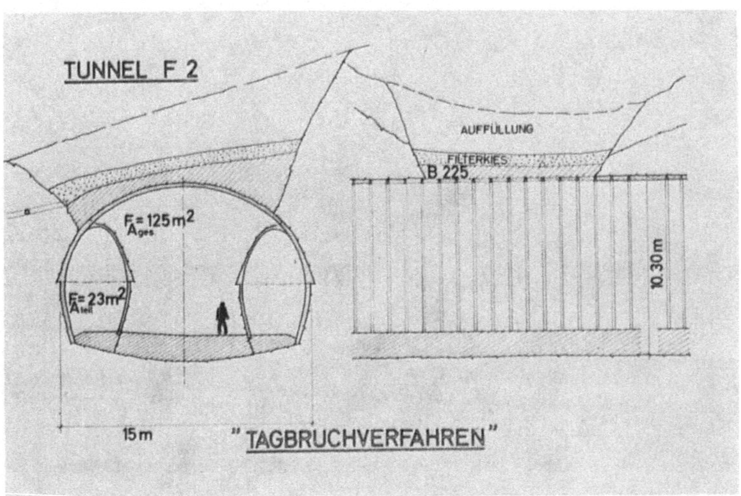

Abb. 9. Kalottenvortrieb mit kalkulierten Tagbrüchen im Hangschutt
Calotte driving, with calculated open bridges in talus material

gering, daß Einbrüche in der Firste trotz kohäsiver Materialeigenschaften nicht mehr hintan gehalten werden konnten.

Weiterer Vortrieb

Aufgrund des relativ hohen Reibungswinkels, verbunden mit einer geringen Kohäsion, konnte auf ein unkonventionelles Vortriebsverfahren umgestellt werden:

Die Gebirgslaibung wurde soweit als möglich in üblicher Weise gesichert, wobei jedoch Nachbrüche aus der Firste (Tagbrüche) wegen fehlender Gewölbewirkung bewußt in Kauf genommen und mit dem Verbau (eingespritzte Tunnelbögen) überbrückt wurden. Dieses von der Fa. Oberranzmeyer vorgeschlagene Vortriebskonzept wurde mit großem Erfolg durchexerziert. In einem späteren Arbeitsgang wurden die von außen teilweise sichtbare Spritzbetonschale mit Ortbeton versteift und die Einbruchkrater wieder zugeschüttet.

3.3 Beispiel 3

In einem steifplastischen Tonboden mit eingelagerten Hydrobiensandschichten, vereinzelt auch eingelagerten Kalkbänken (Abb. 10), waren sowohl ein U-Bahn- als auch ein S-Bahn-Tunnel sowie eine Abzweigstrecke herzu-

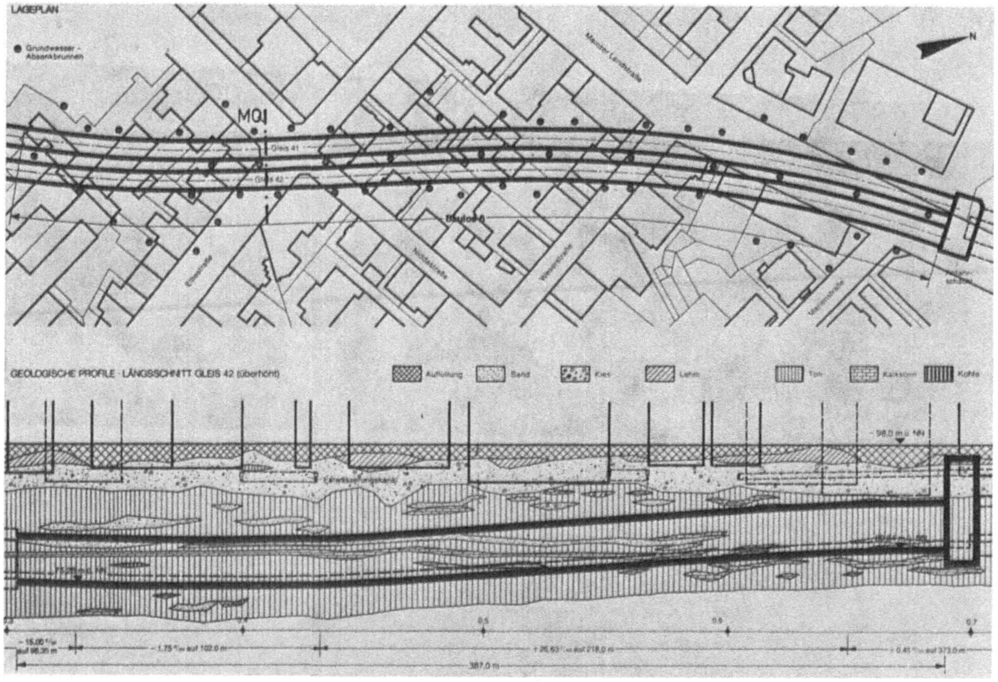

Abb. 10. Typische Untergrundverhältnisse in Frankfurt (Main)
Typical underground conditions in Frankfurt/Main

stellen. Der untere eiförmige Abzweigquerschnitt hatte bis zu 13,5 m Hohlraumbreite (Ausbruchsfläche etwa 100 m²); der links oben mit einer Fleischdicke von 2 m getrennte U-Bahn-Querschnitt betrug etwa 36 m² (Abb. 11). Die Überlagerung bestand aus etwa 10 m genannten Tonboden und darüber

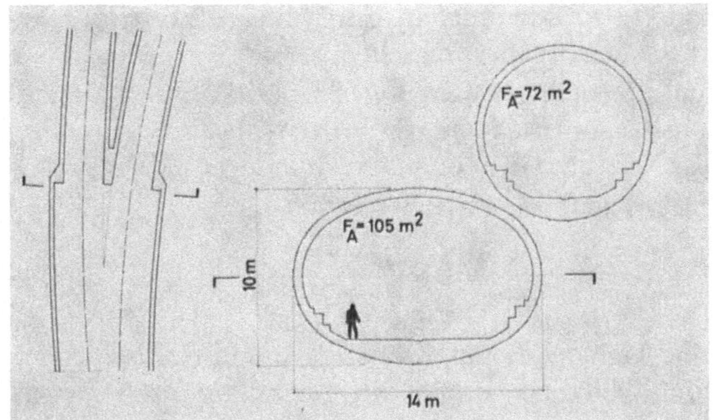

Abb. 11. Nahegelegene U- und S-Bahn-Querschnitte mit Abzweigung
Adjacent subway and rapid transit system cross sections with branch line

lagern etwa 8—10 m Aufschüttung. Wegen der gering zu haltenden Oberflächensenkung war auf kurzen und raschen Sohlschluß Bedacht zu nehmen.

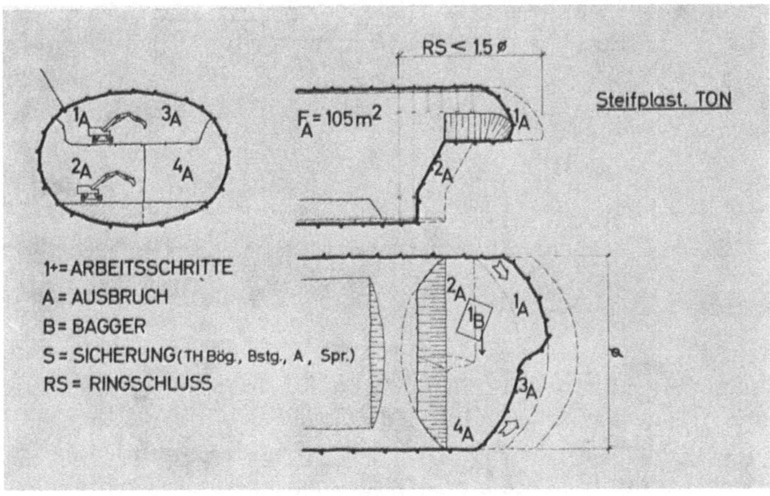

Abb. 12. Etagenvortrieb im Vollprofil mit Sohlschluß innerhalb von 1,5 D
Storey driving in solid section, with floor closing within 1,5 D

Vorschlag 1

Vortrieb der unteren Aufweitungsstrecke mittels einer Ulmenröhre und späterer Aufweitung zum Gesamtquerschnitt, danach Vortrieb der oberen Röhre.

Vorschlag 2

Etagenvortrieb im Vollprofil (Abb. 12), wobei die Kalotte der Strosse bzw. Sohle um max. 8 m vorauseilen durfte. Eine kleine Vortriebsmaschine war in der Kalotte zu stationieren. Ein weiteres Vortriebsgerät war für den Strossen- und Sohlausbruch vorgesehen.

Bemerkung: Infolge der baufälligen Überbauung (Bombenschäden) wurde das gesamte Gelände jedoch vor Vortriebsbeginn baupolizeilich geräumt und abgerissen. Wegen der damit verbundenen Verzögerung wird diese Strecke jetzt in offener Bauweise hergestellt.

3.4 Beispiel 4

Durch eine Hanglehne aus Klammkalk und Kalkschiefer (Abb. 13) mit einzelnen Grünphyllitzonen mußte ein 4-bahniger Straßentunnel mit 175 m^2

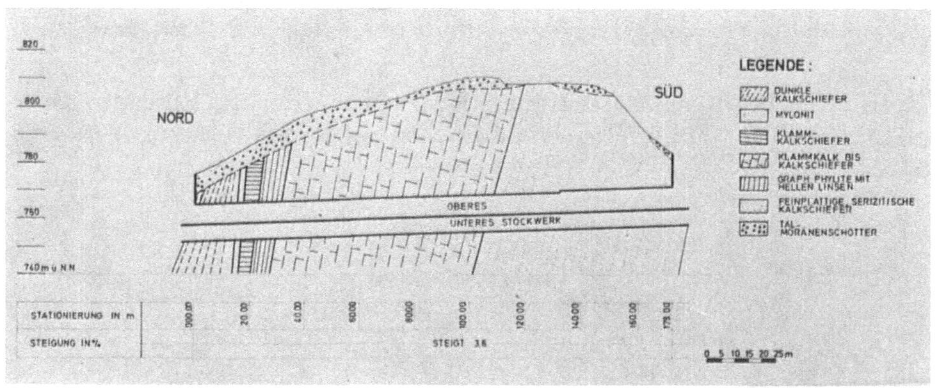

Abb. 13. Geologischer Schnitt durch den „Gigerach-Tunnel", Österreich

Geological section through the "Gigerach-Tunnel", Austria

Querschnitt aufgefahren werden (Pacher, Heller 1977). Aus morphologischen und felsmechanischen Gründen wurde eine doppelstöckige Lösung (Abb. 14) gewählt. Vortriebstechnische Schwierigkeiten wurden in den Grünphyllitzonen wegen ihrer bekannten Druckhaftigkeit erwartet.

Vortrieb

Es wurde ein durchgehender Kalottenvortrieb gewählt. Danach sollten zwei Strossen geteilt, aber durchgehend und anschließend die Sohle aufgefahren werden. Die schwierigen Grünphyllitzonen sowie auch die Voreinschnitte wurden zwecks Gebirgsschonung mit einer Teilschnittfräse aufgefahren. Der Vortrieb wurde meßtechnisch laufend überwacht und verlief reibungslos.

4. Schlußbetrachtung

Diese kleine Auswahl an erfolgreich aufgefahrenen bzw. kurz vor der Durchführung stehenden (gestandenen) Bauwerken, zeigt den zunehmenden Mut aller Beteiligten (Bauherr, Projektant, Firma) zu neuen Lösungen, die teilweise erhebliche wirtschaftliche Vorteile mit sich bringen.

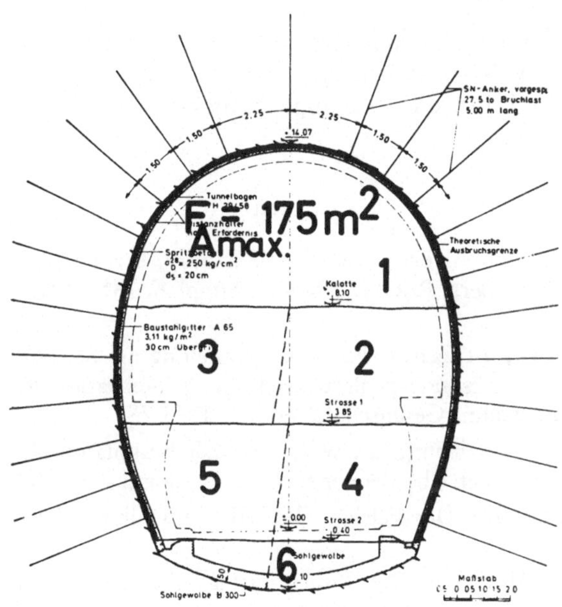

Abb. 14. Regelquerschnitt mit Ausbruchsphasen für einen doppelstöckigen 4-bahnigen Autobahntunnel

Standard section with excavation phases for a double-storey 4-lane highway tunnel

Weitere Beispiele für Auffahrungen komplizierter Querschnitte unter schwierigen Bedingungen nach der NÖT finden sich u. a. bei Bauernfeind et al. 1978, Laue et al. 1978.

Dieser Fortschritt in der Technologie der Auffahrtechnik mit der NÖT ist jedoch nur mit Fachleuten möglich gewesen, die mit dieser Bauweise vertraut sind und immer wieder auf strikte Einhaltung folgender wesentlicher Fakten geachtet haben:

— Erfahrung aus vergangenen Bauwerken,

— wissenschaftliche Untermauerung durchgeführter Projekte,

— darauf aufbauend Verallgemeinerung und Übertragung auf neue Projekte, laufende Kontrolle der angenommenen Deformations- und Spannungsgrößen durch minuziös durchgeführte in-situ-Deformations- und Spannungsmessungen.

Fundament aller Innovationen bei neuen Projekten ist jedoch die technische Aufgeschlossenheit und Zusammenarbeit der drei Eckpunkte jedes Projektes:

Bauherr,

Projektant,

ausführende Firma.

Zeigt einer der Partner kein Interesse, technisches Unverständnis oder mangelnden Mut zur Verantwortung, so wirkt sich dies im allgemeinen fortschritthemmend und für das jeweilige Projekt sehr oft erhöhend auf die Gesamtbaukosten aus.

Literatur

Bauernfeind, P., Müller, F., Müller-Salzburg, L.: Tunnelbau unter historischen Gebäuden in Nürnberg. Rock Mechanics, Suppl. 6, 161—191. Wien, New York: Springer 1978.

Kretschmer, M., Fliegner, E.: Untertunnelung in Seehäfen und von Seeschiffahrtsstraßen unter besonderer Berücksichtigung internationaler Bauausführung. Jahrbuch d. Hafenbautechn. Gesellschaft, Bd. 35, 1975/76.

Laue, G., Müller-Salzburg, L., Will, M.: Die bergmännische Auffahrung von U-Bahnhöfen unter geringer Überdeckung. Rock Mechanics *11*, 107—121 (1978).

Müller-Salzburg, L.: Der Felsbau. Bd. III: Tunnelbau. Stuttgart: Ferd. Enke Verlag 1978.

Pacher, F., Heller, G.: Die Projektierung der Tunnelkette Lend-Gastein. Sonderdruck des Amtes der Salzburger Landesregierung, U-Abteilung Straßenbau, 1977.

Sauer, G.: Spannungsumlagerung und Oberflächensenkung beim Vortrieb von Tunneln mit geringer Überdeckung unter besonderer Berücksichtigung der Mittelwandbelastung beim synchronen und asynchronen Doppelröhrenvortrieb. Veröffentlichung des Institutes für Bodenmechanik und Felsmechanik, Univ. Karlsruhe, Heft 67, 1976.

Rock Store 77: Proceedings of R. S. 77. Stockholm/Schweden, Sept. 1977.

Anschrift der Verfasser: Hon.-Prof. Dipl.-Ing. Dr.-Ing. h. c. Franz Pacher, Dipl.-Ing. Dr.-Ing. Gerhard Sauer, Franz-Josef-Straße 3, A-5020 Salzburg, Österreich.

Rock Mechanics, Suppl. 8, 209—226 (1979)

Rock Mechanics
Felsmechanik
Mécanique des Roches
© by Springer-Verlag 1979

Zum Bruchmechanismus von Bergfesten bei dynamischer Beanspruchung

Von

P. Knoll

Mit 5 Abbildungen

Zusammenfassung — Summary

Zum Bruchmechanismus von Bergfesten bei dynamischer Beanspruchung. Bergfesten, wie z. B. Abbaupfeiler oder Strebstoßbereiche im untertägigen Bergbau, Gebirgsfesten zwischen Tunnelröhren oder andere Bergfesten im geringfesten Gebirge erhalten bei hoher statischer Beanspruchung ihre Tragfähigkeit durch ihre geometrische Form und durch die Haftreibungsverhältnisse im Kontaktbereich der Bergfeste mit den First- und Sohlengesteinen. Dieses Konzept gilt jedoch nur für statische und quasistatische Belastung.

Es wird gezeigt, wie dynamische Beanspruchungen, wie sie z. B. von seismischen Ereignissen ausgehen können, zu plötzlichen Diskrepanzen zwischen Tragfähigkeit und Belastung der Bergfesten führen können. Die in der Bergfeste gespeicherte Verformungsenergie kann nicht mehr vom Gestein aufgenommen werden und wird plötzlich frei.

Diese „Gebirgsschlagtypen" sind unabhängig von einer gegen statische Belastung standsicheren Dimensionierung. Sie sind die direkte Folge dynamischer Beanspruchungen.

On the Fracture Mechanism of Pillars Under Dynamic Loading. Pillars as for instance mining pillars in underground excavations or pillars between tunnels in a rock mass with a low strength receive their load-bearing capacity from their geometric shape, if they are subjected to a high static load.

With a low slenderness (the relationship between the height of the pillar and its characteristic width) a stress distribution will be induced in the pillar, which enables triaxial stress states in the interior as a prerequisition to high load-bearing capacity. The minimum component of the stress acting in the pillar is orientated normal to the loading direction. Its magnitude depends on the contact conditions in the areas of the roof and the floor respectively, i. e. on the cohesion and the friction acting there. Thus the load bearing capacity and the ability of storing energy of the pillar is directly limited by the frictional resistance on the roof and on the floor. This effect is for instance utilized in dimensioning of pillars in potash mines, where Carnallitite is exploited in a great depth. The uniaxial compression strength of the Carnallitite is in the order of 10 MPa whereas the load amounts from 20 to 40 MPa. Solid coal is stressed in a similar manner, if it is exploited in a longwall face in a deep coal mine.

0080-3375/79/Suppl. 8/0209/$ 03.60

As the frictional forces in the roof and the floor area respectively are approximately proportional to the normal stress of the pillar, this concept of increasing the load-bearing capacity is valid only for static and quasistatic loading respectively.

It will be shown that a non-static loading, particularly in form of vibrations of the rock mass as they can be excited for instance by seismic events, can lead to sudden discrepancies between the load-bearing capacity and the loading of such pillars. The strain energy stored in the pillar cannot be stored any longer and will be released suddenly.

These types of the "rock bursts" are independent of the dimensioning based on a stability evaluated for static or quasistatic loading. They are the direct result of dynamic loadings. In the report the theoretical relations will be represented and conclusions will be drawn for ensuring the stability of such pillars.

1. Zum Begriff „Dynamische Beanspruchung"

Jede Freilegung im Gebirge ist mit Spannungsumlagerungen, d. h. mit Belastungsveränderungen des Gebirges in der Umgebung der geschaffenen Hohlräume, verbunden. Das Bestreben des Geotechnikers ist darauf gerichtet, die Hohlräume so zu bemessen bzw. anzuordnen, daß das umgebende Gebirge diese veränderten Belastungen ohne Versagen innerhalb einer bestimmten geplanten Lebensdauer aufnehmen kann.

Um diese Aufgabe lösen zu können, sind sowohl die Art aller möglichen, innerhalb der Lebensdauer auftretenden Belastungen und Belastungsänderungen als auch das Lastaufnahmevermögen des Gebirges bezüglich dieser Belastungen zu untersuchen.

Dazu sind eine Vielzahl von Vorausberechnungsmethoden zur Bestimmung der Standsicherheit für unterschiedliche Gültigkeitsbereiche und Bedingungen entwickelt worden. Eine der Bedingungen ist die Art der Beanspruchung. Die überwiegende Mehrzahl der Verfahren zur Standsicherheitsbewertung geht von statischen bzw. quasistatischen Beanspruchungen aus. Zu dieser Gruppe der Belastungen sind auch abbaudynamische Beanspruchungen, die aus Spannungsumlagerungen beim Fortschreiten einer Abbaufront im Bergbau resultieren, zu rechnen.

Unter dynamischen Beanspruchungen von Bergfesten sollen kurzperiodische dynamische Beanspruchungen und stoßartige Belastungen verstanden werden, bei denen Trägheitskräfte nicht mehr vernachlässigt werden können. Als Quellen kommen Erdbeben im Nahbereich, insbesondere im Deckgebirge in der Umgebung der betrachteten Bergfesten, plötzliche Brüche benachbarter Gebirgsbereiche u. a. Vorgänge, die das Gebirge in kurzperiodische Schwingungen versetzen können, in Frage.

In der vorliegenden Arbeit soll die Auswirkung dynamischer Beanspruchungen auf statisch hochbelastete Bergfesten mit geringer Gesteinsfestigkeit und spröden Verformungseigenschaften untersucht werden. Solche Bergfesten können Gebirgsbereiche zwischen zwei Tunnelröhren in großer Tiefe, Flözränder beim Strebbau im Steinkohlenbergbau unter bestimmten geologischen und geomechanischen Bedingungen oder auch Abbaupfeiler aus Carnallitit im Kalibergbau in großer Teufe sein.

2. Bestimmung der Grenzbelastung von Bergfesten

Hochbeanspruchte Bergfesten der oben genannten Art im geringfesten Gebirge — im weiteren sollen als Beispiele die Abbaupfeiler beim Kammerabbau im Kalibergbau betrachtet werden — erhalten ihre Tragfähigkeit durch ihre geometrische Form. Durch entsprechend kleinen Schlankheitsgrad (Verhältnis von Höhe des Pfeilers zu seiner charakteristischen Breite) wird eine Spannungsverteilung in seinem Inneren erzeugt, die für triaxiale Spannungszustände als Voraussetzung für hohe Tragfähigkeiten sorgt. Die minimale (horizontale) Spannungskomponente im Pfeiler ist senkrecht zur hauptsächlichen Belastungsrichtung (vertikal) orientiert, und ihr Betrag wird von den Kontaktbedingungen im Bereich der Firste und der Sohle, d. h. von der dort herrschenden Kohäsion und der Reibung zwischen Pfeiler und First- bzw. Sohlengestein bestimmt. Der durch die Kontaktbedingungen bestimmte Reibungswiderstand an der Firste und an der Sohle bestimmt und begrenzt damit direkt das Lastaufnahmevermögen und die Energiespeicherfähigkeit des Pfeilers. Dieser Effekt wird im Kalibergbau beim Abbau von Carnallitit in großer Tiefe für die Pfeilerdimensionierung ausgenutzt. Dort stehen einachsigen Druckfestigkeiten bestimmter Carnallititarten von größenordnungsmäßig 10 MPa Belastungen von 20 ... 40 MPa gegenüber. Ähnlich ist die Beanspruchung der anstehenden Kohle beim Strebbau im Kohlenbergbau in großer Tiefe.

In der Fachliteratur sind für diese Dimensionierungen bei statischer und quasistatischer Belastung eine größere Zahl von Verfahren veröffentlicht worden (siehe z. B. Habenicht 1976).

Alle diese Verfahren sind auf verschiedene Weise den bergbaulichen Bedingungen angepaßt und berücksichtigen wesentliche Einflußfaktoren, wie Zeit, Belastungsweg, Streuung der Festigkeitswerte usw., mit unterschiedlicher Qualität.

Wie langjährige bergbauliche Erfahrungen gezeigt haben und in Übereinstimmung mit der von Habenicht gegebenen Bewertung wird das komplexe Dimensionierungsverfahren, das seit Jahren im Kalibergbau der DDR angewandt wird (Menzel 1972, Menzel u. a. 1972), den an die Standsicherheit von Pfeilern im Kalibergbau, insbesondere beim Abbau von Carnallitit, zu stellenden Anforderungen bei statischer und quasistatischer Belastung am besten gerecht. Das Gesamtkonzept der Pfeilerdimensionierung im Kalibergbau der DDR (Knoll u. a. 1978, Menzel u. a. 1978) berücksichtigt neben der sich aus der Kontaktbedingung an der Firste und an der Sohle ergebenden Pfeilergrenzspannung noch

— die Streuung der Festigkeitsparameter des Pfeilergesteins,

— die Beeinflussung des Lastaufnahmevermögens des Pfeilers durch die Zeit,

— die aus abbaudynamischen Vorgängen resultierenden zusätzlichen quasistatischen Belastungen,

— die Beanspruchungsbedingungen der Abbaufirsten und

— die sonstigen, aus den technischen, technologischen, geologischen und arbeitssicherheitlichen Bedingungen resultierenden Anforderungen.

Für die Untersuchung des Mechanismus der plötzlichen, gebirgsschlagartigen Energiefreisetzung bei dynamischer Beanspruchung werden deshalb als Beispiel die sich aus dem genannten Dimensionierungsverfahren ergebenden statischen Belastungsbedingungen betrachtet.

3. Spannungszustand und Energieinhalt eines Pfeilers

Die betrachteten Pfeiler sind quadratische Pfeiler (Abb. 1 a) in einem regelmäßigen Kammer-Pfeiler-System. Auf der Grundlage der Elastizitätstheorie und unter Verwendung der Beziehung

$$W^* = \frac{1}{2\,E} \left[\sigma_x{}^2 + \sigma_y{}^2 + \sigma_z{}^2 - 2\,\nu\,(\sigma_x \sigma_y + \sigma_y \sigma_z + \sigma_z \sigma_x) + \right.$$
$$\left. 2\,(1-\nu)\,(\tau_{xy}{}^2 + \tau_{yz}{}^2 + \tau_{zx}{}^2) \right] \tag{1}$$

für die Verformungsenergie pro Einheitsvolumen erfolgt die Berechnung des Energieinhaltes eines Pfeilers bei einer statischen Belastung, die den Standsicherheitsanforderungen bei Langzeitbelastung entspricht. Dabei wird das in Abb. 1 b angegebene Koordinatensystem verwendet.

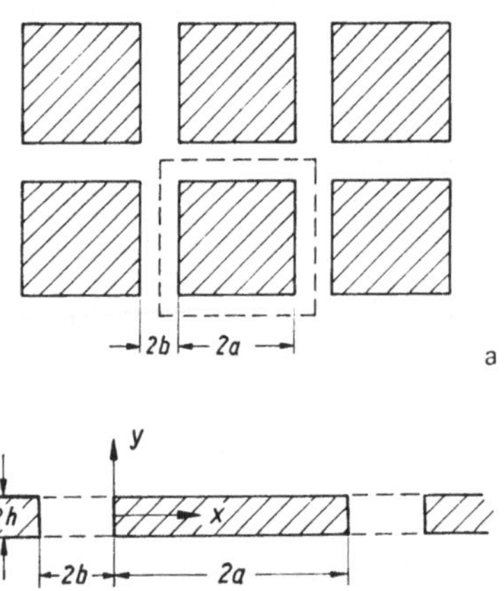

Abb. 1. Betrachtete Abbausituation

a — Schematischer Grundriß des Kammer-Pfeiler-Systems; *b* — Verwendete Bezeichnungen und Koordinatensystem im Vertikalschnitt

Considered mining situation

a) Schematical plan of a room and pillar system. b) Used symbols and coordinate-system in a vertical section

Die im gesamten Pfeiler gespeicherte Energie folgt durch Integration über das Pfeilervolumen:

$$W = \int_v W^* \, dV \tag{2}$$

Die Berechnung der Spannungskomponenten σ_x, σ_y, τ_{xy} für einen charakteristischen Pfeiler erfolgte unter Verwendung der in Tabelle 1 angegebenen Daten mit Hilfe der Methode der finiten Elemente auf der Basis eines elastischen Modells.

Abb. 2 zeigt die prinzipielle Verteilung der Spannungen entlang des Kontaktes zwischen Firstgestein bzw. Sohlengestein und Pfeiler. Die Span-

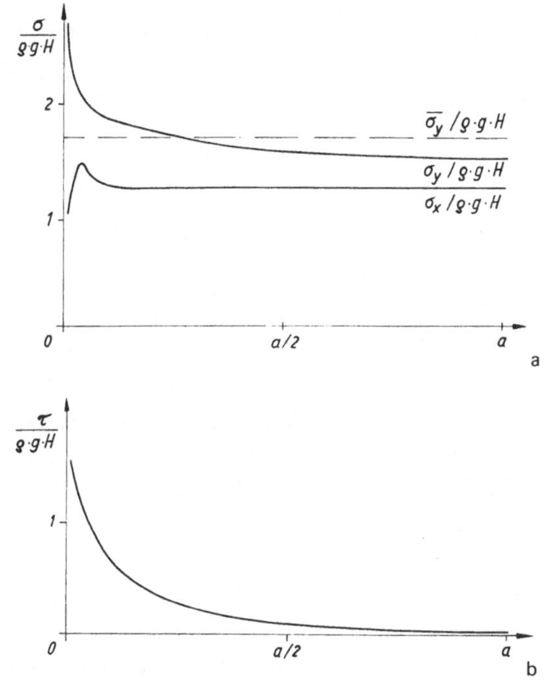

Abb. 2

Spannungsverteilung am Kontakt zwischen Pfeiler und Firstgestein (bzw. Sohlengestein)
a — Vertikalspannungskomponente σ_y und Horizontalkomponente σ_x; b — Schubspannung τ

Stress distribution along the contact-line between pillar and roof (resp. floor) rock
a) Vertical stress component σ_y and horizontal stress component σ_x. b) Sheare stress τ

nungsberechnung berücksichtigt nicht die durch Überbeanspruchung der unmittelbaren Pfeilerrandzonen entstehenden Störungen der Spannungsverteilung.

Nach Durchführung der Integration von (2) erhält man für den Energieinhalt eines repräsentativen Pfeilers in 950 m Teufe näherungsweise

$$W \approx 5{,}2 \cdot 10^8 \, J. \tag{3}$$

Durch richtige Dimensionierung muß diese sehr große Energiemenge über die gesamte Standzeit im Pfeiler gebunden bleiben. Dazu müssen die am Kontakt entstehenden Schubspannungen durch den dort herrschenden komplexen Scherwiderstand (Haftreibung zwischen Pfeiler und Nebengestein) aufgenommen werden. Zur Gewährleistung der Standsicherheit ist zu vermeiden, daß die gespeicherte große Energiemenge durch Störung dieses Gleichgewichtes infolge Zufuhr vergleichsweise kleiner Anregungsenergien, die den komplexen Scherwiderstand im Kontaktbereich kurzzeitig herabsetzen können, freigesetzt wird.

Tabelle 1. Charakteristische Daten eines repräsentativen Pfeilers in einem Carnallitit-Abbaufeld

Teufe: $H^* = 950$ m	Elastizitätsmodul des Pfeilergesteins $E = 6 \cdot 10^3$ MPa
Mittlere Dichte des Deckgebirges $\varrho = 23$ kN/m³	Poisson-Konstante $\nu = 0{,}3$
Pfeilerbreite $2\,a = 35$ m	Mittlere Pfeilerbelastung $\bar{p} = 37$ MPa
Streckenhöhe $2\,h = 5$ m	Seitendruckbeiwert im Salinar $\lambda = 1$
„Effektive" Streckenbreite (siehe Anlage 1) $2\,b = 24$ m	Vertikale Gebirgsspannung im unverritzten Salinar $(\varrho \cdot g \cdot H)$ $q = 22$ MPa

Im strengen mechanischen Sinne befinden sich deshalb Pfeiler, deren einachsige Materialfestigkeit geringer ist als die wirkende Beanspruchung, grundsätzlich im labilen Gleichgewicht, das so lange aufrecht erhalten werden kann, solange die quasistatischen Belastungsbedingungen und damit der planmäßig durch geeignete Dimensionierung erzeugte Spannungszustand im Pfeiler erhalten bleiben.

4. Analytische Untersuchung von Entspannungsschlägen

Die vorliegenden Analysen stützen sich auf Untersuchungen, die Bräuner u. a. (1976) über die Theorie von Gebirgsschlägen im Steinkohlenbergbau veröffentlicht haben. Das dort verwendete theoretische Konzept kann teilweise übernommen und auf die Verhältnisse des Kammerbaus mit stehenbleibenden Pfeilern im Kalibergbau angewandt werden. Die sich ergebenden Schlußfolgerungen sind jedoch anderer Art.

Ziel der Untersuchungen ist es, die Wirkungsmechanismen sowie die Spannungs- und Energiebilanzen am belasteten Pfeiler prinzipiell zu analysieren. Deshalb und um die Zusammenhänge überschaubar zu machen, können einige vereinfachende Annahmen eingeführt werden.

Es wird eine ebene Näherung (ebene Formänderung) der in Abb. 1 dargestellten Situation betrachtet. In der Praxis bedeutet das, daß die quadratischen Pfeiler als Langpfeiler behandelt werden mit einer Pfeilerlänge $L \gg 2a$.

Beim Pfeilermaterial soll es sich um elastisches und sprödes Material handeln, das den Gesetzen der Elastizitätstheorie folgt. Das Carnallititgestein im betrachteten Beispiel erfüllt nach den Ergebnissen zahlreicher Feld- und Laboruntersuchungen (Menzel, Schreiner 1975) diese Forderungen für kurzzeitige Belastungsänderungen im Kalibergbau mit guter Näherung. In Abb. 3 sind charakteristische Verformungskurven angegeben. Einzelheiten der mathematischen Analyse sowie die Voraussetzungen und Bedingungen der theoretischen Ableitungen enthält Anlage 1.

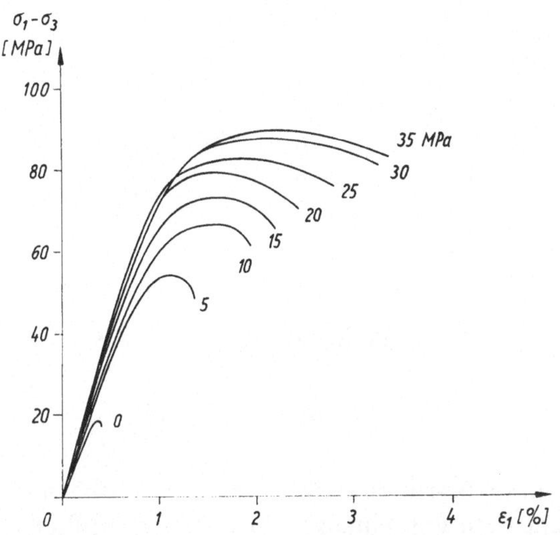

Abb. 3. Spannungs-Verformungs-Kurven für Carnallitit bei triaxialer Belasutng ($\sigma_1 > \sigma_3$, $\sigma_2 = \sigma_3$) in Abhängigkeit vom Manteldruck σ_3 (nach Menzel, 1972)

Stress-strain curves for carnallitit under triaxial loading ($\sigma_1 > \sigma_3$, $\sigma_2 = \sigma_3$) as a function of the confining pressure σ_3 (after Menzel, 1972)

Die theoretische Analyse ergibt den folgenden Sachverhalt:

Die statische Belastung eines Pfeilers entsprechend dem Deckgebirgsgewicht und dem Verhältnis von Systembreite $2(b+a)$ zu Pfeilerbreite $2a$ (Abbauverhältnis A) führt zu dessen Querdehnung, der die Reibungskräfte am Kontakt zum First- und Sohlengestein entgegenstehen. Die Reibungskräfte werden durch die Beziehung

$$|\tau_R(x)| = C + p(x) \tan \Phi \tag{4}$$

bestimmt. Vor der Freilegung war der Pfeiler allseitig im Gebirgsverband eingespannt und damit querdehnungsbehindert. Am Kontakt traten weder Schubspannungen auf, noch wurden Reibungskräfte nach (4) aktiviert. Die Freilegung des Pfeilers bewirkt die vertikale Belastungszunahme um den Faktor A sowie die Entfernung der horizontalen Einspannung. Wie in Anlage 1 gezeigt, läßt sich eine Beziehung für den bei der Freilegung möglicherweise erfolgenden Vorschub Δa des Pfeilerstoßes der Form

$$\Delta a = \frac{1+v}{v} \cdot \frac{a}{E} [(1+v)^2 \cdot p(0) - (1-2v) \bar{p}] \tag{5}$$

ableiten, aus der sich die Größe Δa näherungsweise berechnen läßt. In

Tabelle 2 ist die dimensionslose Größe $\Delta\,a/h$ für verschiedene Reibungswerte und Geometrien berechnet worden.

Tabelle 2. Verhältnis horizontaler Pfeilervorschub zu halber Kammerhöhe $\Delta\,a/h$ für verschiedene Kammerbreiten und Reibungswinkel

| b/h | $\tan\Phi$ | | | |
	0,01	0,1	0,3	0,7
1	$6,8\cdot10^{-2}$	$6,4\cdot10^{-3}$	$1,6\cdot10^{-3}$	$0,4\cdot10^{-3}$
2	$6,8\cdot10^{-2}$	$6,0\cdot10^{-3}$	$0,8\cdot10^{-3}$	—
3	$6,7\cdot10^{-2}$	$6,0\cdot10^{-3}$	$0,4\cdot10^{-3}$	—
4,8	$6,4\cdot10^{-2}$	$4,4\cdot10^{-3}$	—	—

Wenn der Vorschub des Pfeilerstoßes $\Delta\,a$ Werte

$$\Delta a \gtrsim b \left(\text{bzw. } \frac{\Delta a}{b} \gtrsim 1\right) \tag{6}$$

erreicht, wie sie unter bestimmten Bedingungen beobachtet werden können (Abb. 4), so spricht man von einem Gebirgsschlag im Pfeiler (Entspannungsschlag). Pfeilerstoßvorschübe dieser Größenordnung erfolgen nicht bruchfrei, sondern können nur durch die Aufsplitterung des Pfeilers mit vertikaler Trennrißbildung entstehen (siehe auch Kegel 1950).

Wie Tabelle 2 jedoch zeigt, sind diese Brucherscheinungen bei Aufrechterhaltung der Bedingungen:

— statische bzw. quasistatische Belastung des Pfeilergesteins,

— den gegebenen Pfeiler- und Nebengesteinseigenschaften entsprechende Reibungswerte sowie

— sprödes Bruch- und Verformungsverhalten des Pfeilergesteins als notwendige gesteinsmechanische Voraussetzung (Knoll, Wüste 1977)

nicht möglich. Die Bedingung (6) läßt sich nur erfüllen für $\tan\Phi \ll 1$, was aber, wie Bräuner u. a. (1976) ebenfalls feststellten, den gegebenen Verhältnissen nicht entspricht.

Zu einem entsprechenden Ergebnis führen die Energiebetrachtungen von Bräuner u. a. (1976) (siehe Anlage 1). Danach läßt sich ein Kriterium H ableiten der Form

$$H = \frac{\varkappa\,\dot{W}_R + \lambda^*\,\dot{W}_E}{\dot{W}_0} \tag{7}$$

für das gilt:

$$H > 1 \quad \text{labiler,}$$
$$H = 1 \quad \text{indifferenter,} \tag{8}$$
$$H < 1 \quad \text{stabiler}$$

Zustand gegenüber den oben beschriebenen Brucherscheinungen, d. h. gegenüber Gebirgsschlägen mit Pfeilerstoßvorschub. Für das untersuchte Beispiel

Abb. 4. Durch Pfeilerstoßvorschub zerstörter Carnallititpfeiler
Carnallitit pillar destruction due to pillar face advance

ergeben sich die in Tabelle 3 angegebenen Werte von H. Auch hier lassen sich die Bedingungen für plötzlichen, gebirgsschlagartigen Pfeilerstoßvorschub nur für unrealistisch kleine Reibungswerte am Kontakt erfüllen.

Damit ergibt sich ein Widerspruch zwischen den Ergebnissen der Analyse und den in verschiedenen Bergbauzweigen unter bestimmten Bedingungen beobachteten Erscheinungen. Bräuner u. a. (1976) versuchen, den Widerspruch durch Übergang zum plastischen Materialverhalten zu lösen. Bei dieser Verfahrensweise müssen aber wesentliche und notwendige Vorbedingungen für das Zustandekommen von Gebirgsschlägen, wie sprödes Materialverhalten und Energiespeicherfähigkeit des Pfeilergesteins (Knoll, Wüste 1977), aufgegeben werden.

Tabelle 3. Stabilitätsparameter H für $\lambda^* = 0,5$, $a/h = 7$ und $b/h = 4.8$

	tan Φ			
	0,01	0,1	0,3	0,7
H	$1,5 \cdot 10^{-2}$	$7,9 \cdot 10^{-4}$	$4,7 \cdot 10^{-5}$	$3,2 \cdot 10^{-7}$

Der Widerspruch läßt sich jedoch bei der Annahme dynamischer Beanspruchungen im oben definierten Sinne in Übereinstimmung mit dem Gesteinsverhalten lösen. Nimmt man an, daß eine dynamische Beanspruchung aus dem Gebirge derart wirkt, daß auf den Pfeiler ein plötzlicher Belastungsstoß mit nachfolgender kurzperiodischer Schwingung des Deckgebirges entsteht (Smirnov u. a. 1973), dann führt dieser Vorgang zu einer veränderlichen vertikalen Belastung $p\,(t)$ des Pfeilers. Daraus folgt, daß auch der effektive Reibungswiderstand $\tau_{R,\,\text{eff}}$ eine Funktion der Zeit ist.

$$\tau_{R,\,\text{eff}} = \tau_R + \tau_R\,(t)$$

Mit einem harmonischen Zeitansatz entsteht analog zu (4)

$$\tau_R\,(t) = |p^*|\,\sin \omega t \cdot \tan \Phi. \tag{9}$$

In der Abschwingphase bewirkt diese dynamische Beanspruchung eine Erhöhung der vertikalen Normalbelastung auf den Wert $\bar{p} \to \bar{p} + p^*$; in der Aufschwingphase reduziert sich $\bar{p}$ auf $\bar{p} - p^*$. Der Fall

$$\bar{p} - p^* = 0 \tag{10}$$

tritt näherungsweise ein bei Druckamplituden

$$p^* = |\bar{\varepsilon}| \cdot E \approx \bar{p}.$$

Die daraus resultierenden Bewegungsamplituden lassen sich abschätzen zu

$$|\bar{\varepsilon}| = \frac{\bar{p}}{E} \approx 6,2 \cdot 10^{-3}$$

und

$$|\Delta h|_{\max} = h\,|\bar{\varepsilon}| \approx 3 \cdot 10^{-2}\ \text{m}. \tag{11}$$

Für die in diesem Fall verbleibende effektive Reibungskraft entsteht

$$\tau_{R,\,\mathrm{eff}} = \tau_R + \tau_R\,(t)$$

$$= C + \bar{p}\,\tan\Phi - \bar{p}\,\tan\Phi = \bar{p}\cdot\tan\Phi_{\mathrm{eff}}$$

$$\tan\Phi_{\mathrm{eff}} = \frac{C}{\bar{p}}$$

$$\tan\Phi_{\mathrm{eff}} = 0{,}05 \qquad \text{für} \quad C \approx 2\ \mathrm{MPa}$$

$$\tan\Phi_{\mathrm{eff}} = 0 \qquad \text{für} \quad C = 0$$

Neben der Amplitudenbedingung ist auch bezüglich der auftretenden Beschleunigung eine Bedingung — auf deren Ableitung hier nicht näher eingegangen werden soll — zu erfüllen. Setzt man die erforderliche Beschleunigung zum Zwecke der Abschätzung in der Größenordnung

$$\frac{\partial^2\,\varDelta h}{\partial\,t^2} \approx 1\ \mathrm{g} \approx 10\ \mathrm{m/s^2}$$

an, dann würden bei dem aus (11) resultierenden $|\varDelta h|_{\max}$ Schwingperioden von ca. 0,2 ... 0,8 s die Beschleunigungsbedingungen erfüllen.

Aus der seismologischen Literatur ist bekannt (Schneider 1975), daß z. B. bei seismischen Flachherdbeben, die für die hier untersuchten Fragestellungen von besonderer Bedeutung sind, Herddislokationen in der Größenordnung einiger Zentimeter bei Bebenmagnituden $M \gtrsim 3$ durchaus typisch sind.

Auch die abgeschätzten Frequenzen treten bei natürlichen und technischen Vorgängen verbreitet auf.

Für Raumwellenfrequenzen von Nahbeben, Sprengungen u. ä. Vorgängen gibt Schneider (1975) z. B. den Frequenzbereich 10 ... 1 Hz ($\hat{=}$ Perioden von 0,1 ... 1 s) an.

Die erforderlichen dynamischen Wirkungen können somit durch alle natürlichen oder induzierten plötzlichen Bruchvorgänge im Deckgebirge von Abbaufeldern und anderen unterirdischen Bauwerken hervorgerufen werden, die die Beschleunigungsbedingung erfüllen. Es wäre zu untersuchen, ob plötzliche Brüche der überkragenden Schichten des Haupthangenden bei mächtiger und kompakter Hangendausbildung im Strebbau ebenfalls derartige Beanspruchungen auslösen können.

Die Abschätzung zeigt, daß sich die bergbaulichen Beobachtungen und die aus den gegebenen Verhältnissen ableitbaren Kriterien für plötzliche „gebirgsschlagartige" Brüche bei dynamischen Beanspruchungen der oben angegebenen Art gut in Übereinstimmung bringen lassen. Bei dynamischer Beanspruchung ist deshalb auch das *gleichzeitige* Verlorengehen der *Haftung* zwischen Flöz und Nebengestein *und* das Erreichen der statischen *Festigkeitsgrenzen,* wie es von Everling u. a. (1978) bei statischer Belastung gefordert werden muß, nicht notwendig.

Der Mechanismus der untersuchten Art der plötzlichen Pfeilerzerstörung setzt sich nach den Ergebnissen der Analyse aus folgenden Bestandteilen zusammen:

— Dynamische Beanspruchung durch das umgebende Gebirge mit kurzzeitiger dynamischer Abnahme der vertikalen Pfeilerbelastung;

— kurzzeitige Herabsetzung des Lastaufnahmevermögens des Pfeilers durch Unterbrechung der Einspannung im Kontakt Pfeiler – Hangendes (bzw. Liegendes);

— plötzliche Freisetzung der gespeicherten Verformungsenergie mit Vorschub der Pfeilerstöße und Zersplitterung des Pfeilers infolge Trennrißbildung parallel zu den Pfeilerstößen;

— sekundäres Zerdrücken des vorzersplitterten Pfeilers mit wesentlich herabgesetztem Lastaufnahmevermögen durch Wiedereinstellen der quasistatischen Belastung nach dem dynamischen Impuls.

Da die sekundäre, quasistatische Phase der Pfeilerzerstörung starke und bleibende Auswirkungen hinterläßt, entziehen sich die Folgen der eigentlichen, der primären Phase, während der die Energiefreisetzung erfolgt, oft der Beobachtung. Das Ausmaß der sekundären Bruchprozesse wird entscheidend von den Steifigkeitsverhältnissen im Flöz bestimmt.

5. Schlußfolgerungen

Die Ergebnisse der Untersuchung des Bruchmechanismus von Bergfesten aus Gestein, dessen einachsige Festigkeit geringer ist als die mittlere Belastung der Bergfeste, zeigt, daß statische Gebirgsdrücke und quasistatische (z. B. abbaudynamische) Belastungen durch komplexe Dimensionierungsmaßnahmen beherrscht werden können. Dynamische Beanspruchungen im definierten Sinne, ausgehend von dem die Bergfeste umgebenden Gebirge (insbesondere vom Deckgebirge), können jedoch trotz statisch richtiger Dimensionierung die plötzliche spröde Zersplitterung der Bergfeste und die Freisetzung der gespeicherten Energie bewirken. Dieser Vorgang wird im untertägigen Hohlraum als „Gebirgsschlag" wahrgenommen.

Bei gegebenen Voraussetzungen für diese Art der Zerstörung der Bergfesten sind die Möglichkeiten der Entstehung dynamischer Beanspruchungen umfassend zu untersuchen und gegebenenfalls Maßnahmen zu treffen, um diese Beanspruchungen fernzuhalten. Das erfordert die Kenntnis der Wechselwirkungen zwischen untertägigen Hohlraumsystemen und dem Verhalten des umgebenden Gebirges.

Die Betrachtung einer Bergfeste bzw. eines Hohlraumes als Einzelelement ohne Berücksichtigung dieser Wechselwirkung ist — besonders beim Übergang zu größeren Tiefen — unzureichend.

Die Untersuchungen stellen einen Beitrag zur weiteren Aufklärung der Auswirkungen dynamischer Beanspruchungen auf die Standsicherheit von Bauwerken im Gebirge dar, der auf die Rolle dynamischer Beanspruchungen, insbesondere in seismisch und tektonisch aktiven Gebieten, hinweisen soll.

Sie sollen außerdem auf mögliche Auswirkungen aufmerksam machen, die eventuelle Eingriffe des Menschen in die Stabilität des Gleichgewichtes im Gebirge im Bereich untertägiger Bauwerke haben können.

Anlage 1

Theoretische Untersuchungen zu Stabilität der Belastungsverhältnisse von Pfeilern (nach Bräuner, Burgert, Lippmann; 1976)

Berechnung des Pfeilerstoßvorschubs

Die Abbaupfeiler (Langpfeiler mit $L \ll 2a$) werden aus einem horizontalen, homogenen und isotropen Flöz herausgearbeitet. Der Untersuchung wird aus Symmetriegründen ein Halbpfeiler zugrunde gelegt. Die Kammer beginnt bei $x = 0$, Abb. 5, ihre Höhe ist im Prinzip gleich der Pfeilerhöhe,

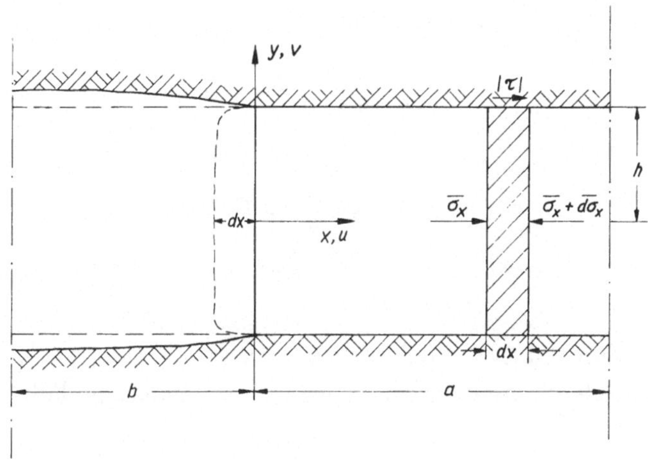

Abb. 5. Schnitt durch den betrachteten Pfeiler-Kammer-Bereich; verwendete Bezeichnungen und Symbole

Section of the considered pillar-room zone; used designation and symbols

beim Vorschub des Pfeilerstoßes soll aber der Kontakt des Pfeilergesteins mit Kammerfirste und -sohle verlorengehen (leichte Wölbung). Die Kammerbreite $2b$ („effektive" Kammerbreite) wird willkürlich so gewählt, daß sich über dem betrachteten Langpfeiler im Mittel eine Belastung p ergibt, die der tatsächlichen Belastung auf die in Wirklichkeit vorhandenen Quadratpfeiler entspricht.

Das Hangende und Liegende wird als starr betrachtet, d. h. die Konvergenz Δh ist über die gesamte Pfeilerbreite konstant. Für den Haftreibungswiderstand zwischen Flöz und Nebengestein gilt

$$|\tau_R(x)| = C + p(x) \tan \Phi. \tag{1}$$

Nach den in der Abb. 5 eingetragenen Bezeichnungen ergibt sich für einen Pfeilerstreifen der Dicke dx die Gleichgewichtsbedingung

$$[\overline{\sigma}_x - (\overline{\sigma}_x + d\sigma_x)] \, 2h + 2 \, |\tau_R| \, dx = 0 \tag{2}$$

oder mit (1)

$$\frac{d\bar{\sigma}_x}{dx} = \frac{1}{b}\left[p(x)\tan\Phi + C\right] \tag{3}$$

die nach Integration über die halbe Pfeilerbreite a mit $(\bar{\sigma}_x)_{x=a} = \alpha q$ und

$$\frac{1}{a}\int_0^a p(x)\,dx = \bar{p}. \tag{4}$$

in

$$\alpha q = \frac{a}{b}\left(C + \bar{p}\tan\Phi\right) \tag{5}$$

übergeht. Unter Beachtung des Zusammenhanges

$$\bar{p} = q\left(1 + \frac{b}{a}\right)$$

entsteht

$$\frac{a}{b} = \frac{\alpha - \dfrac{b}{h}\tan\Phi}{\dfrac{C}{q} + \tan\Phi} \tag{6}$$

für die sogenannte „aktive" Pfeilerbreite.

Das elastische Stoffgesetz bei ebener Formänderung läßt sich in der Form schreiben

$$\begin{aligned}
\bar{\varepsilon}_x &= \frac{1+\nu}{E}\left[(1-\nu)\,\bar{\sigma}_x - \nu\,\bar{\sigma}_y\right] \\
\bar{\varepsilon}_y &= \frac{1+\nu}{E}\left[(1-\nu)\,\bar{\sigma}_y - \nu\,\bar{\sigma}_x\right]
\end{aligned} \tag{7}$$

wobei $\bar{\sigma}_x$, $\bar{\sigma}_y$ die gemittelten inneren Horizontal- bzw. Vertikaldrücke sind. Da $d\varepsilon_y/dx = 0$ vorausgesetzt wurde und $\sigma_y = p$ gesetzt werden kann, entsteht

$$\frac{d\bar{\sigma}_x}{dx} = \frac{1-\nu}{\nu}\,\frac{dp}{dx} \tag{8}$$

Mit (3) entsteht die lineare Differentialgleichung in p

$$\frac{dp}{dx} = \frac{\nu}{1-\nu}\cdot\frac{1}{b}\,(C + p\tan\Phi) \tag{9}$$

Bräuner u. a. (1976) geben die allgemeinen Integrale in der Form

$$p = -C\cot\Phi + p_1\exp\left(\frac{\nu}{1-\nu}\tan\Phi\cdot\frac{x}{b}\right);\ \Phi \neq 0 \tag{10a}$$

und

$$p = p_2 + \frac{\nu}{1-\nu}\cdot C\cdot\frac{x}{b};\ \Phi = 0 \tag{10b}$$

mit

$$p_1 = (\bar{p} + C \cot \Phi) \, \frac{\dfrac{a}{h} \cdot \dfrac{v}{1-v} \tan \Phi}{\exp\left(\dfrac{a}{h} \cdot \dfrac{v}{1-v} \tan \Phi\right) - 1} \tag{11}$$

$$p_2 = \bar{p} - \frac{1}{2}\, \frac{v}{1-v} \cdot C \cdot \frac{a}{h}$$

an.

Für den Pfeilerstoßvorschub Δa folgt

$$\Delta a = - \int\limits_0^a \bar{\varepsilon}_x \, dx \tag{12}$$

und nach Gl. (8) mit $(\bar{\sigma}_x)_{x=0} = 0$

$$\bar{\sigma}_x = \frac{1-v}{v} \, [p\,(x) - p\,(0)] \tag{13}$$

woraus mit (4), (7) und (12)

$$\Delta a = \frac{1+v}{v} \cdot \frac{a}{E} \, [(1+v)^2 \cdot p\,(0) - (1-2\,v)\,\bar{p}] \tag{14}$$

folgt. Wegen (11) gilt

$$\begin{aligned} p\,(0) &= p_1 - C \cot \Phi; & \Phi \neq 0 \\ p\,(0) &= p_2; & \Phi = 0 \end{aligned} \tag{15}$$

Energetische Betrachtungen

Beim Herausrutschen von Pfeilermaterial in die Kammer wird die Arbeit W_D (Leistung $\dot{W}_D$) verbraucht, d. h. irreversibel etwa in Wärme umgesetzt. Dieser Energie-„Senke" stehen als „Quellen" gegenüber:

Die Leistung der Randnormalspannungen $\dot{W}_R$ bei $x=a$ und $y=h$:

$$\dot{W}_R = \bar{p}/\bar{v} - \alpha\, q\, h\, \bar{u}_a, \tag{16}$$

α stellt einen Wirkungsgrad dar, der die Abnahme von $\bar{p}$ bei Konvergenz des Nebengesteins ausdrückt (Steifigkeit der Nebenpfeiler führt zu $\alpha < 1$).

Die vertikale elastische Entspannung des herausgerutschten Pfeilerteils (Energie W_E)

$$\alpha\, W_E = \frac{1-v^2}{2E}\, p_0{}^2 \cdot h \cdot d\bar{x} \quad d\bar{x} = |u_0|\,dt \tag{17}$$

$$\dot{W}_E = \frac{1-v^2}{2E}\, p_0{}^2\, h\, |u_0| \quad |u_0| = u\,(0)$$

Auch hier ist ein Wirkungsgrad λ^* einzuführen $(0 \leq \lambda^* \leq 1)$, der den Anteil der abgestrahlten seismischen Energie bzw. die verbrauchte Brucharbeit beinhaltet.

Für das Auftreten eines Gebirgsschlages muß die zur Verfügung stehende Energie den Energieverbrauch beim Herausrutschen des Pfeilermaterials übersteigen, d. h. der Ausdruck

$$\frac{\varkappa\, W_R + \lambda^*\, W_E}{W_D} \tag{18}$$

muß stets > 1 sein. Nach Grenzübergang $t \to 0$ entsteht das Kriterium

$$H = \frac{\varkappa\, \dot{W}_R + \lambda^*\, \dot{W}_E}{\dot{W}_D} \tag{19}$$

mit den Zuständen

$$
\begin{aligned}
H &> 1 \qquad \text{labil} \\
H &= 1 \qquad \text{indifferent} \\
H &< 1 \qquad \text{stabil}
\end{aligned}
\tag{20}
$$

bezüglich der Gebirgsschlagneigung durch Pfeilerstoßvorschub. Bräuner u. a. (1976) bestimmen H näherungsweise zu

$$H \approx \lambda^* \, \frac{1-\nu^2}{2} \, \frac{{p_0}^2}{\bar{p}\, E} \, \frac{h}{a} \, \cot \Phi \tag{21}$$

mit $(c = 0)$ und

$$\frac{{p_0}^2}{\bar{p}\, E} = \frac{\bar{p}}{E} \left[\frac{\dfrac{a}{h} \dfrac{\nu}{1-\nu} \tan \Phi}{\exp\left(\dfrac{a}{h} \dfrac{\nu}{1-\nu} \tan \Phi \right) - 1} \right] \tag{22}$$

Anlage 2

Größen und Formalzeichen

a — Halbe Pfeilerbreite;

b — Halbe „effektive" Kammerbreite (Definition im Text);

h — Halbe Pfeilerhöhe ($\approx$ halbe Kammerhöhe);

Δa — Horizontaler Pfeilerstoßvorschub;

$\bar{p}$ — Mittlere Pfeilerbelastung

$p\,(x)$ — Tatsächlicher vertikaler Belastungsverlauf auf einen Pfeiler;

$\bar{p}\,(t)$ — Mittlere zeitabhängige dynamische Pfeilerbelastung;

p^* — Amplitude der dynamischen Belastung;

q — Gebirgsdruck im unverritzten Salinar, $q = \varrho \cdot g \cdot H$;

L — Pfeilerlänge eines langgestreckten Abbaupfeilers;

A — Abbauverhältnis, $A = 1 + b/a$;

H^* — Tiefe des Flözes;

E — Elastizitätsmodul des Pfeilergesteins;

v — Poissonkonstante des Pfeilergesteins;

W — Energie;

$\dot{W}$ — Leistung;

C — Kohäsion zwischen Pfeiler und Nebengestein;

Φ — Reibungswinkel zwischen Pfeiler- und Nebengestein;

Φ_{eff} — Effektiver Reibungswinkel bei dynamischer Belastung;

$\varkappa, \lambda^*$ — Konstanten;

M — Seismische Magnitude;

ω — Frequenz der dynamischen Belastung;

H — Stabilitätsparameter;

V — Volumen;

dV — Volumenelement;

ϱ — Mittlere Dichte des Deckgebirges (Oberkante Flöz bis Tagesoberfläche);

g — Gravitationskonstante;

λ — Seitendruckbeiwert (Verhältnis von vertikaler zu horizontaler Hauptspannungskomponente des Grundspannungszustandes im Gebirge);

$\tau_R(x)$ — Reibungswiderstand am Kontakt Pfeiler – Nebengestein $(y = \pm h)$;

$\tau_{R,\,\text{eff}}$ — Effektiver Reibungswiderstand bei dynamischer Pfeilerbelastung;

$\tau_R(t)$ — Dynamischer Anteil des Reibungswiderstandes;

$\bar{\sigma}_x, \bar{\sigma}_y$ — Mittlere innere Horizontal- bzw. Vertikalspannung;

$\bar{\varepsilon}_x, \bar{\varepsilon}_y$ — Mittlere bezogene Stauchung bzw. Dehnung;

x, y — Kartesische Koordinaten;

u, v — Verschiebungsgeschwindigkeit in x- bzw. y-Richtung.

Literatur

Bräuner, G., Burgert, W., Lippmann, H.: Zur Theorie des Gebirgsschlages. Glückauf-Forschungshefte 37/H. 4, 164—175 (1976).

Everling, G., Natau, O., Schräpermeier, E.: Gebirgsdruckberechnungen und Modellversuche in der Gebirgsschlagforschung. Glückauf-Forschungshefte 39/H. 4, 129—137 (1978).

Habenicht, H.: Stand und Möglichkeiten der Dimensionierung von Bergfesten, Teil I—III. Berg- u. Hüttenmännische Monatshefte, H. 4, 118—126; H. 6, 229—235; H. 8, 287—294 (1976).

Kegel, K.: Bergmännische Gebirgsmechanik. 2. Aufl. Halle (Saale): Verlag Wilh. Knapp 1950.

Knoll, P., Wüste, U.: Beherrschung der Gefahr von Gebirgsschlägen im Konturbereich eines Schachtes. Proc. Int. Symp. on Rock Bursts in Coal and Ore Mines. Int. Bureau of Rock Mech., Katowice, 103—121 (1977).

Knoll, P., Schwandt, A., Thoma, K.: Die Bedeutung geologisch-tektonischer Elemente im Gebirge für den Bergbau, dargestellt am Beispiel des Werra-Kalireviers der DDR. V. Int. Salzsymposium, Hamburg, Vortrag 1—16 (1978) (im Druck).

Menzel, W.: Beitrag zur Dimensionierung von Kammerpfeilern im Salzbergbau. Neue Bergbautechnik, Leipzig, 2. Jg./H. 5, 345—353 (1972).

Menzel, W., Eckart, D., Brückner, G., Thoma, K.: Gegenwärtiger Stand der vom Institut für Bergbausicherheit entwickelten Methoden zur Dimensionierung von Pfeilern und Firstspannweiten im Kalibergbau. V. Int. Kongreß für Gebirgsdruckforschung, London 1972, Vortrag 27 (1972).

Menzel, W., Schreiner, W.: Das Festigkeits- und Verformungsverhalten von Carnallitit als Grundlage für die Standsicherheitsbewertung von Grubenbauen. Neue Bergbautechnik, Leipzig 5. Jg./H. 6, 451—457 (1975).

Menzel, W., Schreiner, W., Sievers, J.: Geomechanische Forschung — Grundlage für die Gestaltung des Abbaues im Kaliflöz Thüringen. V. Int. Salzsymposium, Hamburg, Vortrag 2—15 (1978) (im Druck).

Smirnov, V. A., Gelasvili, G. M., Satalov, S. S., Gorbeziani, Z. A.: Komplexe geophysikalische Untersuchungen von Gebirgsschlägen in den Gruben der Lagerstätte von Tkibuli (russ.). Trudy VNIMI, Sammelband LXXXVIII (Gebirgsdruck und Gebirgsschläge), Leningrad, 222—230 (1973).

Schneider, G.: Erdbeben; Entstehung — Ausbreitung — Wirkung. Stuttgart: Ferd. Enke Verlag 1975.

Anschrift des Verfassers: Dr.-Ing. Peter Knoll, Institut für Bergbausicherheit, Friederikenstraße 60, DDR-703 Leipzig, Deutsche Demokratische Republik.

Rock Mechanics, Suppl. 8, 227—248 (1979)

**Rock Mechanics
Felsmechanik
Mécanique des Roches**
© by Springer-Verlag 1979

Erfahrungen im jugoslawischen Druckstollenbau

Von

R. Simić

Mit 16 Abbildungen

Zusammenfassung — Summary

Erfahrungen im jugoslawischen Druckstollenbau. Die Erfahrungen mit der Anwendung moderner Methoden beim konventionellen und maschinellen Vortrieb im Tunnel- und Stollenbau werden zunächst an mehreren jugoslawischen Ausführungsbeispielen dargestellt. Hierauf folgt die Dimensionierung einer geschlossenen ringförmigen Druckstollenauskleidung unter Berücksichtigung der Felsanisotropie sowie die Bemessung einer zweiteiligen Stollenauskleidung. Eine solche Auskleidung mit zwei Längsfugen ist statisch günstiger als ein geschlossener Ring. Vergrößerte Wasserverluste können mittels Fugenabdichtung vermieden werden.

Im letzten Kapitel werden die Probleme beim Bau des zweiten Zuleitungsstollens des Wasserkraftwerkes Zakučac bei Split beschrieben. Der Stollen wird mit einer Robbins-Tunnelvortriebsmaschine durch sehr verkarsteten Kalkstein aufgefahren. Obwohl die geologischen Verhältnisse seit dem Bau des ersten Stollens als gut bekannt vorausgesetzt werden konnten, traten beim Auffahren des zweiten, zum ersten parallelen Stollens, vielfältige geologische und auch technische Schwierigkeiten auf. Die ingenieurgeologischen und felsmechanischen Untersuchungen hierfür sind noch im Gange.

Experiences in Yugoslav Pressure Tunnel Construction. Most of the Yugoslav pressure galleries are situated in karstified limestones. They have been driven to full face. The first utilization of the New Austrian Tunnelling Method in Yugoslavia has been in 1958 for the Zakučac Hydro Power Plant tunnel. In 1971 the tunnelling with a machine (DEMAG) was here applied for the first time. At present in Yugoslavia two tunnelling machines (Robbins) and two shield machines (Schefer Urbach) are in operation.

More than 90% of pressure tunnels have a non-reinforced concrete lining. Rock properties have been investigated by geophysical methods and by measuring of deformations. The first measurements with a pressure chamber were made in Yugoslavia in 1948 and with a pressure cushion in 1951. The concrete lining is usually designed as an elastic continuous hollow cylinder in a homogeneous isotropic and elastic medium. This assumption is wrong. The lining of all our tunnels consists of two halfrounds with a longitudinal joint between the inverted and the upper arch. By a computation with the IBM computer the author is proving that the actual system (horseshoe arch) is more convenient and that the tensile stresses in the concrete lining amount to 50%—10% of the stresses that arise within a hollow cylinder. The increased water losses through the longitudinal joints shall be prevented by waterstops.

15*

The author of this paper who participated in the designing of the second tunnel of the Zakučac Plant exposes the problems met at its construction. 17 years ago the first tunnel (10 km long, 6,1 m of clear width) was driven by the conventional method (blasting). At this time soilmechanical and geophysical measurements were carried out. At present the second tunnel parallel with the first one, located at 60 m distance, is being driven with a Robbins tunnelling machine. In spite of the detailed knowledge of geological conditions from the first tunnel, some unexpected circumstances were met. Geophysical and soilmechanical measurements "in situ" are underway, and laboratory testing will follow. The driving progress is constantly registered, and so are the consumption of electrical power, pressure on the cutting head of the machine, wear of the cutters, etc. An analysis of all data shall enable a comparison of the rock behaviour when the heading is done by a conventional method and when it is done by a tunnelling machine. It will also be possible to get a connexion between the rock properties and the driving progress.

Einleitung

Im Nachstehenden werden verschiedene interessante Themen und Probleme behandelt, die eine ausführlichere Analyse verdienen würden; jedoch können wegen des begrenzten Umfanges manche davon nur zur Information erwähnt werden. Hier wird nicht der Einfluß des aktiven Gebirgsdruckes

Abb. 1. Übersichtskarte von Jugoslawien
Map of Yugoslavia

berücksichtigt; es werden lediglich statische Untersuchungen der Betonauskleidungen von Stollen behandelt, die unter einem inneren hydrostatischen Druck stehen. Alle erwähnten Tunnel und Stollen sind auf einer Übersichtskarte (Abb. 1) dargestellt.

Tunnelvortrieb

Die Druckstollen in Jugoslawien sind größtenteils im Kalkstein mit Karsterscheinungen aufgefahren. Moderne Methoden des Tunnelbaues wurden bei uns schon früh angewandt. Die Neue Österreichische Tunnelbauweise (NATM) mit Ankern, Netzen und Spritzbeton wurde hier mit Erfolg zum ersten Mal 1958 im Zuleitungsstollen des Wasserkraftwerkes Zakučac bei Split angewandt (Rumenović, 1961). Im Eisenbahntunnel Zlatibor (Beo-

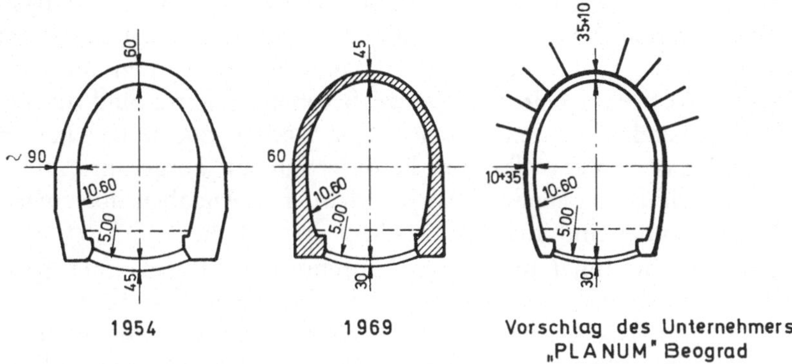

Abb. 2. Eisenbahnstrecke Beograd-Bar, Auskleidungstypen IV b
Beograd-Bar railway line — lining type IV b

grad-Bar) ist die NATM 1966 eingesetzt worden. Mit ihr wurden die gesamten Tunnelbaukosten um 25 bis 30% vermindert (Heraković, 1977). Abb. 2 zeigt, wie die Tunnelauskleidung im Laufe der Zeit immer wirtschaftlicher ausgeführt wurde (Heraković, 1976).

Tabelle 1. Angaben über maschinell aufgefahrene Tunnel
Data on Mechanically Driven Tunnels

	Ort				
	Brač	Zakučac	Bajina Bašta	Beograd links	Beograd rechts
Baufirma	JNA	Konstruktor Split	Hidro-tehnika Beograd	Energoprojekt Beograd	
Maschinentyp	DEMAG	Robbins	Robbins	Schefer-Urbach	
Gestein	Kalkstein verkarstet	Kalkstein verkarstet	Kalkstein verkarstet	Mergel	
Bohrdurchmesser (m)	2,30	7,10	7,0	7,20	7,20
Zeit	X. 1971 IX. 1976	II. 1976 IV. 1978	XI. 1976 V. 1978	XII. 1976 IX. 1977	III. 1977 XI. 1977
Vortriebsdauer (Monate)	56	27	19	10	7
Gefräste Länge (m)	8456	6232	2119	1752	1669
Mittl. monatlicher Fortschritt (m)	151	231	112	175	238
Max. monatlicher Fortschritt (m)	422	425	313	313	337
Mittl. tägl. Fortschritt (22 Arbeitstage/Monat)	6,86	10,5	5,09	7,95	10,82

Der erste maschinelle Vortrieb in Jugoslawien wurde vor 7 Jahren mit einer DEMAG-Maschine im Wasserversorgungsstollen auf der Insel Brač ($\emptyset$ 2,30 m, Länge 8540 m) gestartet. Zur Zeit bohren 4 Tunnelvortriebsmaschinen, und zwar zwei Schildmaschinen (Schefer-Urbach) in den Eisenbahntunneln in Beograd und zwei Robbins-Maschinen im Zuleitungsstollen 2 des Wasserkraftwerkes Zakučac und im Zuleitungsstollen des Pumpspeicherwerkes Bajina Bašta. In den Eisenbahntunneln werden im Zuge der maschinellen Vortriebsarbeiten die ganze Betonauskleidung und die Zementinjektionen vollendet. In den Druckstollen werden zuerst der maschinelle Vortrieb und das Sohlgewölbe aus Betonfertigteilen ausgeführt und später die Betonauskleidung vollendet (Simić, 1978). Die Angaben über maschinell aufgefahrene Tunnel sind aus der Tabelle 1 ersichtlich.

Die Eisenbahntunnel in Beograd durchörtern Mergel unter bebautem Stadtgelände mit kleiner Überdeckung. Die Bauarbeiten werden mit Erfolg durchgeführt. Zu Erschwerungen des Schneidevorganges kam es in kurzen Zonen mit feuchtem Sand und weichem Kalkstein. Die übrigen Stollen Brač, Zakučac und Bajina Bašta liegen vorwiegend in Kalkstein mit Karsterscheinungen. Die Gründe für die dort relativ verminderten Vortriebsleistungen sind Karsterscheinungen (offene Klüfte, Spalten, Höhlen, die größtenteils mit Lehm und Lockergesteinsmaterial gefüllt sind), Bergschlag, Maschinenbeschädigungen und -defekte, längeres Warten auf Bestandteile, Überschwemmungen usw.

Von den 1800 beim Stollen Brac verfügbaren Tagen stand die Maschine 1000 Tage aus folgenden Ursachen außer Betrieb:

Maschinendefekte und Maschinenüberstellung	541 Tage
Ungünstige geologische Verhältnisse	385 Tage
Stromausfall	56 Tage
Wassermangel	18 Tage
insgesamt	1000 Tage

Ein Vergleich unserer Vortriebsleistungen mit den ausländischen bei gleichen geologischen Bedingungen könnte vielleicht zu einer Beurteilung der Fähigkeit unserer Baufirmen herangezogen werden:

Tabelle 2. Vortriebsleistung im Oso-Tunnel
Heading Output Oso Tunnel

Vortriebsleistung (m)			
täglich		monatlich	
mittl.	max.	mittl.	max.
47,8	127	ca. 1000	2088

Die Vortriebsleistung der Robbins-Maschine im Oso-Tunnel (Colorado) war wirklich spektakulär und ungewöhnlich (Graham, 1976, und Armstrong, 1970) (Tabelle 2).

Aus dem Prospekt der Firma Wirth (1977) kann man 6 Tunnel von mehr als 1500 m Länge im Kalk- und Sandstein zum Vergleich heranziehen.

Abb. 3 a*. Robbins-Maschine in der Fabrik
Robbins machine in factory

Abb. 3 b. Robbins-Maschine nach 6000 km im Stollen Zakučac 2
Robbins machine after 6000 km in the Zakučac 2 gallery

* Fotos: Božičević, S., Institut za geološka istraživanja, Zagreb.

Die mittlere Monatsleistung betrug 230 bis 462 m. Die mittleren Monatsleistungen der Robbins-Maschinen in Mergel- und Kalkstein in Baden-Württemberg (Krause, 1975) lagen zwischen 360 und 700 m.

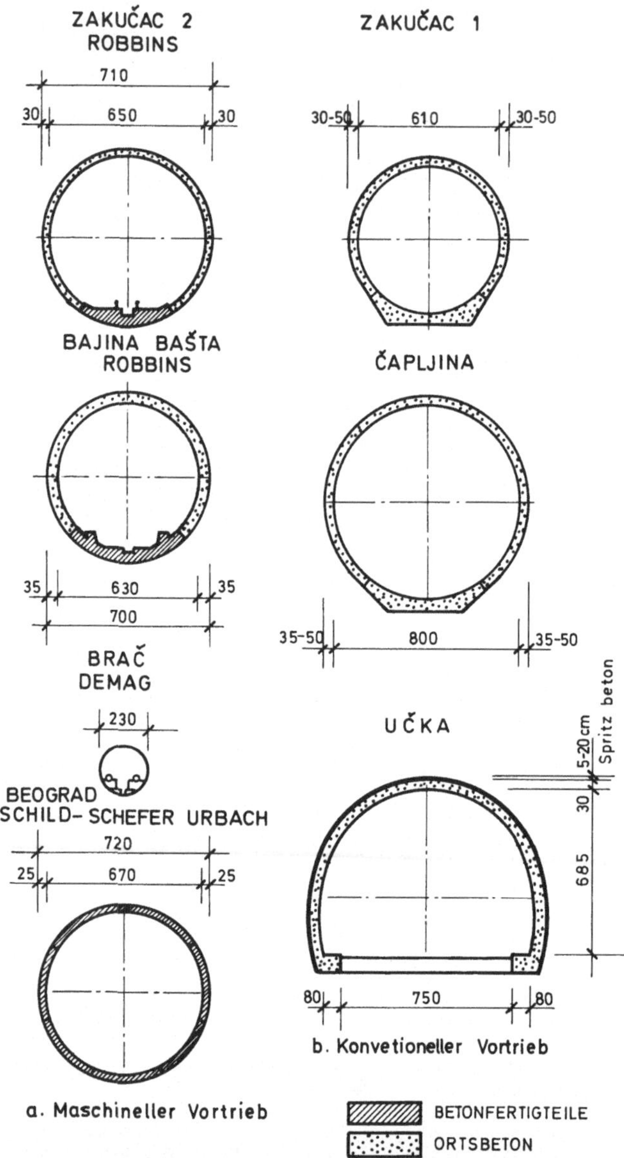

Abb. 4. Tunnel- und Stollenquerschnitte
Cross sections of tunnels

Unseren geologischen Verhältnissen entspricht das verkarstete Kalkgestein in Baden-Württemberg (Krause, 1975) und Wuppertal (Reinhardt
und Weber, 1977), wo eine mittlere Monatsleistung zwischen 90 und 258 m
erzielt wurde.

Für unsere Verhältnisse kann man behaupten: Die maschinelle Vortriebs-leistung (mit einer Angriffsstelle) ist gleich der konventionellen Vortriebs-leistung (mit zwei Angriffsstellen). Der Straßentunnel Učka, 4851 m lang,

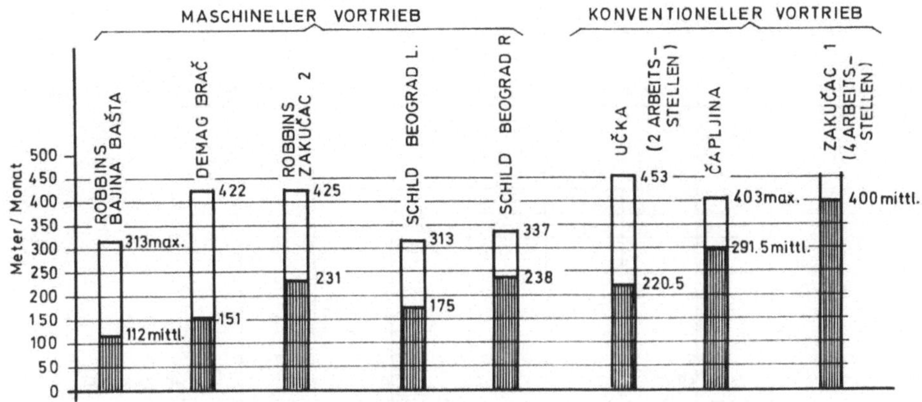

Abb. 5. Mittlere und maximale Monatsleistungen in Jugoslawien
Average and maximum driving rates in Yugoslavia

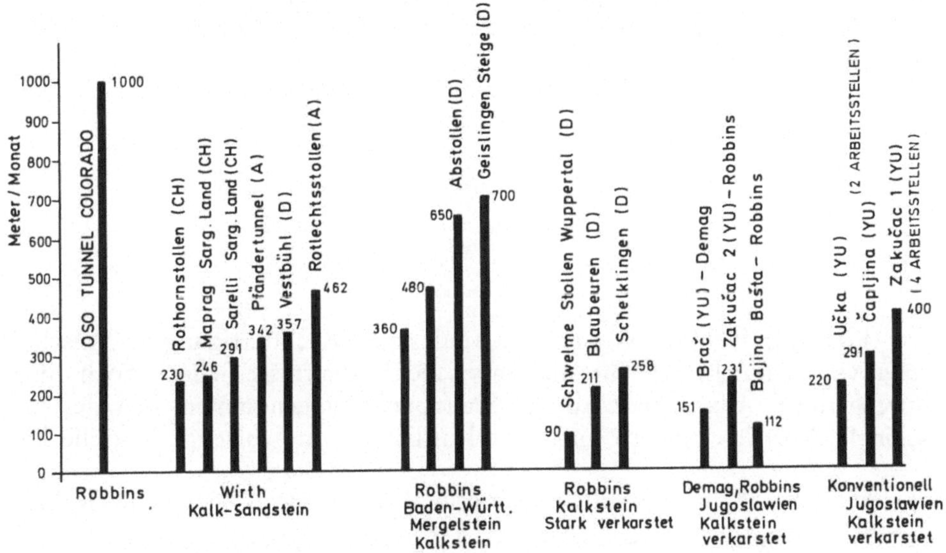

Abb. 6. Mittlere Monatsleistungen
Average monthly driving rates

wurde konventionell in 22 Monaten aufgefahren, das ist eine Monatsleistung von 220,5 m. Der Zuleitungsstollen des Pumpspeicherwerkes Čapljina (⌀ 8,70 m, Länge 7870,5 m) wurde in 27 Monaten (konventionell) aufge-fahren, was einer mittleren Monatsleistung von 291,5 m entspricht (Abb. 5 und Abb. 6).

Der erste Zuleitungsstollen des WKW Zakučac (10 km lang, ∅ 6,80 m)
wurde auf konventionelle Weise mit 4 Angriffsstellen in 2 Jahren aufgefahren (Zlatović, 1960). Das Auffahren des zweiten parallelen Stollens mit der
Tunnelbohrmaschine wird drei Jahre dauern (Abb. 7).

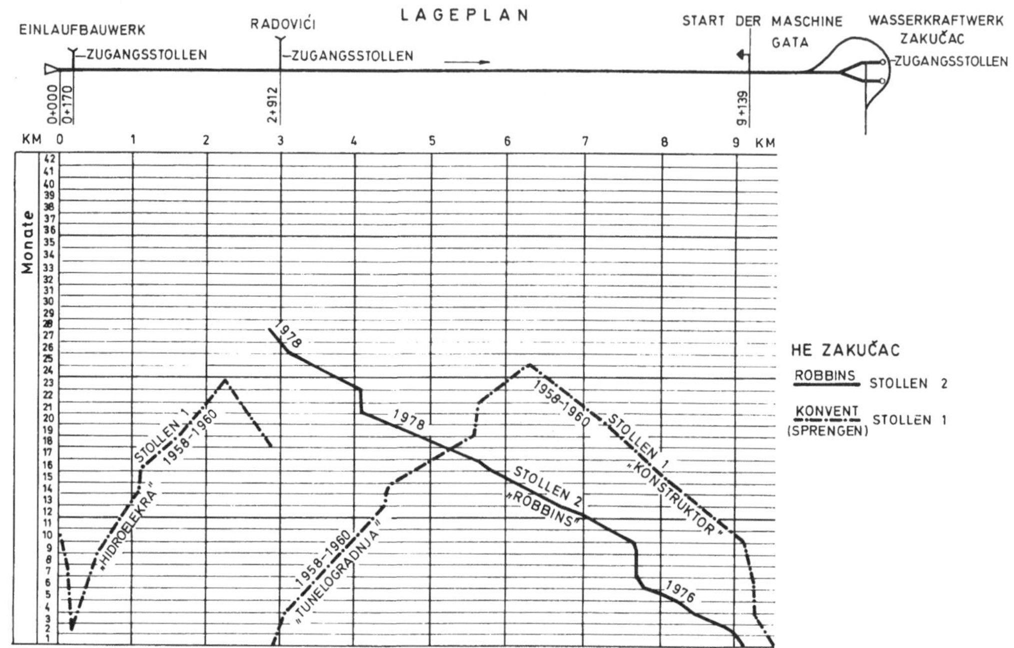

Abb. 7. Vortriebsfortschritt beim Stollen Zakučac
Diagram of driving rates Zakučac Tunnel

Eine gründliche wirtschaftliche Analyse zur Rechtfertigung der Anschaf-
fung von Tunnelfräsen für jugoslawische Verhältnisse wurde noch nicht
durchgeführt. Allgemein wird der Standpunkt eingenommen, daß der maschinelle Vortrieb modern und fortschrittlich ist und folgende Vorteile hat:

— keine Sprengungen und Erschütterungen, günstig in bebautem Gelände,

— der Fels wird weniger zerrüttet und die Felscharakteristika sind günstiger,

— Ersparnisse an Arbeitskraft, weniger Mineure notwendig, humanere und
   qualifiziertere Arbeit, erhöhte Sicherheit,

— ein ideales Kreisprofil wird erreicht, kein Überprofil, Ausbruch- und
   Betonmenge wird vermindert.

Aufgrund der bisherigen kurzzeitigen Erfahrungen mit drei Tunnelvortriebsmaschinen im Karstgebiet könnte für unsere Verhältnisse der maschinelle Vortrieb auch Nachteile haben, und zwar:

— am Anfang erhöhte Anschaffungskosten und teuere importierte Geräte,

— von der Bestellung der Maschine bis zum Baubeginn vergehen 8 bis 14 Monate,

— Risiko für den Unternehmer oder den Investor, daß nach Fertigstellung des Stollens kein neuer Einsatz für die Maschine gegeben ist,

— unsichere Einfuhr der Ersatzteile, Lager und Meißel,

— Empfindlichkeit des maschinellen Vortriebes bei Karsterscheinungen und in Störzonen, erschwerter Übergang auf konventionelle Verfahren,

— das anfallende Bohrklein ist als Betonzuschlagstoff ungeeignet,

— Stützungsmaßnahmen (Spritzbeton, Stahlbögen) ragen in das Profil herein und vermindern die Auskleidungsdicke.

Druckstollenauskleidung

Über 90% der Druckstollenlänge haben eine unbewehrte Betonauskleidung. Die Felscharakteristika wurden durch geophysikalische Methoden und durch Deformationsmessungen ermittelt.

Die ersten Messungen in Jugoslawien mit der Druckkammer erfolgten 1948 im Stollen des WKW Vinodol. Die entsprechenden Meßinstrumente konnten nicht besorgt werden und ein Druck von 0,3 MPa wurde mit Preßluft erreicht. Der Meßtrupp befand sich selbst unter Druck in der Druckkammer (Nonveiller, 1948).

Das Druckkissen wurde erstmalig 1951 im Stollen des WKW Vinodol und die Radialpresse 1951 im Stollen des WKW Mavrovo angewandt (Kujundžič, 1967).

Aus den gemessenen Geschwindigkeiten der longitudinalen Wellen und den gemessenen Felsdeformationen wurden der Verformungsmodul (V_F) und der Elastizitätsmodul (E_F) des Felsens berechnet. Die Betonauskleidung wird statisch als ein geschlossener elastischer Ring im isotropen, homogenen, elastischen Fels nach den Formeln von Mülhofer (1921), Frey-Baer (1944), Kastner (1971) u. a. berechnet. Man war bestrebt, daß die Zugspannungen den Wert von 1,0 MPa bis 1,2 MPa nicht überschreiten. Im Fels mit kleinerem Elastizitätsmodul wurde entweder die Auskleidungsdicke vermehrt oder die Auskleidung bewehrt. Auf diese Weise wurden alle unsere Stollenauskleidungen dimensioniert und ausgeführt. Alle diese Druckstollen ermöglichen einen langjährigen normalen Betrieb dieser Wasserkraftwerke, obwohl das zugrunde gelegte mathematische Modell ungenau ist und die Grundparameter unsicher waren:

— alle Stollenauskleidungen sind bei uns aus zwei Gewölbeteilen ausgeführt, die beiderseits eine Längsfuge zwischen dem Sohlgewölbe und dem Firstgewölbe haben,

— der Fels ist nicht homogen, nicht isotrop und nicht elastisch.

Nach eigener Entscheidung kann man als Elastizitätsmodul des Betons im Zugbereich die Werte zwischen 10 000 und 40 000 MN/m² wählen:

— „J. Černi" Beograd: 10 000 bis 15 000 MPa (Radosavljević, 1977),

— die Praxis in Zagreb: 20 000 MPa.

— Lauffer-Seeber (1962) 20 000 bis 40 000 MPa.

Es gibt noch keine Vorschriften über zulässige Betonzugspannungen, und in die statische Berechnung kann man für den Fels nach eigenem Ermessen entweder den Verformungs- oder den Elastizitätsmodul einsetzen.

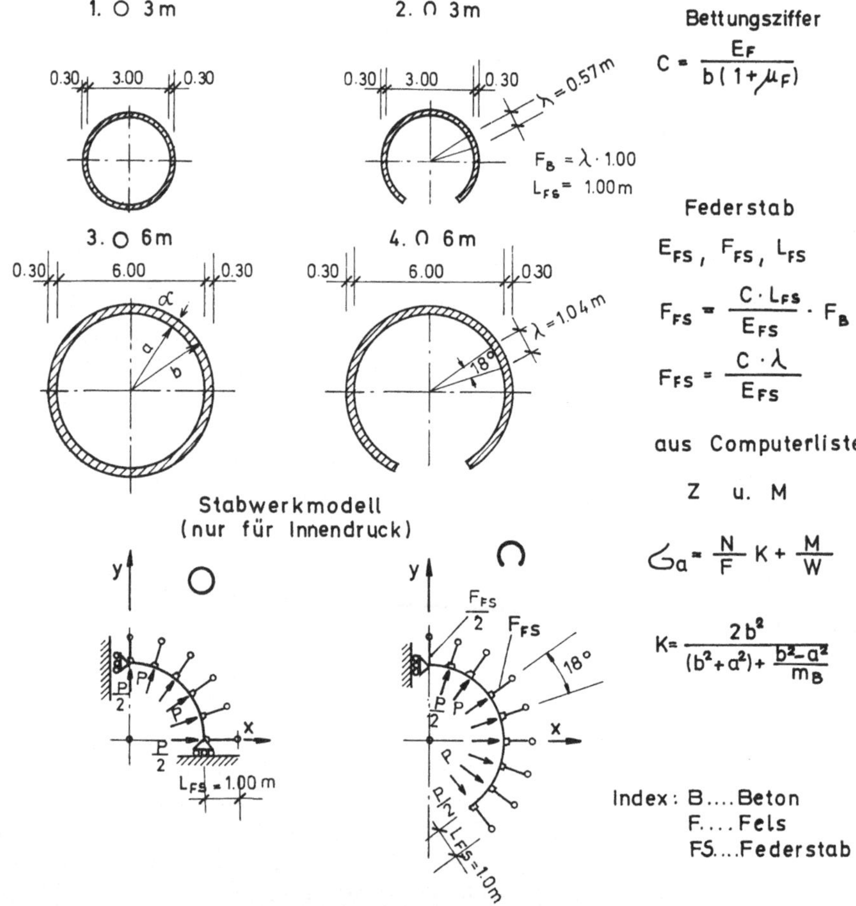

Abb. 8. Untersuchte Betonauskleidungen
Computed concrete linings

Alle von uns in situ vorgenommenen Deformationsmessungen zeigen, daß alle unsere Felsen sehr anisotrop sind. Zum Beispiel wurde im Stollen des WKW Gojak, Länge 9400 m, im Kalkstein nur eine Druckkammer ausgeführt und auf einer Länge von 10 m wurden Deformationen von drei Profilen gemessen. Die berechneten Felselastizitätsmoduln lagen zwischen 2400 und 33000 MPa (1 : 13) (Kujundžić, 1956).

Beraten durch Herrn Prof. Mladen Hudec (Bergbaufakultät Zagreb), berechnete der Verfasser mittels eines IBM-Computers (Stressprogramm) unter der Annahme verschiedener Felselastizitätsmoduln die Zugspannungen in der Betonauskleidung, wobei drei unterschiedliche Annahmen getroffen wurden:

— Auskleidung aus zwei Teilen (Sohlgewölbe, Firstgewölbe),

— Felsanisotropie 1 : 4,

— Betonelastizitätsmodul 10000 und 30000 MPa.

Für einen Innendruck von 100 kPa wurden 4 Profile untersucht (Abb. 8).

Tabelle 3. Felselastizitätsmodul Gojak
Elasticity Modulus of Rock, Gojak

Profil	Elastizitätsmodul (MPa)	Anisotropieverhältnis
A	2400 bis 20500	1 : 8,3
B	8300 bis 33000	1 : 4
C	8800 bis 33000	1 : 4

Aus den Computerlisten wurden die extremen Zugkräfte und Biegemomente ausgewählt. Die Tangentialzugspannungen am Innenrand der Auskleidung wurden nach der üblichen Formel berechnet:

$$\sigma = \frac{Z}{F}\,k \pm \frac{M}{W} \qquad k = \frac{2\,b^2}{(b^2 + a^2) + \dfrac{b^2 - a^2}{m_A}} \qquad \text{(Lauffer-Seeber, 1962)}$$

b ... Außenhalbmesser; a ... Innenhalbmesser.

Natürlich ist diese Formel wie fast alle anderen diskutabel. Volkov (1951) schlägt vor:

$$\sigma = \frac{Z}{F} \pm 0,6\,\frac{M}{W}$$

unter der Annahme von: $\dfrac{\text{Biegezugfestigkeit}}{\text{Zugfestigkeit}} = 1,5$ bis $2,5$ sogar:

$$\sigma = \frac{Z}{F} \pm 0,5\,\frac{M}{W} \quad \text{für Asbestzement (Simić, 1975).}$$

Die maximalen Zugspannungen werden in Tabelle 4 und Abb. 9 gezeigt.

Aus der Tabelle ist ersichtlich, daß zwei Projektanten in derselben Auskleidung völlig verschiedene Zugspannungen errechnen können. Es hängt

Tabelle 4. Zugspannungen der Auskleidung
Tensile Stresses in the Lining
Innendruck: $p_0 = 100$ kPa

E_B (MPa)	E_F (MPa)	Zugspannungen (kPa)			
		○ 3 m	∩ 3 m	○ 6 m	∩ 6 m
10 000	0	550		1050	
	200	510	530	900	280
	1 000	380	100	560	55
	2 500	280	60	340	30
	4 000	200	20	230	15
	10 000	95		100	
	16 000	70		70	
	$\frac{1\,000}{4\,000}$	400	190	600	320
	$\frac{4\,000}{16\,000}$	210	110	250	130
30 000	0	550		1050	
	200	540	1640	990	900
	1 000	480	320	820	160
	2 500	400	180	620	80
	4 000	350	80	490	40
	10 000	220		280	
	16 000	170		180	
	$\frac{1\,000}{4000}$	520	270	910	540
	$\frac{4\,000}{16\,000}$	350	180	520	270

nur von den willkürlich gewählten mathematischen Modellen und den Grundparametern ab. Ein mögliches Extrem an der Grenze der Absurdität zeigt folgendes Beispiel:

    ○   ⌀ 600 cm; d = 30 cm E_F = 1000/4000 MPa
                                        Anisotropie 1 : 4
                                        E_B = 30 000 MPa
                       σ = 910 kPa

    ∩   ⌀ 600 cm; d = 30 cm E_F =   4 000 MPa
                                          Isotropie
                                        E_B = 10 000 MPa
                       σ = 15 kPa

was einem Verhältnis der berechneten Spannungen σ von 1 : 60 entspricht.

Obwohl die bisherigen statischen Berechnungen nicht ganz korrekt waren, arbeiten alle unsere Wasserkraftwerke normal. Bei den bisherigen Be-

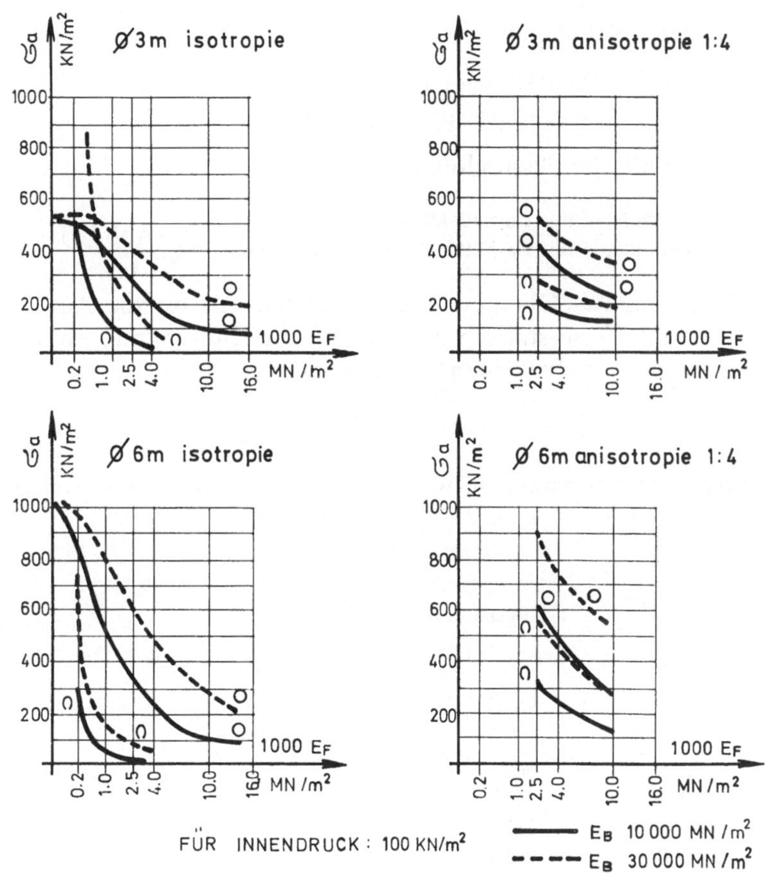

Abb. 9. Diagramme der Zugspannungen

Tensile Stresses diagrams

rechnungsweisen ergaben sich zufällig zwei Grundfehler mit verschiedenen Vorzeichen:

— Zweiteiligkeit der Auskleidung vermindert die Zugspannungen auf 1/2 bis 1/3,

— Anisotropie 1 : 4 vergrößert die Zugspannungen um das 2- bis 2,5fache.

Man kann generell sagen, daß die positiven Fehler die negativen aufheben.

Im geschlossenen Ring im isotropen Fels und in der zweiteiligen Auskleidung im anisotropen Fels sind die Zugspannungen ungefähr gleich groß.

Der Einfluß verschiedener Parameter ist aus den Verhältnissen von σ_a/σ_o zu ersehen:

Einfluß der Zweiteiligkeit der Auskleidung:

$$\frac{\text{Zugspannungen der zweiteiligen Auskleidung}}{\text{Zugspannungen des geschlossenen Ringes}} = \frac{\sigma_o}{\sigma_o}$$

Einfluß der Anisotropie:

$$\frac{\text{Zugspannungen mit Anisotropie}}{\text{Zugspannungen mit Isotropie}} = \frac{\sigma_{\text{anis.}}}{\sigma_{\text{is.}}}$$

Einfluß des Elastizitätsmoduls des Betons:

$$\frac{\text{Zugspannungen mit } E_B = 30\,000 \text{ MPa}}{\text{Zugspannungen mit } E_B = 10\,000 \text{ MPa}} = \frac{\sigma_{E_B 30000}}{\sigma_{E_B 10000}} \qquad \text{(Abb. 10)}.$$

Der Ring und das Obergewölbe ⌀ 6 m wurden für die Auskleidungsdicken 30 cm und 50 cm statisch untersucht Die Zugspannungen am Innenrand der Auskleidung für einen Innendruck von 100 kPa werden in Tabelle 5 gezeigt.

Tabelle 5. Zugspannungen in verschiedenen Auskleidungsdicken
Tensile Stresses in Different Lining Thicknesses

Innendruck 100 kPa

Typ	E_F (MPa)	Zugspannungen (kPa)			
		$E_B = 10\,000$ (MPa)		$E_B = 30\,000$ (MPa)	
		d = 30 cm	d = 50 cm	d = 30 cm	d = 50 cm
○	200	900	593	990	633
⌀ 6 m	1 000	560	428	820	557
	4 000	230	208	490	383
	16 000	62	68	180	170
	$\frac{1\,000}{4\,000}$	600	460	910	620
	$\frac{4\,000}{16\,000}$	250	230	520	410
∩	200	280	490	900	1470
⌀ 6 m	1 000	55	90	160	300
	4 000	15	25	40	70
	$\frac{1\,000}{4\,000}$	320	230	540	350
	$\frac{4\,000}{16\,000}$	130	120	270	200

Aus den bisherigen Darlegungen kann man schließen:

1. Die zweiteilige Auskleidung ist statisch weit günstiger als ein geschlossener Ring. Es ist nicht immer notwendig, den Unternehmer zu zwingen,
die Auskleidung ohne Längsfugen ringweise in einem Arbeitsgang herzu-

stellen. Bei einem niedrigen Elastizitätsmodul des Felsens ist die bewehrte Auskleidung nicht die einzige Lösung.

2. Die Felsanisotropie erhöht die Zugspannungen um 150 bis 250%.

3. Durch die Erhöhung des Elastizitätsmoduls des Betons von 10000 MPa auf 30000 MPa wurden die Zugspannungen um 50 bis 150% im Ring und um 150 bis 250% in der zweiteiligen Auskleidung erhöht.

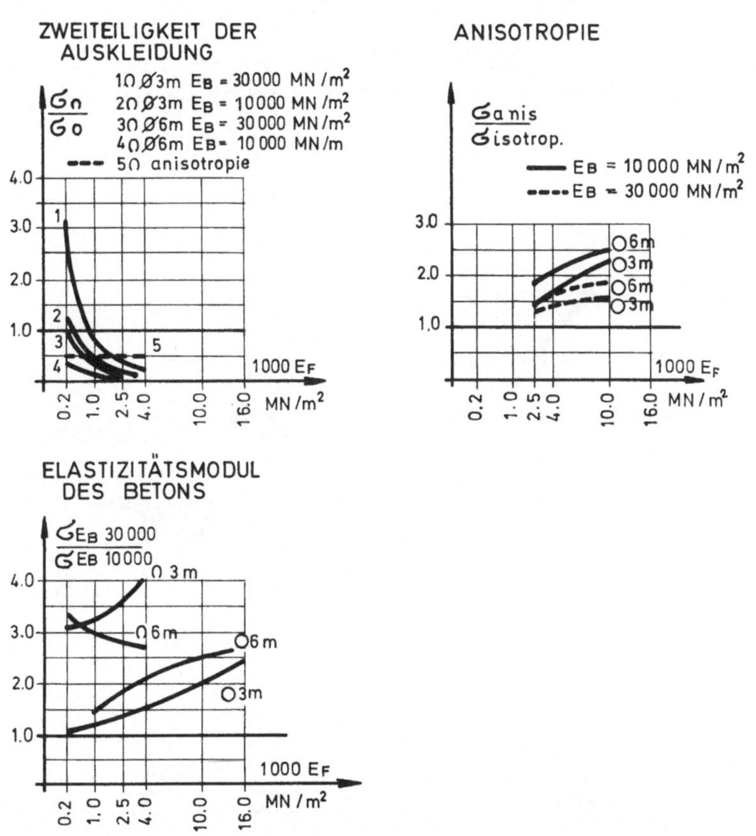

Abb. 10. Einfluß der Zweiteiligkeit, Anisotropie und des Betonelastizitätsmoduls
Effect of lining in two parts, of anisotropy and concrete elasticity modulus

4. Die gebräuchlichen Berechnungen der zweiteiligen Auskleidung als geschlossener Ring in einem isotropen, elastischen Medium liegen sehr weit von der Realität entfernt.

5. Die größeren Wasserverluste zufolge der Längsfugen lassen sich durch den Einbau von elastischen Fugenbändern vermeiden.

6. Die Verstärkung der Auskleidungsdicke verursacht
— im Ring eine Verminderung von Zugspannungen so lange, bis $E_F < E_B$,
— in der zweiteiligen Auskleidung im isotropen Fels eine Erhöhung von Zugspannungen.

Beileitungsstollen WKW Zakučac

Vor 17 Jahren wurde auf konventionelle Weise der erste Beileitungs-stollen mit einer Länge von 10 km und einem Innendurchmesser von 6,10 m fertiggestellt. Während des Baues des ersten Stollens wurden alle ingenieur-geologischen und felsmechanischen Untersuchungen ausgeführt (Zlatović, 1960).

Durch mikroseismische Methoden und Druckkissen wurden die mecha-nischen Felscharakteristika ermittelt.

Jetzt wird der zweite Stollen im Abstand von 60 m parallel zum ersten Stollen mit einer Robbins-Tunnelmaschine aufgefahren. Gleich hinter dem

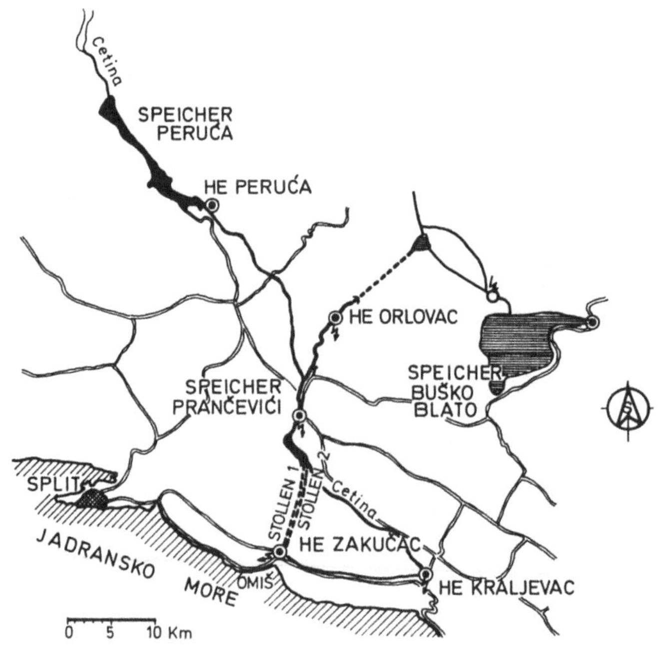

Abb. 11. Lageplan des WKWs Zakučac
Layout map of Zakučac HEP

Bohrkopf legt man das Sohlgewölbe aus Betonfertigteilen an. Der Stollen durchörtert Flyschsandstein, Flyschmergel, Kalksteine und Kalkbreccien. Die Stollenüberdeckung beträgt 30 bis 750 m.

Beileitungsstollen 2

Der Innendruck im Druckstollen beträgt 0,2 bis 0,5 MPa, und auf dem größeren Teil der Stollenlänge wurde eine unbewehrte Betonauskleidung, 30 cm dick, mit einer Betondruckfestigkeit von 20 MPa vorgesehen.

In der Mergelzone wurden Spritzbeton mit Maschendrahtnetz und in den Störzonen Stahlbögen verwendet. Längs des ganzen Stollens sind Kontaktinjektionen und teilweise Konsolidationsinjektionen vorgesehen.

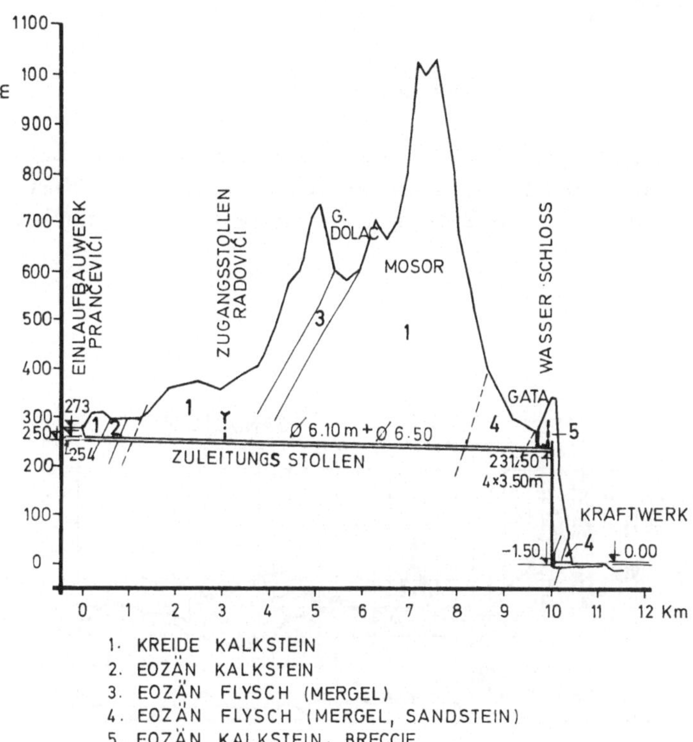

Abb. 12. Geologischer Längsschnitt des Stollens Zakučac
Geological longitudinal section

Obwohl gute Kenntnisse der geologischen Verhältnisse nach der Auffahrung des ersten Stollens vor 17 Jahren vorlagen, traten während des Auffahrens des zweiten Stollens vielfältige geologische und auch technische Schwierigkeiten auf.

In der Mergelzone in Station 8400 bis 9100 m kam es zur Hebung des Sohlgewölbes um 8 bis 18 cm, besonders nach einer Überschwemmung, während die Verformungen in der Kalotte und in den Ulmen unter 1 cm lagen. Die gesamte Ausbruchfläche über dem Sohlgewölbe wurde mit 5 bis 8 cm Spritzbeton gesichert. Die Hebung der Sohle um bis zu 18 cm und der zur Sicherung aufgebrachte 8 cm dicke Spritzbeton vermindern die Auskleidungsdicke um 20 bis 25 cm. Eine Auskleidungsdicke von nur 5 cm in der Firste wäre unzureichend, so daß eine Sanierung erfolgen muß.

Bei Station 7783 m trat eine lehmige, 48 m lange Verwerfungszone auf. Anstatt auf konventionelle Weise wurde die ganze Zone in drei Monaten maschinell, unter ständigem Absacken des Bohrkopfes, aufgefahren.

Bei Station 6460 m wurde eine verzweigte Höhle angetroffen, deren einer Zweig sich bis zum Druckstollen erstreckte. Durch die beschädigte Auskleidung des Stollens 1 ist das Wasser durchgebrochen und der aufgefahrene Stollen 2 wurde überschwemmt, was zu einer Unterbrechung aller Bauarbeiten zwang.

Beileitungsstollen 1

Nach der Betriebseinstellung des Kraftwerkes und nach Entleerung des Stollens 1 wurde in der Kontaktzone zwischen Mergel und Kalkstein (Station 8400 m) ein Verbruch von 2 × 4 m der Betonauskleidung mit dem Durch-

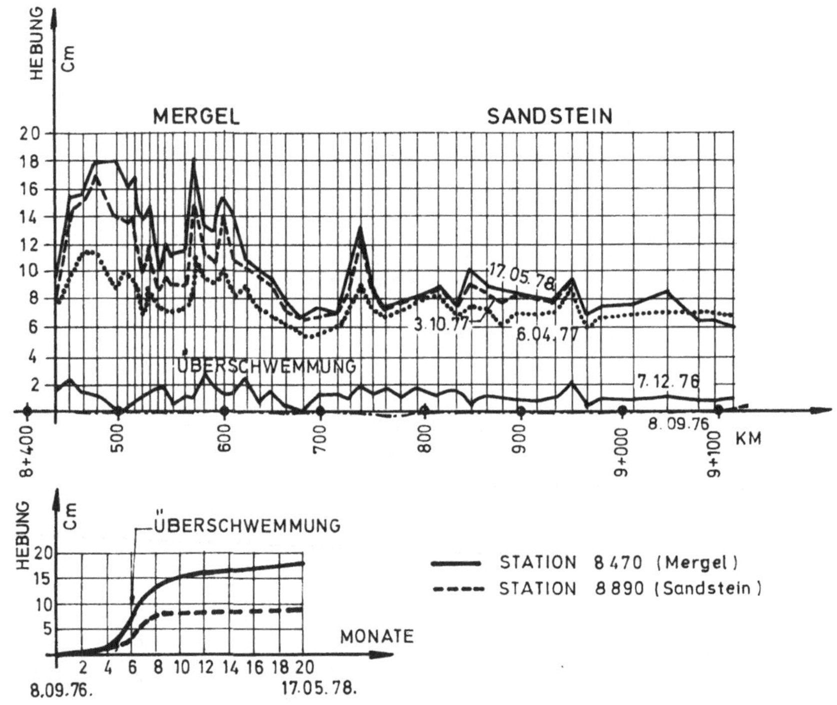

Abb. 13. Hebung des Sohlgewölbes

Lifting of inverted arches

bruch von verwittertem Mergel mit Kalksteinblöcken (Größe bis 1 m³) festgestellt. Die Sanierung der beschädigten Auskleidung wurde mittels Stahlbögen und einem inneren, 45 cm dicken Ring aus Stahlbeton ausgeführt.

Die Beschädigung der Auskleidung des Druckstollens 1 bei der Höhle (Station 6460 m) wurde mit einem Ring aus 12 cm dickem, bewehrtem Spritzbeton auf einer Länge von 12 m saniert.

Beileitungsstollen 2

Es kam zu Nachbrüchen unterschiedlich großer Kalksteinblöcke aus
der Firste und von den Ulmen in den Zonen kompakten Kalksteins (des
Bergschlages wegen) wie auch in den Zonen der nachbrüchigen und ver-

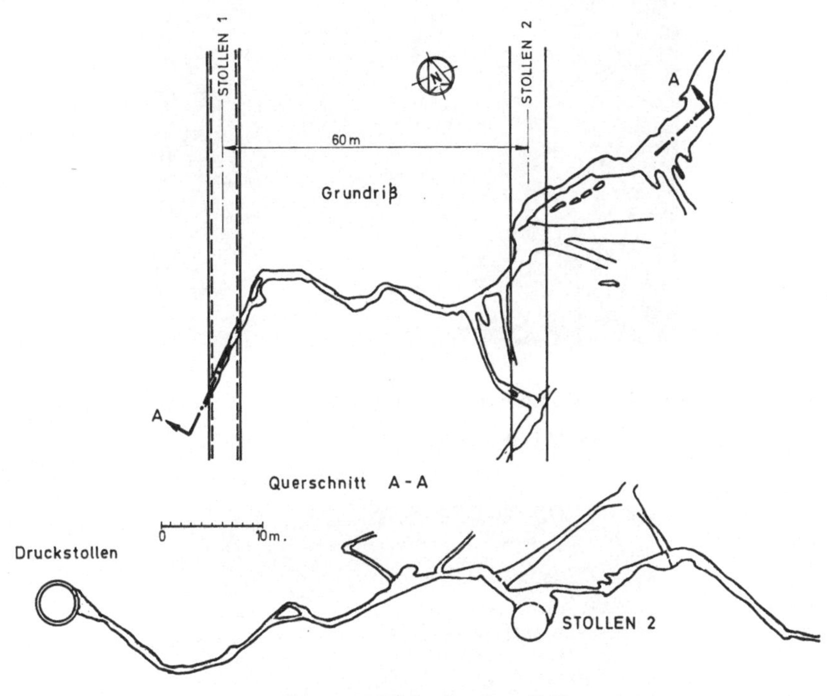

Abb. 14. Höhle, Station 6460
Cave, Sta. 6460

witterten Breccie, wodurch Beschädigungen und Stillstände der Maschine
verursacht wurden.

Bei Station 2902 m geriet man auf eine Höhle, die teilweise mit Lehm
und Einzelblöcken gefüllt war. Das lehmige, bindige Lockergesteinsmaterial
verursachte eine starke Behinderung in der Abförderung des Ausbruch-
materials.

Aus den bisherigen Ausführungen kann man schließen, daß nicht einmal
die pedantesten vorhergehenden ingenieurgeologischen Untersuchungen im
Karstgebiet eine zuverlässige Prognose geben können und daß beim Stollenvortrieb im verkarsteten Kalkstein immer mit Überraschungen gerechnet
werden muß. Der Verfasser glaubt, daß der konventionelle Vortrieb im
Karstgebiet anpassungsfähiger und daß der maschinelle Vortrieb empfindli-
cher und riskanter ist. Weder die Baukosten noch der Ausbautermin können
vorausgesehen werden.

Mit gewisser Verspätung wurden ingenieurgeologische und felsmechanische Untersuchungen vorgenommen:

R. Simić:

Abb. 15 a. Durchbruch im Zuleitungsstollen Zakučac 1
Breaking-through in feed gallery Zakučac 1

Abb. 15 b. Mergel und Kalksteinblöcke im Zuleitungsstollen Zakučac 1
Marl and Limestone blocks in feed gallery Zakučac 1

— seismische Refraktionsmessungen längs des ganzen Stollens und Bohrlochseismik,

— felsmechanische Messungen in situ: Ermittlung der Deformationseigenschaften des Felsens mit dem Menard-Pressiometer, Konvergenzmessungen, Deformationsmessungen der Verspannplatten mit Registrierung des Druckes auf dem Manometer der Maschine,

— Laboruntersuchungen der Bohrkerne: RQD-Bestimmung, mono- und triaxiale Festigkeitsuntersuchungen, Ermittlung des Elastizitätsmoduls, der Mergeleigenschaften usw.

An der Bohrmaschine werden die Vortriebsgeschwindigkeit, der Kopfdruck, Stromverbrauch, die Anzahl der Meißelwechsel usw. registriert.

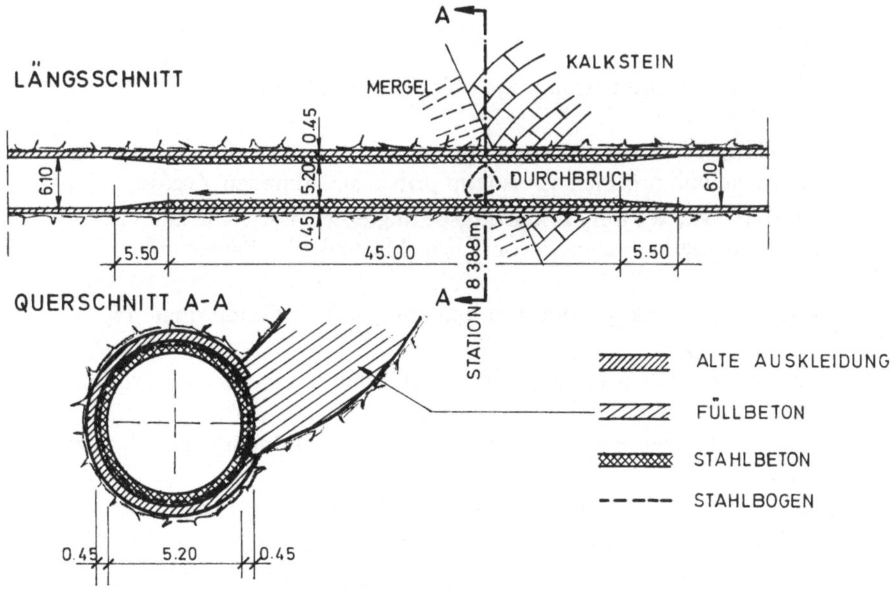

Abb. 16. Sanierung des Druckstollens 1
Repairing of Zakučac 1 Tunnel

Eine Auswertung aller dieser Angaben würde einen besseren Vergleich des Verhaltens des Felsens beim konventionellen und beim maschinellen Vortrieb ermöglichen. Ebenso könnte man Korrelationen zwischen den Felscharakteristiken und der Maschinenleistung anstellen.

Literatur

Armstrong, E.: Development of Tunneling Methods and Controls. J. Constr. Div. Amer. Soc. Civ. Eng. 96/2, 99—118 (1970).

Graham, P.: Rock Exploration for Machine Manufacturers. Proceedings of the Symposium Johannesburg. S. 175, 1976.

H e r a k o v i ć, D.: Izgradnja tunela na pruzi Beograd – Bar. Izgradnja 7, 16—50 (1976).

H e r a k o v i ć, D.: Organizacija gradjenja tunela „Zlatibor". Izgradnja *11*, 96— 108 (1977).

H u d e c, M.: Proračun obloga podzemnih prostorija i tunela. Rudarsko geološko naftni fakultet Zagreb (1976).

K r a u s e, H.: Geologische Erfahrungen beim Einsatz von Tunnelvortriebsmaschinen in Baden-Württemberg. Rock Mechanics, Suppl. *5*, S. 49—60. Wien, New York: Springer 1976.

K u j u n d ž i ć, B.: Ispitivanje stene u dovodnom tunelu Hidroelektrane Gojak. Gradjevinar *X*, 15—24 (1956).

K u j u n d ž i ć, B.: Prilog razvoju mehanike stijene. Saopćenje J. Černi *41—42*, 110—113 (1967).

L a u f f e r, H., S e e b e r, G.: Die Bemessung von Druckstollen- und Druckschachtauskleidungen für Innendruck auf Grund von Felsdehnungsmessungen. ÖIZ *5*. Jg., 38—48 (1962).

N o n v e i l l e r, E.: Dimenzioniranje obloge tlačnih tunela. Naše Gradjevinarstvo *9, 571—575* (1948).

R a d o s a v l j e v i ć, Ž.: Neki aspekti proračuna stanja napona u oblogama hidrotehničkih tunela velikih prečnika sa visokim pritiscima. Simpozij Zvečan, S. 73 (1977).

R e i n h a r d t, M., W e b e r, P.: Gebirgsbedingte Erschwernisse beim maschinellen Stollenvortrieb im verkarsteten devonischen Massenkalk. Bautechnik *5*, 169—174 (1977).

R u m e n o v i ć, J.: Iskop tunela u punom profilu. Gradjevinar *11*, 337—342 (1961).

S i m i ć, R.: Statičko ispitivanje ukopanih azbestcementnih vodovodnih cijevi. Gradjevinar *1—2*, 16—19 (1975).

S i m i ć, R.: Primjena rotacionih bušaćih strojeva u Jugoslaviji. Gradjevinar *4*, 143—148 (1978).

V o l k o v, V. P.: Tuneli. Savet za energetiku Vlade FNRJ, Beograd, S. 381 (1951).

W i r t h: Tunnelbohrmaschinen, S. 6—7 (1977).

Z l a t o v i ć, B.: Podaci o gradjenju dovodnog tunela HE Split. Gradjevinar *9*, 302—305 (1960).

Z l a t o v i ć, B.: Primjena podataka o elastičnosti stijene pri izgradnji tunela. Gradjevinar *10*, 320—324 (1970).

Anschrift des Verfassers: Dipl.-Ing. Rajko S i m i ć, Elektroprojekt, Proleterskih brigada 37, YU-41000 Zagreb, Jugoslawien.

Rock Mechanics, Suppl. 8, 249—262 (1979)

Rock Mechanics
Felsmechanik
Mécanique des Roches
© by Springer-Verlag 1979

Bau einer Prototyp-Kavernenanlage im ehemaligen Steinsalzbergwerk ASSE zur Durchführung von Forschungs- und Entwicklungsaufgaben auf dem Gebiet der Endlagerung radioaktiver Abfallstoffe

Von

M. W. Schmidt, H. Kolditz, G. Staupendahl und K. Thielemann

Mit 5 Abbildungen

Zusammenfassung — Summary

Bau einer Prototyp-Kavernenanlage im ehemaligen Steinsalzbergwerk ASSE zur Durchführung von Forschungs- und Entwicklungsaufgaben auf dem Gebiet der Endlagerung radioaktiver Abfallstoffe. Für die Beseitigung radioaktiver Abfälle wird die Endlagerung in geologischen Formationen des tieferen Untergrundes als ein geeignetes Verfahren betrachtet. Darunter weist wiederum die Einlagerung in geeignete Steinsalzformationen eine Reihe besonderer Vorzüge auf.

Im Jahre 1965 hat die Gesellschaft für Strahlen- und Umweltforschung mbH München, eine Großforschungseinrichtung der Bundesrepublik Deutschland, die Schachtanlage ASSE, zur Durchführung von Forschungs- und Entwicklungsarbeiten im Hinblick auf eine sichere, säkulare Lagerung radioaktiver Abfälle übertragen bekommen. Auf dieser Schachtanlage werden Einlagerungstechnologien entwickelt, erprobt und die Funktionstüchtigkeit entsprechender Anlagen demonstriert. Im Rahmen dieser Aufgaben werden mehrere wissenschaftliche und technische Gebiete, wie z. B. Geowissenschaften, Geomechanik, Kerntechnik und Bergbaudisziplinen, interdisziplinär bearbeitet.

Im Januar 1978 wurde die Entwicklungsgemeinschaft Tieflagerung (EGT) gegründet. Damit wurden die auf dem Gebiet der Endlagerung vorhandenen Aktivitäten zweier Großforschungseinrichtungen der Bundesrepublik Deutschland stärker als bisher konzentriert.

Das vorgestellte untertägige Bauwerk — *Prototypkavernenanlage ASSE* — ist in die vorgenannten Forschungs- und Entwicklungsvorhaben der EGT auf dem Gebiet der Endlagerung einzuordnen.

Diese Prototypkavernenanlage dient zur Weiterentwicklung erprobter Lagerungstechnologien. Bislang werden bzw. wurden auf der Schachtanlage ASSE Einlagerungstechnologien mit schwach- und mittelaktiven Abfällen erprobt. Hierzu werden im Rahmen des ehemaligen Steinsalzbergbaus entstandene Abbaukammern als Lagerräume benutzt.

Im Jahre 1974 wurde nach einer vorangegangenen Planungsphase von etwa 3 Jahren mit dem Bau der Kavernenanlage begonnen. Die Kaverne selbst wurde im unverritzten Teil des zentralen Kerns im Asse-Sattel errichtet. Ihre Sohle liegt bei 996 m.

0080-3375/79/Suppl. 8/0249/$ 02.80

Die Gesamtanlage besteht aus 4 Teilen:

1. Dem übertage beginnenden Bohrschacht;
2. der eigentlichen konventionell aufgefahrenen Prototypkavernenanlage;
3. den Übertageanlagen;
4. der Förder- und Beschickungsanlage.

Construction of a Prototype-Cavern in the Decommissioned ASSE Salt-Mine in Support of R & D-Efforts in the Field of Storage of Radioactive Wastes. The disposal of radioactive wastes into deep geologic formations is considered to be safe for the isolation of this wastes from the biosphere.

Among several disposal alternatives, suitable Halite-formations show a number of desirable advantages.

The Gesellschaft für Strahlen- und Umweltforschung mbH München (GSF), a research organisation of the FRG, was assigned the management tasks of the ASSE-mine in 1965. GSF conducts R & D-experiments in order to develope a safe permanent storage system for radioactive wastes. In this mine storage technologies are being tested and developed, demonstrating the feasibility of the respective installations.

The scope of these tasks incompasses several scientific and engineering disciplines into close cooperation, for example geosciences, geomechanics, mining and nuclear engineering. Therefore from GSF, München, and Nuclear Research Center Karlsruhe (KfK), the "Entwicklungsgemeinschaft Tieflagerung (EGT)" was founded in Jan. 1978, in order to concentrate more intensively their individual R & D-activities in this field. The underground construction of the ASSE prototype cavity, described in this paper, has been integrated within the afore mentioned R & D-projects of the EGT.

This prototype cavity tests a new storage concept for MLW. After a three year planning phase for the total project, the shaft construction started in 1974.

The cavity was excavated within an unmined area of Staßfurt-Halite, deep in the central part of the ASSE anticline. The cavity bottom is at 996 m depth.

The total project and its installations consist of four major components:

1. The shaft from surface;
2. the actual cavity, conventionally mined;
3. the surface installations for waste handling and transport;
4. the hoisting and charging devices together with installations for ventilation and radiation shielding.

1. Einleitung

In der Bundesrepublik Deutschland wird für die Beseitigung radioaktiver Abfälle die Endlagerung in geologischen Formationen des tieferen Untergrundes als das geeignetste und sicherste Verfahren betrachtet. Darunter weist wiederum die Endlagerung in Steinsalzformationen eine Reihe besonderer Vorzüge auf. Diese Richtung wird mit Priorität seit etwa eineinhalb Jahrzehnten besonders intensiv in der Bundesrepublik Deutschland verfolgt.

Im Jahre 1965 wurde der Gesellschaft für Strahlen- und Umweltforschung mbH das ehemalige Steinsalzbergwerk ASSE zur Durchführung von

Forschungs- und Entwicklungsarbeiten im Hinblick auf eine sichere, säkulare Lagerung radioaktiver Abfälle übertragen. Es werden hier Einlagerungstechnologien entwickelt, erprobt und die Funktionstüchtigkeit entsprechender Anlagen unter realen Betriebsbedingungen demonstriert.

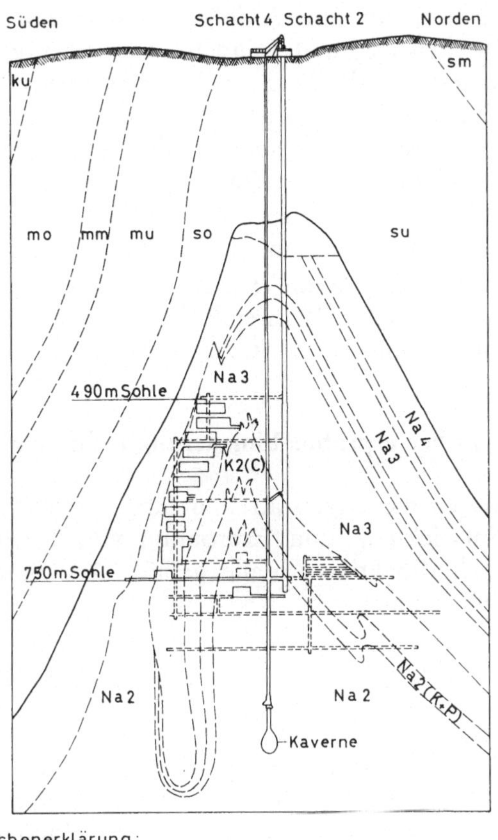

Abb. 1. Geologische Situation der Schachtanlage ASSE

Geological situation of the shaft system of ASSE

Im Rahmen dieser Ausführungen soll versucht werden, einen kurzen Einblick in Forschungs- und Entwicklungsarbeiten der Gesellschaft für Strahlen- und Umweltforschung auf dem Gebiet der Beseitigung radioaktiver Abfälle zu geben, um einige spezifische Aspekte und Lösungswege u. a. auch aus geomechanischer Sicht aufzeigen zu können.

2. Geologische Position der Schachtanlage ASSE

Das Grubengebäude der Schachtanlage Asse entstand in den Jahren 1908—1964 durch vorwiegenden Abbau von Steinsalz innerhalb des Asse-Sattels. Abb. 1 zeigt dessen asymmetrische Struktur. Auf der Nordflanke überlagern mittlerer und unterer Buntsandstein das Salinargestein. Auf der Südflanke handelt es sich um eine Abfolge des mittleren und oberen Buntsandsteins, des Muschelkalks und Keupers. Der eigentliche Salinarbereich läßt sich in das Leine-Steinsalz (Na 3 = Jüngeres Steinsalz) das Carnallitit-Flöz Staßfurt (K 2 C) und Staßfurt-Steinsalz (Na 2 = Älteres Steinsalz) mit den zugehörigen kieseritischen und polyhalitischen Übergangsschichten klar gliedern. Der Abbau der Lagerstätte ging überwiegend auf der Süd-flanke im Jüngeren Steinsalz um.

Im zentralen Bereich wurde auf drei Sohlen Älteres Steinsalz gebaut.

In der nördlichen Sattelflanke erfolgte bis etwa Mitte der zwanziger Jahre der Abbau von Carnallit. Während diese Carnallit-Baue versetzt wurden, blieben die Abbaukammern im Steinsalz unversetzt.

3. Bisher erprobte Einlagerungstechnologie

Ein Teil der durch die Lagerstättennutzung entstandenen Abbauräume wurden für die Entwicklung und Erprobung von Lagertechnologien für schwach- und mittelradioaktive Abfälle gemäß Annahmebedingungen der Versuchsanlage ASSE benutzt.

3.1 Einlagerungstechnologien für schwachaktive Abfallstoffe

Die in Landessammelstellen, Großforschungseinrichtungen und Kern-kraftwerken anfallenden schwachaktiven Abfälle werden zur Schachtanlage Asse in 200 bzw. 400 l Stahlblechfässern weitgehend betonverfestigt, soweit diese zur Durchführung von Forschungs- und Entwicklungsarbeiten benötigt werden, angeliefert.

Im Rahmen der bisher zwölfjährigen Einlagerung wurden verschiedene Varianten der Einlagerungstechnologien entwickelt und erfolgreich erprobt. Während die Abfallbehälter anfangs geordnet gestapelt wurden, erfolgte aus Gründen des Strahlenschutzes und aus bergtechnischen sowie letztlich auch aus geomechanischen Gesichtspunkten eine Abänderung des Einlagerungs-verfahrens. Um den Aufenthalt des Personals im Bereich der Einlagerungs-behälter zu minimieren und damit eine Verringerung der Strahlenbelastung zu erreichen, wurden die Abfallbehälter mit Ladefahrzeugen in den Abbau-kammern über eine Böschung verkippt und mit Salzhaufwerk überdeckt. Auf diese Weise wurde gleichzeitig eine Versatzwirkung und damit Stabili-sierung der alten Abbauräume erreicht.

Eine Variante bei der Einlagerung schwachradioaktiver Abfälle ist die Lagerung von Behältern in „verlorenen" Betonabschirmungen. Diese Art der Einlagerung hat den Vorteil, daß durch die zusätzliche Betonabschirmung neben einer Verminderung der Strahlenbelastung gleichzeitig auch hier eine Stabilisierung der Abbauräume infolge *Versatzwirkung* des Einlagerungsgutes erfolgt.

Abb. 2. Einlagerung schwachaktiver Abfälle in eine Abbaukammer
Storage of low level wastes in an excavated chamber

Abb. 3. Einlagerung schwachaktiver Abfälle in „verlorener" Betonabschirmung
Storage of low level wastes in a "lost" concrete shield

3.2 Einlagerungstechnologie für mittelaktive Abfallstoffe

Mittelradioaktive Abfälle werden in Sammel- oder Einzelabschirmbehältern zur Schachtanlage Asse angeliefert. Infolge der Schachtabmessungen und maximal zulässigen Transportgewichte werden nur Einzelbehälter nach untertage zur Beschickungskammer auf der 490-m-Sohle transportiert.

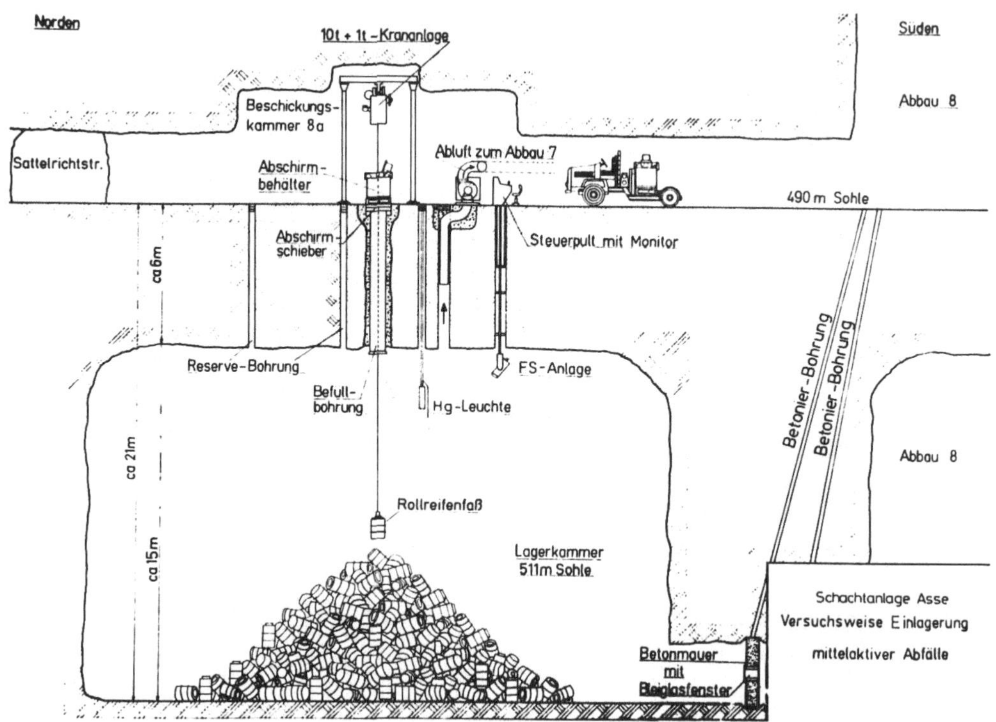

Abb. 4. Einlagerung mittelradioaktiver Abfälle
Storage of medium level radioactive wastes

In einer fünfjährigen Einlagerungszeit wurden ca. 1290 Abfallfässer eingelagert. Die grundsätzliche Beherrschung der Einlagerungstechnologie wurde nachgewiesen. Gleichzeitig zeigte sich aber auch, daß der Transport von abgeschirmten mittelradioaktiven Abfallbehältern einen komplizierten Umlade- und Abschirmmechanismus aufweist. Dies führt dazu, die Einführung einer neuen Einlagerungstechnologie voranzutreiben.

4. Planung und Bau der Prototypkavernenanlage ASSE

4.1 Aufgaben der Prototypkavernenanlage

Das Grubengebäude der Schachtanlage Asse war nur durch einen Tagesschacht erschlossen. Infolge bergrechtlicher Forderungen war die Schaffung eines zweiten fahrbaren Ausgangs zwingend erforderlich.

Diese Tatsache sowie die Erfahrungen mit den spezifischen Transport- und Abschirmgegebenheiten bei der Einlagerung mittelradioaktiver Abfälle, führten zu der Überlegung, die Erstellung des Schachtes mit der Herstellung eines neuen Lagerraumes für mittelaktive Abfälle zu kombinieren und eine neue Einlagerungstechnologie zu entwickeln und zu erproben.

Die Abwägung aller geologischen und bergtechnischen Fakten innerhalb des vorhandenen Grubengebäudes führten dazu, den Kavernenraum in den Kern des Asse-Sattels in das Ältere Steinsalz zu legen.

Anfang der siebziger Jahre wurde im Rahmen eines EURATOM-Forschungsprogramms mit der Planung der Kavernenanlage innerhalb des Grubengebäudes der Schachtanlage Asse begonnen. Folgendes Modell lag der Planung zugrunde:

Die Abfallbehälter sollen übertage aus dem Abschirmbehälter ausgeschleust und im neuen Schacht bis in die ca. 925 m tief gelegene Entladeanlage ohne Abschirmung transportiert werden.

Hier werden die Abfallfässer automatisch entladen und fallen durch einen Kavernenhals in den eigentlichen Kavernenhohlraum. Ein spezielles Kavernenabschlußbauwerk mit Schleusenklappe schließt die Kaverne gegenüber Entladeanlage und Schacht ab. Da die gesamte Förderanlage automatisch betrieben wird, ist kein Einlagerungspersonal unmittelbar erforderlich.

4.2 Technische und geomechanische Planungen

Im Jahre 1972 wurden die *gesamten* Planungsarbeiten für die Erstellung der Prototypkavernenanlage abgeschlossen.

Die Baumaßnahme gliedert sich in 4 Teile:

1. Erstellung eines Schachtes von übertage bis zur 750-m-Sohle als *Bohrschacht.*
2. Durchführung von bergmännischen Arbeiten zur Erstellung des Kavernenhohlraumes einschließlich Montage von Schachteinbauten sowie Montage meßtechnischer Einrichtungen.
3. Erstellung der übertägigen Einrichtungen, wie Erweiterung der Schachthalle, Erstellung von Funktionsräumen einschließlich der nach kerntechnischen Gesichtspunkten ausgelegten Umladezelle.
4. Lieferung und Montage der Förder- und Beschickungsanlage.

Auf Grund geomechanischer Überlegungen wurde in Projektstudien die zweckmäßige Formgebung und Teufenanlage der eigentlichen Prototypkaverne im Detail untersucht.

Daraus resultiert folgendes Ergebnis:

1. Die Kaverne wird unterhalb des bestehenden Grubengebäudes im unverritzten Kern des Asse-Hauptsattels im Älteren Steinsalz aufgefahren. In diesem stratigraphischen Horizont liegen in Norddeutschland bevorzugt Speicherkavernen.

2. Vom Top der Kaverne bei -959 m bis zu dem nächsthöher gelegenen Abbau wird ein Abstand von ca. 150 m gewahrt.

3. Die gebirgsmechanisch günstigste Form ist ein gestrecktes Rotationsellipsoid mit aufgesetztem Kreiskegel.

4. Das Kavernenvolumen beträgt 10000 m³.

5. Die Kavernenhöhe beträgt 36,4 m.

6. Die Höhe des elliptischen Teiles beträgt 29,2 m.

7. Die Höhe des kegeligen Teiles beträgt 7,2 m.

8. Das Hauptachsenverhältnis ist 1,3.

9. Der maximale Durchmesser beträgt 24,2 m.

Mit einem Finite-Element-Rechenprogramm erfolgte eine erste Abschätzung des zu erwartenden Spannungs-Verformungsverhaltens der Prototypkaverne. Diese Berechnungen wurden von der Bundesanstalt für Geowissenschaften (BGR) in Hannover durchgeführt.

Bereits im Planungsstadium wurde ein umfangreiches geomechanisches Untersuchungsprogramm ausgearbeitet, da die beschriebene Kavernenanlage an der Asse während des Baues, des Betriebes und auch nach Abschluß der geplanten Einlagerung ideale Voraussetzungen für grundsätzliche Erkenntnisse zum Stabilitätsverhalten großer untertägiger Hohlräume im Salinar bietet.

Die nachfolgend aufgeführten Punkte lassen grundsätzliche und allgemeingültige Erkenntnisse sowohl für die Salzmechanik selbst als auch für die Erstellung großer Hohlräume in Salinargesteinen, wie sie z. B. für ein zukünftiges Endlager oder Speicherkavernen erforderlich sind, erwarten.

1. Die Teufenlage der Kaverne in rd. 1000 m ist verhältnismäßig groß gewählt. Praktische Erfahrungen über die Standfestigkeit von großen Grubenräumen über längere Zeiträume in dieser Tiefe liegen speziell an der Asse nicht vor. Auch andere Salzgruben dringen erst in jüngster Zeit in Tiefen von 1000 m und darüber vor.

2. Wegen der gewählten Teufenlage und des damit vorhandenen großen Seigerabstandes zu den bisher tiefstgelegenen Grubenbauen der Schachtanlage Asse sind die Standortbedingungen denjenigen einer einzelnen und in einem noch unverritzten Kavernenfeld in einer beliebigen Salzlagerstätte aufgefahrenen Kaverne gleichzusetzen. Dies ist eine wesentliche Voraussetzung für die Übertragbarkeit der Meßergebnisse auf andere Standorte in gleichartigen geologischen Formationen. Die Meßergebnisse sind damit nicht nur von spezifisch lokaler Bedeutung.

3. Die Kaverne wird analog zu anderenorts betriebenen Speicherkavernen gleichfalls im Staßfurt-Steinsalz angelegt. Damit ist aus gesteinsmechanisch-petrographischer Sicht eine weitere Basis für eine nutzbringende Verwendung der gesammelten Meßdaten für andere Projekte dieser Art gegeben.

4. Die „Anhydritregion" ist sehr homogen ausgebildet. Wegen der regelmäßigen und rotationssymmetrischen Geometrie der Kaverne können gegebenenfalls strukturell oder tektonisch bedingte Anisotropien im De-

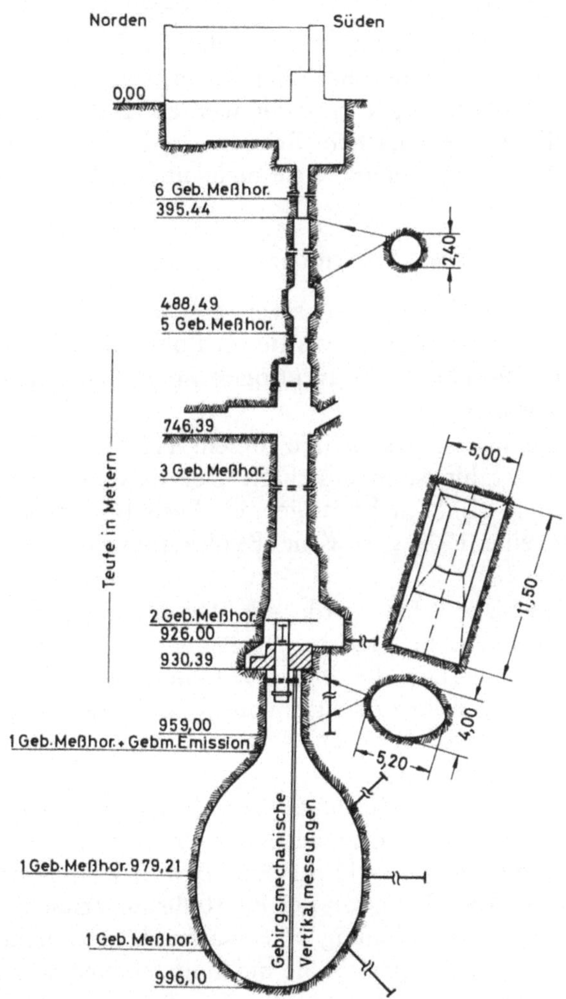

Abb. 5. Schematische Darstellung der Prototypkavernenanlage ASSE mit gebirgsmechanischen Meßhorizonten

Schematic representation of the prototype cavern system of ASSE at the horizon of rock-mechanical instrumentation

formationsverhalten des Gebirges im Kern des Asse-Sattels leichter analysiert werden. Derartige Informationen sind gleichfalls von Interesse für die höhergelegenen Bereiche der Asse-Struktur, zumal dort ähnliche Untersuchungen wegen der Konzentration von sich gegenseitig beeinflussenden alten Grubenbauen bisher nur sehr bedingt möglich waren. Die Übertragung solcher Ergebnisse auf andere Lagerstätten ist gegeben.

5. Das Untersuchungsprogramm ist nicht nur auf die Kaverne selbst beschränkt, sondern erfaßt auch den Kavernenhals, die Entladestation und den Schacht Asse 4 unterhalb −8,5 m Teufe. Es werden verschieden tiefgelegene schachtartige Grubenbaue unterschiedlichen Querschnitts erfaßt.

6. Gleichzeitig soll das Senkungsverhalten des Daches der Kaverne und das Gebirge bis zu rd. 60 m oberhalb der Kavernensohle mit einer senkrecht verlaufenden Meßbohrung überwacht werden. Dabei handelt es sich um Messungen, die aus technischen Gründen und wegen der hohen Kosten praktisch an Kavernen anderer Orte nicht unmittelbar durchgeführt werden können.

4.3 Bauausführung

Der Schacht Asse 4 wurde in zwei Abschnitten geteuft. Der Bereich von übertage bis zur 750-m-Sohle wurde im Bohrverfahren erstellt, während er unterhalb der 750-m-Sohle konventionell im Bohr- und Sprengverfahren niedergebracht wurde.

Von übertage bis in das Salinar hinein bei 396 m Teufe wurde der Schacht mit einem Stahlausbau gesichert. Der darunterliegende Schachtteil wurde bis zur 750 m Sohle nicht ausgebaut. Basis für das Teufen des Bohrschachtes bildete eine 1969 gestoßene Explorationsbohrung 52 m westlich des Schachtes Asse 2.

Im ersten Halbjahr 1974 wurde mit den übertägigen Vorarbeiten für das Abteufen begonnen. In 81 Arbeitstagen erreichte der Bohrschacht die vorgesehene Teufe von 411 m bei einem Durchmesser von 2,13 m. Dies entspricht einem mittleren Bohrfortschritt von 21 cm/h. Eine Havarie beim Einschwimmen des Ausbaus führte zu Verzögerungen und gewissen Abänderungen in der Planung.

Im Anschluß an das Einbringen der Verrohrung mit einem lichten Durchmesser von 1,5 m und deren anschließender Zementation wurde von übertage aus ein Pilotbohrloch von 411 m Teufe bis zur 750-m-Sohle erstellt. Die Sohle wurde am 11. April 1975 von der Pilotbohrung erreicht. Für den Bohrschacht selbst war für die Planung eine maximale Abweichung von 10 cm aus der Lotrechten vorgesehen, welche nicht eingehalten werden konnte. Sie lag über die gesamte Teufe bei ca. 65 cm. Im Gegensatz zur ursprünglichen Planung erhielt daraufhin der Schacht im Salzbereich anstelle eines Durchmessers von 2 m nunmehr 2,40 m lichten Querschnitt.

Nach Fertigstellung des Bohrschachtes bis zur 750-m-Sohle wurde der Schacht mit Rechteckquerschnitt in Bohr- und Sprengarbeit mit Greifer und Kübelförderung bis in das Niveau von 926 m weiter geteuft. Zwischen 911 und 926 m Teufe erfolgte eine Erweiterung, um die geplante Entladeanlage und die erforderlichen meßtechnischen Erfassungsanlagen für gebirgsmechanische Messungen und kerntechnische Meßprogramme installieren zu können. In diesem Teufenbereich befindet sich weiter das nach kerntechnischen und gebirgsmechanischen Gesichtspunkten ausgelegte Kavernenabschlußbauwerk.

Vom Niveau der Entladeanlage bis in 959 m Teufe wurde der Kavernenhals mit elliptischem Querschnitt geteuft. Ab 959 m erfolgte die eigentliche Erweiterung zum Kavernenhohlraum.

Die Kaverne von 10 000 m³ Volumen wurde als gestrecktes Rotationsellipsoid ebenfalls in Bohr- und Sprengarbeit aufgefahren.

Sowohl der Schacht unterhalb der 750-m-Sohle, einschließlich der Entladeanlage, als auch der Kavernenhals und der obere Teil der Kaverne bis zur Mittelebene wurden mit Ankern zwischen 0,5 und 1,5 m Länge und Maschendrahtverzug gesichert. Im Bereich des Kavernenabschlußbauwerkes wurden aus geomechanischen Gründen 3 m lange Spreizhülsenanker von 12 Mp Nennlast unter 3 MP Vorspannung und zwischengelegten Quetschlagen aus Holz eingebracht. Die im April 1976 unterhalb der 750-m-Sohle begonnenen Teufarbeiten konnten Anfang Mai 1977 mit Erreichen der Kavernensohle bei 996,1 m abgeschlossen werden. Im Anschluß daran erfolgte eine Ausbrucherweiterung im Bereich der Entladeanlagensohle zur Aufnahme des Kavernenabschlußbauwerkes. Diese Arbeiten mußten ohne Einsatz der Sprengtechnik ausgeführt werden, um eine extreme Schonung des Gebirges im Bereich der Auflager zu gewährleisten. Ende Februar 1978 war das Kavernenabschlußbauwerk einschließlich aller Transport- und Meßrohrleitungen eingebracht. Das Einbringen der Schachteinbauten unterhalb der 750-m-Sohle konnte bis auf die Spurlatten und die elektrischen Ausrüstungen im Juni 1978 abgeschlossen werden.

Mit Fertigstellung der Gesamtanlage wird Ende 1979 gerechnet.

Im Anschluß daran sollen in einem mehrstufigen Versuchsprogramm Sicherheit, Zuverlässigkeit und Wirtschaftlichkeit der Anlage getestet werden. Dieses Testprogramm besteht aus Funktionsprüfungen, inaktiver Betriebsphase, Erprobung mit schwachaktiven und anschließend mit mittelaktiven Abfällen sowie der abschließenden Versiegelungsphase des Lagerraumes.

5. Gebirgsmechanisches Meßprogramm

Zur Überwachung des Gesamtbauwerkes und zur Kontrolle der vorausberechneten mit tatsächlich eintretenden Deformationen wurde bereits im Verlaufe der Bauausführung ein umfangreiches geotechnisches Meß- und Kontrollsystem installiert.

Die damit ermittelten Werte dienen sowohl der Standsicherheitsanalyse des Bauwerkes selbst als auch der Erfassung des grundsätzlichen Deformationsverhaltens von unter atmosphärischen Bedingungen betriebenen Kavernen, über welche bislang infolge der nicht vorhandenen Begehbarkeit keine wesentlichen Detailkenntnisse vorliegen.

Das gebirgsmechanische Meßprogramm umfaßt folgende Untersuchungen:

1. Erfassung der Deformation im verrohrten Schachtteil von übertage bis ca. 396 m Teufe.
2. Konvergenzmessungen an 5 Meßebenen im Schacht mit kreisförmigem Querschnitt zwischen der 490-m- und 700-m-Sohle im Steinsalz- und Carnallitbereich.

3. Messung der Konvergenzen im rechteckigen Schachtbereich an drei Meßquerschnitten unterhalb der 750-m-Sohle, verbunden mit Extensometermessungen.

4. Messung von Konvergenzen und Ankerbelastung im Bereich der Entladeanlage, verbunden mit Distanzmessungen zwischen Abschlußbauwerk und Gebirge und Extensometermessungen. Permanente Kontrollmessungen am eingebauten Fallrohr und auf der Oberfläche des Abschlußbauwerkes bezüglich möglicher Neigungen.

5. Messung der Konvergenzen im elliptischen Querschnitt des Kavernenhalses.

6. Extensometermessungen zur Beobachtung des Kavernendaches.

7. Beobachtung der Vertikalverformung zwischen Kavernenhals und Kavernensohle zur Erfassung von Sohlhebungen und Dachsenkungen.

8. Messung der mikroakustischen Emissionen im Bereich des Überganges Kavernenhals – Kavernendach.

9. Felstechnologische Wiederholungstests in den Kavernenstößen unter Einsatz
a) des Ultraschall-Bohrlochmeßverfahrens,
b) einer Bohrlochverformungssonde System BfB (Dilatometermessung).
Diese felstechnologischen Untersuchungen werden gemeinsam mit der Bundesanstalt für Geowissenschaften und Rohstoffe durchgeführt.

10. Systematische Entnahme von Bohrkernen für gebirgsmechanische Laboruntersuchungen.

11. Messung der Temperatur an der Stoßoberfläche der Kaverne. Die Durchführung der Messung und deren Auswertung erfolgt durch das Kernforschungszentrum Karlsruhe.

Infolge der später nicht mehr gegebenen Befahrbarkeit des Kavernenraumes mit Beginn der Einlagerung aktiver Abfälle wurde das gebirgsmechanische Meß- und Überwachungssystem so konzipiert, daß die Extensometermeßstellen über elektrische Aufnehmer langfristig überwacht werden können. Es wurden geeignete Methoden entwickelt, unmittelbar nach dem getätigten Abschlag bei Erreichen des Meßniveaus die Bohrungen durchzuführen und die relativ empfindliche Meßeinrichtung an den in der Entladeanlage befindlichen Datalogger anzuschließen. Für die Verlegung von abgeschirmten Meßleitungen wurden 2 Techniken erprobt:

1. Verlegung der Kabel in einem in das Gebirge eingeschnittenen Schlitz, der anschließend mit Magnesiazement wieder verschlossen wurde.

2. Verlegung von Meßkabeln auf der Stoßoberfläche, geschützt durch stahlarmierte an den Stoß geankerte Gurtförderbandmatten.

Durch Versenkung der Extensometermeßknöpfe ins Gebirge und zusätzlichen Schutz durch glasfaserverstärkte Kunststoffrohre mit anschließender Überdeckung durch U-Eisen und Gurtförderbandmatten konnte ein ausreichender Schutz der Meßgeräte vor Sprengeinwirkungen beim Teufen der

Kaverne erzielt werden. Auf diese Weise war es möglich, die Meßgeräte bereits 1,5 m über der jeweiligen Sohle zu montieren.

Die Meßeinrichtungen laufen seit ihrer Montage Anfang 1977 zufriedenstellend. Die Auswertung der Meßwerte wird auf einem Telefunken-Rechner (TR 440) der TU Clausthal zur Zeit durchgeführt.

Auf Grund der während der Bauphase ermittelten Konvergenzen unterhalb der 750-m-Sohle wurde das Kavernenabschlußbauwerk so konzipiert, daß die zu erwartenden Gebirgsbewegungen während der Betriebsdauer von rd. 10 Jahren hieran keine Schäden hervorrufen können. Zur Überwachung wurde eine umfangreiche Zusatzinstrumentierung vorgenommen. Vorschläge für die Verlagerung des Bauwerkes auf drei Einzelfundamenten mit Gleitmöglichkeiten wurden vom Lehrstuhl für Felsmechanik der Universität Karlsruhe unterbreitet.

6. Schlußbemerkungen

Das dargestellte Kavernen-Projekt mit geomechanischem Meßprogramm wurde aus Mitteln des Bundesministeriums für Forschung und Technologie (BMFT) unter Beteiligung der Europäischen Atomgemeinschaft (EURATOM) finanziell gefördert. Hierfür sei an dieser Stelle ein besonderer Dank ausgesprochen.

Auch der Projektleitung und Betriebsleitung der Versuchsanlage Asse sowie allen an dem Meßprogramm beteiligten Mitarbeitern der Entwicklungsgemeinschaft Tieflagerung (EGT) sei für die Unterstützung und Mitarbeit bei der Durchführung dieses Vorhabens gedankt.

Den beteiligten Firmen und Institutionen sagen wir für die gute Zusammenarbeit während der Planungs- und insbesondere Bauausführungsphase Dank.

Literatur

Albrecht, E.: Erfahrungen und Probleme beim Abteufen eines Bohrschachtes auf die Salzlagerstätte der Schachtanlage ASSE. Kali und Steinsalz *1*, 13—20 (1976).

Albrecht, E., Perzl, F.: Das Forschungs- und Entwicklungsprogramm für die Tieflagerung radioaktiver Abfälle in der Bundesrepublik Deutschland. Vortrag, Wolfenbüttel 1978.

Albrecht, H., Meister, D., Stork, G. H., Wallner, M.: Zur Frage des Standsicherheitsnachweises von Hohlräumen in Salzgesteinen. Proc. V. Int. Salzsymposium, Hamburg 1978 (im Druck).

Kahl, J., Kolditz, H.: Planung und bergmännische Arbeiten zur Erstellung einer elliptischen Kaverne auf der Schachtanlage Asse. Vortrag zum Schacht- und Tunnelbau-Kolloquium, Berlin 1979.

Klarr, K.: Bericht über die geologischen Erkundungsbohrungen 775/1/72, 750/1/73 und 490/1/73 im Salzbergwerk Asse II. Unveröffentl. Ber., GSF-Inst. f. Tieflagerung-WA, Clausthal 1974.

Kühn, K.: Zur Endlagerung radioaktiver Abfälle. Atomwirtsch. Atomtech. *XXI*/Nr. 7, 357—362 (1976).

Meister, D.: A New Ultra-Sonic Borehole-Meter for Measuring the Geotechnical Properties of Intact Rock. Proc. III. Congr. ISRM, Denver, Vol. II-A, 410—417, 1974.

Perzl, F.: Tieflagerung radioaktiver Abfälle im Salz — Erreichtes und Geplantes. Ber. GSF — A 62, München 1977.

Staupendahl, G., Schmidt, M. W., Meister, D., Wallner, M.: Geotechnische Untersuchungen an der Prototyp-Kaverne in der Schachtanlage ASSE. 4. Internationaler Kongreß für Felsmechanik, Montreux, 1979 (im Druck).

Anschriften der Verfasser: Dipl.-Geol. M. W. Schmidt, Dipl.-Ing. G. Staupendahl, Gesellschaft für Strahlen- und Umweltforschung mbH München, Institut für Tieflagerung, Wiss. Abteilung, Berliner Straße 2, D-3392 Clausthal-Zellerfeld; Dipl.-Ing. H. Kolditz, Institut für Tieflagerung, Technische Abteilung, Theodor-Heuß-Straße 4, D-3300 Braunschweig; und Ing. grad. K. Thielemann (Betriebsführer), Schachtanlage ASSE, Institut für Tieflagerung, Technische Abteilung, D-3341 Remlingen, Bundesrepublik Deutschland.

Rock Mechanics, Suppl. 8, 263—276 (1979)

Rock Mechanics
Felsmechanik
Mécanique des Roches
© by Springer-Verlag 1979

Der Bau des Wiener Donaudükers und seine geotechnischen Probleme

Von

G. Adam, L. Martak und H. Plachy

Mit 6 Abbildungen

Zusammenfassung — Summary

Der Bau des Wiener Donaudükers und seine geotechnischen Probleme. Der Wiener Donaudüker stellt im Rahmen des Wiener Abwasserbeseitigungsprojektes (WABAS 80) ein wichtiges Bindeglied zwischen den linksufrigen Gemeindebezirken und der Hauptkläranlage dar. Aufgrund eines Sondervorschlages der ausführenden Firmengemeinschaft wurde eine 500 m lange Rohrvorpressung mit Großrohren vom Innendurchmesser 3,70 m, einer Wandstärke von 46 cm und einer Rohrlänge von 3 m gewählt. Aus der seichtliegenden Pressengrube am rechten Donauufer führt die Gradiente mit 20% fallend unter die Donau und sollte mit einem Krümmungsradius von 1000 m in den horizontalen Teil übergehen, der am linken Ufer den Vertikalschacht erreicht. Der Baugrund besteht im wesentlichen aus ca. 10 m Donauschotter, darunter stehen jungtertiäre tonige Schluffe in Wechsellagerung mit Feinsanden an. Für die Wasserhaltung der Pressengrube und für den Vortrieb durch die Donaualluvionen wurde eine Schmalwandumschließung mit innenliegenden Brunnen ausgeführt. Während der Vortriebsarbeiten erwies sich die Wasserhaltung als nicht ausreichend, so daß es zu starken Behinderungen durch Sand- und Kiesnachbrüche kam. Beim Vortrieb in den tertiären Schluffen und Feinsanden wurde gegen das andrängende Kluft- und Porenwasser Druckluft eingesetzt, die allerdings in den Wechsellagen verschiedentlich keine durchgehend standfeste Ortsbrust bewirken konnte. Es kam zu mehreren Wasser- und Sandeintritten, wobei in einem Fall die Arbeitskammer geflutet werden mußte. Durch den Einbau eines Ortsbrustverschlusses und den gezielten Einsatz von Vakuumlanzen konnte der Vortrieb fortgesetzt und beendet werden. Der Vortrag geht auf das Entstehen des hydraulischen Grundbruchs in geschichteten, unterschiedlich durchlässigen Sedimenten ein und soll die Möglichkeiten des zeitgerechten Einsatzes von Hilfsmaßnahmen aufzeigen. Zufolge der Schwierigkeiten bei der Beherrschung des Bodens traten bei der Steuerung starke Abweichungen von der Sohllage auf, so daß heute die fertige Röhre einen Krümmungsradius von 250 m im Minimum aufweist. Damit verbunden traten in den Fugen der Rohre große konzentrierte Lasteinleitungen auf, die zu Schäden im Beton und zu Verformungen in den Zwischendehnern führten. Die lagemäßige Verteilung dieser Überbeanspruchungen als Funktion der Vortriebsdrücke und der Bettung durch den Boden, entsprechend dem Verlauf der Kurvenfahrt, wird erläutert.

0080-3375/79/Suppl. 8/0263/$ 02.80

The Construction of the Vienna Danube Sag Pipe and Its Technical Problems. In the framework of the Vienna sewage disposal project ("WABAS 80"), the Vienna Danube sag pipe represents an important link between the municipal districts on the left bank and the main sewage purification plant. On the basis of a special suggestion submitted by the contractors' pool in charge of the project, the choice was made in favour of a tube pressing of 500 metres in length using large diameter tubes of 3.70 metres interior diameter, a wall thickness of 46 centimetres, and a tube length of 3.00 metres each. The subsoil consists mainly of about 10 metres of Danube gravel, below there are layers of upper tertiary silt and clay, with alternating deposits of fine sands. The dewatering proved to be insufficient during the mining procedure so that serious impediments were caused by gravel and sand slips. Compressed air was used against the oncoming pore and fissure water during the mining through the upper tertiary silt and clay and fine sands; in the alternating deposits, however, this could not always bring about a continued stable face. Several water seepages and sand slips occurred, and in one case the caisson had to be flooded, but the mining could be continued and finished thanks to the installation of a face lock and the purposeful use of well points.

Der folgende Beitrag befaßt sich mit dem Bau des Wiener Donaudükers und den technischen Überlegungen, die zu seiner Ausführung notwendig waren. Ein breiter Raum wird den Methoden und den Schwierigkeiten, die sich während des Baues eingestellt hatten, gewidmet.

Projektsdaten

Um die Abwässer der beiden am linken Donauufer gelegenen Wiener Gemeindebezirke einer Reinigung in der Hauptkläranlage Simmering zuführen zu können und um die Stromversorgung der Hauptkläranlage und der Pumpwerke vom Kraftwerk Donaustadt aus zu ermöglichen, mußte eine Lösung für die Querung der Donau gefunden werden. Die Ausführung einer Rohrbrücke wurde wohl geprüft, aber aus betrieblichen und wirtschaftlichen Gründen ausgeschieden.

Daher mußte eine unter der Donau durchführende Verbindung gesucht werden, bei deren Errichtung der Hochwasserschutz für Wien, die Donauschiffahrt und der Bahn- und Straßenverkehr am rechten Donauufer nicht beeinträchtigt werden durfte.

Aus dieser Forderung entwickelte sich das Projekt Donaudüker, das aus dem linksufrigen Pumpwerk, dem eigentlichen Rohrtunnel von 485 m Länge und nahezu 4 m Durchmesser sowie dem Auslaufbauwerk, das am rechten Flußufer gelegen ist, besteht. Insgesamt mußten 160 Rohre eingebaut werden. An dieser Stelle muß übrigens darauf hingewiesen werden, daß es sich beim Donaudüker um keinen Düker im hydraulischen Sinne handelt.

Das Pumpwerk wurde in offener Baugrube im Schutze einer Schmalwand ausgehoben. Der 34 m tiefe Zielschacht des Dükers wurde als Senkbrunnen mit Absenkhilfe durch Kiespfähle errichtet. Das Auslaufbauwerk ist vergleichsweise seicht gegründet (10 m unter GOK) und wurde im Schutz von Spundbohlen in offener Baugrube hergestellt.

Geologische Situation

Mit dem Düker wurde die Donau bei Wien das erste Mal in geschlossener Bauweise unterfahren. Die tiefste Stelle des Dükers liegt bei 132,0 m ü. A. (das ist ca. 23 m unter PMW). Um die Baugrundverhältnisse zu erkunden und eine möglichst genaue Prognose zu erstellen, wurden zahlreiche Bohrungen, insbesondere im Donaustrom von Pontons aus niedergebracht.

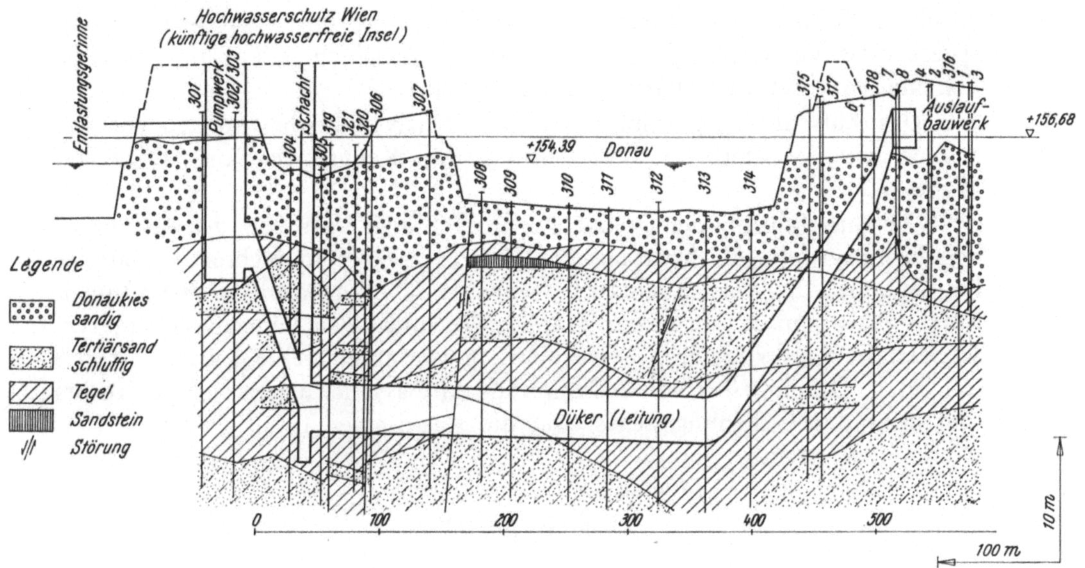

Abb. 1. Vereinfachter geologischer Längsschnitt nach Gesteinstypen

Simplified geological longitudinal section according to rock types

Alle wesentlichen Bodenschichten wurden bodenphysikalisch untersucht (Abb. 1). Die Baugrunderkundungen ergaben folgenden Schichtaufbau: unter Donausedimenten wechselnder Mächtigkeit liegen tektonisch stark beanspruchte, jungtertiäre, dem Ober-Pannon zuzuordnende tonige Schluffe und schluffige Feinsande in Wechsellagerung.

Die Donausedimente in den Uferbereichen sind (von einer dünnen Aulehmschichte abgesehen) unterschiedlich sandige runde Kiese in mitteldichter Lagerung. Die Kiese sind deutlich schichtig aufgebaut. Die Basis der Schotter, besonders an den Tiefpunkten der Quartärschichten, besteht aus einer Anhäufung von Steinen und Blockwerk.

Die Grenzfläche zwischen den Quartärschottern und dem tertiären Untergrund ist sehr stark modelliert; zahlreiche Rinnen und Kolke sind in die tertiären Schluffe eingesenkt.

Rechtsufrig ist der Schotterkomplex ca. 12 m mächtig. Das Flußbett der Donau zeigt 3—4 m Kies als Überdeckung. Am linken Donauufer wurde eine besonders tiefreichende Einsenkung an der Tertiäroberfläche festgestellt.

Bei den Tertiärschichten fällt die Farbe der Gesteine auf, die in den seltensten Fällen blau-grau (wie sie in den ungestörten Gebieten Wiens zu beobachten ist), sondern sie ist ein gelbliches Braun; ein sicheres Zeichen von tiefgreifender Verwitterung über das Kluftsystem.

Das Auftreten von Sandsteinschichten in einzelnen Bohrlöchern, sowie zahlreiche Kalkknollen beachtlicher Größe, die während des Vortriebes angefahren wurden, sind überdies für die stark tektonisch beeinflußten Regionen in Wien charakteristisch.

Das Grundwasser ist im wesentlichen von der Donau abhängig. Es erfüllt die Schotter und dringt über das Kluft- und Störungssystem mit entsprechender Verzögerung auch in die tertiären Schichten ein und wirkt in den Sanden durch den hydrostatischen Druck.

Das Aufschlußprogramm sowie die intensiven Beobachtungen vor Ort stellten eine wesentliche Bereicherung der Kenntnisse vom Baugrund Wiens dar.

Die Unterfahrung der Donau wurde nach dem Vorschlag der ausführenden Firmengruppe als hydraulischer Rohrvortrieb vom rechten Donauufer her begonnen. Es wurden schlaff bewehrte Stahlbetonrohre von einem Innendurchmesser von 3,7 m, 46 cm Wandstärke und einer Länge von 3 m verwendet. In die fertige Röhre wurden 2 glasfaserverstärkte Kunststoffrohre mit einem Durchmesser von 1400 mm als Abwasserleitungen verlegt. Rechts und links des Bedienungssteges sind die Kabeltassen für die übrigen Einbauten angebracht.

Rohrvorpressung

Eine spezielle Ausbildung der Rohrfuge ermöglichte die Rohrvorpressung in gekrümmter Gradiente. Von dem seichtliegenden Anfahrschacht am rechten Donauufer wurde der Vortrieb mit 20% Gefälle und einem geplanten Radius von 1000 m begonnen. Dabei sollte die Anfahrzone im gesamten Bereich der Donauschotter durch Schmalwandkästen gedichtet werden (Abb. 2). Schon bei den Aushubarbeiten an der Pressengrube stellte sich heraus, daß eine einwandfreie Abdichtung der wassergefüllten sandigen Kiese nicht gelungen war. Deshalb entschloß man sich zur zusätzlichen Abteufung von Gravitationsbrunnen und dachte, mit einer innerhalb der Umschließung durchgeführten Wasserhaltung die nötige Absenkung zu erreichen. Weitere Schwierigkeiten für den Vortrieb stellten die an der Grenze zum tertiären Untergrund anstehenden Grobblocklagen dar. Die installierte maschinelle Einrichtung — eine Abbaufräse, der sogenannte „Dachs", und die nachgeschaltete Sieb- und Brecheinheit — waren diesen Anforderungen nicht gewachsen. Daher mußte schon in diesem Bereich mit händischem Abbau nachgeholfen werden.

Nach dem Eindringen des Vortriebes in die tertiären Schichten entschloß sich die ausführende Firmengruppe, den Vortrieb unter Drucklufteinsatz fortzusetzen. Dadurch hoffte man die Ortsbrust so standfest zu halten, daß weder Zwischenbühnen noch andere Hilfsmaßnahmen erforderlich sein würden. Es war geplant, das Abbaugerät mit Hilfe von Fernsehkameras und

-monitoren von der unter normalen Luftdruck stehenden Tunnelröhre aus
steuern zu können. Die vorgesehene Fernsteuerung war auch einer der
Gründe, weshalb man sich für eine Naßförderung entschlossen hat. Die
Mineure hätten dann nur fallweise für Wartungs- und Reparaturarbeiten
die Druckzone betreten müssen.

Durch die Ausbildung einer Gängigkeit zu einem nahegelegenen Brunnen
entstand in der Arbeitskammer ein derart hoher Luftverlust, daß die Gefahr

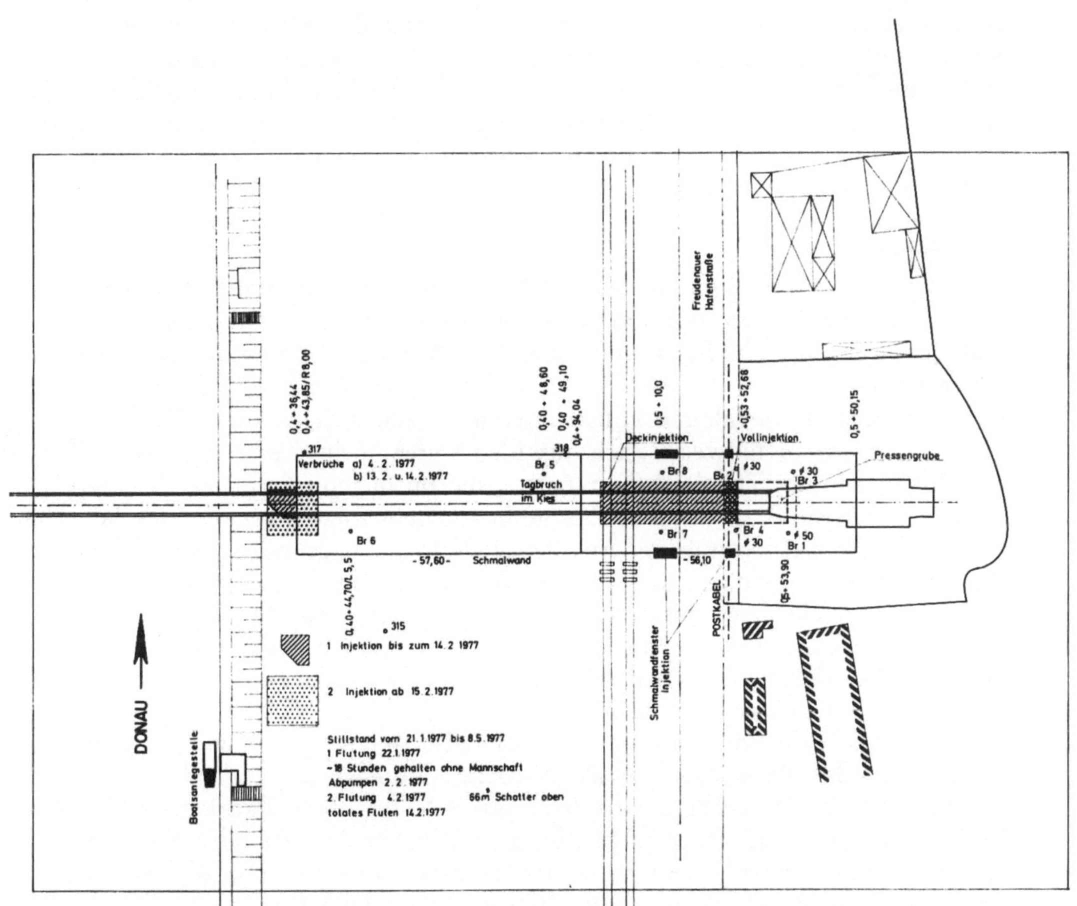

Abb. 2. Ausschnitt aus dem Lageplan des Dükers mit eingetragenen Bauhilfsmaßnahmen
Part of the location plan of the sag pipe, with auxiliary construction measures

eines plötzlichen Druckabfalles gegeben war. Versuche, den Luftaustritt
durch eine entsprechende Betonplombe im nahegelegenen Brunnen zu verhindern, schlugen fehl. Die Bauleitung entschloß sich deshalb, die Arbeitskammer zu fluten. Die Vortriebsstrecke war zu diesem Zeitpunkt rund 90 m
weit aufgefahren und stand unmittelbar unter dem rechten Donauufer. Daher konnte eine Ergänzung der nicht unbeträchtlichen Bodenverluste um

den Schneidschuh noch durch Injektionen von der Geländeoberfläche her durchgeführt werden.

Nach Säuberung der Tunnelröhre und Instandsetzung der maschinellen Einrichtung wurde vor Wiederaufnahme der Arbeiten ein stählerner Schneidschuhverbau, bestehend aus Zwischenbühnen und sechs druckdicht schließenden Toren, eingesetzt. Durch diesen Ortsbrustverbau war natürlich an eine Fernsteuerung des Arbeitsgerätes nicht mehr zu denken.

Die Wiederaufnahme der Arbeiten gestaltete sich äußerst schwierig. Der vorgesehene Vorpreßdruck von max. 24 MN wurde dabei bei weitem überschritten. Durch Boden- und Injektionsmaterial, das in die unzugängliche Schildschwanzfuge eingedrungen war, erwies sich die Steuerbarkeit des Vortriebes als stark beeinträchtigt. Erst durch verschiedene Maßnahmen, wie Abdrücken des Schneidschuhes, Schaffung eines Vorschnittraumes usw., konnte wenigstens teilweise die Steuerung wieder gewonnen werden. Allerdings mußte eine Fehlfahrt in Kauf genommen werden, was zu einem nicht vorgesehenen Tiefpunkt des Donaudükers in der Nähe des rechten Donauufers führte.

Diese Vorkommnisse beleuchten die grundbautechnischen Probleme einer derartigen Konzeption und Vortriebsmethode in den Donaualluvionen und den tonigen, schluffigen und sandigen Wechselschichten im tertiären Untergrund.

Der Einsatz vielfältiger Hilfsmaßnahmen, die sich in ihrer Funktion teilweise ergänzen, teilweise auch zuwider laufen, bringt es mit sich, daß grundbautechnische Probleme auftauchen, die im nachhinein immer leichter zu diskutieren sind, als zu dem Zeitpunkt, in dem folgenschwere Entscheidungen gefällt werden müssen. Aus der Vielfalt dieser grundbautechnischen Zusatzmaßnahmen sollen nun einige wesentliche herausgegriffen werden und zwar verschiedene Formen des hydraulischen Grundbruchs und der Einfluß der Dehnerstationen auf die Bettung des vorgeprägten Rohrstranges. Sie treten bei vielen Vortrieben im oberflächennahen Lockergestein auf und verdienen deswegen erörtert zu werden.

Die Donaualluvionen im Bereich der Stadt Wien weisen wie eingangs erwähnt an der Basis eine charakteristische Groblage auf, die als Relieffüllung der Tertiärschichten eine 0,50 bis 3 Meter dicke Packlage bilden (Abb. 3). Diese besteht aber nicht ausschließlich aus Steinen oder Blöcken, $\varnothing$ 150 mm und größer, sondern sie ist in ihrer Kornverteilung mit Kiesen und Sanden abgestuft. Wenn diese Zone nicht im täglichen Schwankungsbereich des Grundwassers liegt, so ist ihre Durchlässigkeit in der Regel geringer als in den vielfach beobachteten Einkornlagen des Fein- bis Mittelkieses darüber.

Wie bereits im vorangehenden beschrieben, führten die Vortriebsarbeiten der Rohrvorpressung auf den ersten 70 m durch die Donaualluvionen, wobei die heterogenen Kies- und Sandablagerungen schleifend geschnitten wurden. Um die Wasserhaltung möglichst einfach gestalten zu können, war dieser Vortriebsabschnitt mit der besagten Schmalwand umgeben worden, die im Falle kompletter Dichtheit ein nahezu vollständiges Auspumpen des eingeschlossenen Wassers erwarten hätte lassen. Die innerhalb der Schmalwandumschließung angeordneten Brunnen waren allerdings nicht imstande einen wasserandrangfreien Bodenabbau im Arbeitsraum der Rohrvorpressung zu ermöglichen. Der Schneidschuh war in konventioneller Weise mit

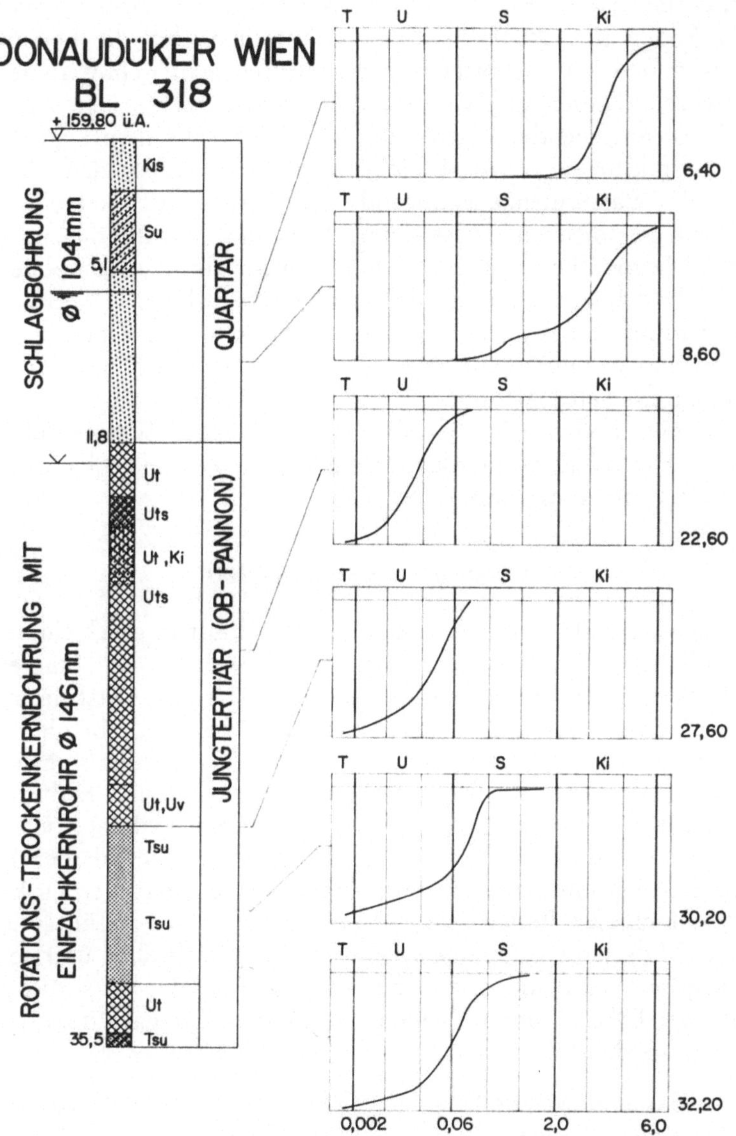

Abb. 3. Bohrloch Nr. 318, Bohrprofil mit Kornverteilungskurven charakteristischer Bodenproben (MA 29 — UA Grundbau)
Borehole No. 318, drill log with grain-size distribution curve of characteristic soil specimens (MA 29 — UA Grundbau)

Fächern höhenmäßig unterteilt, wobei sich der natürliche Böschungswinkel der Kiese und Sande nur in den oberen Fächern einstellen konnte. Im Sohlbereich endete der Böschungsfuß in einer Wasserlache, die ständig bepumpt werden mußte. Es kam in dieser Abbauebene immer wieder zu Verstürzen, die teilweise dem Schneidschuh vorauseilten. Der anstehende Boden zeigte die vorhin beschriebene Groblage sehr ausgeprägt, aber ohne alle Feinteile. Die Steine kamen immer wieder ins Rollen und der Materialabbau wurde beträchtlich erschwert. Ein Vergleich des Bohrprofils (Abb. 3) mit dem geförderten Boden ließ die Vermutung aufkommen, daß die bodenmechanischen Merkmale dieser Schotter in der Bohrung nicht richtig aufgeschlossen worden waren. Dieser Verdacht ist aber nicht gerechtfertigt, denn der an der Ortsbrust anstehende Boden zeigt nicht mehr alle ursprünglich vorhandenen Kornfraktionen. Es darf nicht vergessen werden, daß eine ständig einströmende Wassermenge genügend Zeit besitzt, die Feinteile aus dem Boden abzutransportieren. Diese innere Erosion bewirkte, daß aus dem gut abgestuften Kornaufbau mit der Zeit nur mehr die Kieskomponenten und die Steine übrig blieben, die entsprechend ihrem rolligen Charakter weit in den Arbeitsraum eindrangen. Der sich zufolge der unvollständigen Wasserhaltung permanent einstellende hydraulische Grundbruch bewirkt einen unkontrollierbaren Materialabbau mit all seinen Folgen, zu dem aber jeder gemischtkörnige Boden neigt, wenn die entsprechende Wasserdruckdifferenz gegeben ist. Die damit verbundene Abnahme an Feinteilen kann aber nicht als Abnormität des Baugrundes angesehen werden.

Ortsbrust unter Druckluft

Als nächstes soll auf die Wirkung der Druckluft in geschichteten Böden unterschiedlicher Durchlässigkeit eingegangen werden. Im Jungtertiär des Wiener Beckens treten Sandhorizonte auf, die die gesamte Ortsbrust eines großen Querschnittes erfüllen bzw. noch bis unter die Vortriebssohle hinabreichen und nach oben mit der Quartärschichte in Verbindung stehen. Bei diesen einfachen Verhältnissen ist es bekanntlich richtig, die Höhe des Luftdruckes in der Arbeitskammer auf den vorhandenen hydrostatischen Druck des Porenwassers abzustimmen und gerade nur so hoch mit der Druckluft zu gehen, daß die Sohle der Ortsbrust standfest gehalten werden kann.

Bei geschichteten Böden (Abb. 4) bei denen die wasserführenden Sande oder Grobschluffe von kompakten tonigen Lagen nach oben und nach unten hin eng begrenzt sind und als solches im Profil an der Ortsbrust aufscheinen, sind zwei Fälle zu unterscheiden, die auch in der Fachliteratur deutlich ausgewiesen werden [1].

  a) Die gespanntes Wasser führende Sedimentlage bildet einen in sich abgeschlossenen Bereich, der keine Verbindung zum freien Grundwasser besitzt.

Bei solchen geologischen Gegebenheiten bleibt eine Druckluftbeaufschlagung wirkungslos, der linsenartige Sand- oder Grobschluffkörper läuft in den Arbeitsraum aus und entspannt sich. Danach ist kein weiterer Wassernachschub zu erwarten, es sei denn, daß im Gefolge die Deckschichten einbrechen und weitere wasserführende Zonen von der Auflockerung erfaßt werden.

b) Das wasserführende Sediment ist ein Teil eines unterschiedlich mächtigen auf viele hunderte Meter durchgehenden Horizontes, der irgendwo direkt oder über Kluftflächen mit dem Druckstand des quartären Wassers in Verbindung steht. Dabei ist es durchaus möglich, daß solche Horizonte gegenüber dem unmittelbar darüberliegenden Grundwasserstockwerk druckmäßig ein Eigenleben führen, was sich bei Hochwasser- und Niedrigwasserperioden deutlich zeigt. Wichtig ist nur, daß eine genügend große Durchtrittsfläche für den Druckausgleich zur Verfügung steht.

Die Druckluft stellt in diesen enggeschichteten Wechsellagen eine wirkungsvolle Wasserhaltung dar, allerdings wirkt sie nicht vollständig und das ist zu beachten.

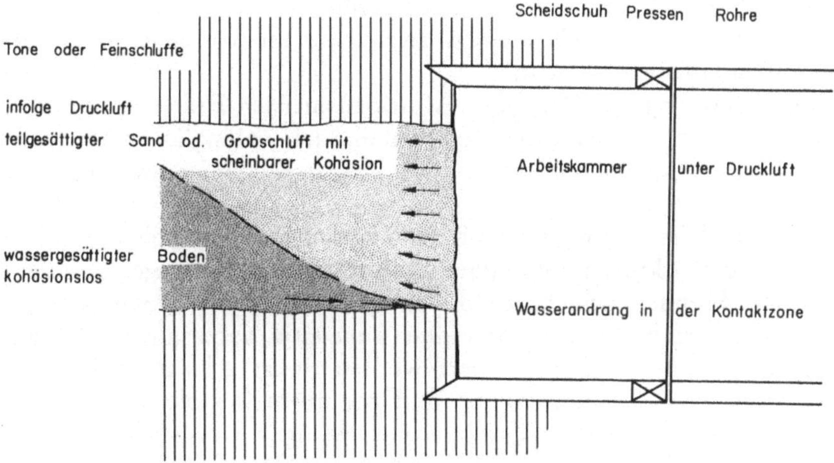

Abb. 4. Druckluftvortrieb im geschichteten Boden
Compressed-air heading in stratified soil

Wie in der Fachliteratur mehrfach beschrieben [2], stellt man sich die Druckluftströmung im Boden vor der Ortsbrust als einen trichterartig nach oben hin aufsteigenden Bereich vor, der das durchlässige Sediment in den Zustand der Teilsättigung und damit der scheinbaren Kohäsion versetzt. Dieser erfaßte Bodenkörper — in der Abbildung ist nur eine wasserführende Zone eingezeichnet, es können auch mehrere übereinander sein — wird entsprechend des beaufschlagten Luftdruckes bis auf die Sohle der wasserführenden Lage hinabreichen, allerdings in einem gewissen Abstand vor der Ortsbrust gegen den wassergesättigten Boden hin begrenzt sein. Der an der Basis verbleibende wassergesättigte Teil des durchlässigen Bodens wird in den Abbauraum auszufließen versuchen.

Wie stark dieser Wasser- und Feinteilandrang bei einem bestimmten Sand- oder Schluffhorizont in Erscheinung tritt, hängt zum einen davon ab, wie weit der natürliche Wassergehalt des Sediments verringert werden muß, damit die scheinbare Kohäsion in wirksamer Größe eintritt. Das sind bei Sanden und Schluffen unterschiedliche Prozentzahlen.

In diesem Zusammenhang möchte ich auf die rheologische Deutung der scheinbaren Kohäsion, wie sie Fischer [3] gibt, hinweisen, die aufzeigt, daß unterschiedlich große strukturviskose Beträge — das sind Spannungsdifferenzen im sogenannten Entspannungsversuch — notwendig sind, um die verkittende Wirkung der Wasserhüllen bei Teilsättigung, also bei verschiedenen Wassergehalten des Bodens, zu überwinden.

Zum anderen sind die Randbedingungen der Zwischenlage, also das Relief der tonigen oder mergelsteinartigen Sohl- und Deckschichten, von Bedeutung. Sich rasch verengende oder erweiternde Horizonte bedingen eine unterschiedliche Ausbreitung der Druckluft und damit vollständige Auftrocknung des Bodens.

Von der Praxis her ist die Erscheinung sehr wohl bekannt, daß durchlässige Zwischenlagen bei ansonsten standfester Ortsbrust an der Unterseite Wasserandrang und damit Sand- oder Schlufferosion zeigen. Gegen diesen hydraulischen Grundbruch müssen zusätzlich zur vorhandenen Druckluft Maßnahmen ergriffen werden.

Eine Erhöhung der Druckluft ist in den meisten Fällen nicht wirkungsvoll, im Gegenteil, die Erfahrung lehrt, daß nach anfänglicher Auftrocknung einige Minuten später ein wesentlich stärkerer Wasserandrang zu verzeichnen ist.

Manchmal ist es möglich, mit dem aus dem Firstbereich stammenden und gut aufgetrockneten Sand oder Schluff einen Schüttkegel für die Basis der wasserführenden Schicht zu bilden und mit dem teilgesättigten Boden das heraussickernde Wasser zumindest kurzzeitig aufzusaugen. Dieser Böschungskegel muß dauernd erneuert werden, sonst gelangt auch er in den Fließzustand. Eine wirkungsvollere und vor allem flexiblere Lösung stellen die bekannten Vakuumlanzen dar, wobei es unter Druckluft genügt, diese Filterlanzen an den Außendruck anzuschließen. Die Lanzen werden eingespült und der sich danach einstellende Unterdruck bewirkt in der Umgebung einen kräftigen Wasserentzug. Sicherlich werden die Lanzen mit der Zeit wirkungslos, wenn die Filterstrecken mit Feinteilen zugesetzt sind. Die Lanzen müssen dann freigespült und neuerlich versetzt werden, aber es wird Arbeitszeit gewonnen, die labil gewordene Ortsbrust zu sichern, z. B. mit Spritzbeton zu verschließen, oder den Materialabbau zügig weiterzuführen. Diese Methode wurde gewählt als der Vortrieb beim Donaudüker in den wechselnden Feinsandlagen der anstehenden Tertiärschichten zum Erliegen zu kommen drohte. Die Arbeiten mußten nach einem längeren Stillstand, bedingt durch die Flutung und Materialfüllung der Arbeitskammer, aus einem mit Injektionen gesicherten Bodenbereich heraus in den wasserführenden schluffigen Feinsanden fortgesetzt werden.

Ein Wasser- und Sandeinbruch großen Ausmaßes passiert bekanntlich nicht plötzlich. Vielmehr beginnen in den wasserführenden Zonen kleine Strukturbereiche bei örtlichen Störungen auszulaufen. Diese Störbereiche sind, abgesehen von der unteren Begrenzungsfläche der Zwischenschicht, beispielsweise Härtlinge im Sand, welche die gleichmäßige Luftströmung im Boden unterbrechen, oder es sind die seitlichen Schneidschuhränder, die strenggenommen freiliegen und im kritischen Augenblick keinerlei Bettung und Stützung darstellen und unkontrollierbare Gängigkeiten hinter dem Schneidschuh schaffen. Die Sanderosion geschieht nicht kontinuierlich, sondern meist schubweise, es bilden sich kleine Fuchsgänge, die vor die Ortsbrust aber auch hinter dem Schneidschuh reichen und den bereits aufgetrockneten Sand zum Einsturz bringen. Die Angriffsfläche des Wassers wird damit größer, so daß mit der Zeit die Sandschichte vollflächig auslaufen kann, die tonigen Decklagen brechen nach und die Bodenauflockerung, gemeinsam mit dem unkontrollierbaren Bodenverlust kann zum Fluten der Arbeitskammer oder zu einem Ausbläser führen.

Dieser gefährlichen Situation läßt sich im Anfangsstadium durch einen gezielten Einsatz der Arbeitsmannschaft begegnen. Das erfordert Erfahrung der einzelnen Mineure sowie des Vorarbeiters, die sich durch keinen noch so leistungsstarken maschinellen Einsatz kompensieren läßt. Durch die moderne Fördertechnik, die von den Arbeitskräften nur mehr einfache Handgriffe und volle Konzentration auf das komplizierte Gerät erfordert, wird das handwerkliche Können im Untertagebau stark zurückgedrängt, was sich immer dann folgenschwer bemerkbar macht, wenn die geologische Situation eine rasche Umstellung der Arbeitstechnik verlangt.

Abgesehen von den schon erwähnten Filterlanzen, die zur Bekämpfung der eigentlichen Ursache des Wasserandranges eingesetzt wurden, gehören die primitiven Hilfsmittel, d. s. Holzwollballen, Styroporklötze, Holzlatten, Stempel, Keile und Schläuche sowie Sandsäcke in reichlicher Menge in der Arbeitskammer gelagert. Es genügt nicht, diese im Magazin der Baustelleneinrichtung oder auf benachbarten Baustellen zu verwahren, denn die Zeitspanne für den Antransport durch die Druckluftschleusen kann gefährlich lang werden. Die in den ersten zehn bis fünfzehn Minuten eingelegten Holzwollstricke, Abstützungen und Verkeilungen im Verein mit einer Ballastierung oder angeschlossener Wasserabschlauchung entscheiden in der Regel darüber, ob die Ortsbrust gehalten werden kann oder nicht. Ein Schneidschuhverbau mit Bühnen und Toren, wie er im Donaudüker nachträglich eingebaut wurde, bietet nur dann zusätzliche Sicherheit, wenn die Handhabung der Verschlußorgane verwechslungsfrei konzipiert wurde und die maschinellen Abbaugeräte oder Förderbänder bei Hydraulikausfall händisch aus dem Öffnungsbereich der Tore gezogen werden können. Ist dies nicht der Fall, wiegt sich die Mannschaft und Bauleitung in scheinbarer Sicherheit und der Verbau kann in kritischen Situationen, also bei der Verdämmung einer Wassereinbruchstelle, sehr behindernd wirken.

Es dürfen drei Kriterien zusammengefaßt werden, die sich aus der Erfahrung für den sicheren Arbeitsfortschritt als unumgänglich herausgestellt haben.

1. Eine erfahrene Arbeitsmannschaft, die einen hydraulischen Grundbruch im Anfangsstadium erkennen kann und ihre Arbeitsweise auf die wechselnden bodenmechanischen Eigenschaften der Lockergesteine an der Ortsbrust anpaßt.
2. Kontinuierliche Vortriebsarbeiten ohne gesonderte Gerätewartungsschichten und Stillstand.

3. Vorhalten von Stopfmaterialien und Geräten zur Entwässerung der Ortsbrust für Sofortmaßnahmen, die im unmittelbaren Zugriffbereich der Arbeitsmannschaft gelagert werden müssen.

Diese Forderungen sind trivial, sie werden dennoch immer wieder nicht beachtet.

Rohrgradiente

Wie eingangs erwähnt, kam die Trasse tiefer zu liegen und der planliche Ausrundungsradius von 1000 m wurde erheblich unterschritten. Die statische Berechnung ließ für die Kurvenfahrt der spiegelparallelen Rohre einen Minimalradius von 555 m zu, der für Steuerkorrekturen ausreichend schien. Dabei würde sich eine „klaffende" Rohrfuge bis 65 cm über Rohrachse einstellen. Die elastische Stauchung der 24 mm dicken Fugenspanplatte und des Betons der Rohre hätten in diesem Zustand keine sichtbare Öffnung der Fuge ergeben. Während des Vortriebes kam es aber zum Öffnen einzelner

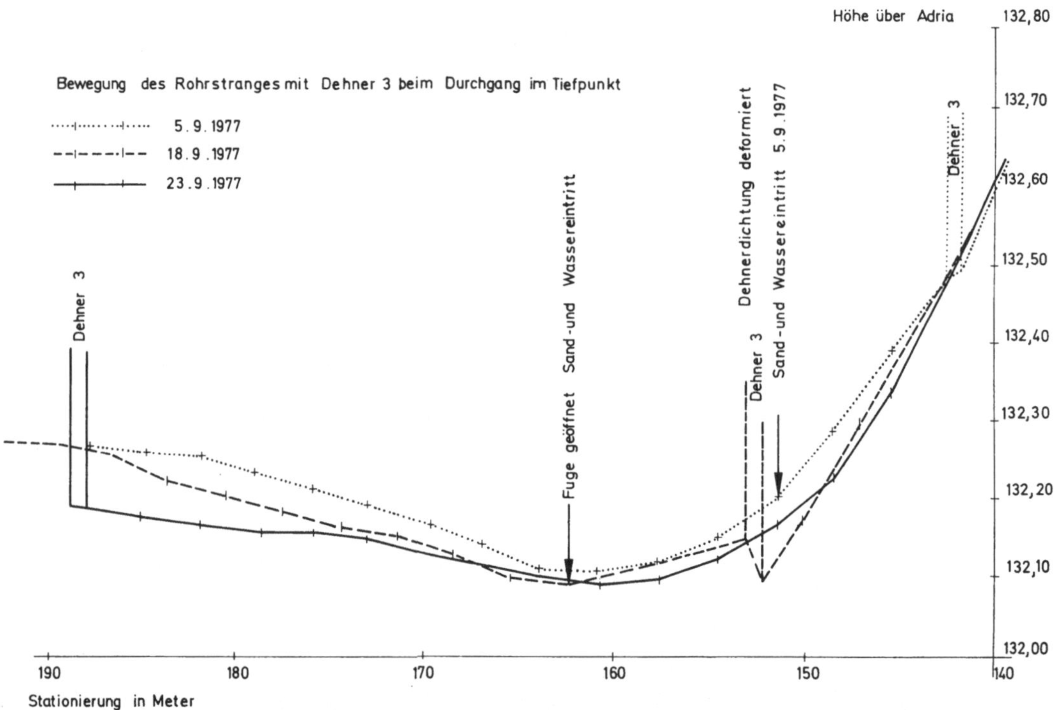

Abb. 5. Baustelle Donaudüker, Rohrvorpressung
Construction site of the Danube sag pipe

Fugen bis 50 mm, was einem örtlichen Ausrundungsradius von etwa 225 m entspricht. Die Abb. 5 zeigt die Ausrundung zum horizontalen Trassenstück in 40facher Überhöhung. Dieses Kurvenstück bildet auch den ungewollten Tiefpunkt der Rohrvorpressung. Die Nivelette ist zu verschiedenen Zeitpunkten eingetragen. Dabei fällt auf, daß die Rohre im Nahbereich der Zwischendehner — etwa drei Rohre vor und nach dem Dehner — nicht oder nur unmittelbar beim Dehner dem Kurvenverlauf folgen, während die anschließenden Rohre umso stärker in die Krümmung gedrückt werden.

Abb. 6. Ausgesteifte Rohrfuge in der Nähe der Zwischenpreßstation Dehner 3
Stiffened pipe joint near the intermediate grouting station

Wie kommt es dazu? Am Schneidschuh wird ein bestimmter Überschnitt gebildet, der als bentonitgefüllter Ringspalt die Gleitfläche der Rohrvorpressung darstellt. Die Tendenz des vorgepreßten Rohrstranges die Krümmung zu verstärken, läßt diesen Ringspalt größer werden. Der Pressenkranz des Dehners wirkt auf die Rohrspiegel zentrisch und die Vorpreßkraft veranlaßt die vorhergehenden, sowie nachfolgenden Rohre sich gerade auszurichten. Wieviel Rohre von dieser Geradstellung erfaßt werden, hängt von der Krümmung und der seitlichen Bettung sowie der örtlichen Größe des Ringspaltes ab. Die danach anschließenden Rohre werden stark verkantet und erleiden in den äußerst gering gewordenen Druckübertragungsflächen Überbeanspruchungen, die Abplatzungen und Querdehnungsrisse an den Fugen bilden. Die Beschädigung der Fugendichtungsringe, der Steuerkanten und der Fugenmanschetten blieb nicht aus, so daß es nach dem Verlassen der starken Krümmung an einzelnen Fugen zu Wasser- und Sandeintritten kam.

Müssen die Rohre durch einen so engen Kurvenradius gedrückt werden, so hat es die Verhältnisse wesentlich verbessert, wenn die Zwischendehner in den starken Krümmungsbereichen funktionslos durchgedrückt wurden. Damit läßt sich eine kontinuierliche Anpassung der Rohre an die Krümmung erzielen. Weiters waren eine Reihe von Improvisationsmaßnahmen erforderlich, wie zusätzliche Schmiernippel in engen Abstand an den Rohrsohlen und Abdeckungen der offenen Fugen vor grobkörnigen Verschmutzungen, welche sonst beim Schließen der Fugen im horizontalen Trassenteil zu Abplatzungen im Sohlenbereich führen können. Wie die Abb. 6 zeigt, sind einige Rohre, die nach der Kurvenfahrt einen gegenseitigen Versatz aufwiesen, durch innen aufgebrachte Stahlmanschetten und Aussteifungen in ihrer Führung gehalten worden.

Die Rohrvorpressung Donaudüker Wien hat aber bei allen Schwierigkeiten, die während der siebzehnmonatigen Bauzeit auftraten, die Möglichkeit erkennen lassen, mit spiegelparallelen Großrohren von fast vier Meter Innendurchmesser und mit wenigen Zusatzmaßnahmen in den Fugen und Dehnern, kleine Krümmungsradien ($R = 250$ m) sicher aufzufahren. Damit steht das Verfahren der Rohrvorpressung dem der konventionellen Schildfahrt im Anwendungsbereich kaum nach.

Literatur

[1] Széchy, K.: Tunnelbau. S. 716 ff. Wien: Springer 1969.

[2] Grundbautaschenbuch. Bd. I, Ergänzungsband, S. 262 ff. Berlin: Verlag Wilhelm Ernst & Sohn 1971.

[3] Beitrag zur Anwendung rheologischer Untersuchungsmethoden in der Bodenmechanik. P. Fischer Freiberger Forschungshefte, Band A 92 Geotechnik und Bergbau, S. 88 ff. Leipzig: VEB Deutscher Verlag für Grundstoffindustrie 1970.

Anschriften der Verfasser: Oberstadtbaurat Dipl.-Ing. G. A d a m, Magistrat der Stadt Wien, MA 30, Grabnergasse 4, A-1060 Wien; Dipl.-Ing. L. M a r t a k und Stadtbaurat Dr. H. P l a c h y, MA 29, Unterabteilung Grundbau, Niederhofstraße 23, A-1121 Wien, Österreich.

Rock Mechanics, Suppl. 8, 277—285 (1979)

Rock Mechanics
Felsmechanik
Mécanique des Roches
© by Springer-Verlag 1979

Richtlinien für die Tunnelprojektierung

Von

K. Wimmer

Mit 4 Abbildungen

Zusammenfassung — Summary

Richtlinien für die Tunnelprojektierung. Bedingt durch den gebirgigen Charakter des Landes müssen in Österreich mehr als 100 Straßentunnel gebaut werden. Von den verantwortlichen Stellen wird daher der sparsamste Einsatz der vorhandenen Mittel und eine möglichst gleichartige Ausgestaltung der Tunnel angestrebt. Zu diesem Zweck werden in Österreich Richtlinien für Straßentunnel erstellt, die in den sogenannten „Richtlinien und Vorschriften für den Straßenbau" (RVS), einer gemeinsamen Veröffentlichung des Bundesministeriums für Bauten und Technik und der Forschungsgesellschaft für das Straßenwesen, publiziert werden. Die einzelnen Abschnitte dieser Richtlinien behandeln den Vorgang bei der Projekterstellung, die Grundlagen für Projektierung, Bau, Betrieb und Erhaltung sowie die Dokumentation.

Die Richtlinien werden schrittweise erstellt und bauen auf den beim Bau und Betrieb von Tunnel gemachten Erfahrungen, aber auch auf den Ergebnissen von Forschungsvorhaben auf, wie an einem Beispiel gezeigt wird.

Standards for Tunnel Design. Because of the mountainous character of the Austrian landscape, more than 100 road tunnels are to be constructed. Therefore the competent authorities are endeavoring to make use of the financial means available in the most economical way. They are also trying to build all tunnels according to the same principles.

For this purpose, standards for road tunnels are worked out in Austria, which are published in the manual *Richtlinien und Vorschriften für den Straßenbau* (RVS). It is a joint publication of the Austrian Federal Ministry of Construction and Technology and of the Forschungsgesellschaft für das Straßenwesen. The individual sections of these standards deal with the preparation of projects, basics of tunnel design, construction, operation and documentation.

The standards are worked out step by step. They are based on practical experience in the field of construction and operation of road tunnels, and also on the results of research, as shown by example.

Ein Blick auf die Landkarte zeigt, daß der größte Teil des österreichischen Bundesgebietes von den Alpen überdeckt ist. Die schwierigen topographischen Verhältnisse im Bereich dieses Gebirgszuges erfordern beim Bau von Straßen — insbesondere beim Bau von Autobahnen und Schnellstraßen — größte Anstrengungen sowohl in technischer als auch in finanzieller Hinsicht. Die Forderungen des heutigen Verkehrs nach großer Leistungsfähigkeit, gestreckter Linienführung und geringer Steigung der Straßen lassen sich zumeist nur durch den Bau zahlreicher Brücken, Talübergänge und insbesondere Tunnel verwirklichen.

Nach dem derzeitigen Stand der Planung sind im österreichischen Bundesstraßennetz mehr als 100 Tunnel mit einer Gesamtlänge der Tunnelröhren von rund 300 km vorgesehen. Davon stehen erst knapp an die 60 km dem Verkehr zur Verfügung.

Diese für ein kleines Land beachtliche Zahl bzw. Länge erfordert einen gewaltigen Bau- und Betriebsaufwand, der zum sparsamsten Einsatz der zur Verfügung stehenden finanziellen Mittel zwingt. Die Richtlinien für die Tunnelprojektierung sollen — natürlich unter Bedachtnahme auf die Sicherheitserfordernisse — zu einer wirtschaftlichen Auslegung der Tunnelprojekte beitragen, sie sollen aber auch soweit als möglich eine einheitliche Konzeption, Ausgestaltung und Ausrüstung der Tunnel ermöglichen. Schließlich soll durch die Richtlinien auch die Tätigkeit der an der Realisierung der Tunnelprojekte beteiligten Stellen — Verwaltung bzw. Straßensondergesellschaften, projektierende Ingenieure und bauausführende Unternehmungen — erleichtert werden.

In Österreich werden vom Bundesministerium für Bauten und Technik und der Forschungsgesellschaft für das Straßenwesen gemeinsam die sogenannten „Richtlinien und Vorschriften für den Straßenbau" — auch unter der Kurzbezeichnung RVS bekannt — herausgegeben. Es ist dies eine Loseblattsammlung von 7 Ordnern, die laufend ergänzt und auf den letzten Stand gebracht wird. Diese Sammlung soll letztlich alle Richtlinien und Vorschriften umfassen, die für Planung, Bau und Verwaltung der österreichischen Straßen von Bedeutung sind. Ein Kapitel — das Kapitel 9 — ist den Richtlinien für Straßentunnel vorbehalten. Es ist, wie die nachstehende Gliederung zeigt, in verschiedene Abschnitte und Unterabschnitte geteilt.

Die Entwürfe für die einzelnen Richtlinien werden Schritt für Schritt von Ausschüssen der Arbeitsgruppe Tunnelbau der Forschungsgesellschaft für das Straßenwesen im ÖIAV erstellt. In diesen Ausschüssen arbeiten Vertreter der Verwaltung, der Universitäten, der Bauwirtschaft und Tunnelprojektanten mit. Dadurch soll sichergestellt werden, daß möglichst viel an Wissen und Erfahrung in den Richtlinien verwertet wird. Die Richtlinienentwürfe werden dem Bundesministerium für Bauten und Technik zugeleitet, das sie nach einer fachlichen Prüfung für die Bundesstraßenverwaltung verbindlich erklärt. Druck und Vertrieb werden von der Forschungsgesellschaft für das Straßenwesen besorgt.

In der Folge soll kurz über den Stand der Ausarbeitung und den Inhalt der Richtlinien berichtet werden.

Der Abschnitt 9.0 Allgemeines wird allgemeingültige Aussagen über Projektierung, Bau und Betrieb von Straßentunneln enthalten.

Der Abschnitt 9.1 Projekterstellung gliedert sich entsprechend dem in der Praxis geübten Projektierungsvorgang in Vorstudie, Generelles Projekt, Detailprojekt und Bauprojekt. Die Richtlinien dieses Abschnittes sind Checklisten, die dem Projektanten Hinweise geben, welche Probleme in den einzelnen Projektierungsphasen zu untersuchen bzw. einer Lösung zuzuführen sind. Die Entwürfe für die RVS 9.10 Allgemeines, 9.11 Vorstudie und 9.12 Generelles Projekt sind fertiggestellt.

Das Hauptgewicht der bisherigen Arbeiten lag bei der Erstellung der Richtlinien des Abschnittes 9.2 Projektierungsrichtlinien.

Gliederung des Kapitels 9

9.0 ALLGEMEINES

9.1 PROJEKTERSTELLUNG
    9.10 Allgemeines
    9.11 Vorstudie
    9.12 Generelles Projekt
    9.13 Detailprojekt
    9.14 Bauprojekt

9.2 PROJEKTIERUNGSRICHTLINIEN
    9.20 Allgemeines
    9.22 Verkehrs- und Betriebskonzept
    9.23 Bauliche Gestaltung
        9.230 Allgemeines
        9.231 Linienführung
        9.232 Tunnelquerschnitt
        9.233 Bauliche Anlagen
        9.234 Innenausbau
        9.235 Betriebsstationen
        9.236 Portalbauwerke
    9.24 Geotechnische Arbeiten
        9.240 Allgemeines
        9.241 Leistungsumfang
    9.25 Meteorologie
    9.26 Belüftung
        9.260 Allgemeines
        9.261 Ermittlung der Frischluftmenge
        9.262 Lüftungssysteme
        9.263 Aerodynamik der Tunnellüftung
    9.27 Beleuchtung
    9.28 Betriebs- und Sicherheitseinrichtungen
        9.280 Allgemeines
        9.281 Bauliche Anlagen
        9.282 Tunnelausrüstung
        9.283 Betriebszentrale
        9.284 Betriebsumkehr
        9.285 Verkehrszusammenführung im Portalbereich
    9.29 Hoch- und Niederspannungsanlagen

9.3 BAU

9.4 BETRIEB UND ERHALTUNG

9.5 DOKUMENTATION

Für das Verkehrs- und Betriebskonzept (RVS 9.22) ist ein erster Entwurf vorhanden.

Die Arbeiten am Unterabschnitt 9.23 Bauliche Gestaltung stehen vor dem Abschluß. Die Richtlinien für die Linienführung (RVS 9.231) sind fertiggestellt. Sie werden nach einer Abstimmung mit den allgemeinen Richtlinien für die Linienführung, an deren Endfassung derzeit gearbeitet wird,

veröffentlicht werden. Sie sollen dem Projektanten Hinweise geben, wie die
besonderen Verhältnisse und Erfordernisse im Bereich eines Tunnels — geotechnische Verhältnisse, Krümmungsverhältnisse in den Portalbereichen, Steigung und Querneigung der Fahrbahn usw. — zu berücksichtigen sind. Die
Richtlinien 9.232 Tunnelquerschnitt wurden bereits veröffentlicht. Unter Berücksichtigung der Regelquerschnitte für die freie Strecke wurden 6 Tunnelquerschnitte festgelegt. Ein Querschnitt, der Tunnelquerschnitt T5, kann als
Standardquerschnitt angesehen werden, der — abgesehen von einigen Ausnahmefällen — bei allen Tunneln zum Tragen kommen soll (Abb. 1). Er hat

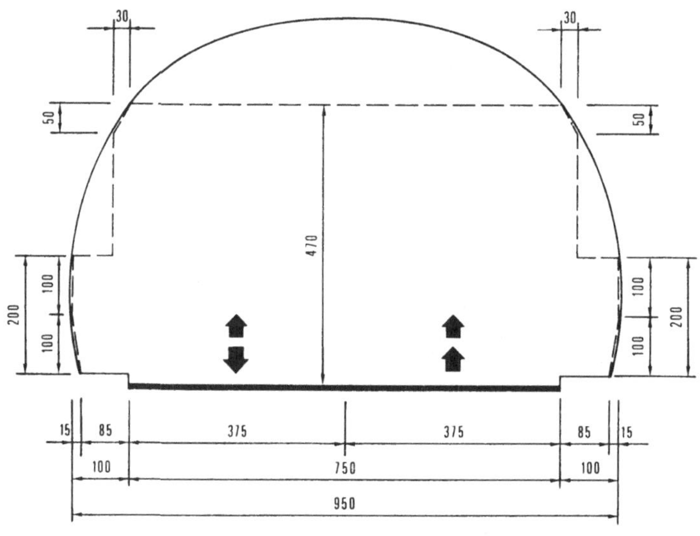

Abb. 1. (Quelle [1])

zwei 3,75 m breite Fahrstreifen und somit eine Breite zwischen den erhöhten
Seitenstreifen von 7,50 m. Die Höhe des Lichtraumes über der Fahrbahn
beträgt so wie bei allen Tunnelquerschnitten 4,70 m. Die übrigen Tunnelquerschnitte sind für Sonderfälle vorgesehen — etwa für Tunnel ohne künstliche Beleuchtung, für Tunnel mit einer Zusatzspur oder für Tunnel, die im
Zuge einer Rampenfahrbahn liegen.

Für die Richtlinien 9.233 Bauliche Anlagen und 9.234 Innenausbau sind
die Entwürfe fertiggestellt. Sie umfassen Regelpläne für Abstellnischen,
Umkehrnischen, Querschläge, Notrufnischen usw., bzw. Bestimmungen für
die Tunnelauskleidung, für die Zwischendecke oder für die Entwässerung.

Die RVS 9.24 Geotechnische Arbeiten geben Hinweise für die in den
einzelnen Phasen des Projektierungsvorganges durchzuführenden Untersuchungen. Diese Richtlinien sind bereits veröffentlicht.

Ein sehr umfangreiches Kapitel stellt die Tunnelbelüftung (RVS 9.26)
dar. Mit diesem Problem hat sich im Rahmen eines Forschungsvorhabens des
Bundesministeriums für Bauten und Technik eine Gruppe von Experten
unter Leitung von Baurat h. c. B. Freibauer beschäftigt. Das Ergebnis der

Untersuchungen, das einen ausgezeichneten Projektierungsbehelf darstellt, wurde in Heft 87 der Schriftenreihe „Straßenforschung" veröffentlicht. Da diese Veröffentlichung sehr umfangreich ist, werden derzeit die darin enthaltenen Erkenntnisse zu Richtlinien zusammengefaßt.

Ebenso wurde im Rahmen eines Forschungsvorhabens versucht, die offenen Fragen der Tunnelbeleuchtung zu klären. Das Forschungsergebnis wurde im Heft 85 der Schriftenreihe „Straßenforschung" veröffentlicht und wird, so wie bei der Belüftung, zu Richtlinien (RVS 9.27) verarbeitet werden.

Zu den am schwierigsten zu erstellenden Richtlinien zählen jene für Betriebs- und Sicherheitseinrichtungen (RVS 9.28). Dies ist in erster Linie darauf zurückzuführen, daß Sicherheit nicht quantifizierbar ist und daß daher zu einer Reihe von Problemen eine Vielzahl von Meinungen besteht. Diese Richtlinien enthalten Angaben über den gegenseitigen Abstand bzw. die Situierung von Abstellnischen, Querschlägen, Notrufeinrichtungen usw. Weiters enthalten sie Festlegungen hinsichtlich der Überwachung der Lüftungsverhältnisse, der Einrichtungen zur Lenkung und Überwachung des Verkehrs oder hinsichtlich der Brandschutzeinrichtungen. Die Richtlinien 9.280 Allgemeines, 9.281 Bauliche Anlagen und 9.282 Tunnelausrüstung sind bereits veröffentlicht.

Für die Abschnitte 9.3 Bau und 9.4 Betrieb wurden verschiedene Vorarbeiten geleistet.

An einer Dokumentation der Straßentunnel wird derzeit im Auftrag des Bundesministeriums für Bauten und Technik gearbeitet. Es werden nicht nur die wichtigsten Daten der österreichischen Tunnel zusammengestellt und analysiert, sondern auch Vergleiche mit ausländischen Tunneln angestellt. Das Ergebnis dieser Arbeiten soll einen Beitrag zur laufenden Verbesserung der Projektierungsgrundlagen liefern. Der Abschnitt 9.5 wird Festlegungen für die Weiterführung der Dokumentation enthalten.

Eine Leistungsbeschreibung für Straßentunnel, die vor ihrer Fertigstellung steht, wird gemeinsam mit den Leistungsbeschreibungen für Straßen und für Brücken in einem eigenen Kapitel der RVS veröffentlicht werden.

Es wurde eingangs bereits erwähnt, daß neben der praktischen Erfahrung auch wissenschaftliche Erkenntnisse bei der Erstellung der Richtlinien berücksichtigt werden. Dies soll an einem Beispiel, das zwar nicht aus dem Bereich der Geomechanik stammt, aber doch von allgemeinem Interesse zu sein scheint, gezeigt werden.

In Österreich ist, so wie in vielen anderen Ländern, die Geschwindigkeit in Tunneln im allgemeinen auf 80 km/h beschränkt. Es werden aber immer wieder Stimmen laut, die für eine höhere zulässige Geschwindigkeit eintreten.

Die Festlegung einer Geschwindigkeitsbeschränkung ist zwar Sache der zuständigen Behörde, für den Projektanten aber ist die Kenntnis dieses Wertes wegen der Auslegung der Tunneleinrichtungen — beispielsweise der Beleuchtung — von großer Wichtigkeit, und zwar lange bevor eine diesbezügliche Verordnung von der Behörde erlassen worden ist. Die Aufnahme entsprechender Aussagen in die Richtlinien wurde daher allgemein für notwendig erachtet.

Welche Überlegungen haben zu den diesbezüglichen Bestimmungen in den Richtlinien geführt?

Prof. Dr. R. Pischinger von der Technischen Universität Graz konnte im Rahmen eines Forschungsvorhabens des Bundesministeriums für Bauten und Technik einen Zusammenhang zwischen Sichtweite, Belüftung und Beleuchtung in einem Tunnel herstellen.

Die Luft im Verkehrsraum eines Tunnels wird durch Abgase — vor allem durch die der Dieselmotore — und durch feine Staubteilchen, die vom Abrieb der Fahrbahn herrühren, getrübt. Dies führt zu einer mehr oder minder großen Verschlechterung der Sichtverhältnisse. Aus Sicherheitsgründen muß aber zumindest eine solche Sichtweite gegeben sein, daß der Tunnelbenützer sein Fahrzeug rechtzeitig vor einem auf der Fahrbahn liegenden Hindernis zum Stehen bringen kann. Abb. 2 zeigt ein Diagramm aus der RAL-L-1 zur Bestimmung der Haltesichtweite. Geht man davon aus, daß die

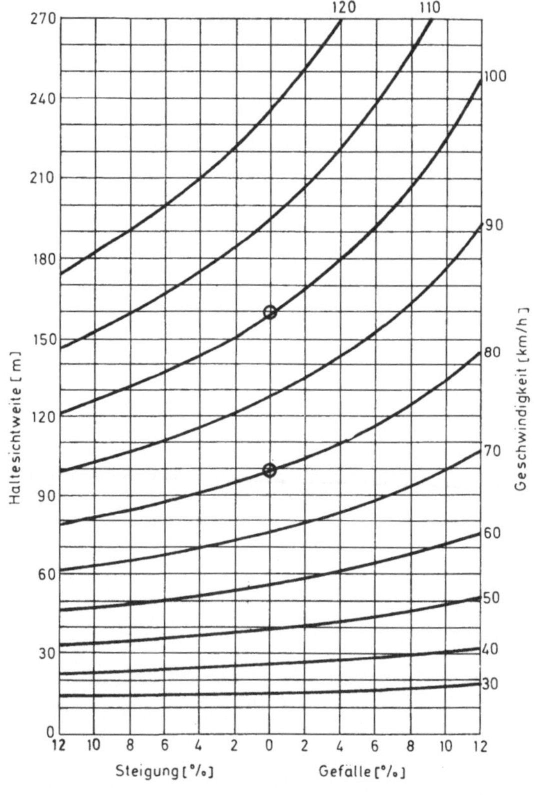

Abb. 2. (Quelle [2])

erforderliche Sichtweite der Haltesichtweite entspricht, so können die entsprechenden Werte diesem Diagramm entnommen werden. Die Haltesichtweite beträgt demnach in der Ebene bei einer Geschwindigkeit von 80 km/h etwa 100 m und bei 100 km/h etwa 160 m.

Abb. 3 zeigt den von Prof. Pischinger hergestellten Zusammenhang zwischen Sichtweite, Belüftung und Beleuchtung für den Fall einer gleichmäßigen Beleuchtung (g = 1:1), also eines durchgehenden Lichtbandes. Auf der Abszisse ist der Extinktionskoeffizient k als Maß für die Trübung und auf der Ordinate die Sichtweite aufgetragen. Die Kurven entsprechen Fahrbahnleuchtdichten von 0,5 cd/m² bis 5,0 cd/m².

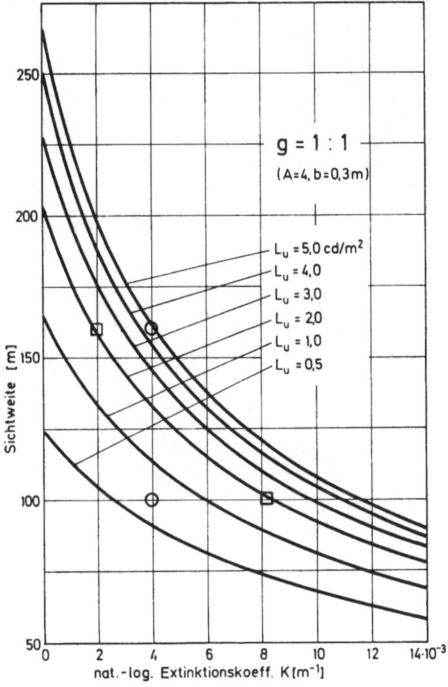

Abb. 3. (Quelle [3])

Geht man mit den der Abb. 1 entnommenen Werten in dieses Diagramm, so zeigt sich folgendes: Bei gleichbleibenden Trübungsverhältnissen, etwa bei einem Extinktionskoeffizienten $k = 4 \cdot 10^{-3}$, muß bei einer Geschwindigkeit von 80 km/h eine Umfeldleuchtdichte L_u von weniger als 1,0 cd/m² vorhanden sein, damit die erforderliche Haltesichtweite gewährleistet ist. Erhöht man die Geschwindigkeit auf 100 km/h, das entspricht nach Abb. 1 einer erforderlichen Sichtweite von 160 m, so ist ein L_u von über 4 cd/m² erforderlich.

Analog läßt sich der Einfluß der Geschwindigkeit auf die Belüftung darstellen. Nimmt man beispielsweise eine konstante Umfeldleuchtdichte L_u = 2,0 cd/m², so ist bei 80 km/h ein $k = 8 \cdot 10^{-3}$ und bei 100 km/h ein $k = 2 \cdot 10^{-3}$ — also eine verstärkte Frischluftzufuhr — erforderlich.

Anhand dieses Beispieles sieht man, daß eine Erhöhung der zulässigen Geschwindigkeit von 80 km/h auf 100 km/h theoretisch eine mehr als viermal größere Luftmenge bzw. Beleuchtungsstärke erfordert. In der Praxis wird der Unterschied zwar etwas kleiner sein, jedenfalls ist die dadurch bedingte Erhöhung des Bau- und Betriebsaufwandes wirtschaftlich nicht vertretbar.

Betrachtet man dieses Problem nicht isoliert, sondern im Zusammenhang mit anderen Faktoren, die die Lüftung beeinflussen, wie Verkehr oder Meteorologie, so sehen die Verhältnisse etwas anders aus.

Doz. Dr. Pucher von der Technischen Universität Graz hat die Auswirkungen der Verkehrsart — hier ist Richtungs- oder Gegenverkehr gemeint — hinsichtlich der Selbstbelüftung untersucht. Er kam zu dem Ergebnis, daß bei Gegenverkehr ein verwertbarer Selbstbelüftungseffekt nicht, bei Richtungsverkehr jedoch in einem beachtlichen Ausmaß eintritt. Abb. 4 zeigt eine Gegenüberstellung der erforderlichen mit der durch den Fahrzeugschub in den Tunnel transportierten Frischluftmenge als Funktion der Geschwindigkeit der Fahrzeuge. Der Berechnung liegen folgende Annahmen zugrunde: zweiröhriger Tunnel, Länge: 2000 m, Seehöhe: 800 m, Steigung: 0%, max. Verkehrsmenge: 3600 PWE/h, LKW-Anteil: 15%, zulässige Schadstoffkonzentration: 300 ppm bzw. $10 \cdot 10^{-3}$ m^{-1}. Für jede der beiden Tunnelröhren wurde auch ein meteorologischer Einfluß von $\Delta p = 20$ N/m^2 bzw. 40 N/m^2 berücksichtigt (strichlierte Linien).

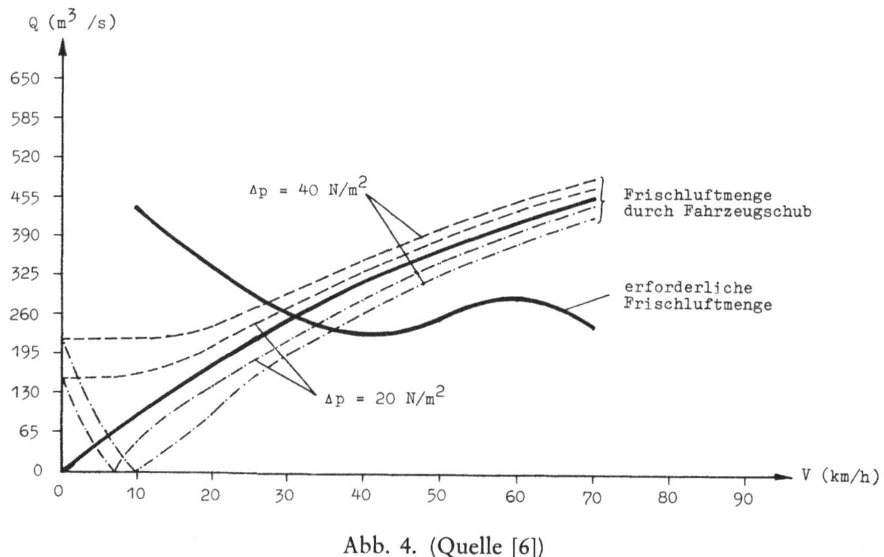

Abb. 4. (Quelle [6])

Abb. 4 zeigt, daß bei diesem im Richtungsverkehr befahrenen Tunnel bei normalem Verkehrsablauf — also ohne Verkehrsstockungen — mehr Frischluft durch die Fahrzeuge in den Tunnel transportiert wird, als erforderlich ist. Infolge des Reibungswiderstandes vermindert sich allerdings die durch den Fahrzeugschub in den Tunnel transportierte Luftmenge mit zunehmender Tunnellänge. Etwa ab einer Länge von 3000 m wird der Frischluftbedarf durch die Selbstbelüftung nicht mehr zur Gänze gedeckt werden können. Das Beispiel zeigt aber, daß unter bestimmten Voraussetzungen eine

Erhöhung der zulässigen Geschwindigkeit von 80 km/h auf 100 km/h zu keinem Mehraufwand bei Belüftung oder Beleuchtung führt.

Die Erkenntnisse dieser Forschungsarbeiten haben ihren Niederschlag in entsprechenden Festlegungen in den RVS 9.282 Tunnelausrüstung gefunden. Danach wird bei Gegenverkehr die Geschwindigkeit im allgemeinen auf 80 km/h beschränkt. Bei Richtungsverkehr kann jedoch eine Geschwindigkeit von 100 km/h zugelassen werden, wenn der in Abb. 4 dargestellte Selbstbelüftungseffekt auftritt und somit keine Mehrkosten entstehen.

Abschließend noch ein Wort zur Anwendung der Richtlinien.

Es ist bekannt, daß in den letzten Jahren das Wissen auf dem Gebiet der Straßentunnel beachtlich zugenommen hat, wobei oft frühere Ansichten revidiert werden mußten. Und es ist auch bekannt, daß beispielsweise ein etwa 200 m langer Tunnel nur wenig mit einem etwa 14 km langen Tunnel gemeinsam hat.

Die Richtlinien werden nun so formuliert, daß sie für möglichst viele der zu erwartenden Fälle anwendbar sind. Sie werden aber sicher nicht für alle auftretenden Fälle eine Antwort geben können. Und ihre Aussagen können nur den Stand des Wissens zum Zeitpunkt ihrer Entstehung widerspiegeln.

Daraus ergibt sich zwangsläufig, daß eine wörtliche Auslegung der Richtlinien nicht immer sinnvoll ist.

Richtlinien erfüllen nur dann ihren Zweck, wenn sie nicht Selbstzweck, sondern Hilfsmittel in der Hand des Fachmannes sind, das ihm unter Berücksichtigung der besonderen Verhältnisse und unter Berücksichtigung des letzten Standes des Wissens ermöglicht, die beste Lösung zu erarbeiten.

Literatur

[1] Richtlinien und Vorschriften für den Straßenbau, RVS 9.232 Tunnelquerschnitt, Bundesministerium für Bauten und Technik und FGS, Wien 1978.

[2] Richtlinien für die Anlage von Landstraßen (RAL-L-1, 1963). Bonn—Bad Godesberg: Kirschbaum-Verlag.

[3] Pischinger, R.: Sichtweitenbestimmung in Straßentunneln. Heft 75 der Schriftenreihe „Straßenforschung", BM. f. BuT., Wien 1977.

[4] Freibauer, B.: Bemessungsgrundlagen für die Lüftung von Straßentunneln. Heft 87 der Schriftenreihe „Straßenforschung", BM. f. BuT., Wien 1978.

[5] Hopferwieser, W.: Beleuchtung von Straßentunneln. Heft 85 der Schriftenreihe „Straßenforschung", BM. f. BuT., Wien 1977.

[6] Pucher, K.: Die Selbstbelüftung durch Fahrzeuge in einem Straßentunnel. Forschungsauftrag Nr. 286 des BM. f. BuT., (noch nicht veröffentlicht).

Anschrift des Verfassers: Dipl.-Ing. Karl Wimmer, Werkmanngasse 1/11, A-1190 Wien, Österreich.

Rock Mechanics, Suppl. 8, 287—290 (1979)

Rock Mechanics
Felsmechanik
Mécanique des Roches
© by Springer-Verlag 1979

ÖNORM B 4455
„Vorgespannte Anker für Locker- und Festgesteine"

Von

U. Seltenhammer

Zusammenfassung — Summary

ÖNORM B 4455 „Vorgespannte Anker für Locker- und Festgesteine". Einleitend wird die Notwendigkeit für die Herausgabe dieser Norm aufgezeigt. Im folgenden werden Titel und Anwendungsbereich näher erläutert. Anhand der ersten Auflage der ÖNORM B 4455 vom 1. April 1978 wird besonders auf den Korrosionsschutz und die Sicherheiten der vorgespannten Anker eingegangen.

Besonderes Augenmerk wird dem Kapitel „praktische Bauausführung" gewidmet, mit Hinweis auf die örtlichen Gegebenheiten. Für das zielsichere Erreichen der geplanten Ankerlasten wird die Bedeutung der Bohrtechnik oft unterschätzt.

Hinweise auf die vorgesehenen Prüfungen der vorgespannten Anker für Locker- und Festgestein runden die Darstellung ab. Schließlich wird noch auf die große Bedeutung von langfristigen Kontrollmessungen hingewiesen, die auch für eine wirtschaftliche Weiterentwicklung der gesamten Ankertechnik notwendig sind.

ÖNORM B 4455 "Prestressed Anchors in Soft Soil and Rock". At the beginning the need for the issuance of this standard is shown. In the following, title and range of application are more closely explained. The first issuance of the ÖNORM B 4455 of April 1st, 1978 is taken as an example to give more details particularly on the resistance to corrosion and the safety of prestressed anchors.

Special attention is drawn to the chapter "Construction Execution in Practice" with reference to the local situation. The importance of the drilling technique is often underestimated when the anchor loads as desired are to be achieved successfully.

References to planned tests on the behavior of prestressed anchors in soft soil and rock complete the description. Finally the great significance of longterm control measurements is emphasized, which are also necessary for the economic advance of the total anchor technique.

Am 1. April 1978 ist die ÖNORM B 4455 erschienen; sie wurde vom FNUA „Besondere Gründungsverfahren" unter dem Vorsitz von Prof. Dr. V e d e r erarbeitet. Nachstehend werden dazu einige Erläuterungen gegeben.

Schon der Titel der Norm nimmt auf die geologischen Verhältnisse in Österreich Rücksicht. In den überwiegenden Fällen wird es gar nicht möglich sein, zwischen Lockergestein und Festgestein zu differenzieren. Häufig trifft man schon wenige Meter weiter, in einem Bauabschnitt, auf eine völlig andere Bodenstruktur. Es werden daher die einzelnen Kapitel dieser Norm sinngemäß anzuwenden sein.

Eine wesentliche Aussage enthält bereits die Vorbemerkung. Für alle einschlägigen Arbeiten darf nur geschultes Personal herangezogen werden.

Dazu soll noch erwähnt werden, daß die VÖBU (Vereinigung Österreichischer Bohrunternehmungen) seit zwei Jahren Bohrmeisterkurse abhält, in denen dem Führungspersonal — Spezialtiefbau — auch theoretisches Wissen vermittelt wird. In weiterer Folge ist geplant, die Kursteilnehmer einer öffentlichen Prüfung zu unterziehen. Einen solchen Prüfungsnachweis könnte der Auftraggeber in Zukunft vor Auftragsvergabe einer Spezialtiefbauarbeit vom Auftragnehmer verlangen.

Zu Ziffer 1, Anwendungsbereich: Hier wird darauf hingewiesen, daß diese Norm auf jene Bereiche beschränkt ist, bei denen die auftretenden Lasten überwiegend aus bodenmechanischen Einwirkungen resultieren. Diese Einschränkung soll nicht mißverstanden werden; sie bezieht sich lediglich auf die in Ziffer 5 angegebenen Sicherheiten. Es gibt Anwendungsfälle, z. B. im Brückenbau, wo andere Sicherheitskriterien zugrunde gelegt werden müssen.

Zu Ziffer 2, Begriffsbestimmungen: Es wird der Unterschied zwischen Verpressen und Injizieren definiert. Verpressen bedeutet das Verfüllen von künstlichen im Boden geschaffenen Hohlräumen mit Verpreßgut unter Druck; injiziert werden aber alle natürlich im Boden befindlichen Poren und Klüfte.

Die Erfahrung und genauere Untersuchungen haben gezeigt, daß je nach Bohr- und Ankersystem bis zu 20% jener Kraft durch Reibung verlorengehen kann, die am Ankerkopf eingeleitet wird. Es wird daher in der Norm jeweils genau definiert, wo die Lasten angreifen: am Ankerkopf oder am anderen Ende der Anker, am Verpreßkörper, und daß die Reibungsverluste getrennt in Rechnung zu stellen sind.

Zu Ziffer 3, Richtlinien und Entwurf: Die aufgestellte Forderung nach Kenntnis der Bodenverhältnisse und zwar im Einflußbereich des Verpreßkörpers, kann nicht oft genug wiederholt werden.

Zu Ziffer 4, Korrosionsschutz: Hier wird unterschieden zwischen einfachem und erhöhtem Korrosionsschutz. Auf diesem Gebiet hat in den letzten Jahren eine stürmische technische Entwicklung eingesetzt. Was wirtschaftlich vertretbar sein wird, wird sich erst noch zeigen. Zum Glück ist jedoch die Korrosionsgefahr nicht so groß, wie sie in den einschlägigen Gremien diskutiert wird, doch kann sie auch keineswegs hinwegdiskutiert werden.

Besondere Aufmerksamkeit ist jedenfalls den Übergängen Ankerkopf — freie Stahllänge — Verankerungslänge zu widmen.

Zu Ziffer 5, Bemessung und Nachweis: Die hier angeführten Sicherheiten wurden viel diskutiert und werden auch weiterhin noch zu Diskussionen führen. Die Erfahrung hat gezeigt, daß durch besondere Umstände, wie stark wechselnde Bodenformationen, ungenaue oder fehlende Bodenkennwerte, Wahl des Bemessungsverfahrens, für Lasten aus erdbaumechanischen Einwirkungen, man u. U. geneigt ist, richtige „Ankerspiele" zu inszenieren, die aber sofort platzen, wenn man die Kosten auch nur anschätzt.

Es sollte vermieden werden, daß durch Addition von Sicherheiten eine Baumethode, die heute nicht mehr wegzudenken ist, nämlich die Ankertechnik, unwirtschaftlich wird. Die vielleicht in ersten Augenblick etwas kleiner erscheinende rechnerische Sicherheit wird durch die vorgesehene Prüfungsmethode jedes einzelnen Ankers mehr als wettgemacht.

In Anlehnung an die Neue Österreichische Tunnelbauweise, bei welcher bekanntlich das Schwergewicht auf das Messen gelegt wird, glauben wir, durch eine schärfere Ankerabnahmeprüfung eine höhere Effektivsicherheit zu erreichen, als dies durch Erhöhung der reinen rechnerischen Sicherheit möglich ist. Die Sicherheit kann nämlich gar nicht so groß gewählt werden, daß damit Ausführungsfehler ausgeglichen werden können.

Zu Ziffer 6, Bauausführung: Es muß darauf geachtet werden, daß die Ankertechnik bei der Bohrtechnik beginnt und bei der Verpreßtechnik endet. Es ist dafür zu sorgen, daß möglichst alle Arbeitsgänge in einer Hand liegen.

Eine Ankerneigung um die Horizontale ist zu vermeiden. Die Anker sollen eine deutliche Neigung haben, entweder abwärts oder aufwärts, sonst gibt es unweigerlich Probleme beim Verpressen. Nur eine Fachfirma mit ausreichender Erfahrung ist für derartige Arbeiten geeignet.

Zu Ziffer 7, Eignungsprüfung: Im Gegensatz zur Grundsatzprüfung, welche die prinzipielle Eignung eines Ankersystems feststellt, wird auf die Eignungsprüfung besonderer Wert gelegt. Dies schon deshalb, weil in Österreich die örtlichen Bodenverhältnisse sehr stark wechseln.

Nicht selten wird die Meinung vertreten, wenn Anker mit einer bestimmten Tragkraft ausgeschrieben sind, seien diese auch auszuführen. Ohne Eignungsversuch, der über die Eignung des Baugrundes zur Aufnahme der geforderten Ankerlasten Aufschluß gibt, sollten die Bauarbeiten nicht begonnen werden.

Zu Ziffer 8, Anweisung für die Prüfung der Vorspannung und deren Auswertung: Diese Prüfung soll auch besonders sorgfältig erfolgen, um Auskunft über die freie Stahllänge, die Reibverluste und vor allem über die Tragfähigkeit des Verpreßkörpers zu erhalten. Sehr wesentlich ist das Messen der Verschiebungen am luftseitigen Ende des Ankers von einem unverschieblichen Punkt. Die Prüflast der Abnahmeprüfung wurde mit 1,2 A_R festgelegt, da die Abnahmeprüfung ja zerstörungsfrei sein soll. Für jeden Anker ist ferner eine Lastschleife vorgesehen, welche Aufschluß über die Reibverluste und ganz allgemein über den Zustand des Ankers geben soll. U. a. kann aus der graphischen Darstellung dieser Lastschleife abgelesen werden, ob ein Bohrloch gerade ist oder ob es sich beim Bohren verlaufen hat.

In diesem Zusammenhang sei darauf hingewiesen, daß Dipl.-Ing. Martak durch seine enorme Erfahrung aus der Bautätigkeit der Stadt Wien eine Veröffentlichung vorbereitet, die sehr anschaulich die Deutung der erwähnten graphischen Lastschleife aufzeigt.

Zu Ziffer 9, Nachprüfung: Diese wird davon abhängen, welchen Einfluß die Anker auf die Standsicherheit des Bauwerkes haben, welche Auswirkung eine Last-Zu- oder -Abnahme hat; ob das Versagen einzelner Anker erkennbar ist oder nicht. Bei der Auswahl der Meßgeräte wird zu beachten sein, inwieweit die Hysteresis des Gerätes die Meßergebnisse beeinflußt. Gerade bei der Nachprüfung wird in Zukunft viel mehr getan werden müssen. Daß dies nicht ohne Kosten möglich sein wird, ist klar. Diese Kosten sind jedoch die beste Investition für eine wirtschaftliche Ankertechnik in der Zukunft.

Anschrift des Verfassers: Dipl.-Ing. Ule Seltenhammer, Fa. Sonderbau GmbH, Renngasse 6, A-1011 Wien, Österreich.

Rock Mechanics, Suppl. 8, 291—316 (1979)

Rock Mechanics
Felsmechanik
Mécanique des Roches
© by Springer-Verlag 1979

Böschungsstabilität mit ebenen, keilförmigen und polygonalen Gleitflächen

Von

P. Fritz und **K. Kovári**

Mit 18 Abbildungen

Zusammenfassung — Summary — Résumé

Böschungsstabilität mit ebenen, keilförmigen und polygonalen Gleitflächen. Zur Bemessung der Verankerung einer Felsböschung mit ebener Gleitfläche wird eine Bestimmungsgleichung vorgestellt, welche mit geringem Aufwand die Durchführung von Parameteranalysen erlaubt. Es werden mehrere Parameter in zwei Faktoren zusammengefaßt, wobei die Kohäsion explizit zum Ausdruck kommt. Dank einer Analogie zwischen dem ebenen Böschungsproblem und dem Abgleiten eines Keils auf zwei Ebenen, läßt sich auch das räumliche Problem mit derselben Grundformel behandeln. Eine Erweiterung des Anwendungsbereichs auf Probleme mit polygonalen Gleitflächen geht davon aus, daß in der Felsmasse aus kinematischen Gründen interne Gleitungen oder Abscherungen stattfinden. Diese Scherflächen sind manchmal von der Natur vorgezeichnet, vielfach bilden sich jedoch Neubrüche aus, welche nur teilweise vorhandenen Schwächestellen folgen. Die Felsmasse wird durch die internen Scherflächen in Teilkörper aufgelöst und die Kontaktkräfte an den Trennflächen gehen entsprechend einer Bruchbedingung in die Rechnung ein. Anhand eines Beispiels aus der Felsbaupraxis wird gezeigt, welch großen Einfluß der Widerstand der Felsmasse gegen die Ausbildung solcher interner Scherflächen auf die Stabilität einer Böschung hat.

Slope Stability for Planar, Polygonal and Wedge-Shaped Failure Surfaces. A formula for the design of anchors in rock slopes is presented. Since several parameters can be lumped together in two factors and the cohesion appears in an explicit form the formula can be used to carry out parameter studies with little expenditure of time. Due to an analogy between plane failure and the sliding of a wedge on two planes the same formula can be used to describe the three dimensional problem. An extension of the work to problems involving polygonal sliding surfaces is presented, which is based upon the hypothesis that due to kinematic considerations a discrete number of internal slip surfaces must exist in the rock mass. These internal slips may take place on preferred surfaces, which arise from the actual geological situation. In the majority of cases, however, new ruptures are created, that depend only partially on existing planes of weakness. In the numerical procedure the rock mass is divided up into discrete elements governed by the assumed internal slip surfaces. The basic formula mentioned above is then applied to each element

0080-3375/79/Suppl. 8/0291/$ 05.20

separately. The internal forces acting on the interfaces between elements are defined by an additional failure condition. In an example taken from rock engineering practice it is shown how great the influence of the rock mass in resisting the development of such internal slip surfaces is with respect to the stability of the slope.

Stabilité de talus rocheux sur des surfaces de glissement polygonales et spaciales. Pour dimensionner l'ancrage d'un talus rocheux, on présente une équation qui permet d'effectuer des analyses paramétriques avec un travail minimum du fait que plusieurs paramètres sont résumés dans deux facteurs et que la cohésion est prise en compte explicitement. Grâce à une analogie entre le problème plan des talus et le glissement d'un coin de roche sur deux plans, le problème spacial se laisse aussi traiter avec la même formule fondamentale. Un élargissement du domaine d'application à des problèmes à surfaces de glissement polygonales se base sur le fait que pour des raisons cinématiques il existe des glissements internes ou cisaillements dans la masse rocheuse. Ces surfaces de cisaillement sont parfois données par la nature, mais la plupart du temps il se forme des cassures nouvelles qui ne suivent que partiellement des zônes faibles préexistantes. Les surfaces de cisaillement divisent la masse rocheuse en différentes parties où la formule fondamentale citée peut être appliquée séparément. Les forces de contact le long des surfaces de cisaillement sont à considérer dans le calcul suivant une condition de rupture. Sur un example pratique de la construction en milieu rocheux, on montre combien la résistance de la masse rocheuse à la formation de telles surfaces de cisaillement est importante pour la stabilité d'un talus.

1. Einleitung

Für die rechnerische Untersuchung der Stabilität von Felsböschungen werden in der Regel weitgehend vereinfachte und damit leicht überblickbare Bewegungsmechanismen angenommen und diese für verschiedene Materialkennwerte und Belastungsgrößen durchgerechnet. Dank den hier vorgestellten einfachen mathematischen Mitteln können mühelos zahlreiche Verhaltenshypothesen geprüft werden, was ein tieferes Verständnis des Kräftespieles am Bauwerk zur Folge hat. Erst aufgrund der so geschaffenen Erkenntnisse und unter Berücksichtigung von quantitativ nicht direkt erfaßbaren Einflüssen werden die Entscheidungen für Formgebung, Drainage und Sicherung einer Felsböschung getroffen. Für eine Parameteranalyse in der Felsbaupraxis ist es wichtig, daß der Aufwand am mathematischen Formalismus minimal gehalten wird. Das hier geschilderte Berechnungsverfahren kommt dieser Forderung in zweifacher Hinsicht entgegen. Erstens wird eine Grundformel für die Sicherung von Felsböschungen angegeben, die sowohl für das Gleiten auf einer Ebene als auch für das Abgleiten eines räumlichen Felskeiles Gültigkeit besitzt. Dies ist dank der Aufdeckung einer formalen Analogie zwischen den beiden Problemen möglich geworden. Zweitens wird die Benützung dieser Grundformel durch die Angabe von Diagrammen bzw. Programmen für Taschenrechner weitgehend erleichtert. Die Untersuchung von Problemen mit polygonalen Gleitflächen gewährt eine wertvolle Einsicht in die Zusammenhänge von kinematisch komplexeren Rutschungen. Hier wird insbesondere die Bedeutung von potentiellen Neubrüchen bzw. Gleitungen innerhalb der gleitgefährdeten Felsmasse deutlich.

2. Theoretische Grundlagen

Die mathematische Behandlung beruht auf der Hypothese des Grenzgleichgewichts. Der Fels wird als starrer Körper idealisiert, wobei nur Gleiten, nicht aber eine allfällige Rotation bzw. Abheben der gleitgefährdeten Masse berücksichtigt wird.

2.1 Bemerkungen zur Definition des Sicherheitsfaktors

Als Sicherheit im Bauingenieurwesen wird üblicherweise das Verhältnis zwischen einer Festigkeit und einer Beanspruchung verstanden. In diesem Sinne formuliert man die Gleitsicherheit einer Böschung zu

$$v = \frac{\text{Maximaler Scherwiderstand}}{\text{Vorhandene Scherkräfte}} . \tag{1}$$

Eine andere oft gebrauchte Definition beruht auf einer Gruppierung der an einer gleitgefährdeten Masse angreifenden Kräfte. Damit wird der Sicherheitsfaktor zu

$$\bar{v} = \frac{\text{Hemmende Kräfte}}{\text{Treibende Kräfte}} \tag{2}$$

angegeben.

Anhand eines einfachen Beispiels soll gezeigt werden, daß die beiden Definitionen zu völlig verschiedenen Resultaten führen können (Kovári und Fritz 1976). Ein Körper auf einer schiefen Ebene sei durch sein Eigenge-

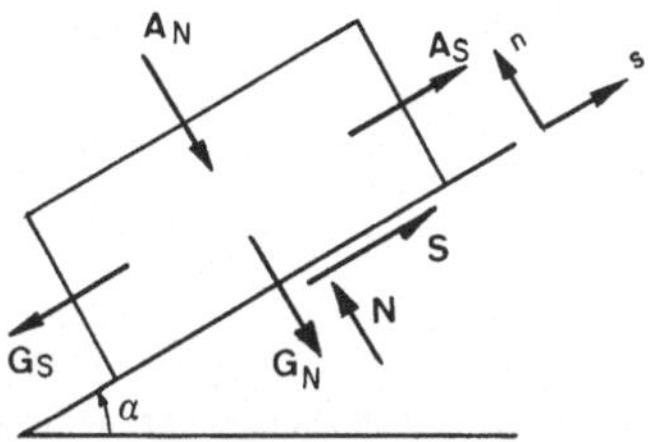

Abb. 1. Gleitgefährdeter Körper mit den Komponenten des Eigengewichtes G_S, G_N und der Ankerkraft A_S, A_N

Potential sliding mass with the components of self-weight G_S, G_N and the anchor force A_N, A_N

wicht G und durch eine Ankerkraft A belastet. In Abb. 1 sind die entsprechenden Komponenten in Gleitrichtung sowie normal dazu mit $\dot{G}_s$ und G_N resp. A_s und A_n angegeben. Bezeichnet man die maximale Scherkraft im Moment des Gleitens mit $S_{\max}$, so ist die Sicherheit nach Definition (1)

$$v = \left| \frac{S_{\max}}{G_s - A_s} \right| .$$

Hier vermindert die Komponente A_s der Ankerkraft die effektiv vorhandene Scherkraft im Nenner. Gemäß der Definition (2) ist die Sicherheit aber

$$\bar{v} = \frac{S_{\max} + A_s}{G_s} ,$$

d. h. die Ankerkraft trägt zu einer Zunahme der hemmenden Kraft im Zähler bei. Man erkennt schon hier die Probleme, die mit der Verwendung dieser zweiten Definition auftreten. Während ein schlaffer Anker als passive Kraft zu den hemmenden Kräften im Zähler gerechnet wird, muß konsequenterweise ein vorgespannter Anker als aktive Kraft eine Verminderung der treibenden Kräfte im Nenner bewirken.

Ein Vergleich der beiden Sicherheitsdefinitionen für einen gegebenen Fall ist in Abb. 2 dargestellt. Auf der Abszisse ist das Verhältnis der Komponenten in Gleitrichtung A_s zu G_s aufgetragen, auf der Ordinate der Sicherheitsfaktor. Auffallend ist zunächst die Asymptote der Definition (1) für den Wert $A_s = G_s$. Da hier die Resultierende in Gleitrichtung verschwindet, kann nie Gleiten auftreten, was richtigerweise durch einen gegen Unendlich gehenden Sicherheitskoeffizienten zum Ausdruck kommt. Für noch größere Komponenten A_s wird Gleiten nach oben maßgebend und v nimmt wieder ab. Beiden Phämonenen trägt aber die Definition (2) nicht Rechnung.

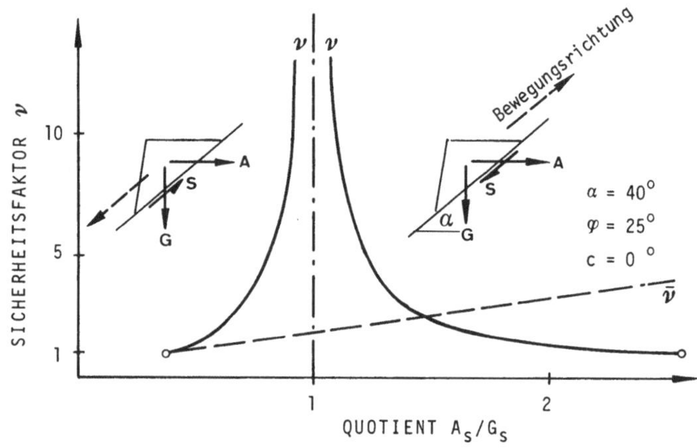

Abb. 2. Sicherheitsfaktor für zwei verschiedene Definitionen
Safety factor according to two different definitions

Während für $A_s = G_s$ die Sicherheit $\bar{v}$ einen spezifischen Wert annimmt, bleibt Gleiten nach oben überhaupt nicht berücksichtigt. Man erkennt, daß nur in der Umgebung der Sicherheit $v \cong 1$ (abwärts gleiten) beide Definitionen zu ähnlichen Resultaten führen.

Es ist offensichtlich, daß die zweite Definition, welche auf dem Verhältnis der hemmenden zu den treibenden Kräften beruht, aus folgenden Gründen nicht verwendet werden soll:

— Diese Definition läßt Gleiten nach oben unberücksichtigt.

— Sie führt auf einen sinnlosen Wert für $A_s = G_s$.

— Sie verstößt gegen ein elementares Gesetz der technischen Mechanik, wonach eine an einem starren Körper angreifende Kräftegruppe mit ihrer Resultierenden äquivalent ist. Die Bildung einer Resultierenden ist ja nicht möglich, weil die angreifenden äußeren Kräfte aufgrund einer unbegründeten Gruppierung teils als treibend und teils als hemmend anzusehen sind.

2.2 Abgleiten auf einer Ebene

In Abb. 3 ist ein Vertikalschnitt durch einen gleitgefährdeten Körper mit dem Gewicht G und der Auflagefläche F dargestellt. Die Resultierende

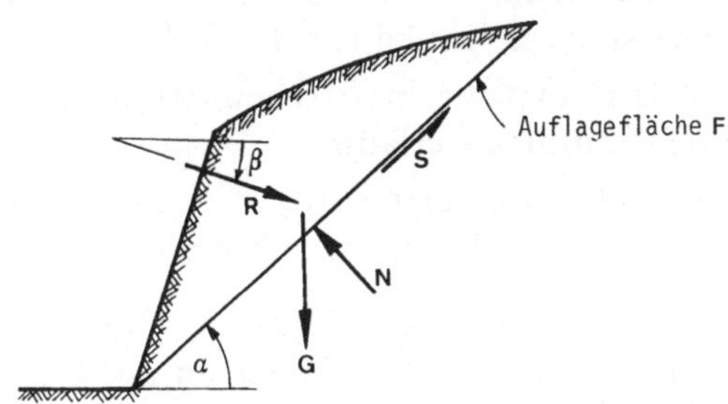

Abb. 3. Geometrie der Böschung und angreifende Kräfte
Geometry of the slope and the forces acting on it

R aller äußeren Kräfte (Ankerkraft, Wasserdruck, Auflasten usw.) sei um den Winkel β gegenüber der Horizontalen geneigt.

Die Geometrie der Böschung geht nur durch die Auflagefläche F, den Neigungswinkel α und indirekt durch das Gewicht G in die Rechnung ein. Die Reaktionen an der Gleitfläche werden in einer Normal- und eine Scherkraftkomponente zusammengefaßt (N und S).

Ausgehend von den zwei Komponentenbedingungen des Gleichgewichts in Gleitrichtung sowie normal dazu

$$S + R \cos (\alpha + \beta) - G \sin \alpha = 0,$$

$$N - R \sin (\alpha + \beta) - G \cos \alpha = 0,$$

der Definition des Sicherheitsfaktors gemäß (1)

$$v = \frac{S_{\mathrm{max}}}{S_{\mathrm{vorh}}}$$

und der Coulombschen Bruchbedingung für die Gleitfläche

$$S_{\mathrm{max}} = N \operatorname{tg} \varphi + cF$$

($c =$ Kohäsion, $\varphi =$ Reibungswinkel)

erhält man direkt die angestrebte Grundformel (Kovári und Fritz 1975), welche den Schlüssel zu der einfachen Behandlung eines Böschungsproblems darstellt:

$$\boxed{R = k_1 \left(1 - \frac{cF}{G} k_2\right) G} \tag{3}$$

Die Koeffizienten k_1 und k_2 ergeben sich zu

$$k_1 = \frac{\nu \sin \alpha - \cos \alpha \, \mathrm{tg}\, \varphi}{\nu \cos (\alpha + \beta) + \sin (\alpha + \beta)\, \mathrm{tg}\, \varphi},$$

$$k_2 = \frac{1}{\nu \sin \alpha - \cos \alpha \, \mathrm{tg}\, \varphi}.$$

Folgende Merkmale dieser Grundformel sind erwähnenswert:

— Falls außer der Ankerkraft keine äußeren Lasten angreifen, stellt sie eine direkte Bemessungsgleichung für die Ankerkraft dar.

— Die Kohäsion c tritt explizit in Erscheinung, was eine sehr einfache Abschätzung ihres Einflusses erlaubt.

— Sie gilt, wie anschließend gezeigt wird, auch für das räumliche Problem des Abgleitens eines Felskeils auf zwei Ebenen.

Zur einfachen Auswertung dieser Formel in der Felsbaupraxis können die Faktoren k_1 und k_2, welche nur eine Funktion der Geometrie, des Sicherheitsfaktors und des Reibungswinkels sind, entweder mit einem programmierbaren Taschenrechner bestimmt oder aus Diagrammen abgelesen werden (Kovari und Fritz 1976). Eine Erweiterung dieser Formel ist im Anhang 4.1 beschrieben.

2.3 Räumliches Abgleiten eines Keils auf zwei Ebenen

Im folgenden soll dargelegt werden, wie das räumliche Problem des Abgleitens eines Felskeils auf zwei Auflagerflächen F_1 und F_2 auf den ebenen Fall zurückgeführt werden kann (Abb. 4a). Dazu definieren wir ein kartesisches Koordinatensystem (s, n, h). Die Achse s zeigt in Richtung der Schnittgeraden der beiden Ebenen, die Achse h liegt waagrecht und die Achse n in einer Vertikalebene durch die Schnittgerade. Abb. 4b zeigt einen Schnitt mit einer Vertikalebene durch die Schnittgerade, Abb. 4c einen Schnitt normal zur Schnittgeraden der beiden Ebenen.

Die angreifenden Kräfte werden in drei Gruppen eingeteilt:

— Das Gewicht G,
— die Reaktionen (jetzt je zwei Normal- und Scherkräfte N_1, N_2, S_1 und S_2),
— sowie die Resultierende R der äußeren Kräfte.

Analog zum ebenen Fall lassen sich die grundlegenden Beziehungen formulieren:

— Die drei Komponentenbedingungen des Gleichgewichts,
— die Definition (1) des Sicherheitsfaktors,
— das Coulombsche Gesetz für den Scherwiderstand entlang den Gleitflächen.

Zunächst wird einfachheitshalber angenommen, die Resultierende R liege parallel zur Vertikalebene (s, n) durch die Schnittgerade. Des weiteren sei der Reibungswinkel φ in beiden Gleitebenen derselbe. Die Auflösung der fünf Beziehungen ergibt mit Hilfe elementarer Operationen die Grundformel

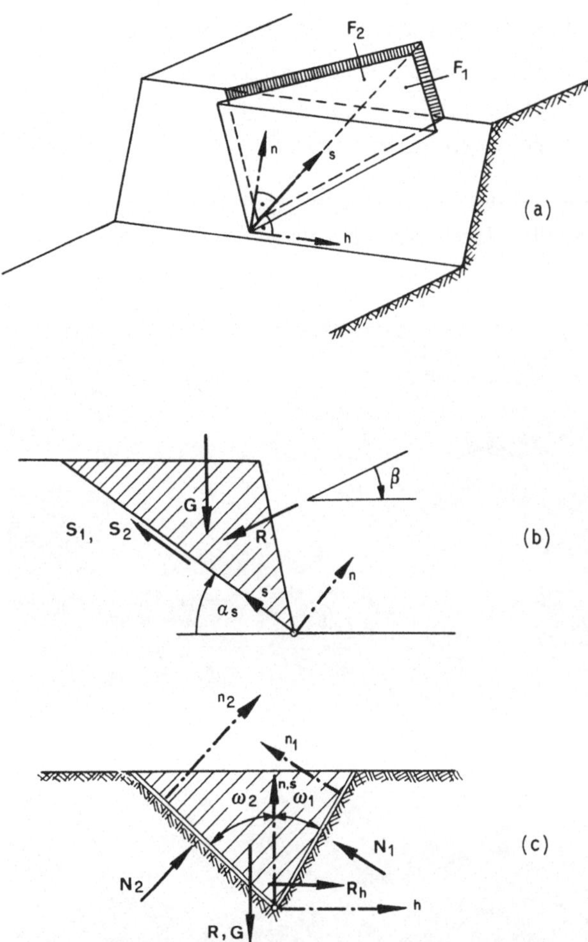

Abb. 4. Isometrische Ansicht und Schnitte eines Felskeils
Isometric view and sections of a rock wedge

für das räumliche Problem:

$$R = k^*_1 \left(1 - \frac{c_1 F_1 + c_2 F_2}{G} k_2^*\right) G \tag{4}$$

mit

$$k_1^* = \frac{v \sin \alpha_s - \cos \alpha_s \, \text{tg} \, \varphi^*}{v \cos (\alpha_s + \beta) + \sin (\alpha_s + \beta) \, \text{tg} \, \varphi^*},$$

$$k_2^* = \frac{1}{v \sin \alpha_s - \cos \alpha_s \, \text{tg} \, \varphi^*},$$

$$\text{tg} \, \varphi^* = \frac{\cos \omega_1 + \cos \omega_2}{\sin (\omega_1 + \omega_2)} \, \text{tg} \, \varphi = \lambda \, \text{tg} \, \varphi.$$

Man erkennt die grundsätzliche Übereinstimmung dieser Formel mit derjenigen des ebenen Falls und die daraus resultierende Analogie:

— Statt dem Neigungswinkel einer einzelnen Gleitfläche ist hier der Neigungswinkel α_s der Schnittgeraden der beiden Ebenen einzusetzen,

— statt dem Reibungswinel φ ist ein ideeller Winkel φ^* zu verwenden,

— statt dem Produkt cF muß die mit der Kohäsion gewichtete Summe $c_1 F_1 + c_2 F_2$ berücksichtigt werden.

Der Neigungswinkel α_s der Schnittgeraden und der Faktor λ zur Bestimmung des ideellen Reibungswinkels φ^* lassen sich in Funktion der Geo-

Abb. 5. Felsböschung im Kanton Graubünden, Schweiz
Rock slope in canton Grisons, Switzerland

metrie aus den Tabellen von Kovári und Fritz (1976) herausgreifen. In derselben Arbeit sind auch alle Ableitungen, insbesondere auch für die Winkel ω_1 und ω_2, ausführlich dargestellt.

2.4 Beispiel aus der Felsbaupraxis

Anhand eines Beispiels soll gezeigt werden, wie eine Parameterstudie in der Felsbaupraxis mit Hilfe der vorgestellten Grundformeln durchgeführt werden kann. Im Zuge des Ausbaus einer Gebirgsstraße in der Schweiz glitt ein Teil einer etwa 100 m langen, steilen Felsböschung ab (Abb. 5 a). Da man auch eine Instabilität des restlichn Teilstückes befürchtete, sollte eine Sanierung mittels Felsankern untersucht werden. Kennzeichnend für den ganzen Felskörper war eine intensive Verfaltung und Zerscherung von Wechsellagerungen aus Kalken und Tonschiefern (Abb. 5 b). Maßgebend für eine allfällige Instabilität dürften Scherflächen werden, welche in den Ebenen der Faltenachsen unter einem Winkel von 30—40 Grad normal zur Straße einfallen. Als Abrißstellen können die verschiedenen Kluftsysteme dienen, welche die Felsmasse durchziehen. Aufgrund dieser Voraussetzungen wurde das Problem auf das Abgleiten auf einer Ebene zurückgeführt, womit Streifen von 1 m Breite betrachtet werden konnten. Die gleitgefährdete Masse wurde im Querschnitt (Abb. 6) mehr oder weniger willkürlich in drei Teil-

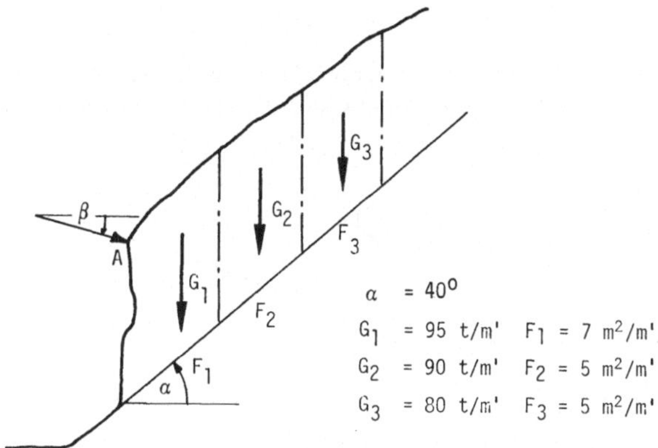

Abb. 6. Typischer Querschnitt durch die gleitgefährdete Masse

Typical cross-section through the potential sliding mass

körper unterteilt mit der Überlegung, die Gleitsicherheit nach der Wahrscheinlichkeit zu gewichten, mit der entweder nur der unterste Teilkörper oder die ganze Felsmasse abgleitet.

In einem ersten Berechnungsschritt wurden die Kennwerte der Gleitfläche aufgrund der Stabilität der ganzen Felsmasse zurückgerechnet. Mit Hilfe der Grundformel (3) wurde für eine Sicherheit $v = 1$ und für verschiedene Reibungswinkel φ die notwendige Kohäsion c berechnet und in Abb. 7 der funktionelle Zusammenhang dargestellt. Jeder Punkt dieser Kurve stellt eine mögliche Kombination von c und φ für den Zustand des Grenzgleichgewichts dar.

Für typische Wertepaare von c und φ konnte dann die notwendige Ankerkraft in Funktion der Sicherheit bestimmt werden. In Abb. 8 beispielsweise ist bei einem gewählten Wertepaar von c und φ die Ankerkraft für die drei Fälle $G = G_1$, $G = G_1 + G_2$ sowie $G = G_1 + G_2 + G_3$ aufgetragen.

Mißt man dem Abgleiten der gesamten Felsmasse $G = G_1 + G_2 + G_3$ eine kleine Auftretenswahrscheinlichkeit zu, so kann hiefür eine notwendige Sicherheit von z. B. $\nu = 1.1$ als genügend erachtet werden. Die entsprechende Ankerkraft von $A \cong 25$ t/m′ bedeutet aber für das Abgleiten des untersten Teilkörpers $G = G_1$ allein einen Sicherheitsfaktor $\nu = 1.4$. Die Erhöhung der

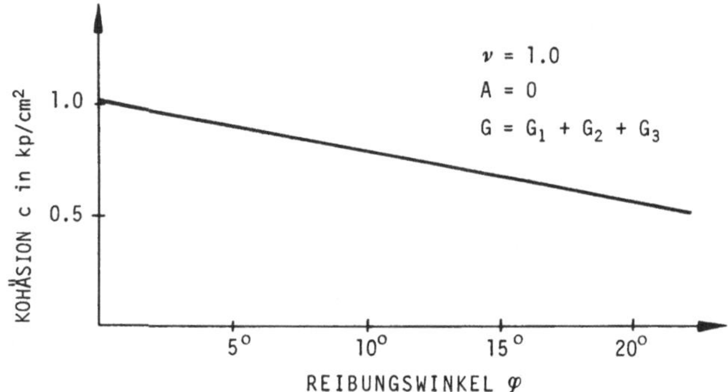

Abb. 7. Festigkeitsparameter für das Grenzgleichgewicht (Parameterrückrechnung)
Strength parameters for the limiting equilibrium method (parameter back-calculation)

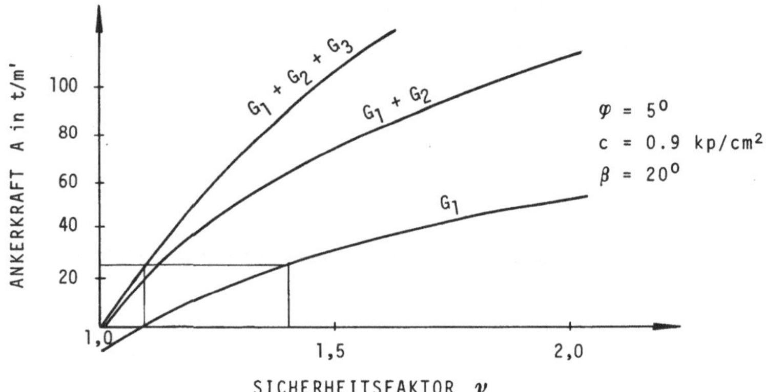

Abb. 8. Einfluß des Sicherheitsfaktors auf die notwendige Ankerkraft
Influence of the safety factor on the required anchor force

Sicherheit gegenüber dem Abgleiten der ganzen Masse steht im Einklang mit der größeren Wahrscheinlichkeit, welche diesem Stabilitätsfall zugemessen wurde.

Mit dem vereinfachten Ansatz für die Verankerungskosten P in Abhängigkeit der Anzahl Bohrungen n, der Ankerlängen l und den Einheitspreisen P_A der Anker sowie P_B der Bohrungen

$$P = (P_A + n P_B)\, l$$

wurde schließlich die optimale Ankerneigung β bestimmt. In Abb. 9 sind auf der Ordinate die Ankerkosten in Prozent des minimalen Wertes und auf

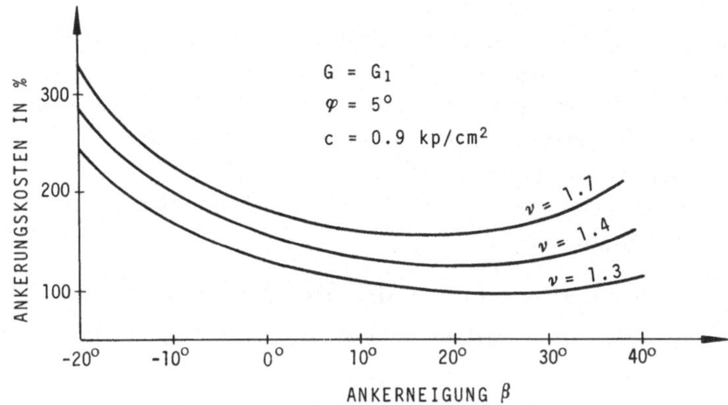

Abb. 9. Bestimmung der wirtschaftlichsten Ankerneigung
Determination of the most economic anchor inclination

der Abszisse die Ankerneigung dargestellt. Je nach der gewünschten Sicherheit ν ergeben sich natürlich verschiedene Ankerkosten. Die optimale Neigung β liegt für dieses Beispiel aber immer zwischen 10 und 30 Grad.

3. Abgleiten auf polygonalen Gleitflächen

Die Erfahrung zeigt, daß Rutschungen, entsprechend der Struktur des Felses, oft auf Gleitebenen polygonaler Form stattfinden. Für solche Fälle haben J a n b u (1954) sowie M o r g e n s t e r n und P r i c e (1965) praktische

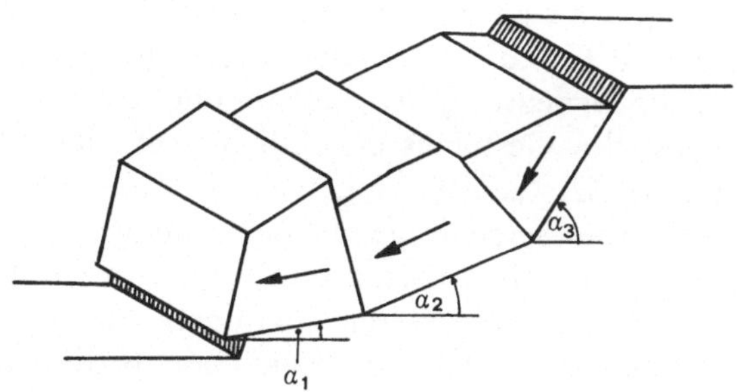

Abb. 10. Kinematik einer Rutschung auf einer polygonalen Gleitfläche
Kinematics of a slope failure for a polygonal sliding surface

Berechnungsverfahren vorgeschlagen, wobei eine Einteilung der gleitgefährdeten Masse in lotrechte Lamellen vorgenommen wird. Die rechnerische Behandlung beruht auf gewissen Annahmen über die Verteilung und Neigung der internen Kontaktkräfte sowie auf der Hypothese des Grenzgleichgewichtes. Das hier vorgeschlagene Verfahren geht demgegenüber von der physikalischen Voraussetzung aus, daß das Abgleiten einer Felsmasse auf einer polygonalen Gleitfläche kinematisch nur dann möglich ist, wenn sich in ihr eine genügende Anzahl von internen Scherflächen ausbilden kann. Im Sinne einer Vereinfachung werden im folgenden durchgehende ebene Scherflächen, welche von den Schnittgeraden der polygonalen Gleitfläche ausgehen, angenommen. In Abb. 10 sind demzufolge für das Abgleiten einer Masse auf drei Ebenen die Ausbildung von mindestens zwei internen Scherflächen notwendig; bei n äußeren Gleitebenen werden offensichtlich $(n-1)$ solche Trennflächen benötigt. Das hier geschilderte Verfahren beruht auf folgenden grundlegenden Annahmen:

a) Die Teilkörper des Systems werden als starr betrachtet.

b) Die Richtungen der internen Scherflächen werden als bekannt vorausgesetzt.

c) In den internen und äußeren Gleitflächen wird (im Zustand des Grenzgleichgewichtes) die Coulombsche Bruchbedingung ohne Zulassung einer Zugfestigkeit erfüllt. Die Festigkeitsparameter können für jede Gleitfläche individuell festgelegt werden.

d) Für den Sicherheitsfaktor — gemäß Definition (1) — wird für alle internen und äußeren Gleitflächen der gleiche Wert angenommen.

Aufgrund dieser Voraussetzungen lassen sich bei einer gegebenen Geometrie, Belastung und Festigkeit der Sicherheitsfaktor und sämtliche äußeren und internen Reaktionen ermitteln. Die Richtung der internen Scherflächen wählt man von Fall zu Fall aufgrund einer sorgfältigen Erhebung über die Struktur der rutschgefährdeten Felsmasse. Bei stark zerklüftetem Fels kann die Richtung der internen Bruchflächen auch unter der Bedingung des kleinsten Sicherheitsfaktors für das System ermittelt werden. Bei der Untersuchung der Stabilität eines Erddammes haben Sultan und Seed (1967) ein ähnliches Kriterium angewendet. Man sieht leicht ein, daß der Widerstand der Felsmasse gegen die Auflösung in Teilkörper für die Stabilität eine maßgebende Rolle spielt. Damit wird die Bedeutung der Verzahnung der Kluftkörper und der Einfluß der Festigkeit des Gesteines ersichtlich. Auf diese Zusammenhänge hat bereits Müller (1962, S. 270) hingewiesen. Zum Postulat des überall gleichen Sicherheitsfaktors seien folgende Bemerkungen angeführt: Wie im nächsten Abschnitt gezeigt wird, würde rein formal der Annahme nichts im Wege stehen, jeder inneren und äußeren Gleitfläche einen anderen Wert des Sicherheitsfaktors zuzuweisen. Als einschränkende Bedingung wäre nur zu beachten, daß im Moment des Abgleitens der Sicherheitsfaktor in allen Gleitflächen den Wert eins annehmen muß. Eine derartige Verfeinerung scheint uns jedoch mangels ausreichender Begründung und angesichts der vielen Vereinfachungen in der Problemstellung unangebracht. Auf alle Fälle müßten bei Überlegungen dieser Art auch die Beträge der Relativverschiebungen entlang den Trennflächen, die zur Mobilisierung der Scherwiderstände notwendig sind, Beachtung finden. Man könnte sich nämlich durchaus eine Situation vorstellen, bei der sich die äußeren Gleitflächen wegen ihren größeren Bewegungen schon im Zustand der Restfestigkeit befinden, während die internen Gleitflächen (mit geringeren Relativbewegungen) noch den Höchstwert ihres Scherwiderstandes aufweisen. Diese Überlegungen, die auf

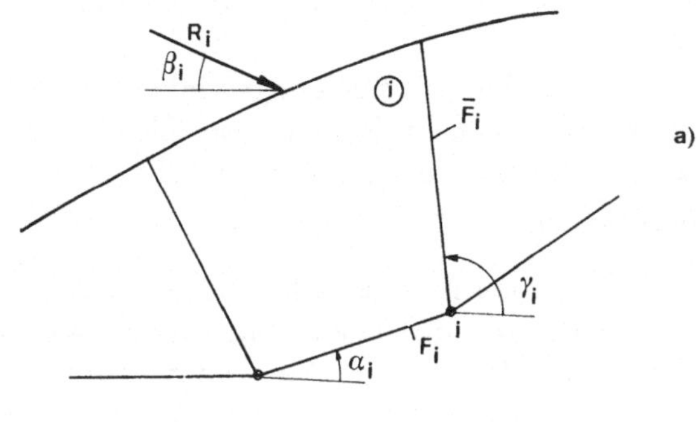

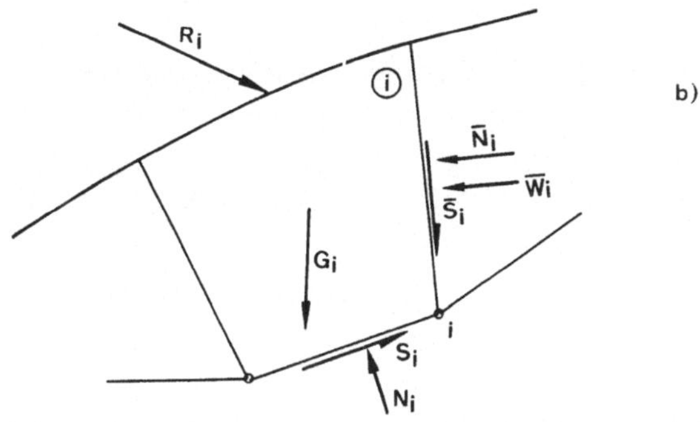

Abb. 11. Teilkörper *i* einer Felsmasse auf einer polygonalen Gleitfläche
a) Geometrische Größen, b) innere und äußere Kräfte

Element *i* of a rock mass with a polygonal sliding surface
a) geometrical quantities, b) internal and external forces

das Problem des progressiven Bruches hinweisen, sprengen jedoch den Rahmen der vorliegenden Arbeit. Mit der Methode des Grenzgleichgewichtes kann ja, bedingt durch die Annahme der starren Körper, der progressive Bruch nicht erfaßt werden. Man kann lediglich ein zulässiges Geschwindigkeitsfeld im Sinne der Plastizitätstheorie von Hill (1955) ermitteln.

3.1 Aus mehreren Ebenen zusammengesetzte polygonale Gleitfläche

In Abb. 11 ist der allgemeine Fall einer gleitgefährdeten Felsmasse auf einer *n*-teiligen, polygonalen Gleitfläche dargestellt. Die Geometrie der Böschung wird festgelegt durch die Neigungen α_i bzw. γ_i und die entsprechenden Auflagerflächen F_i bzw. $\overline{F}_i$ der Gleitebenen. Die angreifenden Kräfte werden wiederum in drei Gruppen eingeteilt:

— Die Gewichte G_i der einzelnen Teilkörper,

— die äußeren Reaktionen N_i, S_i und die inneren Reaktionen $\overline{N}_i$, $\overline{S}_i$ (Kontaktkräfte),

— sowie die Resultierenden R_i (Neigungswinkel β_i) der äußeren Kräfte (Ankerkräfte, Wasserdruck in den äußeren Gleitflächen etc.). Allfälliger Kluftwasserdruck normal zu den inneren Scherflächen wird durch die Kräfte $\overline{W}_i$ berücksichtigt.

Setzt man zunächst einen in jeder Gleitebene verschiedenen Sicherheitskoeffizienten voraus, so treten pro Gleitebene mit je zwei Reaktionskräften und einer Festigkeitsgröße ($S_{\max}$) vier Unbekannte auf. Bei n äußeren und $n-1$ inneren Gleitflächen sind also insgesamt $8\,n-4$ Unbekannte zu ermitteln. Zu deren Bestimmung lassen sich für jeden der n Teilkörper zwei Komponentenbedingungen des Gleichgewichts

$$\Sigma\,X_i = 0, \qquad \Sigma\,Y_i = 0$$

sowie für jede der $n+(n-1)$ Gleitebenen die Coulombsche Bedingung und der Ausdruck (1) für die Sicherheit in der Gestalt

$$S_{i_{\max}} = N_i\,\mathrm{tg}\,\varphi + c_i F_i \quad (N_i \geq 0), \qquad \overline{S}_{i_{\max}} = \overline{N}_i\,\mathrm{tg}\,\overline{\varphi} + \overline{c}_i \overline{F}_i \quad (N_i \geq 0),$$

$$v_i = \frac{S_{i_{\max}}}{S_i}, \qquad\qquad \overline{v}_i = \frac{\overline{S}_{i_{\max}}}{\overline{S}_i}$$

formulieren.

Bei diesen Überlegungen wurde stillschweigend vom Prinzip der Aktion und Reaktion für die Komponenten $\overline{N}$, $\overline{S}$ der Kontaktkräfte Gebrauch gemacht. Damit ergeben sich für das ganze System von n Teilkörpern $6\,n-2$ Bestimmungsgleichungen mit $8\,n-4$ Unbekannten, d. h. das Problem ist $2\,n-2$fach statisch unbestimmt. Diese Unbestimmtheit ist eine Folge der Arbeitshypothese des Grenzgleichgewichts, da mit der Annahme von starren Körpern das Verschiebungs- bzw. Spannungsfeld nicht bekannt ist. Die fehlenden Gleichungen können daher nicht aufgrund mechanischer oder physikalischer Gesetze gefunden werden. Eine mögliche Hypothese besteht nun darin, die Sicherheitsfaktoren in den einzelnen Gleitflächen voneinander abhängig anzunehmen. Unter Berücksichtigung, daß im Falle des Abgleitens die Sicherheit überall gleich eins sein muß und weil eine formale Einfachheit angestrebt wird, wählen wir die Sicherheitskoeffizienten in allen Gleitflächen gleich. Die fehlenden Gleichungen lauten demnach

$$v_i = v_1. \qquad\qquad (2 \leq i \leq n+n-1)$$

Zur Auflösung der Gleichungen sei angemerkt, daß die Unbekannten bis auf n Größen mit Hilfe der Grundformel (3) resp. (7) eliminiert werden können. Zur Auflösung der verbleibenden Gleichungen wird wegen ihrem nichtlinearen Charakter ein iteratives Verfahren angewendet. Zweckmäßigerweise erfolgt die ganze Stabilitätsberechnung daher mit dem in Anhang 4.2 angegebenen einfachen Computerprogramm. Für den Sonderfall einer zweiteiligen polygonalen Gleitfläche wird im nächsten Abschnitt gezeigt, daß dieses Problem auch von Hand noch mit vertretbarem Aufwand gelöst werden kann. Der Vollständigkeit halber wird daran anschließend ein halbgraphisches Verfahren für die Analyse einer n-teiligen polygonalen Gleitfläche erwähnt. Dieses wird in der Regel aber nur bei Fehlen eines Computers zur Anwendung gelangen.

Bemerkung: Treten bei Ausschluß einer Zugfestigkeit in den internen Scherflächen negative Kontaktkräfte auf, so weist dies auf eine Trennung der einzelnen Teilkörper hin. Maßgebend für die Stabilität ist dann nicht mehr die ganze Felsmasse, sondern nur noch eine bestimmte Gruppe von Teilkörpern.

3.2 Polygonale Gleitfläche, bestehend aus nur zwei Ebenen

Die Felsmasse in Abb. 12a ruht auf zwei potentiellen Gleitebenen mit den Neigungswinkeln α_1 und α_2. Gleiten ist voraussetzungsgemäß nur möglich, falls sich eine interne Gleitfläche mit einer gewissen Neigung γ aus-

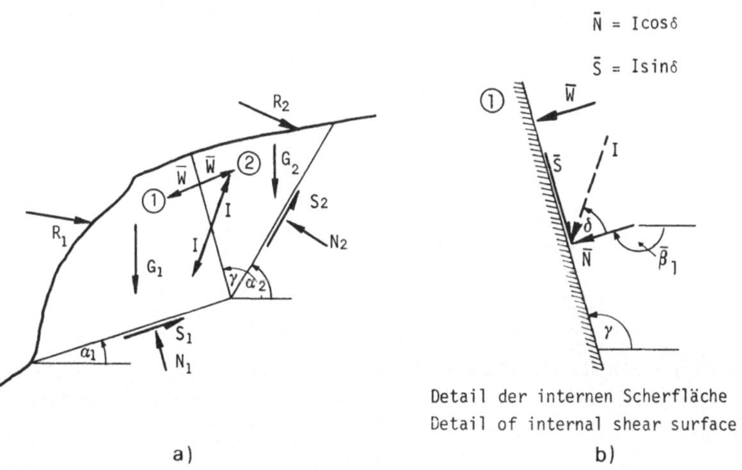

Abb. 12. Körper mit angreifenden Kräften auf einer aus zwei Ebenen bestehenden polygonalen Gleitfläche
Rock mass with forces acting on it for a sliding surface consisting of two planes

bilden kann, welche die Masse in zwei Teilkörper mit den Gewichten G_1 und G_2 unterteilt. Außer allfällig gegebenen äußeren Kräften R_1 und R_2 sowie einem Wasserdruck $\overline{W}$ in der internen Gleitfläche wirken die Reaktionen N_1, S_1 und N_2, S_2 in den äußeren Gleitebenen sowie die Kontaktkraft I in der inneren Gleitfläche. Die Komponenten $\overline{N}$ und $\overline{S}$ von I sollen die

Coulombsche Bruchbedingung erfüllen. Mit den Kennwerten der internen Gleitfläche — Kohäsion $\bar{c}$, Reibungswinkel $\bar{\varphi}$ und Fläche $\bar{F}$ — lautet diese

$$\bar{S}_{\max} = (\bar{N} - \bar{W})\, \mathrm{tg}\, \bar{\varphi} + \bar{c}\,\bar{F}.$$

Mit der Definition (1) des Sicherheitsfaktors als

$$\nu = \frac{\bar{S}_{\max}}{\bar{S}} = \frac{\bar{N} - \bar{W}}{\bar{S}}\, \mathrm{tg}\, \bar{\varphi} + \frac{\bar{c}\,\bar{F}}{\bar{S}}$$

erhält man den charakteristischen Winkel δ (Abb. 12b) zwischen der Kontaktkraft I und der Normalen zur zugehörigen Gleitfläche als

$$\mathrm{tg}\,\delta = \frac{\bar{S}}{\bar{N}} = \frac{1}{\nu}\left(\mathrm{tg}\,\bar{\varphi} + \frac{\bar{c}^*\,\bar{F}}{\bar{N}}\right), \qquad (5\,\mathrm{a})$$

mit den Beziehungen

$$\bar{N} = I\cos\delta \quad \text{und} \quad \bar{c}^* = \bar{c} - \frac{\bar{W}}{\bar{F}}\,\mathrm{tg}\,\bar{\varphi}.$$

Als bekannten Sonderfall erhält man für kohäsionsloses Material, ohne Wasserdruck in der internen Gleitfläche und die Sicherheit $\nu = 1$ den Winkel δ zu

$$\delta' = \bar{\varphi}. \qquad (5\,\mathrm{b})$$

Der Neigungswinkel $\bar{\beta}$ der Kontaktkraft I folgt unter Betrachtung von Abb. 12b für den unteren Teilkörper 1 zu

$$\bar{\beta}_1 = \frac{3\pi}{2} - \gamma - \delta, \qquad (6\,\mathrm{a})$$

bzw. für den oberen Teilkörper zu

$$\bar{\beta}_2 = \bar{\beta}_1 \pm \pi. \qquad (6\,\mathrm{b})$$

Den Sicherheitsfaktor der gesamten Felsmasse findet man dann aus der Bedingung, daß er für eine gewisse Kontaktkraft I in beiden Teilkörpern gleich groß sein muß. In der Praxis wird für jeden Teilkörper getrennt die notwendige Kraft I in Funktion der Sicherheit mit Hilfe der Grundformel (7) bestimmt. Für den unteren Teilkörper 1 lautet dann die Bestimmungsgleichung für die Kontaktkraft beispielsweise

$$I = k_1\left(1 - \frac{\bar{c}^*\,\bar{F}}{G_1 + R_{1g}}\,k_2\right)(G_1 + R_{1g}) - R_{1t}.$$

Den Neigungswinkel $\bar{\beta}$ von I wählt man in erster Näherung gemäß Gl. (5b) und (6). Die Resultierende R_1 bzw. ihre Komponenten R_{1g} und R_{1t} in Richtung von G und I beinhalten die am Teilkörper 1 angreifenden Kräfte wie Auflasten, Ankerkraft, Wasserdruck in der äußeren Gleitebene usw. (ein allfälliger Wasserdruck in der inneren Gleitfläche geht durch die reduzierte Kohäsion $\bar{c}^*$ in die Rechnung ein). Für den Winkel $\bar{\beta}$ und angenommene Werte des Sicherheitsfaktors ν werden nun die Koeffizienten k_1 sowie k_2 und damit die Kontaktkraft I bestimmt. In Abb. 13a ist die Kontaktkraft in Funktion der Sicherheit für die beiden Teilkörper getrennt aufgetragen. Der Schnittpunkt der beiden Kurven stellt die gesuchte Lösung dar, da hier sowohl die Kontaktkraft wie auch die Sicherheit für beide Teilkörper gleich

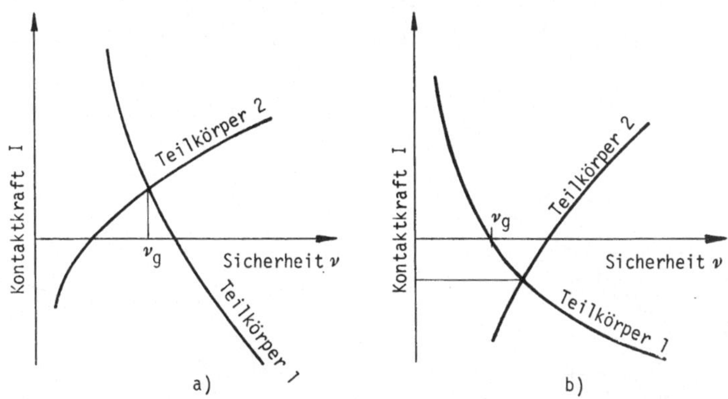

Abb. 13. Maßgebende Sicherheit ν_g eines Körpers auf zwei Ebenen unterschiedlicher Neigung
Effective safety factor ν_g of a body on two planes of different inclinations

groß ist. Weil der zugrunde gelegte Neigungswinkel der Kontaktkräfte mit (5b) aber nur näherungsweise bestimmt wurde, ist er nun durch Einsetzen von ν_g und I in (5a) neu zu bestimmen, worauf das ganze Verfahren mit diesem Wert wiederholt wird. Üblicherweise konvergiert dieser Prozeß sehr rasch. Beachtenswert ist der in Abb. 13b dargestellte Fall, in dem das Gleichgewicht der beiden Teilkörper, d. h. der Schnittpunkt der beiden Kurven, scheinbar auf eine negative Kontaktkraft führt. Dics entspricht der Situation, daß der untere Teilkörper 1 (mit $I=0$) eine kleinere Sicherheit aufweist als der obere. Unter der Voraussetzung, daß die Scherfläche keinen Zug übertragen kann, wird darum der untere Teilkörper alleine maßgebend für die Sicherheit und nicht beide Körper zusammen. Ist z. B. $\nu_g = 1$, so ist ein Abgleiten des unteren Teilkörpers zu erwarten, währenddem der obere noch stabil sein kann.

3.3 Halbgraphische Lösungsmethode für eine aus mehreren Ebenen zusammengesetzte polygonale Gleitfläche

Soll die Analyse einer mehrteiligen polygonalen Gleitfläche nicht mit dem im Anhang vorgestellten Computerprogramm erfolgen, so kann die Lösung auch mittels einer halbgraphischen Methode gefunden werden. Diese beruht im wesentlichen auf einer sukzessiven Bestimmung der Kontaktkräfte I_i in den einzelnen Teilkörpern unter Berücksichtigung der Randbedingung $I_n = 0$. Die folgende Beschreibung möge das Vorgehen im einzelnen erläutern:

Mit Hilfe der Grundformel (3) bzw. (7) wird zuerst für den Teilkörper 1 die Kontaktkraft I_1 für verschiedene Werte der Sicherheit ν ermittelt. Da der Neigungswinkel $\bar{\beta}_1$ der Kontaktkraft mit Gl. (5) und (6a) von I_1 abhängig ist, erfolgt diese Berechnung iterativ. Aus der graphischen Darstellung der Beziehung $I_1 = f(\nu)$ in Abb. 14a greift man dann für beispielsweise die drei Werte ν_1, ν_2 und ν_3 die entsprechenden Kontaktkräfte $I_1^{\nu_1}$, $I_1^{\nu_2}$ und $I_1^{\nu_3}$ ab. Nacheinander wird nun der zweite Teilkörper mit den Kräften $-I_1^{\nu_i}$ belastet und für den entsprechenden Wert der Sicherheit ν_i die notwendigen Kontaktkräfte $I_2^{\nu_i}$ bestimmt (Abb. 14b). Wegen der impliziten Darstellung der Neigungswinkel β_2 erfolgen diese Berechnungen wiederum iterativ. Darauf

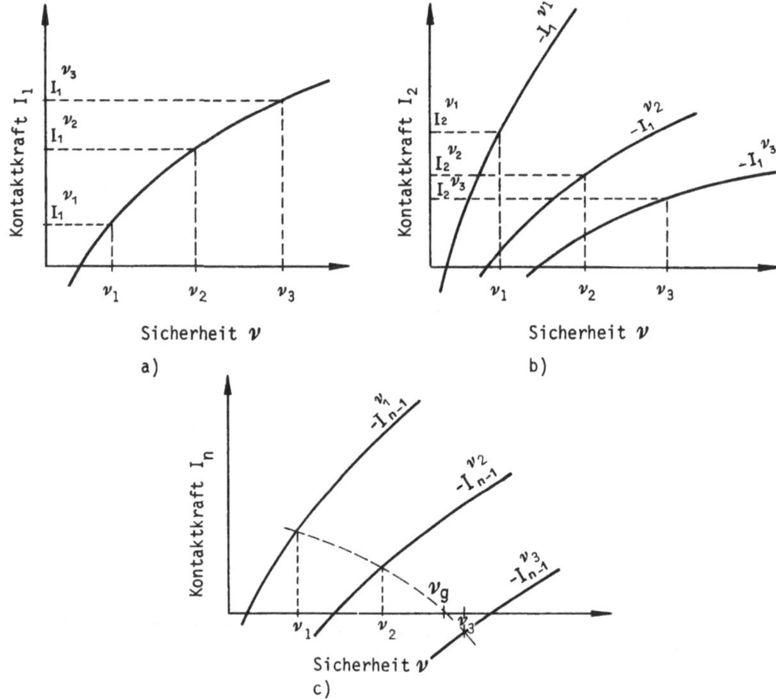

Abb. 14. Bestimmung der Sicherheit für eine polygonale Gleitfläche
Determination of the safety factor for a polygonal sliding surface

wird der dritte Teilkörper mit den Kräften $-I_2^{\nu_i}$ belastet usw. Aus der Bedingung, daß für den n-ten Teilkörper $I_n = 0$ sein muß, läßt sich die gesuchte Sicherheit ν_g entsprechend Abb. 14c interpolieren.

3.4 Beispiel eines Stabilitätsnachweises einer auf polygonalen Gleitflächen ruhenden Felsmasse

Im Zusammenhang mit dem Nationalstraßenbau in der Schweiz wurde ein größerer Felsabschnitt mit vorgespannten Ankern als Sicherung projektiert. Der anstehende Fels, ein kalkiger Mergel, wies in diesem Bereich eine ausgeprägte Schichtung auf, welche unter einem flachen Winkel gegen die

Straße fiel. Aufgrund der Felsstruktur wurden zwei verschiedene Gleitmechanismen mit polygonaler Form der Gleitflächen angenommen (Abb. 15). Im Falle (A) ist die Abgrenzung der gleitgefährdeten Masse so, daß die Anker-

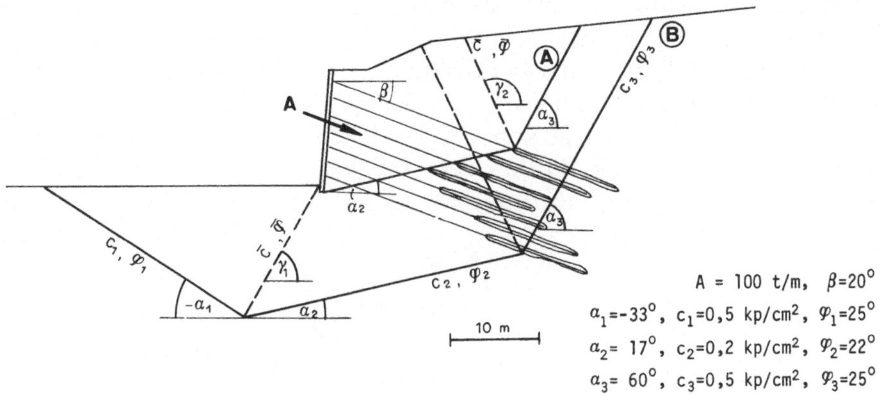

Abb. 15. Straßenansicht mit den Gleitmechanismen (A) und (B)
Highway section with failure mechanisms (A) and (B)

kräfte voll wirksam sind. Im Falle (B) wurden so tiefliegende Gleitflächen angenommen, daß sie außerhalb der Wurzelzone der Ankerung zu liegen kamen. Für den Fall der oberen Gleitfläche (A) wurde der Einfluß untersucht, welcher die Neigung γ_2 der internen Scherfläche auf die Sicherheit hat.

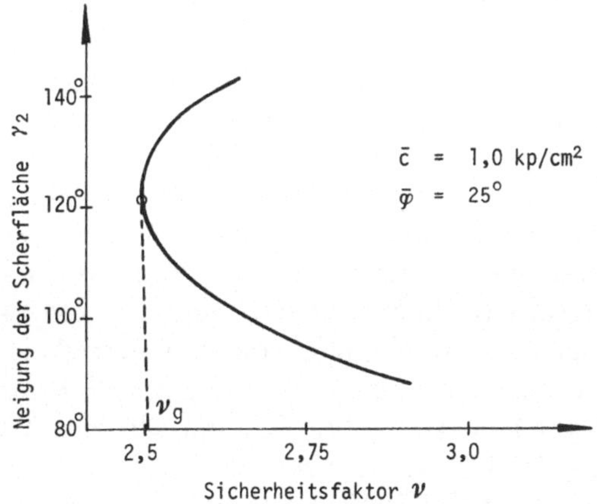

Abb. 16. Einfluß der Neigung der internen Scherfläche auf den Sicherheitsfaktor [Fall (A)]
Influence of the inclination of the internal shear surface on the safety factor [case (A)]

Dazu wurde für verschiedene Werte von γ_2 die entsprechende Sicherheit bestimmt und in Abb. 16 aufgetragen. Auf der Ordinate ist der Neigungswinkel γ_2, auf der Abszisse die Sicherheit dargestellt. Das Minimum des Sicherheitsfaktors führt auf eine kritische Neigung von γ_2 bei der Sicherheit

v_g der Felsböschung. Die Festigkeitsparameter für die internen Scherflächen wurden zu $\bar{c} = 1.0\ \mathrm{kp/cm^2}$ und $\bar{\varphi} = 25^0$ angenommen. Das zweite Problem, das bei diesem Bauwerk zu untersuchen war, bestand in der Ermittlung der Stabilität bezüglich einer tiefer liegenden Gleitfläche (B). Ähnlich zum vorangehenden Fall wurden zuerst die maßgebenden Neigungen der internen Scherflächen gesucht. Es hat sich für dieselben Festigkeitswerte der Scherflächen ergeben, daß die kritische Neigung der rechten internen Scherfläche etwa gleich groß war wie im Falle (A). Der Verlauf der linken Scherfläche wurde (praktisch unabhängig von der Festigkeit) durch den Fußpunkt der Stützmauer bestimmt. Der Einfluß der Festigkeit in der Scherfläche auf die Standsicherheit der gleitgefährdeten Masse ist aus Abb. 17 ersichtlich. Bei

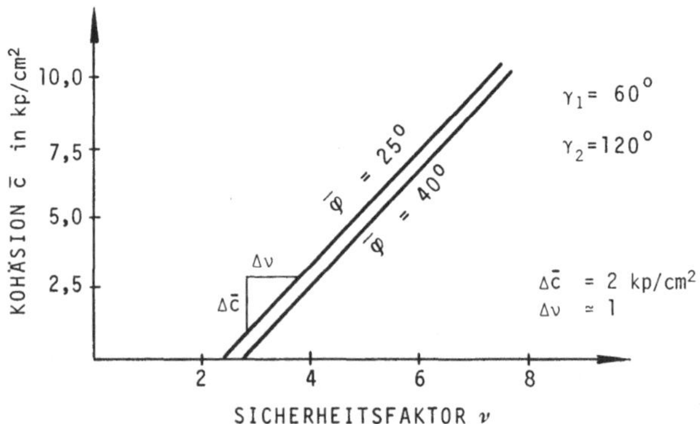

Abb. 17. Einfluß der Festigkeit in den internen Scherflächen auf den Sicherheitsfaktor [Fall (B)]
Influence of the strength of the internal shear surfaces on the safety factor [case (B)]

konstanten Materialkennwerten in den äußeren Gleitflächen bewirkt eine um 2 kp/cm² größere Kohäsion in den internen Scherflächen eine Erhöhung des Sicherheitsfaktors um $\Delta v \cong 1.0$. Der Einfluß des Reibungswinkels $\bar{\varphi}$ ist demgegenüber viel kleiner. Zum Vergleich dieser Resultate sei für die Gleitfläche (B) noch der Sicherheitsfaktor angegeben, wie er sich gemäß der Methode von Janbu ergibt. Vernachlässigt man dort näherungsweise die Kontaktkräfte, so resultiert ein Sicherheitskoeffizient von $v = 2.6$. Dieser Wert gilt voraussetzungsgemäß unabhängig von den Festigkeitsgrößen $\bar{c}$ und $\bar{\varphi}$. „Genauere" Berechnungen mit Berücksichtigung der Kontaktkräfte führten für dieses Beispiel auf kein sinnvolles Resultat, da eine Variation der anzunehmenden Neigung der Drucklinie bzw. der Kontaktkräfte um wenige Grad bereits eine Verdoppelung des Sicherheitsfaktors bewirkte.

4. Anhang

4.1 Erweiterung der Grundformeln

Oft setzt sich die Resultierende R aller äußeren Kräfte aus einer nach Richtung und Betrag bekannten Kraft (z. B. Wasserdruck) sowie einer gesuchten Kraft A (z. B. Ankerkraft, Kontaktkraft) mit gegebenem Neigungswinkel β zusammen. Um die Grundformeln (3) und (4) auch jetzt als direkte Bemessungsgleichungen für A zu formulieren, wird die Kraft K in die Komponenten K_a in Richtung von A und K_g in Richtung des Gewichtes zerlegt (Abb. 18).

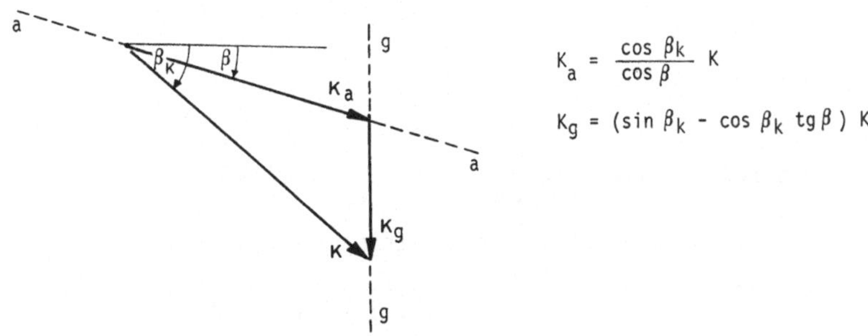

$$K_a = \frac{\cos \beta_k}{\cos \beta} \, K$$

$$K_g = (\sin \beta_k - \cos \beta_k \, \mathrm{tg}\, \beta) \, K$$

Abb. 18. Zerlegung einer Kraft K in die Komponenten K_a und K_g

Decomposition of a force K into the components K_a and K_g

Die Resultierende R in den Grundformeln wird damit zu $R = A + K_a$, das wirksame Gewicht erhöht sich auf $G' = G + K_g$. Somit lautet beispielsweise die modifizierte Gl. (3):

$$A = k_1 \left(1 - \frac{c\,F}{G + K_g}\, k_2\right)(G + K_g) - K_a \tag{7}$$

Die Koeffizienten k_1 und k_2 bleiben dieselben wie für Gl. (3).

4.2 Computerprogramm zur Berechnung von polygonalen Gleitflächen

Zur Berechnung des Sicherheitsfaktors einer Felsmasse auf einer polygonalen Gleitfläche wurde nachstehende einfache FORTRAN-Subroutine geschrieben. Sie berechnet in Funktion der Eingabeparameter Geometrie, Materialcharakteristiken und äußere Kräfte, den gesuchten Sicherheitsfaktor sowie Größe und Richtung der Kontaktkräfte in den internen Scherflächen. Die Eingabe- und Ausgabewerte werden durch formale Parameter beim Aufruf des Programms übertragen. Ihre Bedeutung ist im Programmkopf beschrieben. Das Lösungsverfahren beruht auf einer erweiterten Form der Gl. (7). Mit der Nomenklatur von Abb. 11 erhält man damit die Kontaktkraft I_i des i-ten Teilkörpers zu

$$I_i = k_1 \left(1 - \frac{c_i\,F_i}{G_i + R_{iG}}\, k_2\right)(G_i + R_{iG}) - R_{iI} + k_1\,I_{i-1\,G} - I_{i-1\,I} \qquad (1 \le i \le n),$$

wobei $I_n = 0$ sein muß (R_{iI} bzw. R_{iG} usw. bezeichnen die Komponenten von

R_i in Richtung von I_i bzw. G_i). Die Gesamtheit dieser Gleichungen bildet ein nichtlineares Gleichungssystem vom Grade n, welches in linearisierter Form mit Hilfe eines Iterationsprozesses gelöst wird. Da der Grad n in praktischen Beispielen meist klein ist, sind auch die Rechenkosten entsprechend sehr klein.

Tabelle 1

```
         SUBROUTINE        POLY(N,ALPHA,CFG,PHIG,G,AR,BETAR,GAMA,CFS,PHIS,W,
       1                        SNUE,AK,BETAK,MODE                          )

CCCCCCCCCCCCCCCCCCCCCCCCCCCCCCCCCCCCCCCCCCCCCCCCCCCCCCCCCCCCCCCCCCCCCC
C                                                                    C
C      BERECHNUNG DER STANDSICHERHEIT EINER MASSE AUF EINER          C
C      P O L Y G O N A L E N      G L E I T F L A E C H E            C
C                                                                    C
CCCCCCCCCCCCCCCCCCCCCCCCCCCCCCCCCCCCCCCCCCCCCCCCCCCCCCCCCCCCCCCCCCCCCC
C                                                                    C
C      EINGABEPARAMETER    (ALLE WINKEL IM BOGENMASS)                C
C      ----------------                                              C
C      N            ANZAHL AEUSSERE GLEITEBENEN                      C
C      ALPHA(N)     FALLWINKEL DER AEUSSEREN GLEITEBENEN             C
C      CFG(N)       KOHAESION IN AEUSSEREN GLEITEBENEN MULTIPLIZIERT  C
C                        MIT GROESSE DER GLEITFLAECHEN               C
C      PHIG(N)      REIBUNGSWINKEL IN AEUSSEREN GLEITEBENEN          C
C      G(N)         GEWICHTE DER EINZELNEN GLEITKOERPER              C
C      AR(N)        AN GLEITKOERPERN ANGREIFENDE AEUSSERE KRAEFTE    C
C      BETAR(N)     NEIGUNGSWINKEL DER KRAEFTE AR(N)                 C
C      GAMA(N-1)    FALLWINKEL DER INTERNEN SCHERFLAECHEN            C
C      CFS(N-1)     KOHAESION IN INTERNEN SCHERFLAECHEN MULTIPLIZIERT C
C                        MIT GROESSE DER SCHERFLAECHEN               C
C      PHIS(N-1)    REIBUNGSWINKEL IN INTERNEN SCHERFLAECHEN         C
C      W(N-1)       WASSERDRUCK IN INTERNEN SCHERFLAECHEN            C
C                        (KRAFTEINHEITEN)                            C
C                                                                    C
C      RESULTATPARAMETER                                            C
C      -----------------                                            C
C      SNUE         SICHERHEITSKOEFFIZIENT                          C
C      AK(N)        KONTAKTKRAEFTE IN INTERNEN SCHERFLAECHEN (BETRAG) C
C      BETAK(N)     NEIGUNGSWINKEL DER KRAEFTE AK(N) IM BOGENMASS    C
C      MODE =  0    BERECHNUNG OK                                   C
C           >  0    KONTAKTKRAEFTE < NULL                           C
C           = -1    FEHLER: KEINE KONVERGENZ                        C
C                   MASSNAHMEN: SFAKT VERKLEINERN        ODER/UND    C
C                           TOLDELT,SPEDNUE,SPEDELT VERKLEINERN     C
C           = -2    FEHLER: DIVISION DURCH NULL                     C
C           = -3    FEHLER: GLEICHUNGSSYSTEM NICHT LOESBAR          C
C                                                                    C
C      BEMERKUNGEN                                                  C
C      -----------                                                  C
C      COMMON /MATRIX/ Z(N*N)    DIMENSIONIERUNG VON Z SOWIE ALLER   C
C                                AKTUELLER PARAMETER MUSS IM         C
C                                AUFRUFENDEN PROGRAMM ERFOLGEN       C
C                                                                    C
C                                P.FRITZ + K.KOVARI    ETH ZUERICH   C
C                                                                    C
CCCCCCCCCCCCCCCCCCCCCCCCCCCCCCCCCCCCCCCCCCCCCCCCCCCCCCCCCCCCCCCCCCCCCC
```

Tabelle 1. Fortsetzung

```
      DIMENSION ALPHA(1), CFG(1), PHIG(1), G(1), AR(1), BETAR(1),
     1          GAMA(1),  CFS(1), PHIS(1), W(1), AK(1), BETAK(1)
      COMMON /MATRIX/ Z(1)
      DATA SPEDNUE,SPEDELT/0.5,0.75/,TOLDELT/0.05/,TOLNUE/0.5/,
     1     TOL/0.0001/,ITERMAX/100/,SFAKT,SMAX/1.5,50.0/

      IF(N.EQ.1) GOTO 35
      ATAN1 = ATAN(1.0)/45.0
      PI15 = 270.*ATAN1
      N1 = N - 1
      BETAK(N) = 0.0
      DO 2 I=1,N
    2 PHIG(I) = TAN(PHIG(I))
      DO 3 I=1,N1
      PHIS(I) = TAN(PHIS(I))
    3 CFS(I)  = CFS(I) - W(I)*PHIS(I)
      SNUEO = 1./SFAKT
    5 ITER = 0
      SNUEO = SFAKT*SNUEO
      SNUE  = SNUEO
      IF(SNUEO.GT.SMAX) GOTO 40
C
C     BERECHNUNG DER NEIGUNGSWINKEL DER KONTAKTKRAEFTE
C
   10 KONV = -1
   11 ITER = ITER + 1
      IF(ITER.GT.ITERMAX) GOTO 41
      IF(SNUE.EQ.0.0) GOTO 42
      DO 19 I=1,N1
      VORZ = 1.
      IF(ALPHA(I+1).LT.ALPHA(I)) VORZ = -1.
      IF(ITER.EQ.1) DELTA = ATAN(PHIS(I)/SNUE)
      IF(ITER.GT.1) DELTA = PI15 - GAMA(I) - BETAK(I)
      IF(ITER.GT.1.AND.CFS(I).NE.0.0) GOTO 13
      TGDELTA = PHIS(I)/SNUE
      GOTO 15
   13 COSDELT = COS(DELTA)
      IF(COSDELT.EQ.0.0) GOTO 42
      TGDELTA = (PHIS(I)+CFS(I)/AK(I)/COSDELT)/SNUE
   15 DDELTA = SPEDELT*(ATAN(TGDELTA)-DELTA)
      DDABS = ABS(DDELTA)
      DMIN = AMIN1(DDABS,TOLDELT*DELTA)
      DELTA = DELTA + SIGN(DMIN,DDELTA)
      BETAK(I) = PI15 - GAMA(I) - DELTA*VORZ
   19 CONTINUE
C
C     LINEARES GLEICHUNGSSYSTEM AUFBAUEN MIT UNBEKANNTEN
C     KONTAKTKRAEFTE AK UND AENDERUNG DER SICHERHEIT DSNUE
C
      DO 29 J=1,N
      NRZ = (J-1)*N
      IE = J - 2
      IF(J.LE.2) GOTO 22
      DO 21 I=1,IE
   21 Z(NRZ+I) = 0.
   22 F1Z = SNUE*SIN(ALPHA(J)) - COS(ALPHA(J))*PHIG(J)
      F1N = SNUE*COS(ALPHA(J)+BETAK(J)) + SIN(ALPHA(J)+BETAK(J))*PHIG(J)
      IF(F1Z.EQ.0.0.OR.F1N.EQ.0.0) GOTO 42
      F1 = F1Z/F1N
      F2 = 1.0/F1Z
      IF(J.EQ.1) GOTO 24
      I = IE + 1
```

Tabelle 1. Fortsetzung

```
      COSBKJ = COS(BETAK(J))
      IF(COSBKJ.EQ.0.0) GOTO 42
      Z(NRZ+I) = F1*(SIN(BETAK(J-1))-COS(BETAK(J-1))*TAN(BETAK(J)))
     1           - COS(BETAK(J-1))/COSBKJ
   24 CONTINUE
      IF(J.EQ.N) GOTO 28
      Z(NRZ+J) = 1.
      IF(J.EQ.N1) GOTO 28
      IA = J + 1
      DO 26 I=IA,N1
   26 Z(NRZ+I) = 0.
   28 DF1 = (SIN(ALPHA(J))*F1N-COS(ALPHA(J)+BETAK(J))*F1Z)/F1N/F1N
      DF2 = -SIN(ALPHA(J))/F1Z/F1Z
      ARG = (SIN(BETAR(J))-COS(BETAR(J))*TAN(BETAK(J)))*AR(J)
      HILF = G(J) + ARG - F2*CFG(J)
      Z(NRZ+N) = -DF1*HILF + DF2*F1*CFG(J)
      ARK = COS(BETAR(J))/COS(BETAK(J))*AR(J)
   29 AK(J) = F1*HILF - ARK
C
C     GLEICHUNGSSYSTEM LOESEN, KONVERGENZKONTROLLE
C
      CALL GAUSS(N,Z,AK,MODE)
      IF(MODE.NE.0) GOTO 43
      DO 33 I=1,N1
      IF(AK(I).LT.0.0) GOTO 5
   33 CONTINUE
      DSNUE = AK(N)
      DSN1 = ABS(SPEDNUE*DSNUE)
      DSN2 = ABS(TOLNUE*SNUE)
      DSN  = SIGN(AMIN1(DSN1,DSN2),DSNUE)
      SNUE = SNUE + DSN
      IF(ITER.EQ.1.OR.ABS(DSNUE/SNUE).GT.TOL) GOTO 10
      I = 0
      IF(KONV.EQ.0) GOTO 40
      KONV = KONV + 1
      GOTO 11
   35 SNUE = (AR(1)*SIN(ALPHA(1)+BETAR(1))+G(1)*COS(ALPHA(1)))
     1       *TAN(PHIG(1)) + CFG(1)
      SNUE = SNUE/(G(1)*SIN(ALPHA(1))-AR(1)*COS(ALPHA(1)+BETAR(1)))
      I = 0
C
C     ABSCHLUSS
C
   40 MODE =   I
      GOTO 46
   41 MODE = -1
      GOTO 46
   42 MODE = -2
      GOTO 46
   43 MODE = -3
   46 AK(N) = 0.0
      IF(N.EQ.1) GOTO 49
      DO 47 I=1,N
   47 PHIG(I) = ATAN(PHIG(I))
      DO 48 I=1,N1
      CFS(I)  = CFS(I) + W(I)*PHIS(I)
   48 PHIS(I) = ATAN(PHIS(I))
   49 CONTINUE
      RETURN
      END
```

Tabelle 1. Fortsetzung

```fortran
      SUBROUTINE GAUSS(N,Z,B,MODE)
C
C     EINFACHER GAUSSCHER ALGORITHMUS (PIVOT IMMER IN DIAGONALE)
C
C     N            ANZAHL GLEICHUNGEN
C     Z(N*N)       KOEFFIZIENTENMATRIX ZEILENWEISE (WIRD UEBERSCHRIEBEN)
C     B(N)         KONSTANTENVEKTOR (RECHTE SEITE), WIRD DURCH
C                  RESULTATVEKTOR UEBERSCHRIEBEN
C     MODE         KONTROLLGROESSE, DIE VON GAUSS GESETZT WIRD
C          = 0     LOESUNG OK
C          = 1     PIVOT = 0
C
      DIMENSION Z(1),B(1)

      N1 = N - 1
      DO 19 K=1,N1
      NRZO = (K-1)*N
      NPIV = NRZO + K
      IA = K + 1
      DO 19 J=IA,N
      NRZ = (J-1)*N
      NK = NRZ + K
      IF(Z(NPIV).EQ.0.0) GOTO 41
      S = Z(NK)/Z(NPIV)
      DO 18 I=IA,N
      NK = NRZ + I
      NZ = NRZO + I
   18 Z(NK) = Z(NK) - S*Z(NZ)
   19 B(J)  = B(J)  - S*B(K)

      DO 29 II=1,N
      I = N - II + 1
      NRZ = (I-1)*N
      S = B(I)
      IF(I.EQ.N) GOTO 25
      IA = I + 1
      DO 22 IZ=IA,N
      NZ = NRZ + IZ
   22 S = S - Z(NZ)*B(IZ)
   25 NZ = NRZ + I
   29 B(I) = S/Z(NZ)
      MODE = 0
      GOTO 46
   41 MODE = 1
   46 CONTINUE
      RETURN
      END
```

Literatur

Hill, R.: The Mathematical Theory of Plasticity. London: Oxford University Press 1955.

Janbu, N.: Application of Composite Slip Surfaces for Stability Analysis. Proc. Europ. Conf. Stability of Earth Slopes, Vol. 3, 1954.

Kovári, K., Fritz, P.: Stability Analysis of Rock Slopes for Plane and Wedge Failure With the Aid of a Programmable Pocket Calculator. 16th. Symp. Rock Mech., Minneapolis, U. S. A., 1975.

Kovári, K., Fritz, P.: Stabilitätsberechnung ebener und räumlicher Felsböschungen. Rock Mechanics 8, 73—113 (1976).

Kovári, K., Fritz, P.: Ein Beitrag zum Problem der Standsicherheit von Felsböschungen. 2. Nationale Tagung über Felsmechanik, Aachen, 1976.

Morgenstern, N. R., Price, V. E.: The Analysis of the Stability of General Slip Surfaces. Geotechnique 15 (1965).

Müller, L.: Der Felsbau. Stuttgart: Verlag F. Enke, 1963.

Sultan, H. A., Seed, B. H.: Stability of Sloping Core Earth Dams. Journal Soil Mech. Found. Div., Proc. ASCE, 1967.

Anschrift der Verfasser: Dipl.-Ing. ETH P. Fritz und Dr. sc. tech. K. Kovári, Institut für Straßen-, Eisenbahn- und Felsbau (ISETH) an der Eidgenössischen Technischen Hochschule Zürich, CH-8093 Zürich, Schweiz.

Rock Mechanics, Suppl. 8, 317—332 (1979)

Rock Mechanics
Felsmechanik
Mécanique des Roches
© by Springer-Verlag 1979

Der Akropolishügel von Athen

Eine felsmechanische Beurteilung seines derzeitigen Zustandes und generelle Sanierungsmaßnahmen

Von

E. Hackl und M. Arwanitakis

Mit 13 Abbildungen

Zusammenfassung — Summary — Résumé

Der Akropolishügel von Athen. Eine felsmechanische Beurteilung seines derzeitigen Zustandes und generelle Sanierungsmaßnahmen. Die beiden Verfasser haben im Sommer 1977 im Auftrag des griechischen Ministeriums für Kultur und Wissenschaft den Zustand des Hügels nach felsmechanischen Gesichtspunkten beurteilt, seine Schäden analysiert sowie generelle Sanierungsmöglichkeiten und ein Programm für deren Abwicklung aufgezeigt.

Die stark gebankten Kalke neigen durch Aufklüftung zu ablösungsgefährdeten Kluftkörpern. Unter dem Kalkmassiv liegen geschieferte Sandstein-Mergel-Serien, welche einer rascheren Verwitterung erliegen; es kommt zu Unterschneidungen des aufliegenden Kalkes mit fallweisen Stabilitätsproblemen. Felsstürze hat es offensichtlich auch schon in historischer Zeit gegeben.

Durch den Ausbau und die beabsichtigte Freigabe eines Rundwanderweges erhält eine Stabilitätsbeurteilung der Felsabhänge besondere Aktualität. An einigen Stellen haben die Verwitterungsvorgänge bereits Ausmaße erreicht, welche eine umgehende Sanierung erfordern. Über weite Bereiche unterliegt jedoch der gesamte Bestand einem langfristigen Auflösungsprozeß.

The Akropolis Hill of Athens. A Rock-Mechanical Assessment of Its Present Condition and General Rehabilitation Measures. In summer 1977 the authors have on behalf of the Greek Ministry of Culture and Science concluded an assessment of the Akropolis Hill with regard to rock-mechanical aspects, including the analysis of apparent deteriorations and proposals for a general restoration work as well as construction procedures.

The distinctly bedded limestones show a tendency for bed separation, opening of seams and loosening of rock fragments. A series of exfoliated sandstone-marl layers, situated underneath the limestone, is subject to rapid weathering. This can cause undermining of the above rock and give rise in certain cases to stability problems. Rock falls have obviously occurred even in historical times.

Because of the construction and opening of a footpath circling the hill, the problem of stability of the rock slopes is of special importance. In some areas the

0080-3375/79/Suppl. 8/0317/$ 03.20

weathering of the rock has reached an extent which requires immediate support work. In general, a slow deterioration can be observed over extended regions.

La colline d'Acropole. Un avis roc-mécanique de sa condition actuelle et des mésures d'assainissement générales. En été de l'année 1977 les auteurs — sur l'ordre du Ministère de la culture et la science — portaient un jugement sur la condition de la colline d'Acropole concernant les aspects roc-mécaniques, y compris une analyse des détériorations apparentes et une suggestion pour des mésures d'assainissement générales et les processus d'une réalisation.

Les pierres à chaux fortement font voir la tendance à la séparation de en ouvrant des joints et en relâchant des fragments de roche. Sous la strate à chaux il y a des séries de grès/marne couverts d'ardoises qui succombent à une décomposition rapide. Cela provoque une intersection de la roche supérieure avec des problèmes de stabilité occasionels.

Evidemment des écroulements de roche ont lieu même aux temps historiques. Par les travaux d'amènagement et l'ouverture d'un chemin de piétons circulaire la critique de la stabilité des pentes rocheuses devient important en particulier. A quelques endroits les processus de décomposition ont obtenu des dimensions de telle sorte qui demandent une assainissement aussitôt. Toutefois, en général un processus de désagrégation tardive dans les régions étendues peut être observé.

Vorbemerkungen

Als wir zu Beginn des Jahres 1977 mit dem Gedanken konfrontiert wurden, den Akropolishügel auf seinen Zustand hin zu überprüfen und generelle Überlegungen für dessen Sanierung anzustellen, bemerkten wir, daß wir bei all unseren touristischen Besuchen in Athen dem Hügel selbst keine Aufmerksamkeit geschenkt hatten; unser Interesse hatte immer den antiken Monumenten gegolten. Wohl kannten wir aus verschiedenen Berichten die Sorge um den Bestand der Bauwerke der Akropolis, welche den zunehmenden Einflüssen zivilisatorischer Errungenschaften zu erliegen scheinen.

Als wir im Sommer 1977 im Auftrage des griechischen Ministeriums für Kultur und Wissenschaft unsere Aufgabe schließlich wahrnahmen und wir nun unseren Fuß als Felsmechaniker auf diesen ehrwürdigen Hügel setzten, verließ uns vorerst der Mut: auf Schritt und Tritt unseres ersten informativen Rundganges entdeckten wir drohende Ablösungen von Felsblöcken, erkannten wir den weit fortgeschrittenen Verfall der alten Umfangsmauern, sahen den Zahn der Zeit sein Werk vollenden. Wir hatten den Umfang der uns sich stellenden Aufgabe völlig unterschätzt. Wir faßten aber neuen Mut und vor allem ein Konzept, wie wir uns den Hügel untertan machen wollten:

Wir wollten die Hänge und Felsflanken des Hügels nach Homogenbereichen (siehe Abb. 1) gliedern und diese im Detail dokumentarisch erfassen. Praktisch bedeutete dies, daß wir bei hochsommerlichen Temperaturen in den glühenden Felshängen umherkletterten, viel fotografierten, Skizzen und Notizen machten. Trotz allem waren wir nun aber dem Reiz dieser Aufgabe erlegen, den heiligen Hügel der Antike auf seinen Zustand, auf seine Stabilität hin überprüfen zu dürfen.

Problemstellung und Grundlagen

Unsere Gesprächspartner in der Arbeitsgruppe für die Erhaltung der Akropolis-Denkmäler: Historiker, Archäologen, Architekten, Museumsdirektoren machten uns gleich zu Beginn unserer Tätigkeit auf die besonderen Prämissen aufmerksam, welche es zu beachten gab:

Der ganze Hügel — nicht nur seine Monumente — ist als Denkmal zu betrachten, welches völlig unverändert der Nachwelt zu erhalten ist. Damit ist die Problematik jeder Sanierungsmaßnahme in dem Umstand zu sehen,

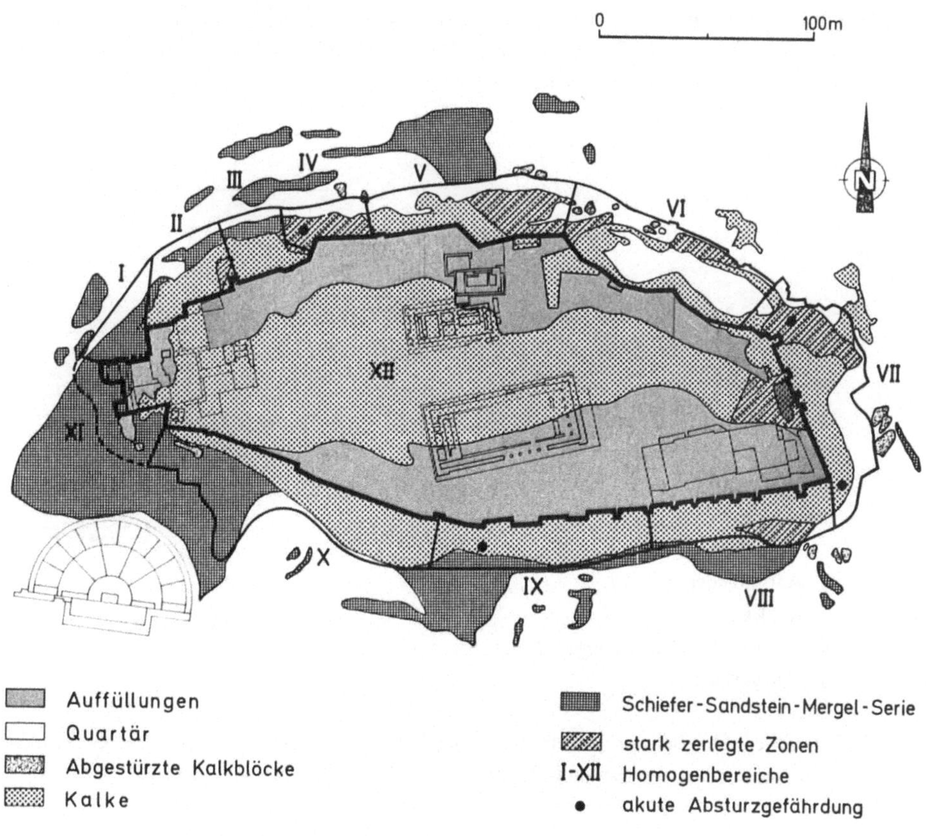

Abb. 1. Situationsplan (nach B. Andronopoulos — G. Koukis)

Plan of situation (after B. Andronopoulos — G. Koukis)

daß nichts verändert werden darf und daß der Bestand um jeden Preis auf ewige Zeiten zu erhalten ist. Wirtschaftliche Aspekte treten hier völlig in den Hintergrund. In der Tat wollten wir diese archäologischen Prämissen zuerst nicht recht glauben, doch als uns dies mehrmals eindringlich vorgehalten wurde, nahmen wir diese zur Kenntnis, machten uns an die Arbeit und dachten in der Folge viel über neue Techniken und Technologien nach.

Als Grundlage für unsere Arbeit stand uns topographisches Kartenmaterial und eine von Andronopoulos und Koukis 1976 verfaßte ingenieurgeologische Studie über den Hügel zur Verfügung. Einsicht in alte Aufzeichnungen, Abbildungen und Berichte halfen uns nur wenig; viel wird über die Baudenkmäler, aber wenig über den Hügel selbst berichtet. Ziel unserer Tätigkeit war es, den Zustand des Akropolishügels zu beurteilen, die Ursachen seiner Schäden zu analysieren und daraus ein Sanierungsprogramm zu entwickeln. Es geht also um den allerersten Schritt des Felsmechanikers.

Der Hügel stand bislang hinter den Problemen der antiken Bauwerke zurück. Im Vorjahr ging man daran, einen Rundwanderweg, der teilweise unmittelbar unter den Felshängen bereits bestand, weiter auszubauen. Damit wurden Sicherungsmaßnahmen insbesonders am Nordostpfeiler (Anafiotika) akut; darüberhinaus erscheint durch die Freigabe dieses Weges eine Beurteilung und Sicherheitsbetrachtung der Felshänge unvermeidbar.

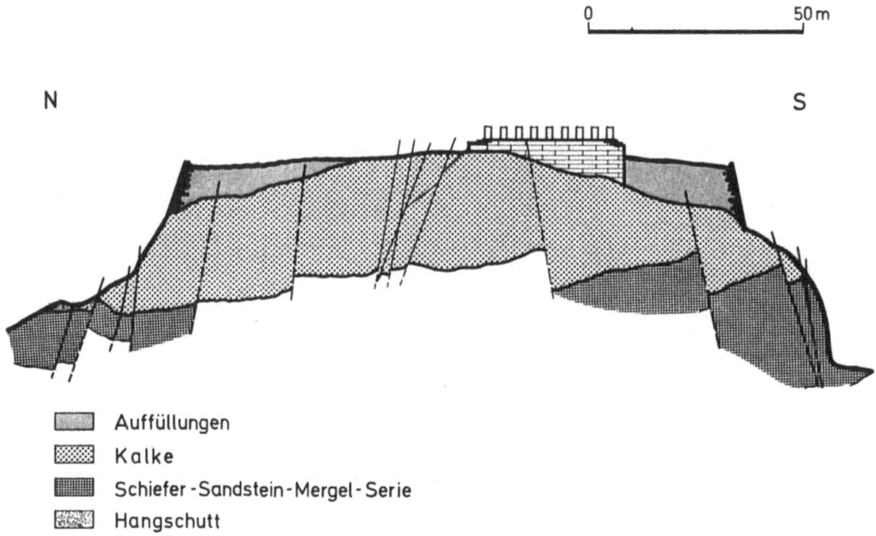

Abb. 2. Typischer Querschnitt durch den Hügel (nach B. Andronopoulos — G. Koukis)
Typical cross-section of hill (after B. Andronopoulos — G. Koukis)

Der Aufbau des Hügels ist im Hinblick auf die technologischen Eigenschaften seiner Baumaterialien folgendermaßen zusammenfaßbar (siehe Abb. 1 und 2):

— Kalke bilden mit einer Mächtigkeit von 30—35 m in stark gebankter Lagerung die eigentlichen Felsflanken. Sie sind das qualitativ höchstwertige Baumaterial des Hügels und setzen den Verwitterungsangriffen den größten Widerstand entgegen. Infolge ihrer starken Klüftung und den lokal gegebenen alten Bewegungsflächen treten an der freien Oberfläche Kluftkörper von Kopf- bis Zimmergröße auf, welche wesentliche Ursache einiger Problemstellungen sind.

— In nächster Folge sind am Aufbau des Hügels geschieferte Sandstein-Mergel-Serien mit einem Horizont von Konglomeraten und Brekzien beteiligt. Diese liegen unter dem Kalkmassiv; sie unterliegen einer deutlich rascheren Verwitterung, wodurch Unterschneidungen entstehen, in deren Folge Stabilitätsprobleme der aufliegenden Kalkmassen auftreten.

— Schließlich sind Überlagerungsmaterialien wie Verwitterungsprodukte, Schutt aus antiker und historischer Zeit von nur lokaler Bedeutung; sie bilden einen Überlagerungsmantel und kommen für Stabilitätsbetrachtungen kaum in Frage.

Die Vorgänge am Hügel sind einfach zusammenfaßbar:

So wie unsere Gebirgsstöcke in geologischen Zeiten vom Schuttmantel ihrer Verwitterungsprodukte umhüllt und kleiner werden, unterliegt auch der Akropolishügel diesem Prozeß. Vor wenigen Jahren noch durfte man seine neugierigen Schritte in jedes und auf jedes der Bauwerke der Akropolis setzen; die Besucherzahlen hielten sich in Grenzen. Heute hingegen ergießen sich Ströme reisebesessener Touristen auf die Akropolis; Absperrungen versuchen diesen Ansturm in Grenzen zu halten. Dazu kommt die enorme Zuwachsrate von Athen, die erhöhte Abgasproduktion und wahrscheinlich auch Einflüsse durch die Nähe des Meeres. Die Veränderungen des für Europas Werdegang so bedeutsamen Hügels haben eine Phase erreicht, die um die Erhaltung seines Bestandes fürchten läßt.

Die Problemstellung ist eine zweifache:

Wie saniert man den angewitterten Hügel unter Einhaltung der aufgezeigten archäologischen Gesichtspunkte und wie vermeidet man unter eben denselben Aspekten einen weiteren Verwitterungsangriff? Der Weg zu einer Antwort führt über die Analyse seines Zustandes, welcher im folgenden zu schildern ist.

Ursache und Analyse der Schäden

Von der Dringlichkeit her ist an erster Stelle der vom Felsmassiv durch Klüftung weitgehend abgetrennte Felsblock zu reihen, der durch fortschreitenden Verwitterungseinfluß seine Einspannung im Gebirgsverband verliert, dessen Lagerungsflächen und damit die Kluftreibung sich verringern; er nähert sich stetig dem kritischen Augenblick, wo er der Schwerkraft folgend abgleitet, abstürzt oder seine Lage durch Kippen verändert. Ähnliche Folgeerscheinungen sind dadurch gegeben, indem kleinere Verwitterungsprodukte, wie Steinchen, kleine Felskörper in offene Klüfte dringen und begünstigt durch die geringen Kluftbewegungen der jahreszeitlichen und täglichen Temperaturschwankungen der Schwerkraft folgend, wie Keile tiefer dringen und auf diesem Wege zur Ablösung des Kluftkörpers führen (siehe Abb. 3 und 4).

An zweiter Stelle ist der Einfluß unterschiedlicher Verwitterung zu reihen, indem die unter dem Kalkmassiv austretenden Brekzien und geschieferten Serien schneller der Verwitterung und Erosion erliegen. Dadurch kommt es zu fortschreitenden Unterschneidungen von Felspartien, welche im Laufe

Abb. 3　　　　　　　　　　　　　　　　Abb. 4

Abb. 3. Situation über Höhle Aglavrou
Situation above cavity Aglavrou

Abb. 4. Detail aus Abb. 3: Keilsteinwirkung an etwa 2 m hohem Kalkblock
Detail from Fig. 3: effect of wedging at appr. 2 m high limestone

Abb. 5. Südseite: Unterschneidungen durch verwitternde Brekzie
Southern side: undermining due to weathering breccia

der Zeit die Stabilitätsbedingungen der ihnen aufliegenden Felsmassen verändern (vgl. Abb. 5). Dies gilt auch für Gründungsbereiche der Umfassungsmauern.

Die dritte Einflußkomponente bildet die Erosion des Wassers in Bereichen, wo die gesammelten Oberflächenwässer der Akropolis ablaufen.
Vielfach nimmt das Wasser den Weg durch Klüfte, welche zusätzlich einem

Abb. 6. Erosionsrinne auf Nordostseite

Erosive slit on northeast side

Verwitterungsangriff, der Einwirkung von Keilsteinchen, dem Eindringen
von Vegetation zugänglich gemacht werden (vgl. Abb. 6). Dies gilt auch für
bestimmte Stellen der Umfassungsmauern und ist dort oft maßgebliche
Schadensursache.

Von besonderer Bedeutung im Hinblick auf die daraus resultierende
Dringlichkeit sind die auf der Nordseite gegebenen Karsthöhlen. Diese Höhlen von ebenfalls historischer Bedeutung entstanden durch Ausweitung von
Bankungsfugen und Klüften und bilden gegen die Felsabhänge hin teilweise
riesige, vom Massiv bereits abgelöste Felsmassen, deren Stabilitätsverhältnisse
einer ganz genauen Überprüfung zu unterziehen sind. Besonders an einer
Stelle (Bereich der Höhle Aglavrou) sind dadurch ganze Einheiten von Kluftkörpern erfaßt, welche durch den fortschreitenden Verwitterungseinfluß insgesamt einem Felssturz entgegengehen. — Daß es auch schon in früheren

21*

324   E. Hackl und M. Arwanitakis:

Zeiten zu derartigen Ereignissen gekommen ist, zeugen die vielen um den
Hügel liegenden Felsblöcke (Abb. 7 zeigt eine Karsthöhle auf der Ostseite).

An vierter Stelle ist der Einfluß der Vegetation aufzuzeigen, welche in
den Abhängen der Akropolis zweierlei bewirkt:

Als Schadensursache mit dem Eindringen von Wurzeln in Klüften von
Fels und Mauerwerk, wodurch über Wurzeldruck eine sprengende und damit auflösungsunterstützende Wirkung analog der Keilwirkung von Stein-

Abb. 7. Karsthöhle auf Ostseite
Cavity of chalky formation on east side

chen entsteht und indem weiter organische Stoffe mit zersetzender Wirkung
Eingang finden (vgl. Abb. 8). Andererseits bildet der Vegetationsmantel einen
Schutz gegen die erodierende Wirkung des Wassers und gegen die natürli-
chen Verwitterungsangriffe. — Es muß damit örtlich festgestellt werden,
welche dieser sich entgegenstehenden Wirkungen sich positiver auswirkt. —
Generell ist feststellbar, daß eine Vegetation im anstehenden Fels durch eine
Aufkeilung meist negative, im flacheren aber den empfindlicheren Böden vor-
wiegend positive Funktionen erfüllt.

Schließlich sind als letzter und fünfter Fall die Umfassungsmauern zu
betrachten:

Durch Verwendung technologisch ungleichartiger Mauerungselemente,
z. B. durch schneller verwitternde Steine, treten Schwächestellen im Gefüge
auf. Weiters sind manche Elemente überbeansprucht, sie scheren ab und

bilden zusätzliche Angriffsflächen für Verwitterung und Erosion. Statische
Überbeanspruchung von Mauerbereichen durch hohe Hinterfüllungen oder
Auflasten führen zu Absetzbewegungen, in deren Folge das Mauergefüge

Abb. 8. Wurzeldruckwirkung von Agaven (Nordostseite)
Root pressure effect of Agaves (northeast side)

geöffnet und teilweise die Mauerelemente abgeschert werden. Weiters gibt
es auch ungenügende Restaurierung derartiger Stellen mit qualitativ minder-
wertigen Materialien. Schließlich führt Überbeanspruchung des Gründungs-
bereiches zu Setzungen desselben und in der Folge zu bereits aufgezeigten
Schäden im Mauerwerk; aber auch eine raschere Verwitterung des Aufstands-
bereiches führt zu deren Setzung mit den bekannten Folgen (vgl. Abb. 9).
Zusammenfassend kann der Zustand des Hügels und können seine
Schäden und deren Ursachen wie folgt festgehalten werden:

— Der Hügel hat einen Verwitterungsgrad erreicht, welcher für einige
  markante Stellen eine Erhaltung des Bestandes nur mehr durch umgehende Sanierungsmaßnahmen möglich erscheinen läßt.

— Die Art der gegebenen Schäden, wie auch jene, welche für die nächste
  Zukunft zu erwarten sind, liegt grundsätzlich in den Folgeerscheinungen von Verwitterungsangriffen und Erosion, welche den Bestand vermindern bzw. auflösen.

— Diese Folgeerscheinungen nehmen entweder direkten Einfluß auf die
  Stabilität gewisser Bereiche, indem damit Abgleitungen und Abstürze
  ausgelöst werden, oder sie sind ohne Stabilitätsfolgen und dem allgemeinen Auflösungsprozeß zuzuzählen.

— Diese Folgen des Verwitterungseinflusses gelten für die Abhänge des
  Hügels in allen seinen unterschiedlichen geologischen Zonen, aber auch
  für die Mauern mit ihren Gründungsbereichen und ihren unterschiedlichen Bauelementen.

— Schließlich ist der zeitliche Einfluß der aufgezeigten Vorgänge zu differenzieren: wenige Bereiche bedürfen umgehender Maßnahmen, wenn
der derzeitige Bestand erhalten werden soll; weite Bereiche hingegen

Abb. 9. Nordwestpfeiler: Zerstörungen an der Umfassungsmauer
Northwest pillar: destructions on enclosure wall

sind dem nicht die Stabilität beeinflussenden Verwitterungsprozeß zu-
zuordnen, womit Zeit für schrittweise durchzuführende, wohlüberlegte
Maßnahmen bleibt.

Sanierungsmöglichkeiten

Eine Orientierung von Sanierungsmöglichkeiten hat an den typischen
Schadensfällen zu erfolgen. Grundsätzlich sind folgende Maßnahmen zu
setzen:

— Verhinderung der weiteren Loslösung von in sich kompakten Bereichen;
— Verhinderung des fortschreitenden Verwitterungseinflusses im Kluft-
gefüge wie an leicht zerlegbaren Oberflächen;
— Schutz gegen die erodierende Wirkung des Wassers;
— Verhinderung zerstörender Einflüsse von Vegetation bzw. organischen
Stoffen;
— Sanierung der bestehenden baulichen Schäden am Mauerwerk.

Alle für eine Sanierung in Frage kommenden Mittel müssen nicht nur der aufgezeigten Zielsetzung dienen, sondern sie müssen auch der Forderung der Auftraggeber entsprechen, indem

— der derzeit gegebene Bestand für ewige Zeiten zu erhalten ist und indem
— durch die zu treffenden Maßnahmen keine optisch erkennbare Beeinträchtigung gegeben sein darf.

Es ist verständlich, daß darin und nur in diesen beiden Forderungen die eigentliche Schwierigkeit der gestellten Aufgabe liegt. Es ist nach unserer Auffassung unvermeidbar, daß — wenn diese beiden Bedingungen konsequent eingehalten werden sollen — die Entwicklung und Anwendung neuer Technologien erforderlich ist. Es ist jedoch durchaus denkbar und akzeptabel, bisher gebräuchliche Maßnahmen zu wählen, wenn diese ohne Veränderung des Bestandes wieder entfernt werden können, um später neueren Technologien Platz zu machen. Damit könnten zumindest akute Probleme auf orthodoxe Weise saniert werden.

Ablösungsgefährdete Kluftkörper können bekanntlich durch Verankerung mit ihrem Ursprungsverband gesichert werden. Voraussetzung ist, daß sowohl der zu sichernde Kluftkörper als auch sein Ursprungsverband ausreichende Haft- und Übertragungsstrecken für die durch den Anker übernommenen Kräfte aufweisen. — Dadurch beschränkt sich diese Möglichkeit auf gewisse Mindestgrößen der Kluftkörper, welche z. B. einer auch noch so sorgfältigen und schonenden Bohrung als kompakte in ihrer Lage verbleibende Körper standhalten müssen.

Nachdem Ankerknöpfe an den Felsoberflächen aus erwähnten Gründen zumindest als Dauermaßnahme zu vermeiden sind, bietet sich eine auf volle Länge haftend wirkende Ankertype an, welche voll in das Bohrloch eingeführt wird; der Bohrlochmund könnte durch Verwendung von eigenen Bohrkernen sorgfältig wieder verschlossen werden. Als Haftmaterial müßten geprüfte und dafür abgestimmte Mörtel auf Zement- oder Kunststoffbasis Verwendung finden. Das Ankermaterial selbst muß dauerbeständig sein. Im Sinne der gestellten Bedingungen erscheint sogar hochwertiger Stahl mit aufwendigem Korrosionsschutz vorerst noch in Frage gestellt. Neue Materialien werden zu untersuchen sein.

Als Lösung für dringliche Fälle erscheint die Verwendung hochwertiger, rostsicherer Ankerstähle denkbar, welche — um wieder entfernt werden zu können — als Freispielanker versetzt werden. Als Haftstrecke könnte, falls ein Expansionskopf für die übertragenden Kräfte nicht ausreicht, eine später nochmal aufzubohrende Mörtelstrecke angewandt werden.

Schwierig ist die Sicherung kleiner Kluftkörper, welche durch Umfang und Lage ein Bohren nicht ermöglichen. Ihre Sicherung muß den folgend beschriebenen Sanierungsmöglichkeiten zugeordnet werden: Die Ablösungsgefahr von Kluftkörpern, wie auch die fortschreitende Verwitterung und Erosion im Kluftgefüge kann vermieden werden, indem diese zumindest in ihrem tiefsten Bereich verschlossen bzw. versiegelt werden (vgl. Abb. 10). Mit einer Versiegelung bei flächenhafter Anwendung wäre aber auch ein großräumiger Verwitterungsschutz erzielbar. Spritzbeton bietet sich derzeit

als naturgemäß verwandtestes Material zum Fels an; aber auch Kunststoffe
wären denkbar, wobei hierzu allerdings ungenügende Erfahrungen vorliegen.
Mit einer derartigen Sanierungsmaßnahme wären auch kleinstückiges Gefüge
bzw. kleine Kluftkörper zu erhalten. Der Nachteil dieser Maßnahme ist jedoch offenkundig: Sie ist optisch bei flächenhafter Anwendung bedenklich
und schon gar nicht wieder ohne weitere Folgen entfernbar. Als provisorische
und zeitlich beschränkte Maßnahme für großflächige Sicherung gegen sich
ablösende Felskörper kleineren Ausmaßes ist die Anwendung von verspann-

Abb. 10. Sanierungsarbeiten: verschlossene Kluft (Nordostseite)
Rehabilitation works: closed gap (northeast side)

ten Stahlnetzen möglich, welche wiederum ohne bleibende Folgen entfernt
werden können (vgl. Abb. 11 und 12). Als grundsätzliche Alternative soll das
Abräumen loser und in Ablösung begriffener Felsstücke und Materialien, in
vielleicht historisch nicht so bedeutenden Bereichen nicht unerwähnt bleiben,
wenngleich nach den erwähnten Prämissen dies vorerst nicht denkbar
erscheint.

Die erodierende Wirkung des Wassers kann durch Anlage geordneter
Ableitungen beherrscht werden: es ist für ein weitgehendes Sammeln der
Oberflächenwässer auf der Akropolis zu sorgen, welche dann in vorbereiteten
Gerinnen abgeführt werden; durch Versiegelung der Gerinne kann ein un-
kontrolliertes Versickern weitgehend vermieden werden. Gegen den ungün-
stigen Vegetationseinfluß, welcher hauptsächlich in Form durch Wurzel-

druckbildung in Klüften gegeben ist, bietet sich die Entfernung der betreffenden Sträucher und Bäume an.

Besonderer Bedeutung in der Auslegung von langfristigen Sanierungsmaßnahmen kommt der messenden Beobachtung zu, indem damit grundsätz-

Abb. 11. Sanierungsarbeiten: Sicherung durch Stahlseile
Rehabilitation works: securing by steel ropes

Abb. 12. Sanierungsarbeiten: Sicherung durch Stahlnetz
Rehabilitation works: securing by steel mesh

liche Beurteilungsgrundlagen geschaffen werden, inwieweit dafür in Betracht kommende Bereiche sich in kriechender, kippender oder sonstiger Bewegungstendenz befinden. Eine Auswertung dieser Ergebnisse läßt Schlüsse über das Stabilitätsverhalten bzw. darüber zu, ob und wann der betrachtete Bereich in eine allfällige Ablösungsphase eintritt. — Damit sollte insbesonders in jenen Bereichen, in welchen keine akuten Ablösungstendenzen erkennbar sind, vor der Inangriffnahme aufwendiger Sanierungsmaßnahmen deren Notwendigkeit, aber auch deren Art und Umfang eingegrenzt werden. Zu berücksichtigen ist allerdings, daß eine Reihe von Kluftkörpern ihre Ablösung nicht oder nur kurzfristig durch zeitlich erfaßbare Meßkontrollen ankündigen würden, so daß in vielen Fällen vorbeugende Maßnahmen vorzuziehen sind.

Die in Frage kommenden Messungen beschränken sich vorwiegend auf Deformationskontrollen mittels Extensometer, aber auch geodätische Kontrollen hohen Genauigkeitsgrades sowie eine Reihe spezieller Meßkombinationen werden erforderlich sein.

Die Schäden an der Umfassungsmauer wären nach gleichen Grundsätzen zu sanieren, wie sie bei antiken Bauwerken in Anwendung sind. Ziel ist die Verhinderung der weiteren Erosions- und Verwitterungsvorgänge an einzel-

Abb. 13. Sanierungsarbeiten: Unterfangung durch Betonpfeiler
Rehabilitation works: underpinning by concrete pillar

nen Mauerelementen und im Gründungsbereich. Hiefür bieten sich dieselben Versiegelungsmaßnahmen wie zuvor für den Fels beschrieben an, wenngleich aus optischen Gründen ein spezieller Mörtel vorzuziehen sein wird. (Beim Erechteon wurden bereits analoge Versuche unternommen.)

Schließlich bleibt noch eine Sanierungsmaßnahme zu erwähnen, welche in der Herstellung von Unterstützungen und Unterfangungen besteht und wodurch die durch Abwitterung verlorengegangene Stützung überhängender Bereiche ersetzt werden soll (vgl. Abb. 13). — Diese Sanierungsmaßnahme ist optisch kaum zu verdecken, kann aber durch besondere Wahl der Oberfläche akzeptabel ausgeführt werden. Beispiele mit rauher Schalung für Beton oder durch Vorsetzen von Natursteinen (wie am Areopag bereits ausgeführt) sind hiefür denkbar. (Die hohen Mauern im Norden sind allerdings kein positives Beispiel, da sie einen unnatürlichen im Gegensatz zu den antiken Bauwerken tretenden Eindruck nicht vermeiden lassen.) Diese künstlichen Stützelemente könnten im Bedarfsfalle bewehrt und auch durch Vorspannanker an ausgesetzten Stellen wertvolle Funktionen in der Sanierung übernehmen.

Weitere Vorgangsweise

Aus der Fülle dieser Probleme empfiehlt sich schließlich folgende weitere Vorgangsweise:

— Sofortige Inangriffnahme der akuten Sanierungsfälle, insbesonders am Nordostpfeiler, wo eine ständige Bedrohung durch Felsstürze in den besiedelten Bereich von Anafiotika gegeben ist; diese provisorischen Sicherungsarbeiten wurden unter Leitung von Kollegen Arwanitakis schon seinerzeit aufgenommen, jedoch nicht in unserem Sinne weitergeführt.

— Eine umgehende Abklärung grundsätzlicher Richtlinien für die Sanierung unter Einbeziehung der davon betroffenen Fachgebiete wie

    Geologie — Hydrologie,

    Seismik,

    Chemie, insbesonders Bauchemie,

    Archäologie und Restaurierungswesen.

— Eine umgehende Detailbearbeitung für die Durchführung der dringlichen Sanierungsfälle, wobei wieder entfernbare bzw. austauschbare Provisorien denkbar wären.

— Weiters die Erstellung und Installierung eines umfassenden Beobachtungs- und Kontrollprogrammes.

— Die Detailaufnahme langfristig einzustufender Problembereiche mit einer allfälligen Erweiterung der geologisch-hydrologischen Erkundungen.

— Schließlich die Entwicklung und Prüfung neuer Sanierungsmethoden und Materialien.

Letztendlich bleibt zu wünschen, daß die mit der Erhaltung dieses Kulturdenkmales befaßten Behörden und Institutionen sich diesen Empfehlungen auch anschließen mögen, womit dieses Kulturdenkmal der Gegenwart, aber auch der Zukunft, erhalten werden soll.

Literatur

Andronopoulos, B., Koukis, G.: Engineering Geology Study in the Acropolis Area — Athens. Institute of Geological and Mining Research, Engineering Geology Investigations, No. 1, Athens, Messoghion 70, 1976.

Anschrift der Verfasser: Dipl.-Ing. Erich Hackl, Ingenieurkonsulent für Bauwesen und Dipl.-Ing. Dr. mont. Michael Arwanitakis, Geoconsult, Sterneckstraße 55, A-5020 Salzburg, Österreich.

Rock Mechanics, Suppl. 8, 333—348 (1979)

Rock Mechanics
Felsmechanik
Mécanique des Roches
© by Springer-Verlag 1979

Tunnelbau und Talzuschub

Von

G. Spaun

Mit 13 Abbildungen

Zusammenfassung — Summary

Tunnelbau und Talzuschub. Unter Talzuschub versteht man noch anhaltende großräumige Bewegungen von Felsmassen, die besonders in jungen Faltengebirgen mit großen Reliefunterschieden auftreten. Das Vorliegen von solchen Bewegungsmassen kann durch besondere Geländeformen erkennbar sein.

Der Bau von Tunneln in Talzuschubmassen verursacht große Schwierigkeiten, und zwar sowohl beim Ausbruch als auch bei der Sicherung. Charakteristische Deformationserscheinungen der Tunnelsicherung sind ein Indiz für das Vorliegen von Talzuschub. Die Belastungen der Sicherung und der endgültigen Auskleidung können sehr unterschiedlich und auch sehr groß sein und unter Umständen die Lebensdauer des Bauwerkes verkürzen.

Besondere Voruntersuchungen geologischer und meßtechnischer Art ermöglichen den Nachweis, ob Talzuschub vorliegt oder nicht.

Tunnelling and Talzuschub. The term "Talzuschub" is used for still active widespread movements of rock-masses, which occur especially in young folded mountain ranges. The existence of such moving rock-masses can be recognizable by special figures of the surface.

Tunnelling in such "Talzuschub" masses usually is very difficult, not only excavation but also supporting. Typical deformation phenomena can indicate the existence of a "Talzuschub". The loads acting to support and final lining can be very different and very high. Under special circumstances they can reduce the durability of the construction.

Specific preliminary investigations with geological methods and measurements can give evidence about the existence of a "Talzuschub".

1. Einleitung

Der Begriff „Talzuschub" wurde 1941 von J. Stini [1] geprägt. Er verstand darunter ausgedehnte Felsbewegungen in Hängen, die durch den einschneidenden Tiefenschurf des Wassers oder des Eises ausgelöst und durch ihn vielfach auch in Gang gehalten werden. Er erkannte den Zusammenhang von mächtigen, zu Tal drängenden Felsmassen mit den von O. Ampferer [2] beschriebenen Bergzerreißungen, welche vornehmlich in den Kammregionen auftreten.

0080-3375/79/Suppl. 8/0333/$ 03.20

Generell herrscht in jedem Hang die Tendenz, langfristig abwärts zu drängen und damit Reliefunterschiede auszugleichen, d. h. Täler zu schließen. Aber nur, wenn die Gebirgsfestigkeit nicht groß genug ist, um die sich beim Einschneiden der Täler in den Felshängen entwickelnden Spannungen aufzunehmen, oder wenn Gefügerichtungen ein Abgleiten begünstigen, kommt es zu größeren Bewegungen von Felsmassen. Dabei spielt die Eigenschaft vor allem wenig fester Felsmassen, sich zeitabhängig zu verformen, eine wesentliche Rolle.

Besonders E. C l a r [4] hat darauf hingewiesen, daß sich das Gestein in Talzuschubmassen im großen betrachtet plastisch verformt, so daß man von einem Kriechen oder Fließen der Talzuschubmassen sprechen kann. Betrachtet man allerdings in einem kleineren Maßstab Teile eines Talzuschubes, so wird offenkundig, daß sich dieses Fließen oder Kriechen aus einer großen

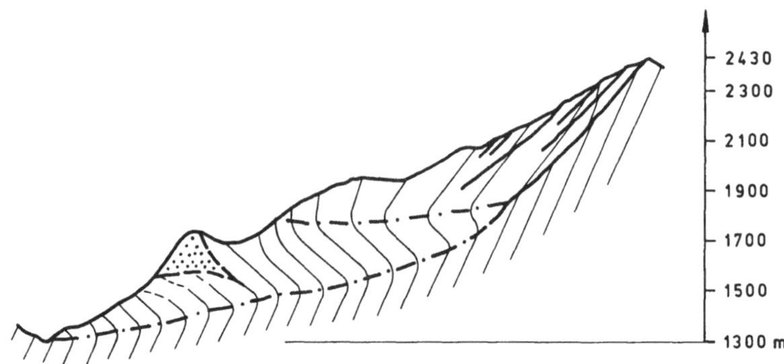

Abb. 1. Schnitt durch die Hangbewegung Glunzerberg bei Matrei, Osttirol
(nach Z i s c h i n s k y [3])

Section through the moving slope Glunzerberg near Matrei, Osttirol (after Z i s c h i n s k y [3])

Zahl diskontinuierlicher Verschiebungen und Neubrüche im Gestein zusammensetzt und nicht mehr eine kontinuierlich erscheinende Verformung darstellt. Wesentlich erscheint E. C l a r auch, daß bei vielen Talzuschüben, vor allem in ihrem unteren Bereich, keine zusammenhängende Gleitfläche, wie sie für Rutschungen charakteristisch ist, festzustellen ist, sondern die bewegte Masse scheint durch einen allmählichen Übergang mit dem unverlagerten Untergrund verbunden.

Neben Rutschungsbewegungen kann es auch großräumig zu einem mehr als 100 m tief reichenden, talwärts gerichteten Umbiegen von ursprünglich bergwärts einfallenden Schichtpaketen kommen, wie es von E. C l a r z. B. aus dem Magnesitbergwerk Radenthein beschrieben worden ist.

Talzuschübe treten besonders häufig in vergletscherten Tälern von jungen Faltengebirgen, aber auch in nicht vergletscherten Gebirgen mit großen Erosionsleistungen des fließenden Wassers und entsprechend großen Reliefunterschieden auf. Sie werden sicher begünstigt durch noch anhaltende Hebungsvorgänge und umfassen oft mehrere Kilometer der Talflanken und reichen viele hundert, manchmal sogar tausend Meter in den Hängen empor. Wesentlich ist, und das erlaubt eine Unterscheidung zu den Bergstürzen, daß Talzuschübe im allgemeinen langsam vor sich gehen und vielfach auch noch

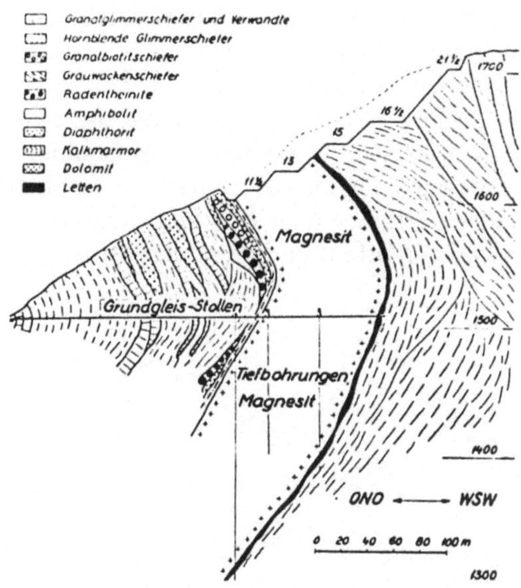

Abb. 2. Geologisches Querprofil durch den Magnesitbergbau Radenthein, Kärnten. Talwärtskippen der Schichten infolge einer gravitativen Fließverformung des sich auflockernden Felskörpers (aus E. Clar [5])

Geological cross-section through the Magnesitmine Radenthein, Carinthia. Downwards tilting of strata because of gravitatic flowing deformation of the loosening rockmass (from E. Clar [5])

andauern. Dieses Andauern der Bewegungen wird durch verschiedene Faktoren beeinflußt. So z. B.:

— durch die anhaltende Erosion im Bereich der Hangfüße;

— durch die Tendenz vor allem weicher Gesteine, sich langfristig kriechend zu verformen;

— durch die Mitwirkung des Wassers, sei es durch eine Verschlechterung der Gebirgseigenschaften oder durch den Einfluß des Porenwasserdruckes;

— durch Erdbeben;

— u. U. auch durch Hebungen und Verstellungen unserer Erdkruste als Folge noch anhaltender Gebirgsbildungsvorgänge.

Die Geschwindigkeit der sich bewegenden Felsmassen ist im allgemeinen sowohl in vertikaler als auch in horizontaler Richtung stark unterschiedlich. Auch können Zeiten relativer Ruhe mit Zeiten größerer Bewegung abwechseln. Daraus ergibt sich aber, daß auch die Spannungen in einer Talzuschubmasse in Größe und Richtung ständig wechseln können.

2. Die Erkennung von Talzuschüben

2.1 Geländeformen

In Gebieten, in denen die Abrißnischen sich weit über der Waldgrenze befinden und noch Bewegung zeigen, ist die Feststellung von Talzuschüben im allgemeinen eindeutig und einfach, auch wenn im unteren Hangbereich keine sichtbaren Anzeichen vorhanden sind. Liegen Talzuschübe jedoch in bewaldeten Hängen, so bereitet ihre Erkennung oft erhebliche Schwierigkeiten oder kann ohne umfassende künstliche Aufschlüsse sogar unmöglich sein. So sind wir also gezwungen, die typischen Erscheinungsformen von Talzuschüben dort zu studieren, wo sie deutlich sichtbar sind, und mit dieser Erfahrung dann die weniger offenkundigen aufzuspüren.

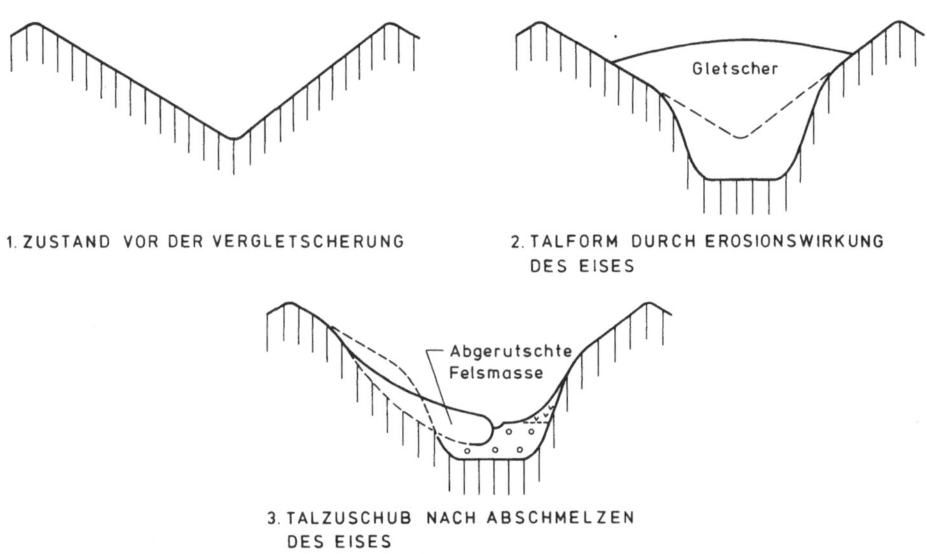

Abb. 3. Entwicklung eines Talzuschubes in einem glazial geformten Tal (schematisch)
Development of a "Talzuschub" in a glacial formed valley (schematical)

Es gibt eine ganze Reihe von charakteristischen Geländeformen, die wesentlich bessere und eindeutigere Hinweise für das Vorliegen von Talzuschubmassen geben als Gesteinsuntersuchungen und Aufschlußbohrungen.

Im allgemeinen liegen die muschelförmigen Abrißmulden hoch oben in den Talhängen, manchmal sogar in den Graten oder jenseits davon. An sie schließt sich hangabwärts oft eine Verflachung an, wie auf Abb. 1 zu sehen ist.

Daran anschließend zeigt sich in vielen Fällen das charakteristische Ausbauchen der unteren Hälfte der Talzuschubmassen, das eine sehr charakteristische asymmetrische Talform verursachen kann.

Die Stirn von Talzuschubmassen wird häufig durch die Erosionstätigkeit des fließenden Wassers noch versteilt, gelegentlich tauchen aber auch die

Talzuschubmassen unter die jungen Talfüllungen unter oder stützen sich sogar gegen Talzuschübe des gegenüberliegenden Hanges ab.

Ein weiteres Charakteristikum sind unruhige Geländeformen der Hänge, die sich oft deutlich von den durch normale Verwitterungsvorgänge erzeugten Formen unterscheiden.

Das Entwässerungsnetz an der Oberfläche ist meist weniger regelmäßig als in benachbarten, nicht verrutschten Hängen ausgebildet. Es kann von einer Vielzahl von kleineren, seichten Rutschungen immer wieder verändert werden.

In kleinen Senken können Tümpel oder versumpfte Flächen auftreten. Vereinzelte Quellen weisen oft eine sehr unregelmäßige Schüttung und Temperatur auf.

2.2 Gesteinsverhältnisse

Talzuschübe können in fast allen Gesteinsarten auftreten, allerdings zeigt sich eine Häufung in Gebieten, welche aus kristallinen Schiefern oder geschichteten Sedimentgesteinen aufgebaut sind. Lokale Schwächezonen wie besonders ton- und glimmerreiche Lagen oder Störungen begünstigen ihre Entstehung. Da die Bewegungen häufig unter einer weitgehenden Beibehaltung des ursprünglichen Schichtverbandes erfolgen, ist die Abgrenzung von Talzuschüben allein aufgrund der Gesteinsverhältnisse oft nicht oder nur sehr begrenzt möglich.

In verwitterungsempfindlichen Gesteinen kann durch die intensive Zerbrechung und Auflockerung ein deutlich rascheres Fortschreiten der Verwitterung auftreten, was eine weitere, oft sehr starke Schwächung der Gebirgsfestigkeit zur Folge hat.

Manchmal werden durch abgleitende Felsmassen Moränen oder andere Talfüllungen überschoben; so wurde z. B. beim Bau des Druckschachtes für das Lünerseewerk in Vorarlberg unter abgeglittenen kristallinen Schiefern eine Moräne angefahren, worüber K. Mignon 1962 [6] berichtet hat.

2.3 Gefügeverhältnisse

Da es sehr unterschiedlich große Bewegungsausmaße und auch Geschwindigkeiten innerhalb von Talzuschubmassen gibt, ist auch die Beeinflussung des ursprünglich vorhandenen Gefüges sehr unterschiedlich. Man kennt Talzuschübe, die unter weitgehender Wahrung des ursprünglichen Schicht- und Kluftverbandes vor sich gegangen sind, wobei sich manchmal nur eine Auflockerung entlang der ursprünglich vorhandenen Trennflächen erkennen läßt. In Abhängigkeit von dem Ausmaß und der Art der Bewegungen und der Festigkeit der sich bewegenden Gesteinsschichten treten zusätzlich zu den schon ursprünglich vorhandenen Trennflächensystemen neue Brüche bei festeren Gesteinen und plastische Verformungen bei weicheren Gesteinen auf.

Da auch innerhalb von Talzuschubmassen sehr unterschiedlich feste Gesteine vorhanden sein können, kann es als Folge der oft viele hundert

Meter betragenden, talwärts gerichteten Bewegungen zu einer mehr oder
weniger intensiven Verfaltung, insbesondere der weicheren Schichten, kom-

Abb. 4. Gefügeauflockerung und Entstehung von Neubrüchen an der Stirn eines Talzuschubes
Opening of joints and development of new ruptures in the toe of a "Talzuschub"

men, die sich manchmal in ihren Streich- und Fallrichtungen deutlich von
den regionalen, tektonisch vorgezeichneten Richtungen unterscheiden.

2.4 Wasserverhältnisse

Bedingt durch die starke Auflockerung entlang des ursprünglich vorhandenen oder neu gebildeten Gefüges sind Talzuschubmassen häufig stark
wasserdurchlässig. Eine Vielzahl von kleineren Wasseraustritten und wieder
versiegenden Wasserläufen ist die Folge. Aber auch große Wassermengen
können in den ausgedehnten Spalten und Klüften von Talzuschüben ge-
speichert sein.

Bei Tunnelvortrieben in Talzuschubmassen ist deshalb die Vorhersage
von Zonen größeren oder kleineren Wasserzudranges nur sehr selten mit
befriedigender Genauigkeit möglich.

2.5 Aufschlußbohrungen

Im allgemeinen läßt sich aus Aufschlußbohrungen nicht mit Sicherheit
erkennen, ob eine Talzuschubmasse vorliegt oder nicht. Ausgenommen sind
solche Bohrungen, in denen nach einigen Meterzehnern Fels fluviatile oder
glaziale Ablagerungen angetroffen werden.

Wenn jedoch beim Abteufen von Erkundungsbohrungen in Festgestein ungewöhnlich große Kernverluste, z. B. in der Größenordnung von 20 und mehr Prozent, auftreten, oder wenn in einem Gebirge, das sich üblicherweise in Bohrlöchern standfest verhält, ständig eine Verrohrung notwendig ist, so kann dies ein erster Hinweis auf das Vorliegen von abgerutschten oder sich noch bewegenden Felsmassen sein. Auch unterschiedlich große Wasserverluste oder das Auftreten von artesischem Wasser deutet u. U. auf Talzuschübe hin.

2.6 Bewegungsmessungen

Leider liegen nur sehr selten langjährige geodätische Beobachtungen von abgerutschten Felsmassen vor. Dabei können nur sie allein ein wirklich zufriedenstellendes Bild über die noch anhaltenden Bewegungen geben, wie z. B. die Beobachtungen von Hangbewegungen im Speicherraum des Gepatsch-Speichers in Tirol gezeigt haben [7].

Verschiedene Hinweise und Beobachtungen im Gelände sind aber mindestens ebenso hoch zu werten wie Messungen. Dies sind z. B. das Schiefstellen oder das Auseinanderreißen von Bauwerken oder das Auftreten von offenen, frischen Spalten im Gelände. Auch wenn solche Beobachtungen keine exakte Aussage in Millimetern oder Metern über die aufgetretenen Verformungen erlauben, so sind sie doch im allgemeinen ein unumstößlicher Beweis für das Vorhandensein von Bewegungen, allerdings erlauben sie noch keine Aussage darüber, wie tief die Bewegungen reichen oder wie groß sie sind. Die Tiefenerstreckung der bewegten Felsmassen läßt sich nur mit Meßgeräten, welche in Bohrlöchern, Schächten oder Stollen installiert werden, messen. Dabei ist zu berücksichtigen, daß nur langjährige Meßreihen eine befriedigende Aussage über eventuell stattfindende Bewegungen erlauben.

Wir wissen heute, daß in verschiedenen Teilen der Alpen noch Hebungsvorgänge andauern. So wurden z. B. im Bereich des Hattelberg-Stollens in Kärnten in einem Jahr Hebungen bis zu 8 mm gemessen [8]. Die Karte der rezenten Erdkrustenbewegungen Osteuropas [9] gibt für die Zentralzone des Kaukasus jährliche Hebungen von 12 bis 14 mm und für Teile der Karawanken solche von 8 bis 10 mm an. Es ist sehr wahrscheinlich, daß derartige Hebungen nicht ganz gleichmäßig erfolgen und daß es insbesondere in jungen Faltengebirgen Zonen mit unterschiedlicher Hebungsintensität gibt, wobei es auch zur Schiefstellung einzelner Bereiche kommen kann, was die Entwicklung und Fortdauer von großräumigen Felsbewegungen begünstigen kann. Dies gilt sicher auch für die Alpen, wenn auch hier bis jetzt nur relativ wenige Meßergebnisse vorliegen [10].

Manchmal können aber auch Beobachtungen im Gelände, wie z. B. Bruchstrukturen in postglazialen Schottern oder Verstellungen von glazial angelegten Talsohlen, ein eindeutiges Indiz dafür sein, daß in nicht zu ferner Vergangenheit noch tektonische Aktivitäten stattgefunden haben. Es sei in diesem Zusammenhang darauf verwiesen, daß durch das schwere Erdbeben in Friaul im Jahre 1976 über 500 Felsstürze und Felsrutschungen ausgelöst worden sind. Man muß also davon ausgehen, daß jedes größere Erdbeben unter Umständen die Stabilität von Talzuschubmassen beeinflussen kann.

3. Der Einfluß von Talzuschüben auf fertige Tunnel

Ein wohl klassisches Beispiel für den Einfluß noch anhaltender Bewegungen von Talzuschubmassen auf fertige Tunnel ist die nördliche Eingangsstrecke des Mont-Cenis- oder Frejus-Tunnels, des ersten Eisenbahntunnels durch den Alpenhauptkamm.

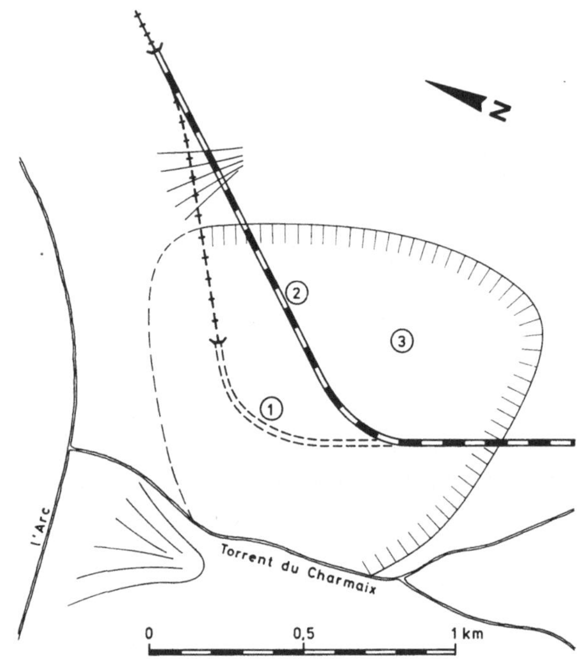

Abb. 5. Lageskizze des Nordportals des Eisenbahntunnels Fréjus, Frankreich
Plan-sketch of the North portal of the Fréjus-railway-tunnel, France

Dieser ca. 12 km lange Tunnel wurde 1871 fertiggestellt, aber schon wenige Jahre später war man gezwungen, einen ca. 1,5 km langen Umgehungstunnel anzulegen, weil die Eingangsstrecke des Tunnels infolge der übergroßen Druckerscheinungen, verursacht durch einen offensichtlich noch anhaltenden Talzuschub, nicht offengehalten werden konnte. Das aufgelassene Portal des alten Tunnels sollte ein Mahnmal für alle Geologen und Ingenieure sein, die die Gefahren des Talzuschubes für Tunnelbauten nicht oder zu wenig beachten.

4. Auswirkungen von Talzuschüben auf Vortrieb und Sicherung von Tunneln und Stollen

4.1 Ausbruch und Sicherung

Eine große Zahl von Tunneln und Stollen, die in Talzuschubmassen vorgetrieben werden mußten, gestatten es, eine ganze Reihe von Merkmalen aufzustellen, die für derartige Untergrundverhältnisse charakteristisch sind.

Das Auftreten dieser Merkmale in seichtliegenden Tunneln und Stollen ist auch in solchen Fällen, in denen ein Vorliegen eines Talzuschubes aufgrund der Geländeformen nicht zweifelsfrei erkannt werden kann, ein wichtiges und oft eindeutiges Indiz.

Abb. 6. Altes Nordportal des Fréjus-Tunnels
Old North portal of the Fréjus-Tunnel

Entscheidend beeinflußt werden die Vortriebsarbeiten neben der Art des Gesteins und des Trennflächengefüges durch den Grad der Auflockerung, die Wasserverhältnisse und vor allem aber durch die Intensität noch anhaltender oder wieder in Gang gekommener Bewegungen und die daraus resultierenden Spannungen.

Die Zerbrechung des Gesteins in Talzuschubmassen ist häufig so groß, daß ein normales Bohren und Sprengen nicht mehr möglich ist. Ein langsamer und sehr stark erschwerter Ausbruch ist die Folge. Unvermeidbare und große Überprofile können auftreten. Auch die Stabilität der Ortsbrust kann, insbesondere beim Bau von Tunneln mit größeren Querschnitten, soweit herabgesetzt sein, daß nicht einmal mehr ein Kalottenvortrieb möglich ist und zu Teilausbrüchen oder zur Ausbildung eines Stützkernes an der Ortsbrust übergegangen werden muß. Im Falle von phyllitischen oder glimmerreichen Gebirgsarten kann die Anwendung von Getriebezimmerung und Brustverzug notwendig werden.

Die häufig sehr großen Gebirgsdrücke in Talzuschubmassen verursachen oft schon bei geringer Überlagerung auch bei sehr starkem Ausbau Verformungen, wie sie in vergleichbaren Gesteinen nur bei Überlagerungshöhen von vielen hundert Metern auftreten.

So sind Fälle bekannt, wie bei einer vertikalen Überlagerung von nur 30 m trotz einer enorm starken Sicherung noch 50 cm Verformung und mehr aufgetreten sind.

Da in Talzuschubmassen Pressungs- und Zerrungszonen ebenso wie große Unterschiede in der Gebirgsfestigkeit in rascher Wechselfolge auftre-

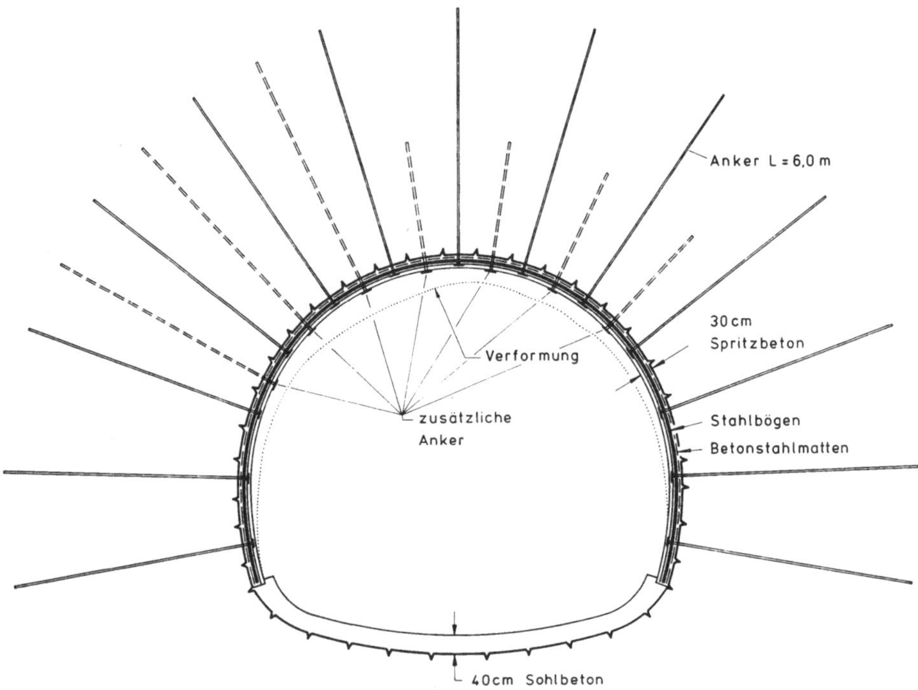

Abb. 7. Starke Sicherung in einem Straßentunnel in graphitischen Phylliten, durch Talzuschub stark deformiert. Vertikale Überlagerung nur ca. 30 m
Heavy support in a highway-tunnel in graphitic phyllites, deformed by "Talzuschub". Vertical overburden 30 m only

ten können, kommt es zu sehr unregelmäßigen Belastungen der Sicherung und u. U. auch der endgültigen Auskleidung. Ein unregelmäßiges Auftreten von Zerstörungen der Sicherung und der Betonauskleidung kann die Folge sein. Werden Talzuschubmassen schleifend von Tunneln und Stollen durchfahren, ist häufig eine deutliche asymmetrische Verformung festzustellen. Auch in Portalbereichen kann es zu einseitigen Druckerscheinungen kommen, wie dies schon 1884 C. J. Wagner vom Untersteintunnel im Salzachdurchbruch bei Taxenbach beschrieben hat [11].

Beim Übergang vom anstehenden Gebirge in die Basiszonen von Talzuschüben treten im allgemeinen besonders heftige Druckerscheinungen auf, die auch in kleineren Stollen bei kräftiger Sicherung noch zu großen Verformungen und auch Sohlhebungen führen können.

Der Bau des 2,7 km langen Straight-Creek-Tunnels, inzwischen Eisenhower-Memorial-Tunnel genannt, mag dafür als Beispiel dienen. Er hat die amerikanischen Tunnelbauer vor größte Probleme gestellt [12].

Man hat in diesem Tunnel zuerst versucht, mit einem 650 Tonnen schweren Schild die schwierigen Gebirgspartien aufzufahren. Nachdem nur ca. 30 m mit dem Schild bewältigt waren, mußte er wegen der großen Drücke

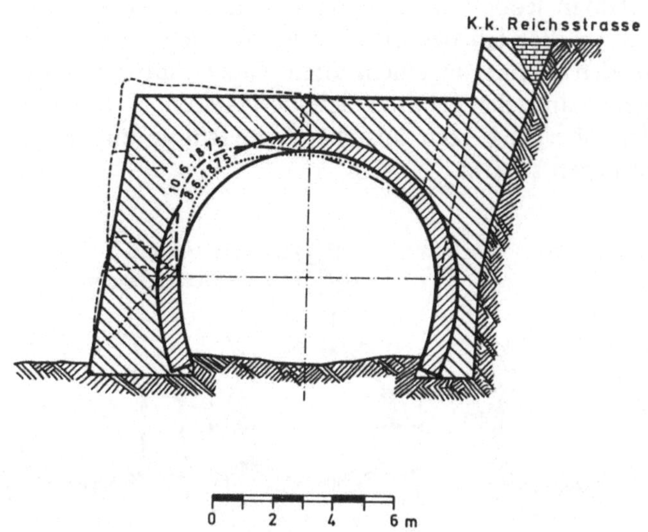

Abb. 8. Durch eine Felsrutschung deformiertes Portal des Untersteintunnels bei Taxenbach im Land Salzburg (nach C. J. Wagner [11])

Portal of the Unterstein-tunnel near Taxenbach, Salzburg country, deformed by a rock slide (after C. J. Wagner [11])

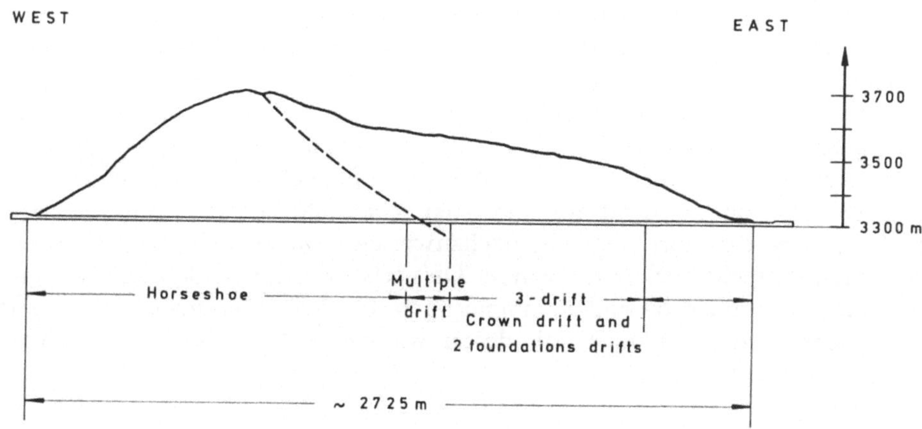

Abb. 9. Längsschnitt durch den Eisenhower-Memorial-Tunnel bei Denver mit den verschiedenen Vortriebsarten (nach J. W. Adams [12])

Longitudinal section through the Eisenhower-Memorial-Tunnel near Denver with various types of driving (after J. W. Adams [12])

aufgegeben werden und wurde einbetoniert. Man hat schließlich versucht, in den schwierigsten Strecken einen Vortrieb mit vielen kleinen, später mit betonverfüllten Stollen zu wählen, was eine Gesamtausbruchsfläche von ca.

230 m² erforderte, von denen 132 m² später mit Beton verfüllt wurden. Als Ursache für diese unerwartet großen Schwierigkeiten wurde meist die besonders starke tektonische Störung und Beanspruchung der Gneise und Schiefer angegeben.

Betrachtet man jedoch einen Längsschnitt durch den Tunnel sowie die Geländeformen im Bereich des Ostportals, so erscheint es sehr wahrscheinlich, daß man den Tunnel in einem alten Talzuschub vorgetrieben hat. Bezeichnenderweise sind die größten Schwierigkeiten in dem Bereich aufgetreten, wo der Übergang vom anstehenden Gebirge zu den abgerutschten Felsmassen zu liegen scheint.

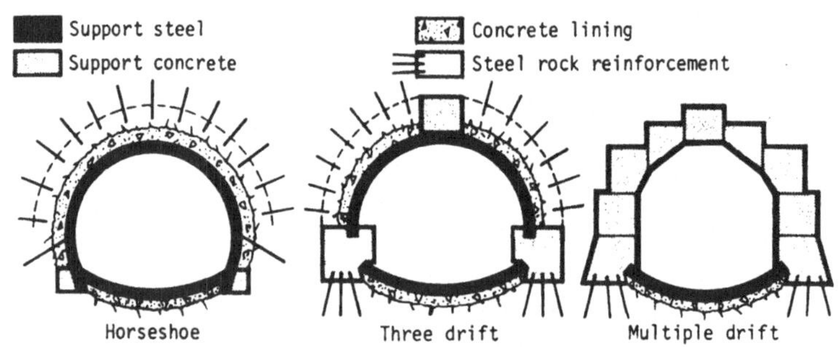

Abb. 10. Ausbruchs- und Sicherungsmethoden im Eisenhower-Memorial-Tunnel
(aus J. W. Adams [12])

Tunnel support systems used in the Eisenhower-Memorial-Tunnel (from J. W. Adams [12])

In der Stirn von Talzuschubmassen können solche Druckerscheinungen fehlen, allerdings kann dort der Vortrieb durch das aufgelockerte Material sehr stark erschwert sein.

So wurde der Burlington-Northern-Railroad-Tunnel in Washington im Stirnbereich der Cascade-Rutschung, der mit einer Fläche von 33 Quadratkilometern größten Rutschung der USA, mit erheblichen technischen Schwierigkeiten und entsprechend hohen Kosten gebaut. Mit sorgfältigen Voruntersuchungen war es dort möglich, nachzuweisen, daß keine Bewegungen der Rutschmasse mehr vorhanden waren. Dies erlaubte es, eine den in Rutschungen beinahe immer besonders ungünstigen Gebirgsverhältnissen angepaßte Ausbruchs- und Sicherungsmethode zu wählen und die Bauarbeiten plangemäß fertigzustellen [13].

4.2 Messungen

Die üblichen Verformungsmessungen zeigen in Tunneln und Stollen, welche in Talzuschubmassen vorgetrieben werden, häufig Ergebnisse, die sich wesentlich von Meßergebnissen aus Tunneln im anstehenden Gestein unterscheiden. Das folgende Bild eines durch Talzuschub verdrückten Stollens mag dies veranschaulichen.

Es gibt Fälle, wo in Tunneln die horizontalen Verformungen scheinbar vernachlässigbar klein geblieben sind, obwohl in den entsprechenden Meß-

querschnitten schwere Beschädigungen der Sicherung sichtbar geworden sind.
Charakteristisch für die Verformungen der Talzuschubmassen ist das wieder-

Abb. 11. Durch Talzuschub verformter Stollen (aus E. Clar [4])
A gallery deformed by "Talzuschub" (from E. Clar [4])

holte Auftreten von Konvergenzen und Divergenzen bzw. von Hebungen und
Senkungen in ein und demselben Meßquerschnitt.

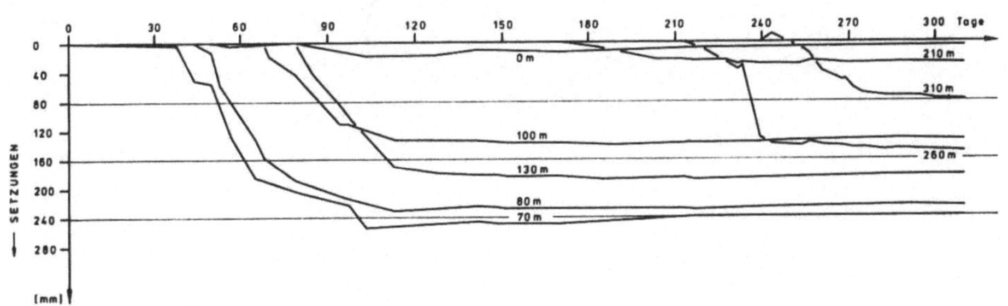

Abb. 12. Firstnivellements aus einem durch Talzuschub beeinflußten Tunnel
Levelling results of the roof of a tunnel which is influenced by a "Talzuschub"

Sohlhebungen treten bei Tunnelvortrieben in Talzuschubmassen wohl
wesentlich häufiger auf, als dies registriert wird. So wurden im Übergangs-
bereich vom anstehenden Gestein in eine abgesackte Felsmasse bei einem

Stollen von nur 3,0 m Durchmesser in wenigen Monaten Sohlhebungen in der Größenordnung von 1,0 m festgestellt. Wohl ein Beweis dafür, daß zumindest in Teilbereichen der abgeglittenen Felsmasse noch Bewegungen auftreten.

Extensometermessungen zeigen manchmal ein vollkommen anderes Bild, als man dies aus normalen Tunnelbauten, auch wenn sie in schwierigen Gebirgsverhältnissen erfolgen, gewohnt ist. So wurde z. B. in einem Straßentunnel beobachtet, daß Extensometermessungen in 1,5, 3,0 und 7,0 m Tiefe keine Differenzen zeigten, während sich die Spritzbetonauskleidung 20 und mehr Zentimeter verformte. Sogar ein stärkeres Vordrängen der längsten Extensometer gegenüber den kürzeren gegen den Hohlraum hin wurde an anderer Stelle gemessen. Dies ist wohl ein Beweis dafür, daß es nicht zur Ausbildung eines normalen Gebirgstragringes gekommen ist und daß in 7 m Abstand von der Hohlraumlaibung noch Bewegungen von 20 cm im Gebirge aufgetreten sind.

Auch das Herausdrücken von Ankern durch den Spritzbeton der Tunnelsicherung und ein Lockerwerden der Ankerplatten in großer Zahl sowie die Tatsache, daß trotz großer Verformungen oft keine oder nur sehr wenige Anker reißen, deutet darauf hin, daß sich das Gebirge durch noch anhaltende Hangbewegungen tiefreichend gegen die Sicherungsauskleidung hin bewegt und daß die Ausbildung eines Gebirgstragringes nicht oder unvollständig und

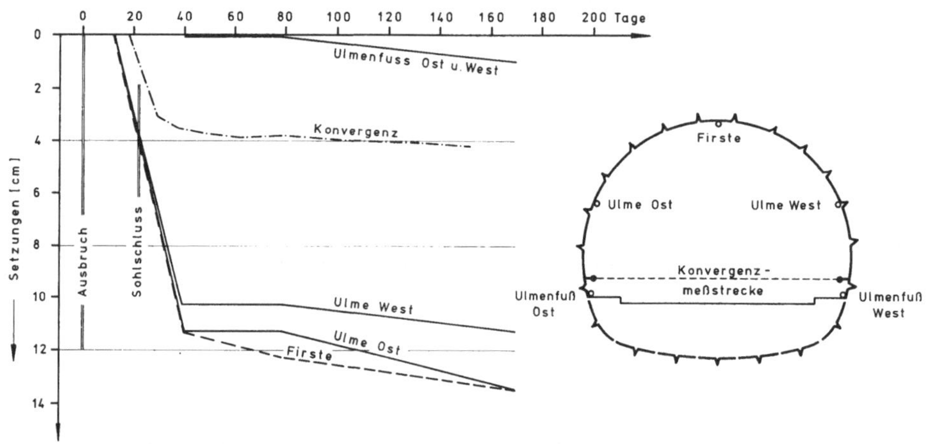

Abb. 13. Bewegungen in einem Straßentunnel durch Talzuschub

Movements in a highway-tunnel due to "Talzuschub"

spät erfolgt. Bei Tunnelvortrieben in stark druckhaftem Gestein, wie z. B. im Tauerntunnel [14], reißen bei ähnlich großen Deformationen viele Anker der Gebirgssicherung. Dort wurden die großen Ausbaubelastungen allerdings durch die hohe Überlagerung sowie die geringe Gebirgsfestigkeit verursacht.

Wenn bei geodätischen Präzisionsmessungen festgestellt wird, daß sich einzelne Punkte in nur wenigen Wochen nicht nur ins Tunnelinnere, sondern auch gegen das Portal hin bewegen, der Tunnel also länger wird, so sind auch dies Anzeichen für noch stattfindende Hangbewegungen. Genauso aber deutet ein horizontales Stauchen von Baustahlgewebe und Bewehrungsstäben auf noch anhaltende Bewegungen in Tunnellängsrichtung hin.

Die Abb. 13 zeigt das Ergebnis einer geodätischen Präzisionsmessung in einem Straßentunnel, in dem der Sohlschluß nach 10 Tagen eingebracht wurde.

Man sieht deutlich die Wirkung des Sohlschlusses in einem Abklingen der Verformungen an Firste und Ulmen. Die Tatsache aber, daß sich alle fünf an der Tunnellaibung beobachteten Punkte bis zum Abbrechen der Messung nach unten bewegt haben, während die horizontale Konvergenz keine so große Verformung mehr gezeigt hat, kann nur als Anzeichen dafür gelten, daß sich dieser Tunnelquerschnitt zusammen mit dem ihn umgebenden Gebirge abwärts bewegt, daß also in diesem Bereich der Talzuschub noch wirksam ist.

5. Schlußfolgerungen

Im allgemeinen ist es wohl besser, Tunnel und Stollen nicht in Talzuschüben aufzufahren. Wo dies unumgänglich ist, kann eine sorgfältige Voruntersuchung das Risiko jedoch erheblich mindern bzw. rechtzeitige Gegenmaßnahmen erlauben. So sind z. B. mit einer Verhinderung der Erosion an der Stirn von Talzuschubmassen aber auch mit Entwässerungen gute Erfolge erzielt worden. Wenn aber das Vorliegen eines Talzuschubes bei Beginn der Tunnelarbeiten nicht erkannt wird, so sind nicht nur die Vortriebs- und Sicherungsarbeiten erheblich umfangreicher und damit teurer als vorgesehen, es kann auch die Lebensdauer des Tunnelprojektes beschränkt werden.

Es ist nicht möglich, die Belastungen, die in Talzuschüben auf die Tunnelauskleidung wirken, rechnerisch auch nur annähernd zu erfassen. Der Ausbruch und die Sicherung von großen Tunnelquerschnitten in Talzuschubmassen verursachen häufig ungewöhnlich große Schwierigkeiten, besonders dann, wenn unabhängig vom Tunnelvortrieb noch Bewegungen im Gebirge auftreten, die zu ständig wechselnden Spannungszuständen führen. Diese teilweise sehr hohen Spannungen führen in Verbindung mit dem meist sehr stark zerbrochenen und gestörten Gebirge zu ungewöhnlich hohen Ausbaubelastungen.

Befriedigende Auskunft, ob Talzuschubmassen noch in Bewegung sind oder nicht, geben neben den geologischen Beobachtungen an natürlichen und künstlichen Aufschlüssen nur langfristige Messungen.

Über den Eisenhower-Memorial-Tunnel steht in einer amerikanischen Veröffentlichung der bemerkenswerte Satz: „Every design and every planned procedure has been right, according to the book. The trouble is the demand mountain can't read." [15].

Es wird uns sicher nicht gelingen, den Fels lesen zu lehren, aber wir können lernen, durch sorgfältige Beobachtung und Messung die Erscheinungsformen in der Natur und insbesondere der Talzuschübe noch besser lesen zu lernen.

Literatur

[1] Stini, J.: Unsere Täler wachsen zu. Geol. und Bauwesen *13* (1941).

[2] Ampferer, O.: Über einige Formen der Bergzerreißung. Sitzungsber. Akad. d. Wissenschaft, Wien, math.-nat. Kl. 1939.

[3] Zischinsky, U.: Bewegungsbilder instabiler Talflanken. Mitt. Ges. Geol. Bergbaustud. *17* (1967).

[4] Clar, E., Weiss, P.: Erfahrungen im Talzuschub des Magnesitbergbaues auf der Millstätter Alpe. BHM *110*/H. 12 (1965).

[5] Clar, E.: Über den geologischen Gegensatz von Gestein und Fels. Mitt. Inst. Grundbau u. Bodenmech., TH Wien, H. 6 (1965).

[6] Mignon, K.: Ergebnisse der geologischen Stollenaufnahme für das Lünerseewerk, Vorarlberg; Abschnitt Salonien-Latschau. Jb. Geol. B. A. *105* (1962).

[7] Lauffer, M., Neuhauser, E., Schober, W.: Der Auftrieb als Ursache von Hangbewegungen bei der Füllung des Gepatschspeichers. ÖIZ *116*/H. 4 (1971).

[8] Clar, E., Demmer, W.: Die Geologie der Kraftwerksgruppe Malta. ÖZE *32*, 12—20 (1979).

[9] Glawnoe Uprawlenie Geodesii i Kartogrofii pri Sowete Ministrow. Karte der rezenten vertikalen Bewegungen Osteuropas. Moskau 1973.

[10] Senftl, E., Exner, Ch.: Rezente Hebung der Hohen Tauern und geologische Interpretation. Verh. Geol. B. A., H. 2 (1973).

[11] Wagner, C. J.: Die Beziehungen der Geologie zu den Ingenieurwissenschaften. Wien 1884.

[12] Adams, J. W.: Lessons Learned at Eisenhower-Memorial-Tunnel, Tunnels and Tunnelling, May 1978, London.

[13] MacDonald, R. D.: Completion of Tunnel Through Landslide Deposit, a Key Element in Bouneville Second Powerhouse Project. Tunnelling Technology *21* (1978).

[14] Pöchhacker, H.: Österreichische Tunnelbauweise in sehr stark druckhaftem Gebirge — Theorie und Praxis. Porr-Nachrichten, H. *57/58* (1974).

[15] Engineering New Record. Miners Winning Battle at Straight-Creek-Tunnel, 1971.

Anschrift des Verfassers: Dr. Georg Spaun, Kühbergstraße 48, A-5020 Salzburg, Österreich.

Rock Mechanics, Suppl. 8, 349—367 (1979)

Rock Mechanics
Felsmechanik
Mécanique des Roches
© by Springer-Verlag 1979

Field Measurement and Consideration on Deformability of the Izumi Layers

By

S. Hata, Ch. Tanimoto, K. Kimura

With 14 Figures

Summary — Zusammenfassung

Field Measurement and Consideration on Deformability of the Izumi Layers. In designing the substructure of a bridge having a long span and being subjected to heavy loads, it is very important to determine the appropriate moduli of deformability of its foundation rock. The Izumi-layers ground on which two huge anchorage blocks and three ganged pipe piers are planned to be built up under the Ohnaruto Bridge project is so called compound soft rock ground consisting of 10—50 cm thick and remarkably fissured alternative layers of sandstone, shale, mudstone and their decomposed zones. It is anticipated that the rock ground behaves in quite different ways governed by local conditions and stress levels.

Several attempts have been carried out to evaluate the deformation modulus of a huge mass of the Izumi-layers, and plate loading test and borehole loading test have therefore been applied conveniently so far. Judging from practical knowledges and considerations, however, it seems that the result obtained throughout plate loading test or borehole loading test is strongly affected by the local geological conditions, particularly in the specific region which is subjected to the load. Therefore, field measurements and tests on large scale should be undertaken in order to promote better understanding with respect to the behaviors of the rockground.

This paper deals with the methods and results of the displacement measurement undertaken at the various locations during the operation of the transportation tunnel of which excavation caused some change of stress distribution in the ground. Following the excavation of the tunnel which was initiated from the landside portal, the aluminium pipe, of 6 cm dia. and 50 m long on the inside of which 48 strain gages had been attached in axial direction, was accommodated into the horizontal borehole of 9 cm dia. drilled at the position of 2 m higher above the tunnel crown from the seaside portal. Grouting has then been performed in the borehole to fix the pipe in the position and to make the pipe deform together with the surrounding rock mass. At the site the deformation of the rock due to the progress of the mining face was investigated by two different methods, i. e. measuring the deformation of the aluminium pipe and surveying the convergence of the tunnel section. The values of displacement measured by two different ways showed very good agreement. In addition to the field measurement, a few representative cases have been preliminarily analysed with different deformation modulus and the results of the field measurement

0080-3375/79/Suppl. 8/0349/$ 03.80

are fitted to the analytical result to find actual global modulus. As a result, it is found to be 2240 kg/cm² for C-ranked ground having the deformation modulus of 4560 kg/cm² which has been determined by the plate load test.

In-situ-Messungen und Auswertung von Verformungsbeobachtungen im Izumi-Schichtkomplex. Für den Entwurf der Fundierung von Brücken großer Spannweite, die für schwere Lasten ausgelegt sind, ist eine zutreffende Wahl der Verformungsmoduln des Gründungsfelsens von Bedeutung. Der Izumi-Schichtkomplex, welcher zwei kräftige Verankerungen und drei Brückenpfeiler (Rohrfestpunkte) der Ohnaruto-Brücke aufzunehmen hat, besteht aus 10 bis 15 cm dicken, beträchtlich geklüfteten Wechsellagerungen von Sandstein, Tonschiefer, Tonstein (mudstone) und zersetzten Zonen dieser Gesteine. Es wird angenommen, daß sich der Felsgrund je nach den örtlichen Bedingungen und Beanspruchungen auf sehr verschiedene Weise verhält.

Verschiedene Maßnahmen sind ergriffen worden, um den Deformationsmodul der Izumi-Schichten im Großbereich zu prüfen, wobei bis dahin Lastplattenversuche und Bohrlochbelastungsversuche wegen ihrer bequemen Durchführbarkeit angewendet worden sind. Aufgrund praktischer Erfahrungen und Überlegungen jedoch muß angenommen werden, daß die auf diesem Wege erhaltenen Resultate erheblich von den örtlichen geologischen Bedingungen, besonders im jeweiligen Belastungsbereich, beeinflußt werden. Deshalb hat man sich zu Großversuchen entschlossen, um bessere Einsichten in das Verhalten des Felsuntergrundes zu erzielen.

Der vorliegende Bericht behandelt Methoden und Ergebnisse von Verschiebungsmessungen, welche an verschiedenen Stellen während des Vortriebes eines Transportstollens erhalten wurden, dessen Ausbruch von Änderungen der Spannungsverteilung im Untergrund begleitet war. Im Zuge des Vortriebes dieses Tunnels, welcher vom landseitigen Ansteckpunkt aus begonnen worden war, wurde ein Aluminiumrohr von 6 cm Durchmesser und 50 m Länge, mit in axialer Richtung angeklebten 48 Dehnungsmeßstreifen in seinem Inneren, in einem Horizontalbohrloch von 9 cm Durchmesser fixiert. Das Bohrloch wurde 2 m oberhalb der Tunnelfirste vom seeseitigen Ansteckpunkt aus gebohrt. Das Rohr wurde im Bohrloch durch Injektion fixiert, um sicherzustellen, daß es die Bewegungen der umgebenden Felsmasse mitmacht. An der Baustelle wurden die Deformationen des Gebirges im Zuge des Vortriebes der Stollenbrust auf zwei verschiedene Arten beobachtet, nämlich durch Messungen der Deformationen des Aluminiumrohres und der Konvergenz des Tunnelquerschnittes. Die Verschiebungen, welche so auf zwei verschiedenen Wegen gemessen wurden, zeigten sehr gute Übereinstimmung. Zusätzlich zu den Messungen in situ sind einige repräsentative Fälle im voraus unter Annahme verschiedener Verformungsmoduln analysiert worden, in welche die Resultate der Felsmessungen eingepaßt werden konnten, so daß der tatsächliche Globalmodul festgestellt werden konnte. Auf diese Art wurde festgestellt, daß der in die Klasse C eingestufte Baugrund, welchem nach Lastplattenversuchen ein Verformungsmodul von 4560 kp/cm² zugesprochen worden war, de facto einen Modul von 2240 kp/cm² aufwies.

1. Introduction

In the design of underground openings and structures related to rock mass, it is important to determine the appropriate moduli of deformation of rock mass and evaluate its mechanical properties although it is known to be difficult. The apparent deformation behavior of rock mass can be considered as the sum of the deformation of the solid rock itself and the deformation due to the discontinuities, and it is well known that the latter is greater than the former.

Two basic procedures, static and dynamic methods, are used for determining the deformability of rock masses. In the static method, relatively large static loads are applied to the selected surface of rock mass, and the resulting deformations are measured. In the dynamic method, the velocity of propagation of vibrational disturbances is measured.

Plate loading test, hydraulic jack pressure test, borehole loading test, water loading test etc. are the examples of the static method, and seismic velocity measurement is used as the dynamic method. Judging from the experiences and the knowledges in practice, however, it seems that the results obtained by the static methods are strongly affected by the local geological conditions particularly of the region where the loads are applied, and also the dynamic method is generally impractical in determining the deformability of rock mass directly.

The authors had some opportunity to discuss about deformability of rock mass called "Izumi-layers" in the design of the 120,000 m³ volumed anchorage block of 1629 m long suspension bridge, Ohnaruto Bridge. This paper deals with the methods and results of the displacement measurement on large scale undertaken at the various locations during the operation of the transportation tunnel of which excavation caused some change of stress distribution in the ground.

The authors developed the aluminium-pipe-deformation-meter which showed good agreement with the result of the convergence measurement, and comparing this global measurement with the result obtained in the plate loading test and the borehole loading test, it was found that the former gave half deformation coefficient as the latter's.

Anisotropy of Izumi-layers also was discussed on the results from the seismic survey and the convergence measurement, but there still exists disagreement between them.

The rock classification mentioned in this paper is derived from the paper of Ochi et al. [1].

2. Geological Condition of the Test Site

The foundation rock of the testing site is the Cretaceous system (Izumi-layers) consisting of 10—50 cm thick and remarkably fissured alternative layers of sandstone, shale, mudstone and their composed zones. The strike is in the direction of NE-SW, and the dip angle is 45 degree.

The tunnelling was initiated from the landside portal (on the left hand side in Figs. 1 and 2) by the upper-half-heading method, and its cross section was semi-circular shape of 5 m in radius. Geological plane and profile are shown in Figs. 1 and 2 respectively.

In those figures, notations of "*ss*", "*sh*" and "*alt*" indicate sandstone, shale and their alternative layers respectively.

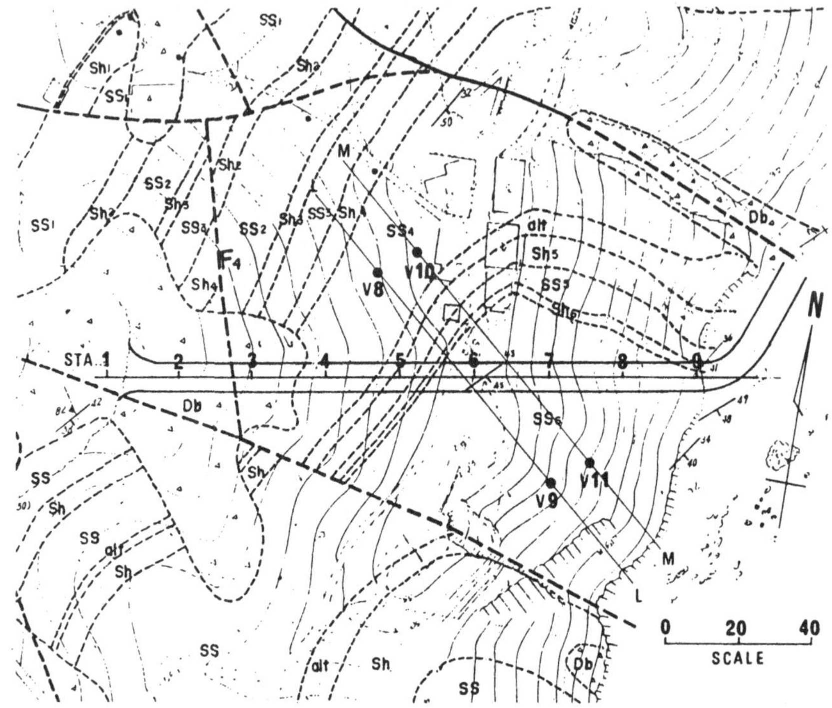

Fig. 1. Geological plan of the tunnel site

Geologischer Plan der Tunnellage

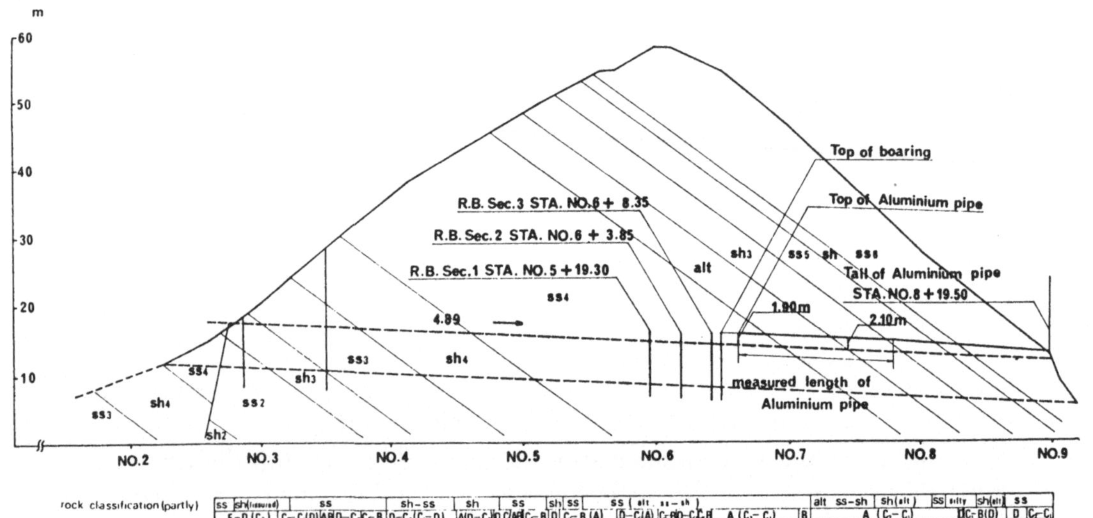

Fig. 2. Profile of the tunnel and rock classification

Tunnellängsschnitt und Gebirgsklassifizierung

The results of the laboratory test on cores are as follows.

Specific gravity:

> 2.59 for sandstone
>
> 2.56 for shale

Ultrasonic velocity:

> 4.7 km for medium sandstone
>
> 4.0 km for medium shale

Static Young's modulus:

> 5.3×10^5 kg/cm^2 for medium sandstone
>
> 3.3×10^5 kg/cm^2 for medium shale

Static Poisson's ratio:

> 0.2 for medium sandstone
>
> 0.3 for medium shale

Uniaxial compressive strength:

> 1280 kg/cm^2 for medium sandstone
>
> 620 kg/cm^2 for medium shale

3. Field Measurements and Results

3.1 Plate Loading Test

The plate loading test conducted according to the standard proposed by Japanese Society of Civil Engineers [3] by using the steel plate of 60 cm in dia. was undertaken at 16 different points in the test gallery of 80 m long located 150 m away from (and parallel to) the tunnel [2]. At least two kinds of rocks were observed even in the narrow region covered by the loading plate of 60 cm in dia. because of the complication of Izumi-layers, which is the well known characteristic of its.

The results of the plate loading tests are shown in Table 1, and also a few examples of load-displacement curves are shown in Fig. 3.

3.2 Borehole Loading Test

At 20 different points in the horizontal borehole of 50 m long which was drilled at the center of the tunnel cross section, the borehole loading test was undertaken. The pressure was applied on the full surface just like a pressuremeter in soil investigation, and its maximum was 50 kg/cm^2 [4].

No definite difference in values of Esp, deformation coefficient obtained by the borehole loading test, was observed from the view point of kind of rock. This was because the deformability of Izumi-layers was strongly in-

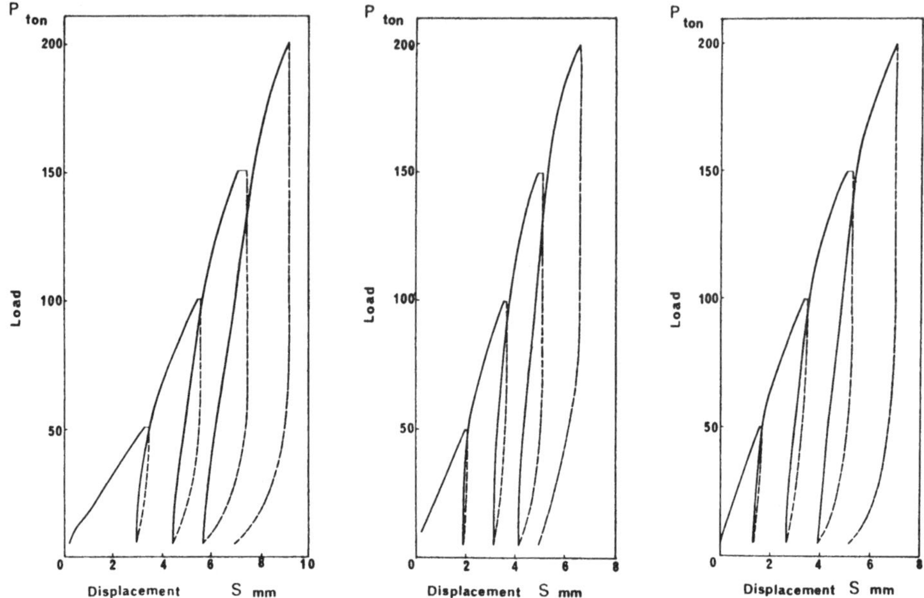

Fig. 3. Load-displacement curves, obtained by plate loading tests

Last-Setzungs-Kurven beim Lastplattenversuch

Table 1. Results of Plate Loading Test

Ergebnisse der Lastplattenprüfungen

Site No.	Classifi- cation	1st Cycle (5—50 t)			1st and 2nd Cycle (5—100 t)		
		D (kg/cm²)	E_t (kg/cm²)	E_s (kg/cm²)	D (kg/cm²)	E_t (kg/cm²)	E_s (kg/cm²)
1	$A_{ss} + C_{sh}$	4 500	3 950	3 030	4 630	5 100	8 520
2	$A_{ss} + C_{sh}$	2 800	2 190	2 080	3 150	3 150	7 810
3	A_{ss}	4 710	5 250	6 060	4 630	5 020	7 810
4	$A_{ss} + B_{ss} + C_{sh}$	3 840	3 750	4 160	3 900	4 060	5 620
5	C_{alt}	4 140	3 700	3 510	4 630	4 930	7 400
6	C_{alt}	4 140	4 290	4 440	4 630	4 170	9 370
7	$D_{sh} + C_{ss}$	2 070	1 870	1 750	3 080	2 000	3 520
8	$D' - E_{sh}$	1 520	1 610	3 120	2 060	1 740	2 930
9	A_{sh}	4 140	3 750	3 950	6 170	4 490	8 270
10	$B' - C_{sh}$	3 570	3 400	3 290	5 690	4 770	8 790
11	$A' - C_{sh}$	10 360	4 490	4 550	5 290	5 290	8 790
12	$C' - D_{sh}$	1 210	1 060	900	1 370	1 290	2 270
13	$C - D_{sh}$	5 180	4 770	5 550	5 290	5 100	8 270
14	$A' + B + C + E_{sh}$	1 150	1 420	1 280	1 160	1 420	2 010
15	$A - A_{sh}'$	2 960	2 210	2 150	3 520	3 480	5 620
16	$A' - B_{sh}$	20 720	10 030	12 110	14 800	19 730	23 430

Note: 1) e. g. $A_{ss} + C_{sh}$ means alternative layers of A-class sandstone and C-class shale.

      2) E_t: tangential elastic modulus, E_s: secant elastic modulus.

fluenced by the presence of the discontinuities. Therefore, all were classified into three groups depending on the status of discontinuities as follows.

a-group: $Esp = 6{,}500\text{—}8{,}000 \text{ kg/cm}^2$

b-group: $Esp = 3{,}000\text{—}4{,}500 \text{ kg/cm}^2$

c-group: $Esp = 1{,}000\text{—}2{,}500 \text{ kg/cm}^2$

3.3 Deformation Measurement of Rock Mass

Because of the reasons pointed out in the previous section, field measurement was undertaken in and around the transportation tunnel in order to get better understanding of the behavior of rock mass.

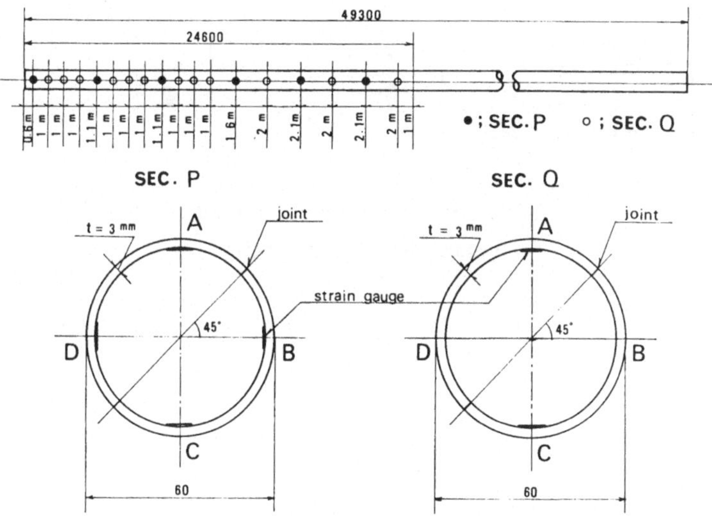

Fig. 4. Deformation meter, using aluminium pipe of 6 cm dia.

Verformungsmeßstreifen im Aluminiumrohr von 6 cm ⌀

Following the excavation of the tunnel which was initiated from the landside portal, the aluminium pipe, 6 cm in dia. and 50 m long, which has 48 strain gauges attached on its inner surface in axial direction, was inserted into the horizontal borehole of 9 cm in dia. drilled at 2 m above the tunnel crown as shown in Figs. 4, 5 and 6. Then the borehole was grouted such that the pipe deformed together with the surrounding rock mass. Deformation of rock was calculated from the change of the longitudinal curvature of the aluminium pipe.

The results are shown in Fig. 7, and the change of displacement in the vicinity of the mining face could be known so clearly. The overall displacement of the point 2 m above the crown was 14.5 mm downward at the final stage.

Hereafter the notations "*a*", "*d*" and "*r*" indicate the radius of the tunnel, the distance from the face in direction of tunnel axis and the distance from the center of the tunnel in cross section respectively.

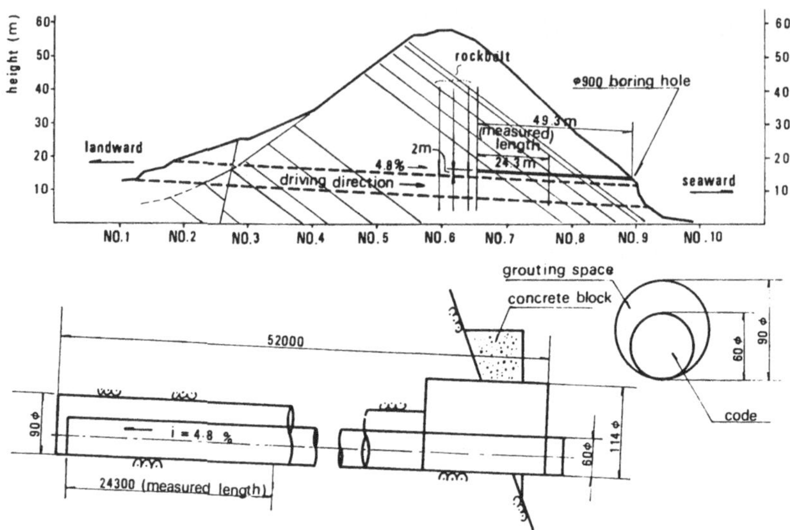

Fig. 5. Instrumentation in a profile

Details der Meßanordnung

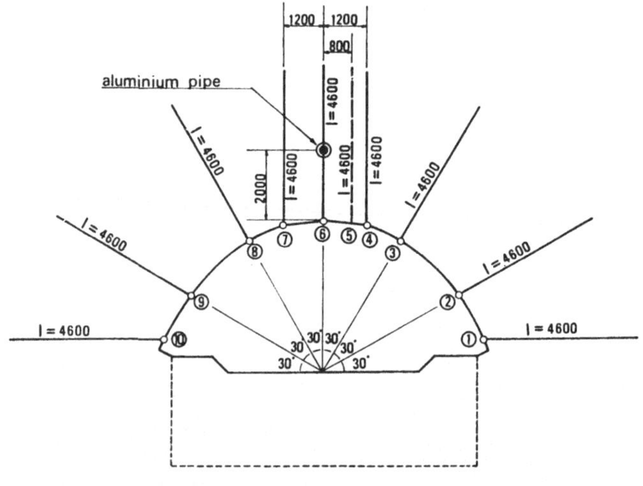

Fig. 6. Location of the deformation meter, rockbolts and convergence measurement

Lage der Konvergenzmeßpunkte im Querschnitt

3.4 Convergence Measurement

In three cross sections shown in Figs. 2 and 5, where special rockbolts were installed for the measurements of supporting effect and loosened area, convergence of the tunnel was measured with the (steel tape) convergence-meter by forming triangles interconnecting 3 points among 10 points at any

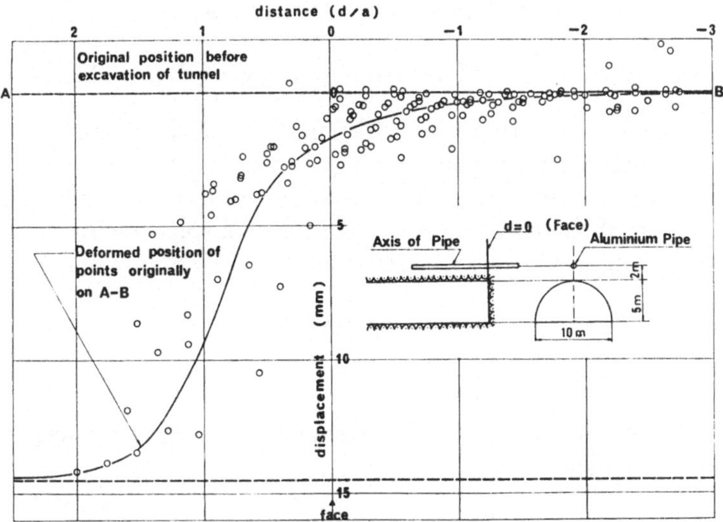

Fig. 7. Displacements measured by the deformation meter

Im Beobachtungsrohr gemessene Verschiebungen

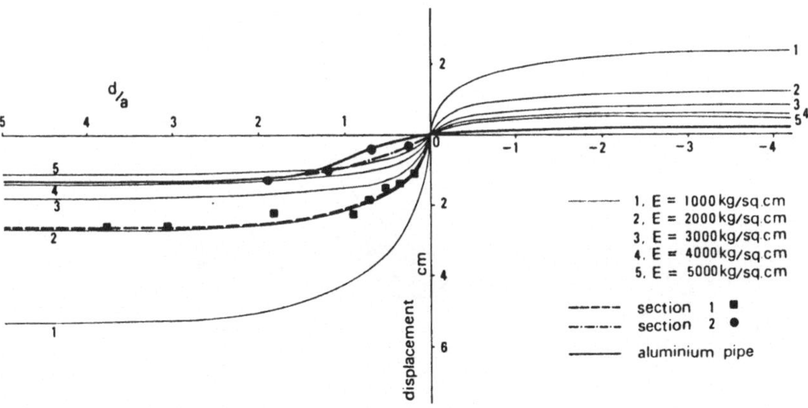

Fig. 8. Fitting measured displacements, obtained by the deformation meter and convergence survey to theoretical curves

Durch Konvergenzmessungen und Verformungsmeßrohr erhaltene Verschiebungen und theoretischer Verlauf derselben

convergence measurement, and the deviations of the points 1 and 10 from their original positions were checked by conventional tunnel survey from the portal too.

The curves consisting of solid dots and rectangles shown in Fig. 8 were obtained for B-class (in rock classification) rock mass and C-class rock mass respectively.

4. Analysis and Discussion

4.1 Evaluation of Deformability of Rock Mass

On the assumption that the rock mass behaved as an elastic body, several cases were analysed mainly being based on the results obtained by the measurements of the aluminium pipe deformation meter and convergence. In the discussion of the theoretical estimation of displacements of the prototypes the following assumptions were used.

Young's modulus $E = 1000 \text{ kg/cm}^2$

Poisson's ratio $v = 1/3$

The ratio of the measured displacement to the prototype is going to give the actual deformability.

Prototype-1

The displacement around a circular opening in two dimensional stress field as shown in Fig. 9 was calculated. 'x', 'y', 'p_v', 'p_h', 'a', 'r', 'u', 'v' and 'θ' denote horizontal displacement, vertical displacement, external horizontal

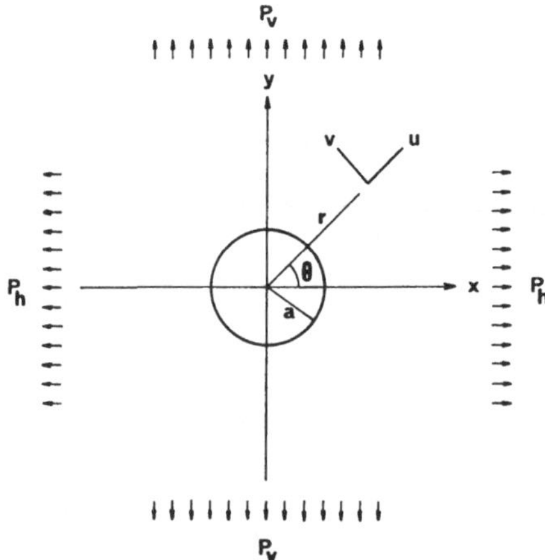

Fig. 9. Analytical condition for a circular opening in anisotropic stress field

Analytischer Ansatz für eine kreisrunde Öffnung im anisotropen Spannungsfeld

stress, external vertical stress, radius of a circular opening, distance from the center of the opening, radial displacement, tangential displacement and anticlockwise angle from horizontal axis respectively.

In this case, horizontal and vertical displacements are:

$$x = \frac{(1+\nu)\,a}{2\,E}\,[(p_v + p_h)\cos\theta - (3 - 4\nu)\,(p_v - p_h)\cos 3\,\theta]$$

$$y = \frac{(1+\nu)\,a}{2\,E}\,[(p_v + p_h)\sin\theta - (3 - 4\nu)\,(p_v - p_h)\sin 3\,\theta]$$

(1)

where E and ν indicate Young's modulus and Poisson's ratio respectively.

By assuming the values of $E = 10^3$ kg/cm^2, $\nu = 1/3$, $p_v = 2\,p_h = 10$ kg/cm^2 and $a = 5$ m, we obtained 8.89 cm and 7.51 cm for the vertical displacements of the points at the crown ($r = a$) and the aluminium pipe ($r = 1.4\,a$) respectively.

The result that the measured displacement at $r = 1.4\,a$ is 1.45 cm as shown in Fig. 7 reduces 5180 kg/cm^2 as the deformation modulus for B-class rock.

Prototype-2

By using $E = 10^3$ kg/cm, $\nu = 1/3$, $p_v = p_h = 10$ kg/cm^2, $a = 5$ m, the axisymmetric model for a circular opening was analysed with the finite element

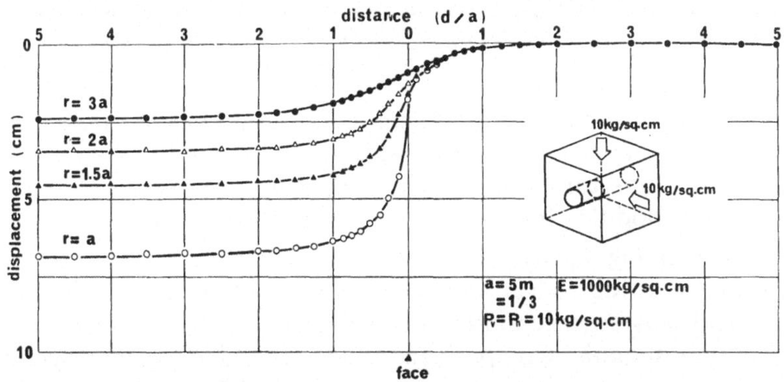

Fig. 10. Theoretical displacements of the elastic ground around a circular opening and its mining face (assuming a lateral pressure equal vertical pressure)

Theoretische Verschiebungen des elastischen Untergrundes in der Umgebung eines kreiszylindrischen Hohlraumes und der Ortsbrust (bei Annahme eines Seitendruckes = Vertikaldruck)

method, and the numerical result of the elastic displacement is shown in Fig. 10.

The displacements at $r = a$ and $r = 1.4\,a$ are 6.7 cm and 4.8 cm respectively. Comparing these values with the measured values of 1.77 cm at $r = a$ and 1.45 cm at $r = 1.4\,a$, the value of 3550 kg/cm^2 is obtained as the deformation modulus for B-class rock.

     S. H a t a et al.:

Prototype-3

The displacement around the semi-circular opening was analysed by the three dimensional finite element model having 924 nodal points and 660 elements. This can be considered as the most feasible model for the actual structure. This result is shown in Fig. 11. Comparing the calculated dis-

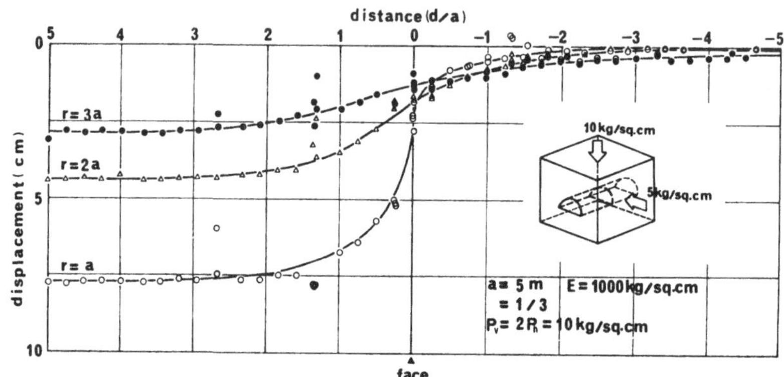

Fig. 11. Theoretical displacements of the elastic ground around a semi-circular opening and its mining face (assuming a lateral pressure of 1/2 vertical pressure)

Theoretische Verschiebungen des elastischen Untergrundes in der Umgebung eines halb-zylindrischen Hohlraumes und der Ortsbrust (bei Annahme eines Seitendruckes von der Hälfte des Vertikaldruckes)

placements of 7.8 cm at $r = a$ and 6.0 cm at $r = 1.4\,a$ with the measured ones of 1.69 cm at $r = a$ and 1.45 cm at $r = 1.4\,a$, we obtain 4200 kg/cm^2 as the deformation modulus for B-class rock, and also we obtain 2240 kg/cm^2 as the deformation modulus for C-class rock in the same manner.

As shown in Fig. 8, we can determine deformation modulus for two kinds of rock by fitting measured displacements obtained with the deformation meter and convergence survey onto theoretical displacement curves of various Young's moduli. Comparison of the dotted curve for Sec. 2 (corresponding to convergence survey) with the thick solid curve (corresponding to the aluminium pipe deformation meter) shows very good agreement with respect to B-class rock.

Consequently, since two different measurements give almost same result, the value of 4200 kg/cm^2 is considered to be a reasonable deformation modulus for B-class rock.

4.2 Correlation Among Plate Loading Test, Borehole Loading Test and Displacement Measurement

A plate loading test is most popular conventional method for determination of deformability of rock in situ and Japanese Society of Civil Engineers designated the plate loading test standard in 1975 [3].

But the test cannot be carried out on an underwater rock mass. Then, a borehole loading test becomes very practical method instead of the plate loading test in the investigation of foundations of the bridge like Ohnaruto Bridge where rapid current runs.

For the practical application of the borehole loading test, correlation between the plate loading test and the borehole loading test should be explored. For this purpose Takeuchi et al. investigated this relation, being based on the several results of the past tests. They reported that the direct correlationship between the ratio of D/E_{sp} and E_{sp} (D: deformation modulus by the plate loading test, E_{sp}: one by the borehole loading test) was recognized and it depended on stress level when tensile strength of rock was exceeded [5]. And, Mori et al. emphasize it depends on strain level [6].

Table 2. Comparison of Moduli of Deformability and Elasticity (in kg/cm²)
Vergleich der Verformungs- und Elastizitätsmoduln

Rank	E_{sp}	E'	D	E_s	E_m
A	7970	5580	5400	8040	
A'	6530	5060	3524	5620	4200
B	7450	5400	—	—	4200
B'	3470	3820	—	—	2240
C	2400	3120	4560	8040	2240
C'	1840	2760	3250	4680	2240
D	1950	2730	1610	2470	

E_{sp}: Elastic constant by borehole loading test.
E': Converted moduli of deformability from E_{sp}.
D: Moduli of deformability by plate loading test.
E_s: Tangential moduli of elasticity by plate loading test.
E_m: Moduli of deformability by deformation meter and convergence measurement.

It is very difficult to recognize the relation among rock classification (based on inspection and core recovery), the plate loading test and borehole loading test. In Table 2 we show the results of the plate loading test, borehole loading test and displacement measurement which were carried out at the same Izumi-layers.

Though the quantity of the data is relatively small, the result of displacement measurement may be considered reasonable [7]. We believe that further displacement measurement to fissured and weathered alternative layered rock mass like Izumi-layers should be carried out.

4.3 Anisotropy of Izumi-layers

Stratification, distribution of joints and their influence to the strength of rock mass should be discussed as well as engineering classification in case that the rock is presumed to show an anisotropic behavior. Comparing with

S. Hata et al.:

investigations at dam construction site and at the laboratory, the number of field measurements about the anisotropic behavior at tunnels is very little. At the same site as mentioned in this paper, the anisotropic behavior of Izumi-layers was investigated using the results of the convergence measurement and the seismic survey [8].

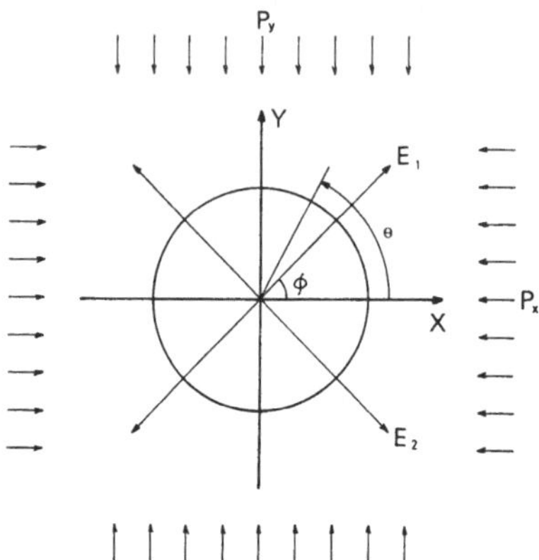

Fig. 12. Analytical condition for a circular opening in an anisotropic body under anisotropic stress field

Analytischer Ansatz für eine runde Öffnung in einer anisotropen Scheibe in einem anisotropen Spannungsfeld

The displacement of a circular opening in an anisotropic body (in the state of plane strain) being subjected to the stress field shown in Fig. 12 is given by following equations.

$$U_r = U_r^* - U_r^0$$
$$U_\theta = U_\theta^* - U_\theta^0 \tag{2}$$

$$U_r^* = -\frac{p_x}{2} a \left[(\alpha_1' + \beta_1') - (\alpha_1' - \beta_1') \cos 2\theta - (\alpha_2' + \beta_2') \sin 2\theta \right]$$

$$- \frac{p_y}{2} a \left[(\alpha_1 + \beta_1) + (\alpha_1 - \beta_1) \cos 2\theta + (\alpha_2 + \beta_2) \sin 2\theta \right]$$

$$U_\theta^* = \frac{p_x}{2} a \left[(\alpha_2' - \beta_2') - (\alpha_1' - \beta_1') \sin 2\theta - (\alpha_2' + \beta_2') \cos 2\theta \right]$$

$$+ \frac{p_y}{2} a \left[(\alpha_2 - \beta_2) + (\alpha_1 - \beta_1) \sin 2\theta - (\alpha_2 + \beta_2) \cos 2\theta \right]$$

$$U_r^0 = \frac{p_x}{2} a \left[(a_{11}^* + a_{12}^*) + (a_{11}^* - a_{12}^*) \cos 2\theta \right]$$

$$+ \frac{p_y}{2} a \left[(a_{12}^* + a_{22}^*) + (a_{12}^* - a_{22}^*) \cos 2\theta \right]$$

$$U_\theta^0 = \frac{1}{2} a \left[(a_{22}^* - a_{12}^*) p_y + (a_{12}^* - a_{11}^*) p_x \right] \sin 2\theta$$

$$a_{11}{}^* = a_{11} \cos^4 \phi + (2\,a_{12} + a_{66}) \sin^2 \phi \cos^2 \phi + a_{22} \sin^4 \phi,$$

$$a_{12}{}^* = a_{12} + (a_{11} + a_{22} - 2\,a_{12} - a_{66}) \sin^2 \phi \cos^2 \phi,$$

$$a_{22}{}^* = a_{11} \sin^4 \phi + (2\,a_{12} + a_{66}) \sin^2 \phi \cos^2 \phi + a_{22} \sin^4 \phi,$$

$$a_{66}{}^* = a_{66} + 4\,(a_{11} + a_{22} - 2\,a_{12} - a_{66}) \sin^2 \phi \cos^2 \phi$$

$$\alpha_1 = a_{11} \left[(1+n) \cos^2 \phi - m \sin^2 \phi \right]$$

$$\alpha_1{}' = a_{11}{}' \left[(1+n') \cos^2 \phi - m' \sin^2 \phi \right]$$

$$\alpha_2 = \left[a_{11}\,(m+n) + a_{12} + \frac{1}{2}\,a_{66} \right] \sin \phi \cos \phi$$

$$\alpha_2{}' = \left[a_{11}\,(m'+n') + a_{12}{}' + \frac{1}{2}\,a_{66}{}' \right] \sin \phi \cos \phi$$

$$\beta_1 = a_{22} \left[\left(1 + \frac{n}{m}\right) \sin^2 \phi - \frac{1}{m} \cos^2 \phi \right]$$

$$\beta_1{}' = a_{22}{}' \left[\left(1 + \frac{n'}{m'}\right) \sin^2 \phi - \frac{1}{m'} \cos^2 \phi \right]$$

$$\beta_2 = \left[a_{22} \left(\frac{1+n}{m} \right) + a_{12} + \frac{1}{2}\,a_{66} \right] \sin \phi \cos \phi$$

$$\beta_2{}' = \left[\alpha_{22}{}' \left(\frac{1+n'}{m'} \right) + a_{12}{}' + \frac{1}{2}\,a_{66}{}' \right] \sin \phi \cos \phi$$

$$m = \sqrt{\frac{a_{22}}{a_{11}}}, \quad n = \sqrt{\frac{2\,a_{12} + a_{66}}{a_{11}} + 2\,\sqrt{\frac{a_{22}}{a_{11}}}}$$

$$m' = \sqrt{\frac{a_{22}{}'}{a_{11}{}'}}, \quad n' = \sqrt{\frac{2\,a_{12}{}' + a_{66}{}'}{a_{11}{}'} + 2\,\sqrt{\frac{a_{22}{}'}{a_{11}{}'}}}$$

$$a_{11} = \frac{1}{E_1}\,(1 - \nu_{12}\,\nu_{21}), \quad a_{22} = \frac{1}{E_2}\,(1 - \nu_{23})^2$$

$$a_{11}{}' = \frac{1}{E_2}\,(1 - \nu_{12}\,\nu_{21}), \quad a_{22}{}' = \frac{1}{E_1}\,(1 - \nu_{23})^2$$

$$a_{12} = -\frac{1}{E_1}\,(\nu_{12} + \nu_{23}{}^2), \quad a_{66} = \frac{1}{E_1} + \frac{1}{E_2} + \frac{2\,\nu_{12}}{E_1}$$

$$a_{12}{}' = -\frac{1}{E_2}\,(\nu_{12} + \nu_{23}{}^2), \quad a_{66}{}' = \frac{1}{E_1} + \frac{1}{E_2} + \frac{2\,\nu_{12}}{E_2}$$

where E_1: Young's modulus in the direction perpendicular to the bedding plane, E_2: Young's modulus in the direction parallel to the bedding, ν_{12} (ν_{21}): Poisson's ratio in the direction of E_1 (E_2) subjected to strain in the direction of E_2 (E_1), ν_{23}: Poisson's ratio in the bedding plane.

From Eq. (2), we obtain displacements in horizontal (U) and vertical (V) directions under several stress conditions, for instance

$$p_x = p_y, \quad 2\,p_x = p_y, \quad 3\,p_x = p_y, \quad 4\,p_x = p_y \ \text{etc.}$$

364   S. H a t a et al.:

as shown in Fig. 13 ($\theta = 90$ deg., at the crown) and Fig. 14 ($\theta = 30$ deg., at the side wall) where $n = E_1/E_2$, $p_y = 10$ kg/cm², $E_2 = 1000$ kg/cm² and v_{12}, $v_{23} = 0.2$ and 0.3.

Then, by plotting measured displacements (noted as small closed triangles) using the result of convergence measurement onto Figs. 13 and 14,

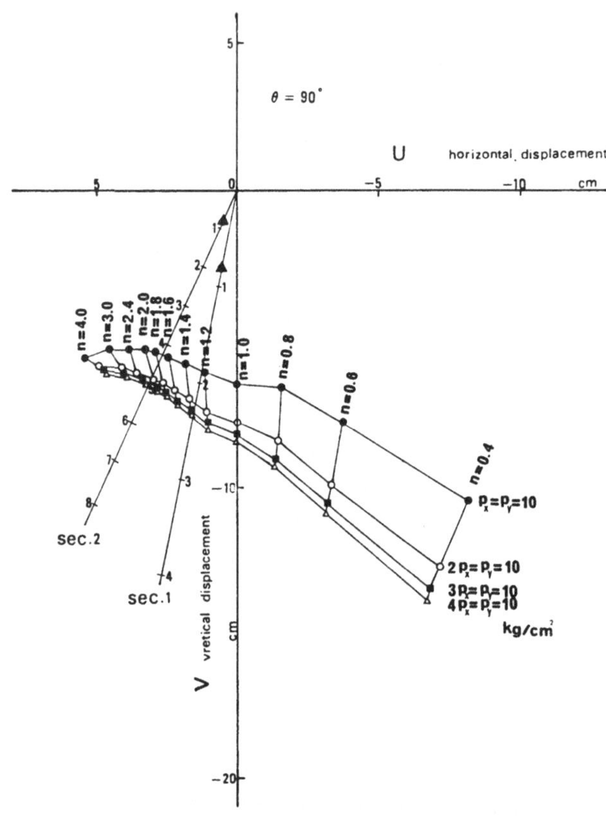

Fig. 13. Observed anisotropy at the crown
Beobachtete Anisotropie in der Firste

the lines of Sec. 1 and 2 are obtained. The distance between the original point and the triangle shows 75% of displacement from the original point as we explained already in Fig. 11.

Graduating the line passing the origin and the triangle by using the unit of the length multiplied by 1.33 (inverce of 3/4) which indicates 1000 kg/cm², we can evaluate the degree of anisotropy from the point where the line meets the curves showing assumed stress condition.

If we assume that $2\,p_x = p_y = 10$ kg/cm², the following results are obtained.

$E_1 = 9800$ kg/cm², $E_2 = 4900$ kg/cm², $n = 2.0$ for B-class rock

$E_1 = 3000$ kg/cm², $E_2 = 2200$ kg/cm², $n = 1.36$ for C-class rock

On the other hand a seismic survey gave the different result as shown in Table 3. *P*-waves propagating parallel and perpendicular to the bedding

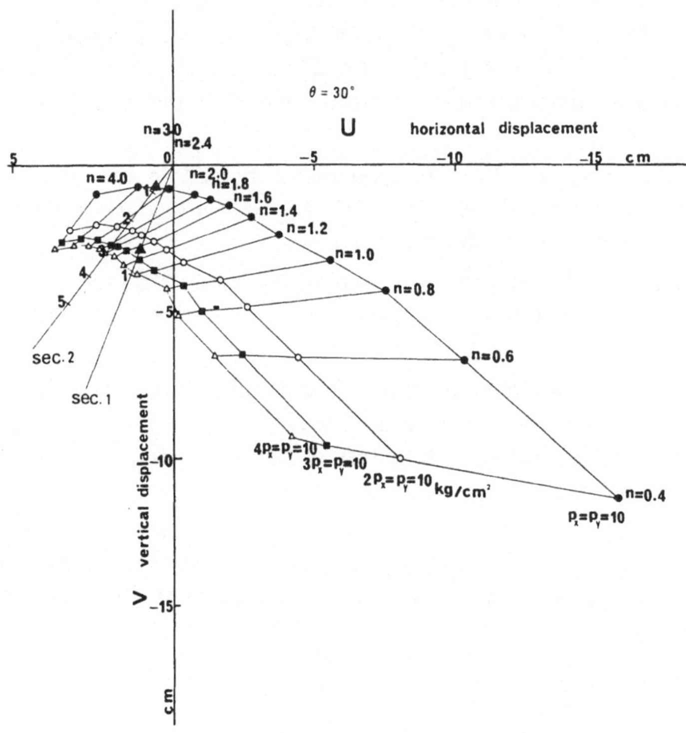

Fig. 14. Observed anisotropy on the side-wall
Beobachtete Anisotropie in den Ulmen

plane were detected at Point V_8/V_{10} and V_9/V_{11} respectively (see Fig. 1) by using blasting vibration caused at the mining face. This disagreement should be discussed further in future.

Table 3. Observed Velocities of P-Wave and Anisotropy of the Ground
Beobachtete Geschwindigkeiten der P-Wellen und Anisotropie des Mediums

1		2	
V_p (x) (km/s)	V_p (z) (km/s)	V_p (x) (km/s)	V_p (z) (km/s)
—	1.7	—	1.6
1.9	1.6	2.1	1.9
1.7	1.7	2.1	1.6
1.8	1.6	2.1	1.2
1.9	1.6	2.1	2.0
ave. 1.9	ave. 1.6	ave. 2.1	ave. 1.7

V_p (x): *P*-wave propagating along the stratification plane.
V_p (z): *P*-wave propagating perpendicularly to the stratification plane.

5. Conclusions

1. In order to determine a deformability of compound rock mass remarkably fissured like Izumi-layers, field measurements aiming at deformation of the rock mass give much more practical result than a plate loading test. It was found to be 2240 kg/cm² for C-class rock mass whereas the deformation modulus by the plate loading test was 4560 kg/cm².

2. The aluminium pipe deformation meter placed in the horizontal borehole gave good result in order to represent the deformation behavior of the rock mass near the tunnel.

3. The values of displacement measured by two different ways, i. e. the aluminium pipe deformation meter and convergence measurement, showed good agreement.

4. Though the borehole loading test is considered as a practical approach for the investigation of the underwater rock mass, the correlation with the result of the plate loading test is not so clear at this moment and further research is required.

5. A large scale experiment in order to know the anisotropy of rock mass is required, and the disagreement between the experimental result and the analytical result should be investigated in the further research.

Acknowledgement

The authors should express their special thanks to Professor Dr. S. Kobayashi, Associate Prof. Dr. Y. Ohnishi and Dr. M. Hori for their helpful criticisms and suggestions.

References

[1] Ochi, H., Noto, T., Fukuzawa, H.: Proposed Method About the Evaluation of Rock Quality. 4th Sympos. of Rock Mechanics, Japanese National Committee of ISRM, 1973.

[2] Honshu-Shikoku Bridge Authority: Report on Rock Test in Naruto Region (No. 4). 1972.

[3] Committee on Rock Mechanics of Japanese Society of Civil Engineers: Plate Loading Test Standard for Intact Rock, 1976.

[4] Honshu-Shikoku Bridge Authority: Report on Geology of Kameura Tunnel. 1975.

[5] Takeuchi, T., Suzuki, T., Tanaka, S.: A Study of Results of the Rock Measurement by Borehole Load Tester. 5th Sympos. of Rock Mechanics, Japanese National Committee of ISRM, 1977.

[6] Mori, H., Takahashi, K., Noto, T.: Field Measurement of Deformation Characteristics of Soft Rocks. International Sympos. on Field Measurement in Rock Mech. by ISETH, Zürich, 1977.

[7] Hata, S., Tanimoto, C., Kimura, K.: Deformation Measurement of the Tunnel in the Izumi-Layer. Proc. of 32nd Annual Sympos. of Japanese Society of Civil Engineers, Vol. 3, No. 284, 1977.

[8] Hata, S., Tanimoto, C., Kimura, K.: On the Anisotropy of Izumi-Layer. Proc. of 33rd Annual Sympos. of Japanese Society of Civil Engineers, Vol. 3, No. 244, 1978.

Address of the authors: Shojiro Hata, Chikaosa Tanimoto, and Koh Kimura, Department of Civil Engineering, Kyoto University, Kyoto, Japan.